21世纪高等学校数字媒体专业规划教材

互联网3D动画游戏开发设计

张金钊　张金锐　张金镝　著

清华大学出版社
北京

内容简介

本书全面介绍了计算机前沿科技互联网3D动画游戏开发设计，即增强现实三维立体动画游戏程序设计，是目前计算机虚拟/增强现实领域最前沿的一种新型开发技术，它是宽带网络、多媒体技术、游戏设计、虚拟人设计、人工智能、信息地理、粒子烟火、X3D/CAD组件、X3D事件工具组件以及X3D网络通信节点设计相融合的高科技产品。X3D大有一统网络三维立体设计的趋势，具有划时代意义，是把握未来网络、多媒体、游戏设计及人工智能的关键技术，是21世纪计算机领域的核心所在。

本书是目前虚拟/增强现实领域最前沿的计算机教科书，本书集计算机网络、多媒体技术、游戏设计、虚拟人设计、粒子烟火、动画游戏设计、信息地理以及人工智能于一身的实用教科书。全书内容丰富，叙述由浅入深，思路清晰，结构合理，实用性强。本书配有大量的X3D增强现实技术源程序实例，从而使读者更加容易掌握互联网3D动画游戏开发设计。

本书既可供计算机软件专业开发人员和工程技术人员学习使用，也可以作为高等院校研究生、本科生、专科学生的计算机网络、多媒体、游戏设计、数字艺术设计、机械加工设计、美术装潢设计、建筑规划设计、虚拟信息地理、虚拟医疗、军事模拟、航空航天以及仿古等专业的教学用书。

图书在版编目(CIP)数据

互联网3D动画游戏开发设计/张金钊，张金锐，张金镝著. —北京：清华大学出版社，2014
21世纪高等学校数字媒体专业规划教材
ISBN 978-7-302-34488-9

Ⅰ. ①互… Ⅱ. ①张… ②张… ③张… Ⅲ. ①互联网络－三维动画软件－游戏程序－程序设计 Ⅳ. ①TP391.41

中国版本图书馆CIP数据核字(2013)第274286号

责任编辑：魏江江　李　晔
封面设计：杨　兮
责任校对：梁　毅
责任印制：宋　林

出版发行：清华大学出版社
网　　址：http://www.tup.com.cn，http://www.wqbook.com
地　　址：北京清华大学学研大厦A座　　邮　　编：100084
社 总 机：010-62770175　　邮　　购：010-62786544
投稿与读者服务：010-62776969，c-service@tup.tsinghua.edu.cn
质 量 反 馈：010-62772015，zhiliang@tup.tsinghua.edu.cn
课 件 下 载：http://www.tup.com.cn，010-62795954
印 刷 者：北京富博印刷有限公司
装 订 者：北京市密云县京文制本装订厂
经　　销：全国新华书店
开　　本：185mm×260mm　　印　张：22.5　　字　　数：564千字
版　　次：2014年3月第1版　　印　　次：2014年3月第1次印刷
印　　数：1～2000
定　　价：39.50元

产品编号：051637-01

出版说明

数字媒体专业作为一个朝阳专业，其当前和未来快速发展的主要原因是数字媒体产业对人才的需求增长。当前数字媒体产业中发展最快的是影视动画、网络动漫、网络游戏、数字视音频、远程教育资源、数字图书馆、数字博物馆等行业，它们的共同点之一是以数字媒体技术为支撑，为社会提供数字内容产品和服务，这些行业发展所遇到的最大瓶颈就是数字媒体专门人才的短缺。随着数字媒体产业的飞速发展，对数字媒体技术人才的需求将成倍增长，而且这一需求是长远的，不断增长的。

正是基于对国家社会、人才的需求分析和对数字媒体人才的能力结构分析，国内高校掀起了建设数字媒体专业的热潮，以承担为数字媒体产业培养合格人才的重任。教育部在2004年将数字媒体技术专业批准设置在目录外新专业中（专业代码为：080628S），其培养目标是"培养德智体美全面发展的、面向当今信息化时代的、从事数字媒体开发与数字传播的专业人才。毕业生将兼具信息传播理论、数字媒体技术和设计管理能力，可在党政机关、新闻媒体、出版、商贸、教育、信息咨询及IT相关等领域，从事数字媒体开发、音视频数字化、网页设计与网站维护、多媒体设计制作、信息服务及数字媒体管理等工作"。

数字媒体专业是个跨学科的学术领域，在教学实践方面需要多学科的综合，需要在理论教学模式和实践教学模式与方法上进行探索。为了使数字媒体专业达到专业培养目标，为社会培养所急需的合格人才，我们和全国各高等院校的专家共同研讨数字媒体专业的教学方法和课程体系，并在进行大量研究工作的基础上，精心挖掘和遴选了一批在教学方面具有潜心研究，并取得了富有特色、值得推广的教学成果的作者，把他们多年积累的教学经验编写成教材，为数字媒体专业的课程建设及教学起一个抛砖引玉的示范作用。

本系列教材注重学生的艺术素养的培养，以及理论与实践的相结合。为了保证出版质量，本系列教材中的每本书都经过编委会委员的精心筛选和严格评审，坚持宁缺毋滥的原则，力争把每本书都做成精品。同时，为了能够让更多、更好的教学成果应用于社会和各高等院校，我们热切期望在这方面有经验和成果的教师能够加入到本套丛书的编写队伍中，为数字媒体专业的发展和人才培养做出贡献。

21世纪高等学校数字媒体专业规划教材

联系人：魏江江　weijj@tup.tsinghua.edu.cn

前 言

21 世纪人类已经进入数字化时代。数字地球、数字城市、数字家庭、数字时代进入人类生活的所有领域。数字化时代最具特色、最前沿、最具代表的开发技术——互联网 3D 动画游戏开发设计，互联网 3D 动画游戏开发技术作为计算机的核心技术，已广泛应用于社会生活的各个领域。互联网 3D 动画游戏开发设计是目前计算机领域的最前沿科技，是 21 世纪初在国内外刚刚兴起的一种 3D 技术，其发展前景十分广阔，潜力巨大。互联网 3D 动画游戏开发设计作为计算机的前沿科技，是宽带网络、多媒体、游戏设计、虚拟人设计、信息地理与人工智能相融合的高新技术，是把握未来网络、多媒体、游戏设计、虚拟人设计、信息地理及人工智能的关键技术。

互联网 3D 技术是互联网三维立体图形国际通用软件标准，定义了如何在多媒体中整合基于网络传播的动态交互三维立体效果。X3D 第二代三维立体网络程序设计语言可在网络上创建逼真的三维立体场景，开发与设计三维立体网站和网页程序，利用它可以运行 3D 程序直接进入 Internet；还可以创建虚拟数字城市、网络超市、虚拟网络法庭、网络选房与展销等。从而改变目前网络与用户交互的二维平面局限性，使用户在网络三维立体场景中，实现动态、交互和感知交流，体验身临其境的感觉和感知。2004 年 8 月，互联网 3D 技术已被国际标准组织 ISO 正式批准，成为国际通用标准。X3D 大有一统网络三维立体设计的趋势，具有划时代意义。互联网 3D 技术可以在不同的硬件设备中使用，并可用于不同的应用领域，如军事模拟仿真、科学可视化、航空航天模拟、多媒体再现、工程应用、信息地理、虚拟旅游、考古、虚拟教育和虚拟游戏娱乐等领域。

互联网 3D 技术具有 12 大特点：

(1) 丰富多媒体功能，能够实现各种多媒体制作。在三维立体空间场景几何体上播放影视节目和环场立体声等。

(2) 强大的网络功能，在网络上创建三维立体的 3D 场景和造型进行动态交互浏览、展示和操作，也可以通过运行 3D 程序直接接入 Internet，创建三维立体网页和网站等。

(3) 程序驱动功能，3D 最突出的特点是利用程序支持各种本地和网络三维立体场景和造型。

(4) 游戏动画设计，利用虚拟现实语言开发设计游戏软件，如虚拟驾驶、跑车游戏、虚拟飞行、虚拟围棋、虚拟象棋、虚拟跳棋、弹球和网络游戏等。

(5) 虚拟人动画设计，实现虚拟人行走运动设计，如行走、坐立、运动，交谈、表情、喜、怒、哀和乐等。

(6) 创建虚拟现实三维立体造型和场景，提供 3D、2D 场景和造型功能、变换层级、光影效果、材质和多通道/多进程纹理绘制，实现更好的三维立体交互界面。

(7) 信息地理设计，利用虚拟现实语言开发数字地球、数字城市、城市规划与设计以及虚拟社区等。

(8) 3D/CAD组件，在X3D提供了CAD节点与X3D文件相结合进行软件项目的开发与设计，可以极大地提高软件项目的开发效率。

(9) 3D事件工具组件，该组件的名称是EventUtilities。当在COMPONENT语句中引用这个组件时需要使用这个名称。

(10) 3D自定义节点设计，使开发者可以根据实际项目的需求开发与设计用户自己需要的新节点、节点类型以及接口事件等，以满足软件项目开发的需要。

(11) 用户动态交互功能，基于鼠标的选取和拖曳，体验键盘输入的交互感。利用脚本实现程序与脚本语言交互设计，可以动态改变场景。

(12) 人工智能，主要体现在X3D具有感知功能。利用动态感知和传感器节点，实现用户与场景和造型之间的智能动态交互感知效果。

本书从软件开发的角度编写，思路清晰、结构合理，帮助读者了解计算机在软件开发和编程方面如何利用目前国际上最先进的开发工具和手段。本书全面详细地阐述了互联网3D技术的语法结构、数据结构定义、概貌(profile)、组件(component)、等级(level)、节点(node)、域(field)等，突出语法定义中每个"节点"中域的域值描述，并结合具体的实例源程序深入浅出地进行引导和讲解，激发读者的学习兴趣。为了使读者能够更快地掌握互联网3D动画游戏开发设计，本书配有大量的编程实例源程序，而且都在计算机上经过严格的调试并通过，以供读者参考。

"知而获智，智达高远"，探索和开发获得未知领域知识，凝聚智慧高瞻远瞩才能有所突破和创新。"知识改变命运，教育成就未来"，只有不断地探索、学习和开发未知领域，才能有所突破和创新，为人类的进步做出应有的贡献。"知识是有限的，而想象力是无限的"，想象力在发散思维的驱动下，在浩瀚的宇宙空间中驰骋翱翔。希望广大读者在X3D虚拟/增强现实世界中充分发挥自己的想象力，实现全部梦想。

由于时间仓促和水平有限，书中难免存在错误或不足之处，敬请广大读者批评指正，在此特表示谢意。电子邮箱 zhzjza@21cn.com。

作　者
2014年1月8日

目录

第1章　互联网3D概述

计算机互联网技术的迅猛发展，使网络世界从二维平面向三维立体空间快速发展。追溯网络技术的发展历程，早期的网络主要对文字、数字和图像等进行传输和处理，随着人们对网络的需要的不断提高，网络从平面的大众传媒开始向全新的高速的三维立体新媒体过渡。随着网络速度的提高和高速发展，信息高速公路正在形成，最后零千米的实现，为网络全面、高速、全视角、立体发展奠定了坚实基础。全球每天都有数以亿计的网民渴望这一天的到来，这正是推动3D技术的产生、发展和进步的源动力。

1.1　互联网3D技术

互联网3D技术是在原有互联网2D的基础上崛起的全新技术，在互联网上新增加3D内容并不完全兼容2D互联网，需要安装支持3D互联网浏览器和插件，使互联网3D空间和2D网站网页实现有机结合、完全互连。互联网3D中创建出具有3D场景空间和造型、3D虚拟人，浏览者借助3D虚拟人在虚拟的3D空间中漫游比2D互联网具有更加贴近现实世界的身临其境的感受，互联网3D也被称为互联网3D虚拟世界。互联网3D以节点的方式组织场景结构，以仿真的方式实现场景结构设计。虚拟现实场景仿真主要体现在环境仿真、对象仿真和过程仿真等不同的环节中。

第一代互联网是由世界各地的所有网站构成的集合，网站是由一个或者多个网页组成，网页是由文字、图片和视频等信息组成。而互联网3D是由全球分布在各个地区的“3D网站”构成的，“3D网站”是由一个或者多个“三维立体网页”组成，每一个“三维立体网页”又是一个由3D虚拟现实世界构成的三维立体场景，场景内提供网络用户所需要的3D产品。

互联网就是改造现实世界，又模仿现实世界的一个历史发展进程。互联网技术已经不仅仅是一个2D平面的大众传媒，它已逐渐形成一种全新的网络文化氛围，全球每天都有数以亿计的网民对互联网3D技术产生强烈的渴望和需求，这是互联网3D技术产生、发展和推广的源泉，更是推动互联网3D技术高速发展的源动力。

概括地说，3D互联网上流动的已不仅仅是单纯的信息。3D网络用户可通过其Avatar在“三维立体场景和造型”中展示人与人、人与物、人与场景等更深层次的交流互动，具有身临其境的深刻感受。第一代互联网主要是解决信息共享的问题，虽然在浅层次上实现了一些交互活动功能，但是无法彻底解决生产力三要素——劳动者、劳动工具和劳动对象在互联网上的深度整合问题，尽管第一代互联网明显促进了人类社会生产力的发展，但还不是一个真正的生产力平台。3D互联网可以彻底解决生产力三要素在互联网上的深度整合问题，其本身就是一个生产力平台。全球领先的3D互联网技术服务提供商立方网络认为，在互联网上利用深度交互技术突破时空限制延伸劳动者的能力，利用3D虚拟现实仿真相关技术创造的数字化劳动工具的成本接近于零，在劳动对象可用数字化手段控制或者劳动对象本身就是数字化的情况下，社会生产力将会再一次得到极大的解放。因此，3D 互联网将会引起新一轮产业革命，引起生产、服务、教育和生活等领域的全面深刻变革。

3D 虚拟现实世界营造了一个真实的感官世界，称为“虚拟现实（Virtual Reality，VR）”技术。最早提出虚拟现实概念的学者 J. Laniar 说，虚拟现实，又称假想现实，意味着“用电子计算机合成的人工世界”。人类的梦想变成现实的可能，是利用虚拟现实技术，创建一个逼真的、动态的、交互的虚拟三维立体环境中，与虚拟物体、造型、场景自如地进行交互操作，真正体验身临其境的漫游感受，沉浸于美妙的虚拟世界中。如太空漫步、解密 DNA、登陆火星、卫星发射、军事模拟演练等。由计算机构成的三维虚拟空间对我们来说是既熟悉亲切而又必不可少的。随着计算机技术、网络技术和 3D 技术的飞速发展，人类社会进入了数字化和信息化时代。

互联网 3D 技术引领计算机三维立体网络设计新潮流，在互联网上电子商务的网站采用互联网 3D 新技术交互式地操作三维立体造型和场景，以吸引顾客，提高点击率，扩大影响力，出售更多的商品，大大增加了收入。若要实现这种效果，需要利用虚拟现实技术来构建三维立体场景和造型。随着计算机、网络技术和电子商务的不断发展，Web 3D 联合体正在发展下一代的 X3D、VRML 和 Java3D API 技术等，如 X3D 在三维立体图像显示方面将有更好的特性、更小的文本容量和更快的速度。它是互联网 3D 建模开发设计的首选技术，还可以借助其他一些 3D 建模技术，如 Solid Edge、Softimage、3DS MAX 和 Maya 等来建立三维对象的几何模型。

虚拟现实技术作为互联网 3D 的核心技术，是一种描述交互式三维世界和对象的程序文件格式。它允许用户去描述一个现实的或想象的景物，并将它放入虚拟世界的三维环境中，全世界各地上网的用户都能通过漫游异地感受这一虚构场景，体验似乎真实的虚拟现实三维世界。在当今网络世界，由于各方面各领域的巨大的需求，特别是物流网、电子商务的需要，促进了互联网 3D 技术的迅速发展，虚拟现实技术的引入将会使网络 3D 技术的迅猛发展，虚拟现实技术的引入将会使互联网 3D 设计的技术、手段和思想发生质的飞跃。随着网络速度的逐渐提高和硬件计算能力的进一步增强，在互联网、物流网、电子商务和远程教育等领域将使用户置身于一个复杂逼真的虚拟场景中漫游，感知这一虚拟的真实场景。

1.1.1 虚拟现实技术

X3D 虚拟现实技术，是一种以计算机技术为核心的前沿高新科技，可以生成逼真的视觉、听觉、嗅觉以及触觉等虚拟三维立体环境，用户可借助必要的虚拟现实硬件设备以自然的方式与虚拟环境中的对象进行交流、互动，从而产生身临其境的真实感受和体验。虚拟现实技术是利用计算机模拟产生一个三维空间的虚拟世界，并通过多种虚拟现实交互设备使参与者沉浸于虚拟现实环境中。在该环境中直接与虚拟现实场景中事物交互，浏览者在虚拟三维立体空间，根据需要“自主浏览”三维立体空间的事物，从而产生身临其境的感受。使人在虚拟空间中得到与自然世界的同样感受，在虚拟现实环境中，真实感受视觉、听觉、味觉、触觉以及智能感知所带来的直观而又自然的效果。

虚拟现实（VR）是一种综合集成技术，涉及计算机图形学、人机交互技术、传感技术和人工智能等多个领域，它用计算机生成逼真的三维视觉、听觉、味觉和触觉等感觉，使人作为参与者通过适当虚拟现实装置，对虚拟三维世界进行体验和交互作用。使用者在虚拟三维立体空间进行位置移动时，计算机可以立即进行复杂的运算，将精确的3D世界影像传回产生临场感。该技术集成了计算机图形(CG)技术、计算机仿真技术、人工智能、传感技术、显示技术和网络并行处理等技术的最新发展成果，是一种由计算机技术辅助生成的高技术模拟系统。

虚拟现实技术是以计算机技术为平台，利用虚拟现实硬件、软件资源实现的一种极其复杂的人与计算机之间的交互和沟通过程。利用虚拟现实技术为人类创建一个虚拟空间，并向参与者提供视觉、听觉、触觉、嗅觉和导航漫游等身临其境的感受，与虚拟现实环境中的三维造型和场景进行交互和感知，亲身体验在虚拟现实世界遨游的神秘、畅想和浩瀚感受。虚拟现实技术是通过计算机对复杂数据进行可视化操作与交互的一种全新方式，与传统的人机界面以及流行的视窗操作相比，虚拟现实在思想技术上有了质的飞跃。虚拟现实技术的出现大有一统网络三维立体设计的趋势，具有划时代意义。

计算机将人类社会带入崭新的信息时代，尤其是计算机网络的飞速发展，使地球变成了一个地球村。早期的网络系统主要传送文字、数字等信息，随着多媒体技术在网络上的应用，使目前的计算机网络无法承受如此巨大的信息量，为此，人们开发出信息高速公路，即宽带网络系统，而在信息高速公路上驰骋的高速跑车就是X3D增强现实/虚拟现实技术，即第二代三维立体网络程序设计。使用计算机前沿科技增强现实/虚拟现实技术开发设计生动、鲜活的三维立体软件项目，使读者能够真正体会软件开发的实际意义和真实效果，从中获得无穷乐趣。

1. 虚拟现实技术及基本特性

虚拟现实技术是指利用计算机系统、多种虚拟现实专用设备和软件构造一种虚拟环境，实现用户与虚拟环境直接进行自然交互和沟通技术。人类是世界的主宰，人通过虚拟现实硬件设备，如三维头盔显示器、数据手套、三维语音识别系统等与虚拟现实计算机系统进行交流和沟通。使人亲身感受到虚拟现实空间真实的身临其境的快感。

虚拟现实技术是以计算机技术为平台，利用虚拟现实硬件、软件资源实现的一种极其复杂的人与计算机之间的交互和沟通过程。利用虚拟现实技术为人类创建一个虚拟空间，并向参与者提供视觉、听觉、触觉、嗅觉和导航漫游等身临其境的感受，与虚拟现实环境中的三维实体进行交互和感知，亲身体验在虚拟现实世界遨游的神秘、畅想和浩瀚感受。虚拟现实系统与其他计算机系统的最本质区别是“模拟真实的环境”。虚拟现实系统模拟的是“真实环境、场景和造型”，把“虚拟空间”和“现实空间”有机地结合形成一个虚拟的时空隧道，即虚拟现实系统。

虚拟现实技术的特点主要体现在虚拟现实技术多感知性、沉浸感、交互性、想象力以及强大的网络功能、多媒体技术、人工智能、计算机图形学、动态交互智能感知和程序驱动三维立体造型与场景等基本特征。

(1) 多感知性，是指除了一般计算机技术所具有的视觉感知之外，还有听觉感知、力觉感知、触觉感知、运动感知，甚至包括味觉感知、嗅觉感知等一切人类所具有的感知功能。

(2) 沉浸感，又称临场感，指用户感到作为主角存在于模拟环境中的真实程度。理想的模拟环境应该使用户难以分辨真假，使用户全身心地投入到计算机创建的三维虚拟环境中，该环境中的一切看上去是真实的，听上去是真实的，动起来是真实的，甚至闻起来、尝起来等一切感觉都是真实的，如同在现实世界中的感觉一样。

(3) 交互性，指用户对模拟环境内物体的可操作程度和从环境得到反馈的自然程度(包括实时性)。用户可以用手去直接抓取模拟环境中虚拟的物体，这时手有握着东西的感觉，并可以感觉物体的重量，在视野中被抓住的物体也能立刻随着手的移动而移动。

(4) 想象力，强调虚拟现实技术应具有广阔的想象力和创造力，充分发挥人们想象空间，拓宽人类未知领域的潜能使之发挥到极致。在虚拟空间不仅可再现真实存在的环境，也可以随意构想客观不存在的甚至是不可能出现的环境。充分发挥人类的想象力和创造力，在虚拟多维信息空间中，依靠人类的认识和感知能力获取知识，发挥主观能动性，去拓宽知识领域，开发新的产品，把“虚拟”和“现实”有机地结合起来，使人类的生活更加富足、美满和幸福。

(5) 强大的网络功能，可以通过运行 X3D 程序直接接入 Internet，可以创建三维立体网页与网站。

(6) 多媒体技术，能够实现多媒体制作，将文字、语音、图像和影片等融入三维立体场景，并合成声音、图像以及影片达到舞台影视效果。

(7) 人工智能，主要体现在 X3D 具有感知功能。利用感知传感器节点，来感受用户以及造型之间的动态交互感觉。

(8) 配备虚拟现实硬件设备和程序驱动技术。

一般来说，一个完整的虚拟现实系统由高性能计算机为核心的虚拟环境处理器、以头盔显示器为核心的视觉系统，以语音识别、声音合成与声音定位为核心的听觉系统，立体鼠标，跟踪器，数据手套和数据衣为主体的身体方位姿态跟踪设备，以及味觉、嗅觉、触觉以及力觉反馈系统等增强现实功能单元构成。

2. 虚拟现实技术分类

虚拟现实技术分类主要包括沉浸式虚拟现实技术、分布式虚拟现实技术、桌面式虚拟现实技术、纯软件虚拟现实技术和增强虚拟现实技术等。

(1) 沉浸式虚拟现实技术，也称最佳虚拟现实技术模式，选用了完备先进的虚拟现实硬件设备和虚拟现实的软件技术支持。在虚拟现实硬件和软件投资方面规模比较大，效果自然丰厚，适合大中型企业使用。

(2) 分布式虚拟现实技术，是指基于网络虚拟环境，将位于不同物理位置的多个用户或多个虚拟现实环境通过网络连接，并共享信息资源，使用户在虚拟现实的网络空间更好地协调工作。这些人既可以在同一个地方工作，也可以在世界各个不同的地方工作，彼此之间可以通过分布式虚拟网络系统联系在一起，共享计算机资源。在分布式虚拟现实环境中，可以利用分布式计算机系统提供强大的计算能力，又可以利用分布式本身特性，再加之虚拟现实技术，使人们真正感受到虚拟现实网络所带来的巨大潜力。

(3) 桌面式虚拟现实技术，也称基本虚拟现实技术模式，使用最基本的虚拟现实硬件和软件设备和技术，以达到一个虚拟现实技术的最基本的配置，它的特点是投资较少，回报可观。属于经济型投资范围，适合中小企业投资使用。

(4) 纯软件虚拟现实技术，也称大众化模式，是在无虚拟现实硬件设备和接口的前提下，利用传统的计算机、网络和虚拟现实软件环境实现的虚拟现实技术。特点是投资最少，效果显著，属于民用范围，适合个人、小集体开发使用，是既经济又实惠的一种虚拟现实的开发模式。

(5) 增强虚拟现实技术，也被称为混合现实。它通过计算机技术，将虚拟的信息应用到真实世界，真实的环境和虚拟的物体实时地叠加到同一个画面或空间同时存在。增强现实提供了在一般情况下，不同于人类可以感知的信息。它不仅展现了真实世界的信息，而且将虚拟的信息同时显示出来，两种信息相互补充、叠加。在视觉化的增强现实中，用户利用头盔显示器，把真实世界与计算机图形多重合成在一起，便可以看到真实的世界围绕着它。

虚拟现实技术的分类如图 1-1 所示。

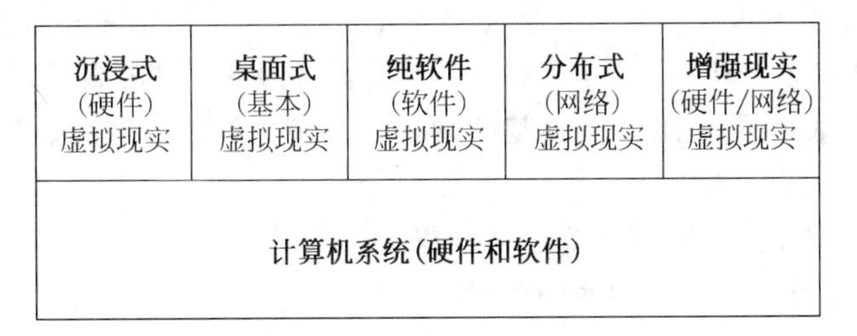

图 1-1 虚拟现实技术分类

虚拟现实技术的发展、普及要从最廉价的纯软件虚拟现实开始逐步过渡到桌面式基本虚拟现实系统，然后，进一步发展为完善沉浸式硬件虚拟现实，经历四个发展历程，最终实现真正具有真实交互、动态和感知的真实和虚拟环境相融合的增强现实系统。实现人类真实的视觉、听觉、触觉、嗅觉、漫游、移动以及装配的三维立体造型和场景等，将“虚拟的”和“真实的”三维立体场景有机结合，产生身临其境和虚幻的真实感受。

一个典型虚拟现实系统包括高性能计算机为核心的虚拟环境处理器、虚拟现实软件系统、虚拟现实硬件设备、计算机网络系统和人类活动。完整的计算机系统包括计算机硬件设备、软件产品、多媒体设备以及网络设施，可以是一台大型计算机、工作站或 PC。

虚拟现实软件系统是指虚拟现实/增强现实软件 X3D、VRML、Java3D、OpenGL、Vega、ARDK、ARToolKit 等，主要用于软件项目开发与设计。

虚拟现实硬件设备是指虚拟现实三维动态交互感知硬件设备，主要用于将各种控制信息传输到计算机，虚拟现实计算机系统再把处理后的信息反馈给参与者，实现“人”与“虚拟现实计算机系统”真实动态的、交互的和感知效果。

虚拟现实硬件设备可以实现虚拟现实场景中“人”、“机”的动态交互感觉，使用户充分体验虚拟现实中的沉浸感、交互性和想象力。如三维立体眼镜、数据手套、数据头盔、数据衣服以及各种动态交互传感器设备等。虚拟现实系统典型包括桌面虚拟现实系统、沉浸式虚拟现实系统、分布式虚拟现实系统、增强现实虚拟现实系统以及纯软件虚拟现实系统。

增强现实(Augmented Reality，AR)，也被称为混合现实，是虚拟现实技术的一个重要分支。通过计算机、网络以及虚拟现实硬件设备等，将虚拟的信息应用到真实世界，真实的环境和虚拟的物体实时地叠加到同一个三维立体场景或空间。增强现实技术源于虚拟现实技术是计算机前沿虚拟现实技术的重要分支和研究热点。虚拟现实技术主要涵盖沉浸虚拟现实系统、桌面虚拟现实系统、纯软件虚拟现实系统、分布式虚拟现实系统以及增强现实虚拟现实系统五大部分。

1.1.2 增强现实技术

增强现实又称增强型虚拟现实(Augmented Virtual Reality),是虚拟现实技术的进一步拓展,它借助必要的设备使计算机生成的虚拟环境与客观存在的真实环境(Real Environment,RE)共存于同一个增强现实系统中,从感官和体验效果上为用户呈现出虚拟对象与真实环境融为一体的增强现实环境。增强现实技术具有虚实结合、实时交互、三维注册的新特点,是正在迅速发展的新研究方向。美国北卡罗来纳大学的 Bajura 和南加州大学的 Neumann 对基于视频图像序列的增强现实系统进行了研究,提出了一种动态三维注册的修正方法,并通过实验展示了动态测量和图像注册修正的重要性和可行性。美国麻省理工大学媒体实验室的 Jebara 等研究实现了一个基于增强现实技术的多用户台球游戏系统。根据计算机视觉原理,他们提出了一种基于颜色特征检测的边界计算模型,使该系统能够辅助多个用户进行游戏规划和瞄准操作。

增强现实(全称增强虚拟现实)系统是近年来国内外众多研究机构和知名大学的研究热点之一。增强现实技术不仅在与虚拟现实技术相类似的应用领域,诸如尖端武器和飞行器的研制与开发、数据模型的可视化、虚拟训练、娱乐与艺术等领域具有广泛的应用,而且由于其具有能够对真实环境进行增强显示输出的特性,在精密仪器制造和维修、军用飞机导航、工程设计、医疗研究与解剖以及远程机器人控制等领域,具有比虚拟现实技术更加明显的优势,是虚拟现实技术的一个重要前沿分支。

增强现实也称为混合现实,它利用计算机技术将虚拟的信息应用到真实世界,真实的环境和虚拟的物体实时地叠加到同一个画面或空间同时存在。在一般情况下,增强现实提供了不同于人类可以感知的信息。它不仅展现了真实世界的信息,而且将虚拟的信息同时显示出来,两种信息相互补充、叠加。在视觉化的增强现实中,用户利用头盔显示器,把真实世界与计算机图形多重合成在一起,便可以看到真实的世界围绕着虚拟世界。

增强现实借助 X3D 虚拟现实技术、计算机图形技术和可视化技术产生现实环境中不存在的虚拟对象,并通过传感技术将虚拟对象准确“放置”在真实的环境中,借助显示设备将虚拟对象与真实环境融为一体,并呈现给使用者一个感官效果真实的全新环境。因此增强现实系统具有虚实结合、实时交互和三维注册等新特点。

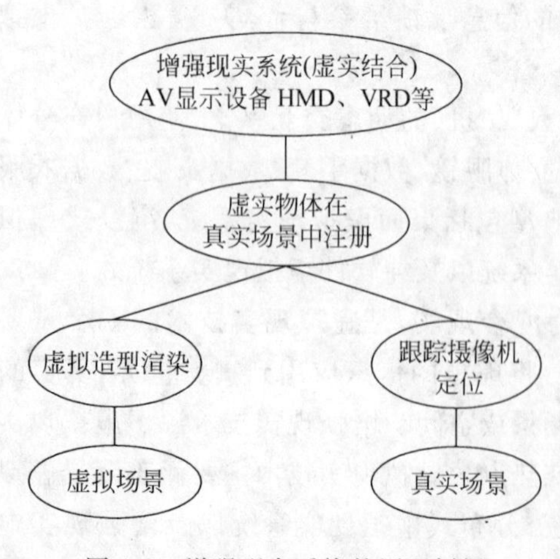

图 1-2 增强现实系统的原理剖析

增强现实技术是采用对真实场景利用虚拟物体进行“增强”显示的技术,与虚拟现实相比,具有更强的真实感受、建模工作量小等优点。可广泛应用于航空航天、军事模拟、教育科研、工程设计、考古、海洋、地质勘探、旅游、现代展示、医疗以及娱乐游戏等领域。美国巴特尔研究所在一项研究报告中列出 10 个在 2020 年最具战略意义的前沿技术发展趋势,其中增强现实技术排名前 10 位。

增强虚拟现实系统的基本特征包括虚实结合、实时交互、三维注册等新特点。增强现实系统的原理剖析如图 1-2 所示。

虚拟现实与增强现实技术有着密不可分的联

系，增强现实技术致力于将计算机产生的虚拟环境与真实环境融为一体。使浏览者对增强现实环境产生更加真实、贴切、更鲜活的交互感受。在增强现实环境中，计算机生成的虚拟造型和场景要与周围真实环境中的物体相匹配。使增强虚拟现实效果更加具有临场感、交互感、真实感和想象力。

(1) 虚实结合。增强现实是把虚拟环境与用户所处的实际环境融合在一起，在虚拟环境中融入真实场景部分，通过对现实环境的增强，来强化用户的感受与体验。

(2) 实时交互。增强现实系统提供给用户一个能够实时交互的增强环境，即虚实结合的环境，该环境能根据参与者的语音和关键部位位置、状态、操作等相关数据，为参与者的各种行为提供自然、实时的反馈。实时性非常重要，如果交互时存在较大的延迟，会严重影响参与者的行为与感知能力。

(3) 三维注册技术。这是增强现实系统最为关键的技术之一，其原理是将计算机生成的虚拟场景造型和真实环境中的物体进行匹配。在增强现实系统中绝大多数是利用动态的三维注册技术。动态三维注册技术分为两大类，即基于跟踪器的三维注册技术和基于视觉的三维注册技术。

基于跟踪器的三维注册技术，基于跟踪器的三维注册技术主要记录真实环境中观察者的方向和位置，保持虚拟环境与真实环境的连续性，实现精确注册。通常的跟踪注册技术包括飞行时间定位跟踪系统、相差跟踪系统、机构连接跟踪系统、场跟踪系统和复合跟踪系统。

基于视觉的三维注册技术主要通过给定的一幅图像来确定摄像机和真实环境中目标的相对位置和方向。典型的视觉三维注册技术有仿射变换注册和相机定标注册。仿射注册技术的原理是给定三维空间中任何至少 4 个不共面的点，空间中任何一个点的投影变换都可以用这 4 个点的变换结果的树形组合来表示。仿射变换注册是增强现实三维注册技术的一个突破，解决了传统的跟踪、定标等烦琐的注册方法，实现通过视觉的分析进行注册。相机定标注册则是一个从三维场景到二维成像平面的转换过程，即通过获取相机内部参数计算相机的位置和方向。

X3D(Extensible 3D，可扩展 3D)增强现实技术是计算机的前沿科技，是 21 世纪三维立体网络开发的关键技术。增强现实 X3D 技术融合 VRML 技术与 XML(eXtensible Markup Language，可扩展标记语言)技术，X3D 标准是 XML 标准与 3D 标准的有机结合，X3D 被定义为可交互操作、可扩展、跨平台的网络 3D 内容标准。2004 年 8 月，X3D 已被国际标准组织 ISO 批准通过为国际标准 ISO/IEC 19775，X3D 正式成为国际通用标准。Web3D 联盟是致力于研究和开发 Internet 上的虚拟现实技术的国际性的非营利组织，主要任务是制定互联网 3D 图形的标准与规范。Web3D 联盟已经完成可扩展的三维图形规范(Extensible 3D Specification)，称为 X3D 规范。X3D 规范使用可扩展标记语言 XML 表达对 VRML 几何造型和实体行为的描述能力，缩写 X3D 就是为了突出新规范中 VRML 与 XML 的集成。

X3D 增强现实技术是下一代具有扩充性三维图形规范，并且延伸了 VRML97 的功能。从 VRML97 到 X3D 是三维图形规范的一次重大变革，而最大的改变之处，就是 X3D 结合了 XML 和 VRML97。X3D 将 XML 的标记式语法定为三维图形的标准语法，已经完成了 X3D 的文件格式定义(Document Type Definition，DTD)。目前世界上最新的网络三维图形标准——X3D 已成为网络上制作三维立体设计的新宠。Web3D 联盟得到了包括 Sun、Sony、Shout3D、Oracle、Philips、3Dlabs、ATI、3Dfx、Autodesk/Discreet、ELSA、Division、

MultiGen、Elsa、NASA、Nvidia 和 France Telecom 等多家公司和科研机构的有力支持。可以相信,X3D 增强现实技术必将对未来的 Web 应用产生深远的影响。

X3D 增强现实技术是互联网 3D 图形国际通用软件标准,定义了如何在多媒体中整合基于网络传播的交互三维内容。X3D 技术可以在不同的硬件设备中使用,并可用于不同的应用领域,如科学可视化、航空航天模拟、虚拟战场、多媒体再现、教育、娱乐、网页设计和共享虚拟世界等方面。X3D 也致力于建立一个 3D 图形与多媒体的统一的交换格式。X3D 是 VRML 的继承。VRML 是原来的网络 3D 图形的 ISO 标准(ISO/IEC 14772)。X3D 标准是 XML 标准与 3D 标准的有机结合,X3D 相对 VRML 有重大改进,提供了以下的新特性:更先进的应用程序界面,新增添的数据编码格式,严格的一致性,组件化结构用来允许模块化的支持标准的各部分。

X3D 增强现实技术系统特征在语义学上描述了基于时间的行为、交互 3D、多媒体信息的抽象功能。X3D 标准和规范不定义物理设备或任何依靠特定设备执行的概念,如屏幕分辨率和输入设备。X3D 只考虑到广泛的设备和应用,在解释和执行上提供了很大的自由度。从概念上说,每一个 X3D 技术开发设计和应用都是一个包含图形和听觉对象的三维立体时空,并且可以用不同的机制动态地从网络上读取或修改。每个 X3D 技术开发设计和应用:为所有已经定义的对象建立一个隐含的环境空间坐标;该技术由一系列 3D 和多媒体定义和组件组成;可以为其他文件和应用指定超链接;可以定义程序化和或数据驱动的对象行为;可以通过程序或脚本语言连接到外部模块或应用程序。X3D 系统结构如图 1-3 所示。

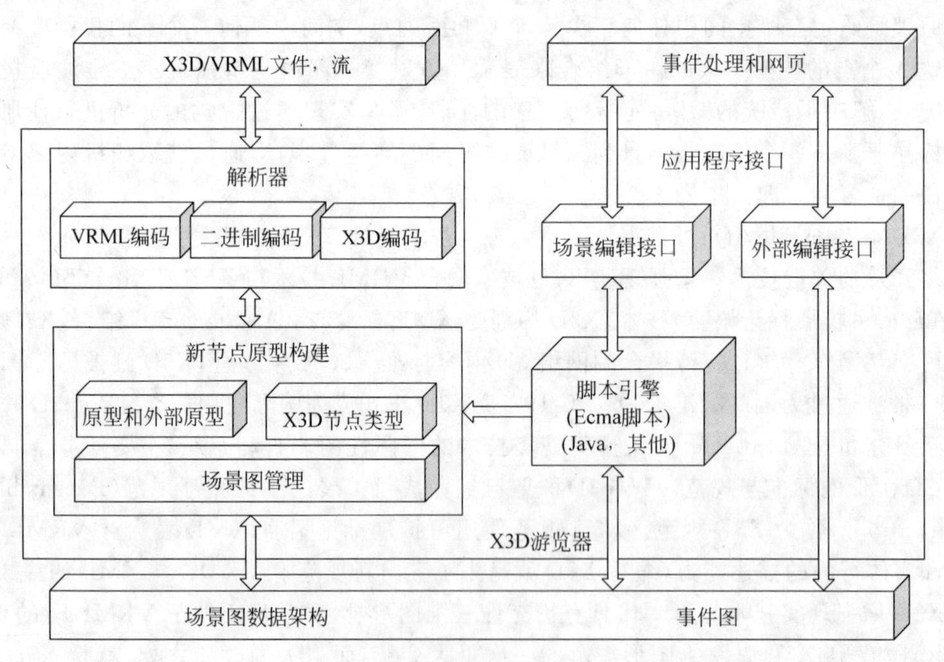

图 1-3 X3D 系统结构图

从可视化输出的角度来看,X3D 增强现实软件建模技术,主要是图像与几何模型相结合的建模方法。基于图像建模方法的全景图生成技术是基于图像建模方法的关键技术,其原理是空间中一个视点对周围环境的 360°全封闭视图。全景图生成方法涉及基于图像无缝连接技术和纹理映射技术。基于图像的三维重建和虚拟浏览是基于图像建模的关键技术。基于几何模型的建模方法是以几何实体建立虚拟环境，其关键技术包括三维实体建模技术、干涉校验技术、碰撞检测技术以及关联运动技术等。在计算机中通过 X3D 或 VRML 可以高效地完成几何建模、虚拟环境的构建以及用户和虚拟环境之间的复杂交互，并满足虚拟现实系统的本地和网络传输。

增强现实技术实现主要涵盖增强现实硬件、软件、跟踪设备等构成。具体实现包括摄像头、显示设备、三维产品模型、现实造型和场景以及相关设备和软件等，如图 1-4 所示。

在平面印刷品上叠加展品的三维虚拟模型或动画，通过显示设备呈现，以独特的观赏体验吸引用户深入了解产品。浏览者可以 360°自助观赏三维立体场景，在三维立体场景中对文字、视频、三维模型进行叠加，支持互动游戏，支持网页发布。适用于展览会、产品展示厅、公共广告、出版和网络营销等应用场合。

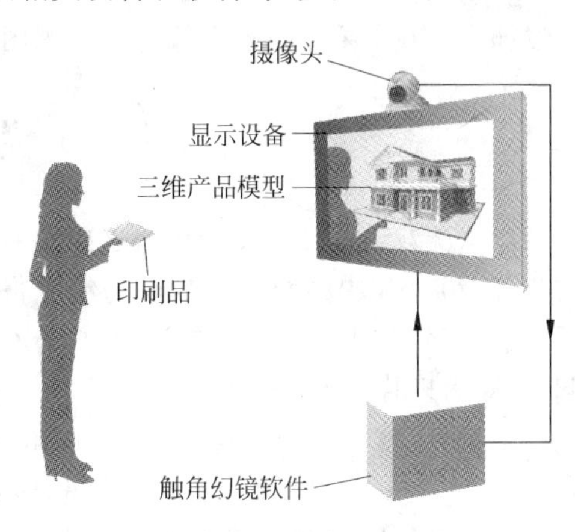

图 1-4　增强现实系统实现

X3D 增强现实系统设计最基本的问题就是实现虚拟信息和现实世界的融合。显示技术是增强现实系统的关键技术之一。通常把增强现实的显示技术分为以下几类：头盔显示器、投影式显示、手持式显示器显示和普通显示器显示。

现有的虚拟现实技术的人机界面中大多采用头盔显示器（Head-Mounted Display，HMD），主要原因是头盔显示器较其他几种显示技术而言沉浸感最强。因为用于增强显示系统的头盔显示器能够看到周围的真实环境，所以叫做透视式（see-through）头盔显示器。透视式头盔显示器分为视频透视式和光学透视式。前者是利用摄像机对真实世界进行同步拍摄，将信号送入虚拟现实工作站，在虚拟工作站中将虚拟场景生成器生成的虚拟物体同真实世界中采集的信息融合，然后输出到头盔显示器。后者则是利用光学组合仪器直接将虚拟物体同真实世界在人眼中融合。还有一种更为奇特的方法是虚拟视网膜显示技术，华盛顿大学的人机界面实验室研究出的虚拟视网膜是通过将低功率的激光直接投射到人眼的视网膜上，从而将虚拟物体添加到现实世界中。

投影式显示（projection display）是将虚拟的信息直接投影到要增强的物体上，从而实现增强。日本 Chuo 大学研究出的 PARTNER 增强现实系统可以用于人员训练，并且使一个没有受过训练的试验人员通过系统的提示，成功地拆卸了一台便携式 OHP（Over Head Projector）。另外一种投影式显示方式是采用放在头上的投影机（Head-Mounted Projective Display，HMPD）来进行投影。美国伊利诺斯州立大学和密歇根州立大学的一些研究人员研究出一种 HMPD 的原型系统。该系统由一个微型投影镜头，一个戴在头上的显示器和一个双面自反射屏幕组成。由计算机生成的虚拟物体显示在 HMPD 的微型显示器上，虚拟物体通过投影镜头折射后，再由与视线成 45°的分光器反射到自反射的屏幕上面。自反射的屏幕将入射光线沿入射角反射回去进入人眼，从而实现了虚拟物体与真实环境的重叠。

手持式显示器（Hand Held Display，HHD）显示通过采用摄像机等其他辅助部件，一些增强现实系统采用了手持式显示器。美国华盛顿大学人机界面技术实验室设计出了一个便携式的 MagicBook 增强现实系统。该系统采用一种基于视觉的跟踪方法,把虚拟的模型重叠在真实的书籍上,产生一个增强现实的场景。同时该界面也支持多用户的协同工作。日本的 Sony 计算机科学实验室也研究出一种手持式显示器,利用这种显示器,构建了 Trans Vision 协同式工作环境。

普通显示器显示(Monitor-based Display)增强现实系统也可以采用普通显示器显示。在这种系统中,通过摄像机获得的真实世界的图像与计算机生成的虚拟物体合成之后在显示器输出。在需要时也可以输出为立体图像,这时需要用户戴上立体眼镜。

1.2 游戏动画设计

全球游戏动画开发设计行业迅猛发展,中国游戏产业近几年的发展可谓异军突起。据文化部《2010 年中国网络游戏市场年度报告》,2009 年中国网络游戏市场的规模达 349 亿元,相比五年前中国网络游戏市场扩大了 4.6 倍多,曾经的网页游戏和手机游戏也风云迭起,不断出现月营收数千万元的神话,游戏设计师的收入一直是市场老大。新闻出版总署的统计数据显示:2011 年,我国网络游戏市场实际销售收入达到 428.5 亿元人民币,比 2010 年增长 32.4%。可以看出游戏开发设计市场潜力巨大。

在游戏的制作中,要想将游戏的角色的性格和情绪活灵活现地表现出来,需要通过动作来实现,而动作的流畅与否,会直接影响游戏的效果,这时候就要通过设计出一系列游戏动画来实现完美的游戏表达效果,可见游戏动画在整个游戏的设计及制作的过程中是非常重要的。

游戏动画专业是依托数字化技术、网络化技术和信息化技术对媒体从形式到内容进行改造和创新的技术,覆盖图形图像、动画、音效和多媒体等技术和艺术设计学科,是技术和艺术的融合和升华。它是一个综合性行业,是民族文化传统、人类文明成果和时尚之间的纽带,游戏动漫又是一种青春与活力迸发的艺术,是一种传统与创新交融的艺术,更是广大青少年寻梦的舞台。

1.2.1 游戏动画专业领域

游戏动画专业领域包括游戏策划、游戏场景设计、游戏角色设计、游戏动画设计、游戏特效设计、原创商业项目开发模拟、次世代模型设计、原画概念设计、影视角色动画设计、2D 网络游戏开发设计和 3D 网络游戏开发设计等。

游戏策划是以游戏策划总体构思为目的,由宏观的产业分析作为开篇,解析数字游戏生存发展的环境、游戏运营模式、游戏主要开发技术、游戏开发的需求与流程。把游戏开发的需求演变成数字游戏开发设计的组成部分。然后,对游戏创意进行详细设计,使之具备实际操作性。让游戏设计将更加细腻,体现游戏品质与商业价值。最后通过商业游戏引擎 Unity 3D、X3D 将成熟的设计文案制作成实际可操作的游戏原型,可以完成游戏公司中游戏系统策划、游戏关卡策划、游戏数值策划和游戏剧情策划等工作。

游戏场景设计主要对游戏中的场景和造型设计与制作,兼顾不同类型游戏的场景制作风格,全面掌握游戏 3D 场景的制作流程和制作技巧,对建筑结构、空间组合法则有比较深入的了解。可以完成 PC 端网游、网页游戏、移动媒体游戏中的三维场景设计工作，也完成虚拟现实、增强现实前沿行业中三维场景和造型的开发与设计工作。

游戏场景设计利用 X3D 游戏场景技术、CG 艺术表现游戏场景技术、网游戏场景道具、卡通风格网游场景、网游场景中式组合场景、网游场景西式风格建筑以及组合场景环境营造等。游戏场景 CG 艺术表现是把创作载体由传统纸面转移到计算机软件，结合视觉审美、绘画功底及丰富的想象力，运用计算机软件优势创作出各种新奇的设计及绘画作品。网游场景道具要掌握 X3D 游戏场景与造型设计，基本几何体尺寸、色彩，复杂几何体和曲线曲面等开发设计。利用 Photoshop 图像处理功能对三维场景和造型进行纹理绘制，运用图像的贴图尺寸、图层、色彩规范等来优化和处理，熟练掌握手绘板与笔刷的使用，能掌握无缝贴图技术，掌握道具贴图绘制方法。卡通风格网游场景设计以动画卡通、网络游戏、多媒体产品为主，理解和掌握所发现的一些最佳的动画绘制方法，这样动画设计才能越画越好，越画越容易。提供了非常有帮助的卡通动画设计原理、规则、套路和方法，利用这些技术创作卡通动画开拓思路，创作出更好的作品。网游场景中式单体建筑将中国古典建筑与意趣风格融合在一起，将游戏场景打造成一幅“游戏画卷”。利用各种贴图、透明贴图等绘制方法提高手绘能力，熟悉整个游戏模型贴图的设计制作流程。场景模型创建技巧、通过场景材质设置技巧、场景灯光设置及布光方法，理解中式风格概念、中式风格装饰要素、花格、条案、圈椅、屏风、灯光、字画、家具和中式风格设计方法。最终现实网游场景中式组合场景掌握写实风格低精度物体与场景的设计要求和技巧，强化场景制作能力、场景整体制作与调整、气氛与光影的表达，加强写实风格的贴图表现技巧，提高并修改最终作品的效果质量。网游场景西式风格建筑要把欧洲奇幻华丽的场景展示出来，进行游戏场景制作，了解欧式建筑结构，分析欧式建筑风格、UV 拆分方式，掌握欧式场景制作要求。在最初的设计定位和构图上，组合场景环境营造是最关键的，影响到整个画面的大局。一般较常用的有几种方法，运用环境推理和拼接组合建筑顶部可以在中式建筑的基础上作改进和更为张扬的设计，建筑群落整体的布局和造型可以借鉴古村落、城堡或欧式类建筑，错落又复杂，这就是组合场景造型，如图 1-5 所示。

图 1-5　游戏场景设计

游戏角色设计是从基础道具的制作到角色制作一个过渡，由浅入深地讲解了 3D 游戏角色的制作方法，并兼顾不同类型游戏的角色制作风格，完全掌握游戏 3D 角色的制作流程和模型与贴图的制作技巧，完成游戏公司的网络游戏、网页游戏、移动媒体游戏中的 3D 角色设计工作。游戏角色设计包括 X3D 游戏角色设计、网游角色 CG 艺术设计、角色道具设计、动物模型设计、人物设计以及网游角色标准模型制作等。

利用 X3D 完成游戏角色设计，使用点、线、面、挤压造型技术创建复杂 3D 角色。网游角色 CG 艺术设计，掌握一定的造型能力和对色彩的识别能力，对分镜头技术有较深入的了解，可以完成漫画插图工作以及动画故事板制作。在角色道具设计中，了解角色道具的分类和流程等，对角色道具的制作有较全面系统的了解和认识。从基本几何体入手，拓展复杂几何体开发设计，直到能够掌挥各类角色道具的制作思路和方法。游戏中的道具泛指消耗品、装备、任务物品等。道具分为多种类别，类别规定了道具的用途操作，同类道具操作的规则相同。如任务道具不可丢弃，消耗品可以被使用，使用之后会产生一定作用并被销毁，装备道具可以被装备在装备栏中，在玩家弹出装备界面的时候，除装备道具之外的其他道具图标都会变暗，表示只有装备道具可以被放到装备栏上。道具分类在不同的有种有不同的分类，在"《天纪》战天斗地"游戏中道具包括消耗品、装备、书籍、工具、材料、宝石、任务道具、特殊道具八类。人物和动物模型设计是角色游戏开发中必不可少的。无论次世代游戏还是网络游戏，都有大量的动物模型设计。掌握网游场景的特点、网游场景与角色以及道具的不同，利用 3DS Max、Maya、X3D 制作人物和动物模型和场景技术。网游角色标准模型制作，介绍如何进行富于创意的速写，调动并激活潜在的创造力，使艺术创造的灵感油然而生，从而令戏剧感、视觉冲击力到达前所未有的高度，创造出令人信服、呼之欲出的角色。现实生活为创作者提供了极其丰富的创作灵感，艺术的真实并不是生活中原本状态的再现，而是经过艺术加工提炼和升华，艺术源于生活又高于生活。创造出的角色形象才会有血有肉。展开你的想象力和创造力，用刻苦来磨砺你的意志，用勤奋铸就未来。把理论付诸实践，观察如何借助模特照片完成速写并激发出角色设计的灵感，用富于创意的速写去创作能够令人耳目一新、有所共鸣的原创角色，如图 1-6 所示。

游戏动画设计深刻剖析了游戏中的动画制作，内容涵盖了不同类型游戏角色和场景的动画制作方法，理解掌握游戏 3D 动画的制作流程和制作技巧。熟悉 X3D 游戏动画开发设计、3DS Max 软件控制动画的各种命令，对每一种类型的动画运动规律有比较深入的了解。能够承担 PC 端网游、网页 3D 游戏、移动媒体游戏中的三维动画设计工作。游戏动画设计全面系统地讲解游戏中的动画技术与技巧，掌握动画原理、骨骼蒙皮绑定、常规角色动画，如走跑跳、施法、死亡、攻击、待机等多类型角色动画的制作技巧与流程，如角色类、飞行类、怪物类、四足类等。怪物类和四足类角色动画设计按照游戏动画的产业标准制作符合业界标准的动画。除怪物类和四足类角色动画本身要达到流畅外，还要满足其角色的逻辑性、趣味性、个性特色分析掌握非人形怪物的结构特征等。网游场景动画设计利用初级道具贴图手绘技术、高级道具贴图手绘技术、场景贴图进阶、复杂有层次感的浮雕场景贴图手绘技术，利用素材进行合成的贴图技巧，写实类场景贴图处理。通过形体、装备、贴图等专项四个部分逐步深入细化，掌握网游角色建模及贴图的核心技术，如图 1-7 所示。

图 1-6　游戏角色设计

图 1-7　游戏动画设计

游戏特效设计包含不同类型游戏的制作风格，掌握游戏特效的制作流程和制作技巧。熟悉 X3D、3DS Max、Photoshop、Illusion、游戏引擎编辑器等常用软件，并且对影视特效、动画特效、后期制作有比较深入的了解。能够承担 PC 端网游、网页游戏、移动媒体游戏中的特效设计工作，还可以向影视和动画等行业后期制作方向发展。利用 3DS Max 游戏特效制作，初步了解基本物体造型特效渲染、对象的镜像其及复制的应用，修改面板的认识及二维曲线的创建、修改及应用，粒子烟火渲染效果等。游戏特效介绍与 Illusion 软件应用，通过操纵角色打出各种必杀技或魔法时，其绚丽的效果能给玩家带来莫大的成就感。游戏特效实战按照游戏公司中标准的制作工艺流程完成每一种特效，包括分镜设计、切片动画、特效贴图制作、粒子特效制作、后期合成等整个流程。另外，还要对视听语言、色彩理论知识以及游戏公司特效编辑器使用。游戏引擎特效编辑器是对 2D、3D 游戏中的各种特效，包括刀、剑、斧子、枪等不同物理兵器道具的打击特效，各种魔法如治疗法术类、辅助法术类、元素法术类、召唤法术类的特效设计与制作，以及游戏场景中各种特效的制作，如图 1-8 所示。

次世代 3D 模型设计是以次世代游戏中的模型制作为主体，理解和掌握次世代游戏模型的制作流程和制作方法以及技巧。熟练掌握 Zbrush、Topogun、Xnormal 等行业中常用软件。能够承担 PC 端和家用娱乐设备次世代单机游戏，以及次时代网游模型的设计制作工作。次世代 3D 模型是利用高模烘焙的法线贴图回帖到低模上，让低模在游戏引擎里可以及时显示高模的视觉效果。

次世代游戏美术的标志性技术就是法线贴图，以法线贴图被大规模运用到游戏开发中。比起上一代游戏以大量手绘纹理为主的制作方式，现在次世代更讲究使用真实照片素材来进行绘制。这样使得游戏的画面效果更好来达到 3D 世界的逼真还原。大量的新技术，如 ZBrush 雕刻高模技术、Normal map 的接缝处理、使用 ZBrush3 拓扑工具高低模转换等。游戏设计与开发中，使用新软件 ZBrush、Bodypaint、Crazybump 等。通俗地说，现在市面上流行的游戏如《战争机器》、《孤岛危机》等算是次世代游戏的代表。

次世代游戏运用运动规律制作角色动画与特效动画，掌握次世代游戏开发、规范与制作技法，成为游戏动画制作人才及次世代游戏美术开发人才。

次世代道具模型制作是以一款游戏从提出创意到成为商业产品开发的全过程。在这个过程中，有来自游戏业界的同行、专家共同探讨如何进行游戏的功能、逻辑、玩法设计。

次世代级场景和角色制作，通过场景、形体、装备、贴图四个部分逐步深入细化，掌握网游场景和角色建模及贴图的核心技术，根据平面的原画即可创建出优秀的网游场景和角色，如图 1-9 所示。

图 1-8　游戏特效设计

图 1-9　次世代游戏设计

原画概念设计对应游戏、影视、动漫和广告等工作的前期概念设计领域，对项目开发原创期间所涉及的软件进行深刻的理解和掌握，以 Photoshop、Painter 为重点。能在 CG 领域找到一份极富挑战的职位，包括游戏概念设定师、商业插画师、电影背景绘制师、电影脚本绘制和漫画师等。原画概念设计包含原画分析规划、游戏、影视原画表现原画设计、工业设计、生物逻辑设计、物品道具设计、场景设计、角色设计、怪物设计和插画表现设计等。其中怪物设计利用男女身体模型，更改成怪物模型，进行网游角色形体限时测试，测试总结及错误更改；插画表现设计是任何一款游戏在制作前期都要进行的一项重要工作，这个过程将提供游戏项目所需要的全部美术设计方案。原画概念设计主要完成建模、贴图绘制、整体调整、包装成品、角色测试、原画分析规划以及建模等，如图 1-10 所示。

图 1-10　原画概念设计

影视角色动画设计对各种动画制作风格进行延伸，在动画环节中从自然天性的表演升华到各种环境和情绪之中的动画表演，理解在动画中如何表达情感和状态。在绑定环节中，从复杂的生物绑定制作到生物肌肉系统的理解，逐渐掌握高端生物绑定技术。能够制作出优秀的角色绑定以及带有表演性的动画效果，最终成为一名出色的符合公司高端人才需求的动画师。对 Maya 肌肉系统基础知识、Maya 场景制作、Maya 卡通角色建模、Maya 写实角色建模要全面系统了解软件制作技术，能够进行商业级模型制作。设计肌肉绑定商业案例实践，能够制作商业级动画设置工作，对角色动画制作深入了解。结合动画表演的 Maya 制作、Maya 场景制作、Maya 卡通角色建模、Maya 写实角色建模，掌握运动原理，运用运动规律制作角色动画与特效动画，掌握动画设计技能，规范与制作技法，成为合格的影视角色动画设计师。

MotionBuilder 是业界最为重要的 3D 角色动画软件之一，它集成了众多优秀的软件工具，为制作高质量的动画作品提供了保证。此外，MotionBuilder 中还包括了独特的实时架构，无损的动画层，非线性的故事板编辑环境和平滑的工作流程。MotionBuilder 主要用于游戏、电影、广播电视和多媒体制作的世界一流的实时三维角色动画生产力套装软件。利用实时的、以角色为中心的工具的集合，对于从传统的插入关键帧到运动捕捉编辑范围内的各种任务，该软件为技术指导和艺术家提供了处理最苛刻的、高容量的动画的功能。它的固有文件格式为 FBX，使在创建三维内容的应用软件之间具有无与伦比的互用性，使 MotionBuilder 成为可以增强任何现有制作生产线的补充软件包，如图 1-11 所示。

图 1-11　影视角色动画设计

(1) 3D 网络游戏开发设计。了解 Java、C++、3D 计算机图形学等基础知识，掌握 Unity3D、X3D 游戏开发技术。同时对 3D 游戏技术基础、3D 游戏摄像机、模型处理等。然后掌握 3D 场景管理、高级模型优化技术、粒子系统、阴影等高级技术，还要用好目前流行的高效的开源 3D 游戏引擎 OGRE。

(2) 3D 程序基础。通过三维空间游戏场景设计，游戏道具及游戏人物方面的基础应用，能够认识和理解场景、道具和角色三方面的区别和联系。

(3) 单元项目。了解游戏企业，掌握游戏职场的软技能以及生存发展的技巧与规则，完成单元项目开发设计。

(4) 3D 场景技术。了解网游低多变形场景的特点、网游场景与角色以及道具的不同以及 3DS Max 在场景建模中的应用技巧。

(5) 服务器与数据库。掌握基础服务器与数据库技术。

(6) 面向对象高级编程语言。Java、C++具有一个专业 C++开发环境所能提供的全部功能——快速、高效、灵活的编译器优化、连接、CPU 内部指令以及命令行工具等。它实现了可视化的编程环境和功能强大的面向对象编程语言的完美结合。

(7) 3D 地图编辑器将美工绘制的图形部件导入组合成一套场景的工具，通常美工只负责做一个一个的物体，需要一个工具将各部件组织到一起，并对所进行 3D 模型进行坐标变换、视角变换等。

(8) OGRE 游戏引擎技术。OGRE(Object-oriented Graphics Rendering Engine，面向对象的图形渲染引擎)是用 C++开发的面向对象且使用灵活的 3D 引擎，它的目的是让开发者能更方便和直接地开发基于 3D 硬件设备的应用程序或游戏。引擎中的类库对更底层的系统库，如 Direct3D 和 OpenGL 的全部使用细节进行了抽象，并提供了基于现实世界对象的接口和其他类。它只是图形引擎，并不包括声音、物理引擎等的实现，如图 1-12 所示。

图 1-12　3D 网络游戏开发设计

1.2.2　游戏动画开发设计步骤

了解游戏设计与开发的基础知识，从游戏概念、设计理念、艺术创作、技术实现、开发管理、市场推广和运营维护等多个角度，通过浅显易懂的语言，对游戏开发的整个过程进行了全面而深入的论述，以一种全新的视角认识游戏世界。主要包括游戏策划、游戏主题、游戏规则、游戏本质、需求分析以及设计以思路。

游戏策划是以游戏策划发散思维为主要目标，解析数字游戏生存发展的环境、游戏运营模式、游戏主要开发技术和游戏开发的需求与流程。把现实世界的物质与大脑的想象力有机结合，产生智慧的火花，演变成游戏创作的灵感。游戏策划设计文档模板，游戏文档包括游戏名称、游戏设计历程、游戏表述、特色设置和游戏世界等。其中的提案文档对于整个项目至关重要，一份好的设计文档和提案文档会使游戏更加容易获得投资商的青睐。游戏关卡策划主要负责游戏场景的设计以及任务流程、关卡难度的设计，其工作包罗万象，包括场景中的人物、怪物分布、UI 设计以及游戏中的陷阱等。简单来说，关卡策划就是游戏世界的主要创造者之一。

游戏主题首先要了解“游戏世界观”，在游戏中世界观首先由游戏主题确定，社会的构成如何，游戏的焦点和矛盾是什么，矛盾的双方情况如何以及矛盾是如何产生的。这就是一个游戏的最初世界观。游戏里的元素都不能和世界观相抵触，最好要有充分的游戏背景去解释游戏里每个元素的来龙去脉。游戏的开发设计者是这个游戏的总导演。

游戏规则是在既定的游戏世界观中产生的，也是玩家在游戏的世界必须要遵守的；而任务就是更好地体现游戏规则，游戏任务也会贯穿整个游戏的始终；这对成为一名合格的游戏策划师至关重要。一般主要负责游戏的系统规则的编写，游戏数值策划又称为游戏平衡性设计师。一般主要负责游戏平衡性方面的规则和系统的设计，包括AI、关卡等，除了剧情方面以外的内容都需要数值策划负责游戏数值策划的日常工作和数据打的交道比较多，如在游戏中所见的武器伤害值、HP值，甚至包括战斗的公式等都由数值策划所设计。

游戏的本质就是按照一定规则进行的交互式娱乐行为。所谓规则，指一个游戏在进行的过程中，所有参与游戏的人员必须遵守的行为准则。从表现形式上看，根据游戏的规则不同、目的不同，可分竞技性和非竞技性两类，那么如何制定规则，并让游戏者在参与过程中得出唯一的胜负结论。

需求分析与设计思路探索游戏用户消费心理需求，挖掘网络游戏用户消费动机，分析网络游戏用户消费行为，参与运营活动方案策划与设计。分析各种需求，包括安全需求、成长需求、探索需求、交互需求、审美需求、尊重需求、自我实现需求，这些需求组成了网络游戏用户消费心理。根据需求分析制定游戏总体规划和设计，在总体设计的过程中，把每一个剧情、场景分成更细模块，在详细设计中对每一个模块再进行编程设计，完成游戏中每一个环节设计和编码工作。要对所有的程序模块进行单元和综合测试，最终完成游戏动画设计全过程。

游戏动画开发设计涵盖五大步骤：

(1) 绘制设计图。首先要有原画设计图，动画师根据设计图制作出3D人物和场景。然后动画师利用计算机进行三维立体建模，创建虚拟现实场景和造型。使用计算机在虚拟空间创建虚拟三维人、场景和造型。

(2) 给原画着色。当角色形态基本形成之后，动画师要对三维人物或造型进行“着色”。所谓“着色”，就是对三维物体进行颜色或纹理绘制。动画师使用3D制作软件，需要不断修改、细致绘画、反复在3D模型上绘制。

(3) 动画绑定骨骼。着色做好后，下一步工作是“绑定骨骼”。“绑定骨骼”又是什么？顾名思义，就是给做好的3D模型安上骨骼，让3D模型运动起来。现在完成的只是一个上了色的三维造型，它是无法移动的。此时动画师变成了一名三维动画设计者，要为3D模型安装能动的关节和骨骼。

(4) 调节动画环节。骨骼“装”好之后，就是“调动画”。直到这时，动画师才开始制作动画片的精髓，让“静态”造型变成“动态”。如何让动画角色的运动更加自然合理，动画师亲自把动作演练一番，让自己感受角色并与角色融为一体，用细腻的感觉和精湛的技艺细心调制模型的各种动作。

(5) 3D动画渲染。当动作基本完成之后，要进行最后一步工作是把模型放在高配置的机器上“渲染”，就是通过计算机把3D模型和场景变成一帧帧静止图片的过程。这是一个相当耗时的过程：动画模型做得越精细，渲染一帧的时间也就越长。待一帧帧的静止图片被渲染出来后，再用软件把它们播放出来，一部3D动画基本上就呈现在我们眼前了。

1.2.3 游戏动画应用领域

游戏动画应用领域主要涵盖建筑设计、城市规划、三维动画制作、园林景观设计、产品演示、模拟三维动画、片头动画、广告动画、影视动画、角色动画、游戏程序开发设计、游戏策划以及游戏运营等。

1. 建筑领域

房地产漫游动画、小区浏览动画、楼盘漫游动画、三维虚拟样板房、楼盘 3D 动画宣传片、地产工程投标动画、建筑概念动画、房地产电子楼书、房地产虚拟现实等动画制作。

2. 规划领域

道路、桥梁、隧道、立交桥、街景、夜景、景点、市政规划、城市规划、城市形象展示、数字化城市、虚拟城市、城市数字化工程、园区规划、场馆建设、机场、车站、公园、广场、报亭、邮局、银行、医院、数字校园建设、学校等动画制作。

3. 三维动画制作

从简单的几何体模型到复杂的人物模型，单个的模型展示，到复杂的场景如道路、桥梁、隧道、市政、小区等线型工程和场地工程的景观设计表现得淋漓尽致。

4. 园林景观领域

景区宣传、旅游景点开发、地形地貌表现、国家公园、森林公园、自然文化遗产保护、历史文化遗产记录、园区景观规划、场馆绿化、小区绿化、楼盘景观等动画表现制作。将传统的规划方案从纸上或沙盘上演变到计算机中，真实地还原了一个虚拟的园林景观。

5. 产品演示

工业产品，如汽车动画、飞机动画、轮船动画、火车动画、舰艇动画、飞船动画；电子产品，如手机动画、医疗器械动画、监测仪器仪表动画、治安防盗设备动画；机械产品动画，如机械零部件动画、油田开采设备动画、钻井设备动画、发动机动画；产品生产过程动画，如产品生产流程、生产工艺等三维动画制作。

6. 模拟三维动画

模拟一切过程，如制作生产过程、交通安全演示动画（模拟交通事故过程）、煤矿生产安全演示动画（模拟煤矿事故过程）、能源转换利用过程、水处理过程、水利生产输送过程、电力生产输送过程、矿产金属冶炼过程、化学反应过程、植物生长过程、施工过程等演示三维动画制作。

7. 片头动画

宣传片片头动画、游戏片头动画、电视片头动画、电影片头动画、节目片头动画、产品演示片头动画、广告片头动画等。

8. 广告动画

动画广告中一些画面有的是纯动画的，也有实拍和动画结合的。在表现一些实拍无法完成的画面效果时，就要用到动画来完成或两者结合。如广告用的一些动态特效就是采用 3D 动画完成的，现在所看到的广告，从制作的角度看，都或多或少地用到了动画。

9. 影视动画

影视特效创意、前期拍摄、影视 3D 动画、特效后期合成、影视剧特效动画等。

1.3 互联网 3D 软件开发环境

互联网 3D 系统开发与运行环境主要涵盖 X3D 系统的开发环境和运行环境。X3D 系统的开发环境，包括记事本 X3D 编辑器和 X3D-Edit 专用编辑器开发环境，利用它们可以开发 X3D 源程序和目标程序。X3D 系统的运行环境主要指 X3D 浏览器安装和运行，主要包含 X3D 浏览器安装和使用以及 BS Contact X3D 7.2 浏览器安装及使用。最后，介绍 X3D 程序调试。

互联网 3D 软件开发环境主要指 X3D 编辑器，它是用来编写 X3D 源程序代码的有效开发工具，是开发设计 X3D 源程序代码的有力工具。X3D 源文件使用 UTF-8 编码的描述语言，国际 UTF-8 字符集包含任何计算机键盘上能够找到的字符，而多数计算机使用的 ASCII 字符集是 UTF-8 字符集的子集。用一般计算机中提供的文本编辑器编写 X3D 源程序，也可以使用 X3D 的专用编辑器来编写源程序。

可以使用 Windows 系统提供的记事本工具编写 X3D 源程序，但软件开发效率较低。使用 X3D-Edit 专用编辑器编写源程序代码，会使软件项目开发的效率获得极大提高，同时可以转换成其他形式的代码执行。

1.3.1 记事本互联网 3D 编辑器

编写 X3D 源代码有多种方法，这里介绍一种最简单、最快捷的编辑方式。使用 Windows 系统提供记事本工具编写互联网 3D 程序。

在 Windows 2000/Windows XP 操作系统中，选择“开始”→“程序”→“附件”→“记事本”命令，然后在记事本编辑状态下，创建一个新文件，开始编写 X3D 源文件。注意，所编写的 X3D 源文件程序的文件名——X3D 程序名(文件名)由文件名和扩展名组成，并且在 X3D 文件中要求文件的扩展名必须是 *.x3d 或 *.x3dv，否则 X3D 的浏览器是无法识别的。用文本编辑器编辑 X3D 源程序文件，对软件项目进行简单方便快速的设计、调试和运行。

利用文本编辑器对 X3D 源程序进行创建、编写、修改和保存工作，还可以对 X3D 源文件进行查找、复制、粘贴以及打印等。使用文本编辑器可以完成 X3D 的中小型软件项目开发、设计和编码工作，方便、灵活、快捷和有效，但对大型软件项目的开发来说，编程效率较低。

1.3.2 互联网 3D 专用编辑器使用安装

X3D-Edit 3.2 是一个互联网 3D 文件专用编辑器。使用 X3D-Edit 3.2 编辑器编辑 X3D 文件时，可以提供简化的、无误的创作和编辑方式。X3D-Edit 3.2 通过 XML 文件定制了上下文相关的工具提示，提供了 X3D 每个节点和属性的概要，以方便程序员对场景图的创作和编辑。

使用 X3D-Edit 3.2 专用编辑器编写 X3D 源程序文件，对中大型软件项目的开发和编程具有高效、方便、快捷且灵活等特点，可根据需要输出不同格式文件供浏览器浏览。利用 XML 和 Java 的优势，同样的 XML、DTD 文件将可以在其他不同的 X3D 应用中使用。如

X3D-Edit 3.2 中的工具提示为 X3D-Edit 提供了上下文敏感的支持，提供了每个 X3D 节点(元素)和域(属性)的描述、开发和设计，此工具提示也通过自动的 XML 转换工具转换为 X3D 开发设计的网页文档，而且此工具提示也将整合到将来的 X3D Schema 中。

1. X3D-Edit 编辑器的特点

(1) 具有直观的用户界面。

(2) 建立符合规范的节点文件，节点总是放置在合适的位置。

(3) 验证 X3D 场景是否符合 X3D 概貌或核心(Core)概貌。

(4) 自动转换 X3D 场景到 *.x3dv 和 *.wrl 文件，并启动浏览器自动察看结果。

(5) 提供 VRML97 文件的导入与转换。

(6) 大量的 X3D 场景范例。

(7) 每个元素和属性的弹出式工具提示，帮助了解 X3D/VRML 场景图如何建立和运作，包括中文在内的多国语言提示。

(8) 使用 Java 保证的平台通用性。

(9) 使用扩展样式表(XSL)自动转换：X3DToVrml97.xsl(VRML97 向后兼容性)、X3DToHtml.xsl(标签集打印样式)、X3DWrap.xsl/X3DUnwrap.xsl(包裹标签的附加/移除)。

(10) 支持 DIS-Java-VRML 工作组测试和评估 DIS-Java-VRML 扩展节点程序设计测试和评估。

(11) 支持 GeoVRML 节点和 GeoVRML 1.0 概貌。

(12) 支持起草中的 H-Anim 2001 人性化动画标准和替身的 Humanoid Animation 人性化动画节点的编辑。同时也支持 H-Anim 1.1 概貌。

(13) 支持新提议的 KeySensor 节点和 StringSensor 节点。

(14) 支持提议的 Non-Uniform Rational B-Spline(NURBS)Surface 扩展节点的评估和测试。

(15) 使用标签和图标的场景图打印。

X3D-Edit 3.2 可在多种操作系统中运行，包括 Windows、Linux、Mac OS X PPC、Solaris 运行环境等。X3D 的运行环境主要指 Windows 操作系统运行环境、Mac OS X PPC 操作系统运行环境、Linux 操作系统运行环境、Solaris 操作系统运行环境。用户根据软件项目开发与设计需求选用相应的 X3D 系统的运行环境。

2. X3D 系统 Windows 运行环境安装需求

X3D 系统 Windows 运行环境安装需求包括安装 X3D 浏览器或 BS_Contact_VRML-X3D_72 浏览器，Java 虚拟机安装环境支持，还需要安装 Xeena 1.2EA 扩展标记语言 XML 编辑工具环境，最后安装 X3D-Edit 专用编辑器开发 X3D 源程序文档。

X3D-Edit 3.2 专用编辑器安装是自动完成 Java 虚拟机安装、Xeena 1.2EA XML 编辑工具安装，以及 X3D-Edit 3.2 中文版专用编辑器的安装工作。

1) X3D-Edit 专用编辑器下载

在 http://www.x3d.com 网站下载 X3D-Edit 3.2 专用编辑器。

2) X3D-Edit 3.2 专用编辑器安装

X3D-Edit 专用编辑器全部安装过程如下：

(1) 双击图标,开始自动安装,首先安装程序正在做安装的准备工作。

(2) 在完成安装准备工作后,在显示的安装画面,选择"中文简体"选项,然后,单击 OK 按钮,继续安装。

(3) 显示 X3D-Edit 专用编辑器全部安装过程,包括简介、选择安装文件夹、选择快捷键文件夹、预安装摘要、正在安装以及安装完毕等信息。在显示 X3D-Edit 专用编辑器简介,单击"下一步"按钮继续安装。

(4) 显示 X3D-Edit 专用编辑器安装画面,提示:在安装和使用 X3D-Edit 专用编辑器之前,必须接受下列许可协议,选择"本人接受许可协议条款"选项,单击"下一步"按钮继续安装。

(5) 显示选择安装文件夹,可以选择默认路径和文件夹(C:\),也可以选择指定路径和文件。选择"选择默认路径和文件夹"选项,单击"下一步"按钮继续安装。

(6) 显示预安装摘要,包括产品名、安装文件夹、快捷文件夹、安装目标的磁盘空间信息等。如果想返回上一级菜单进行相应修改,单击"上一步"按钮;如果不需要改动,则单击"安装"按钮开始安装 X3D-Edit 专用编辑器。

(7) 显示正在安装 X3D-Edit 专用编辑器。首先,安装 Java 运行环境、Xeena 1.2EA XML 编辑工具、X3D-Edit 专用编辑器等,直到完成整个程序的安装。

(8) 在完成全部 X3D-Edit 专用编辑器安装工作后,显示安装完毕,单击"完成"按钮,结束全部安装工作。

在完成 X3D-Edit 专用编辑器安装工作后,需要启动 X3D-Edit 专用编辑器来编写 X3D 源程序,并进行相应软件项目的开发与设计。

X3D-Edit 专用编辑器的启动过程如下:

首先,进入 C:\WINNT\Profiles\All Users\Start Menu\Programs\X3D Extensible 3D Graphics\X3D-Edit 目录下,找到 X3D-Edit-Chinese 快捷文件,即图标,也可以把它放在桌面上。

启动 X3D-Edit 专用编辑器,双击图标,即可运行 X3D-Edit 专用编辑器,进行编程和 X3D 虚拟现实项目开发与设计。显示出现 X3D-Edit 3.2 专用场景编辑器启动主界面。

X3D-Edit 3.2 版本专用编辑器安装运行 X3D-Edit 3.2 版本专用编辑器正常安装便可运行。下载 X3D-Edit 3.2 中文版专用编辑器后便可运行 X3D-Edit 3.2 专用编辑器。在 X3D-Edit 3.2 目录下,双击 runX3DEditWin.bat 文件,可以启动 X3D-Edit 3.2 专用编辑器。

X3D-Edit 3.2 编辑器使用在正确安装 X3D-Edit 专用编辑器的情况下,双击 runX3DEditWin.bat 文件,可以启动 X3D-Edit 3.2 专用编辑器。启动 X3D-Edit 3.2 专用编辑器主界面,如图 1-13 所示。

3) 介绍 X3D-Edit 专用编辑器主界面使用功能

X3D-Edit 编辑器开发环境由标题栏、菜单栏、工具栏、节点功能窗口、节点属性功能窗口、程序编辑窗口以及信息窗口等组成。

(1) 标题栏:位于整个 X3D-Edit 专用编辑器的第一行,显示 X3D-Edit 场景图编辑器(版本 3.2)文字。

(2) 菜单栏:位于 X3D-Edit 专用编辑器的第二行,包括文件、编辑、视图、窗口、X3D、

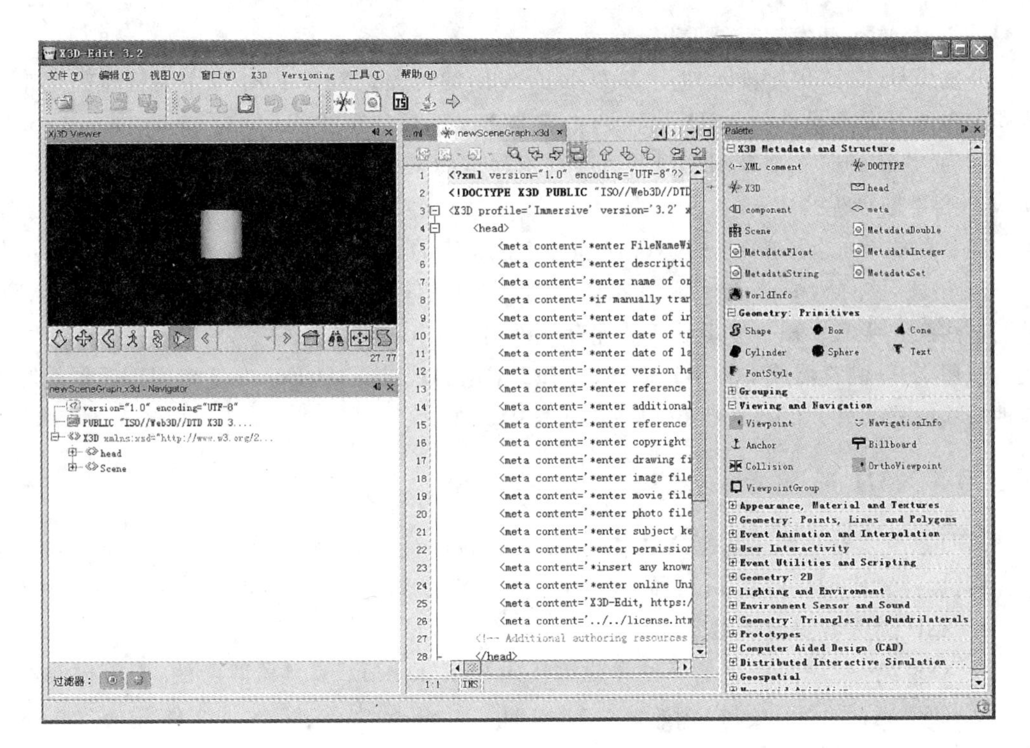

图 1-13　X3D-Edit 3.2 专用编辑器主界面

Versioning、工具和帮助。

文件选项包含创建一个新文件、打开一个已存在文件、存储一个文件等；编辑选项包含复制、剪切、删除以及查询等功能；视图选项包含 Toolbars、显示行号、显示编辑器工具栏等；窗口选项包含 X3dViewer、Output、Favorites 等；X3D 选项包含 Examples、Quality Assurance、Conversions；Versioning 选项包含 CVS、Mercurial、Subversion 等；工具选项包含 Java Platforms、Templates、Plugins 等；帮助选项包含相关帮助信息等。

(3) 工具栏：位于 X3D-Edit 专用编辑器的第三行，主要包括文件的新建、打开、存盘、Save All、查找、删除、剪切、复制、new X3D scene 以及选项等常用快捷工具。

(4) 节点功能窗口：节点区位于界面的右侧，包括所有节点(all nodes)、新节点(new nodes)、二维几何节点(Geometry2D)、Immersive profile、Interactive profile 、Interchange profile、GeoSpatial1.1、DIS protocol、H-Anim2.0 节点等。节点功能窗口包括 X3D 目前所支持的所有特性节点，是标签操作方式，单击相应的标签将在下方显示出相应的节点，凡是不可添加的节点均以灰色显示。

(5) 浏览器窗口：位于界面的左上方，在编程的同时可以查看编辑效果，随时调整各节点程序功能，随时进行调整和修改。

(6) 程序编辑窗口：位于 X3D-Edit 专用编辑器的中部，程序编辑区用来显示和编辑所设计的 X3D 程序，它是一个多文档窗口，是编写 X3D 源程序的场所。每当启动 X3D-Edit 专用编辑器时，就会自动打开一个新的 X3D 源文件，在此基础上可以编写 X3D 源程序。

还可以根据需要增加一些必要的窗口，进行各种编辑工作，以提高开发和工作效率。

4) X3D专用开发编辑器使用

开发设计X3D程序推荐使用X3D-Edit专用编辑器。X3D-Edit专用编辑器是用来显示和编辑所开发和设计的X3D程序文件,它是多文档窗口形式。

启动X3D-Edit 3.2专用编辑器后会调用默认的newScene.x3d文件,也可单击File→New命令重新创建。

在菜单栏中,选择File→Save as命令,将默认的newScene.x3d保存为另一个文件*.x3d格式,文件为px3d1.x3d,并指定到X3D的文件夹中,如"D:\X3D实例源程序\"目录下。注意:系统一开始使用默认的保存文件名Untitled-0.x3d。

使用X3D浏览器或BS Contact X3D 7.2浏览器观赏X3D-Edit 3.2专用编辑器编写的各种形式格式文件,如x3d、x3dv以及wrl格式文件。

1.3.3 X3D浏览器安装运行

X3D系统运行环境主要指X3D浏览器安装和运行,X3D浏览器主要分为使用独立应用程序、插件式应用程序和Java技术三种类型的X3D浏览器,来浏览X3D文件中的内容。

1. X3D浏览器安装使用

在X3D浏览器中,X3D是一种开放源代码与X3D-Edit编辑器匹配的,无版权纠纷的专业X3D浏览器。X3D可以浏览*.x3d文件、*.x3dv文件、*.wrl文件等,它是X3D-Edit编辑器首选开发工具。

要下载X3D浏览器,可以访问http://www.x3dvr.com。

可以用各种下载软件进行下载,如迅雷下载、网络蚂蚁等。

X3D浏览器安装:获取X3D浏览器程序后,双击X3D-2-M1-DEV-20090518-windows.jar或X3D-2-M1-DEV-20090518-windows-full.exe程序,开始自动安装,按提示要求正确安装X3D浏览器。

(1) 双击X3D安装图标 ,提示要安装X3D 2.0版运行程序。单击"是"按钮,开始安装X3D浏览器。

(2) 开始安装,显示Java2 Runtime Environment,SE v1.6.0_8安装Java2运行环境,如果操作系统中没有安装过Java2运行环境,则直接安装;如果操作系统中已经安装了Java2运行环境,则单击"下一步"按钮,继续安装。

(3) 如果操作系统中已经安装了Java2运行环境,则显示Java2运行环境维护,单击"修改"按钮,单击"下一步"按钮继续安装。

(4) 显示自定义安装,根据需要可以选择Java2运行环境、其他语言支持、其他字体和媒体支持,单击"下一步"按钮继续安装。

(5) 开始安装Java2运行环境程序,注册产品、安装程序等。

(6) 显示完成Java2运行环境程序安装,单击"完成"按钮。

(7) 完成Java2运行环境程序安装后,接着开始安装X3D浏览程序,单击Next按钮继续安装X3D浏览程序。

(8) 显示X3D浏览器程序许可协议信息,选择"本人接受许可协议条款"选项,单击Next按钮继续安装。

(9) 显示 X3D 安装路径和文件夹，可以选择默认路径和文件夹(C:\Program Files\X3D)，也可以选择指定路径和文件。选择“选择默认路径和文件夹”按钮，单击“下一步”按钮，继续安装。

(10) 单击 Next 按钮，继续安装。

(11) 选择一般用户或所有用户。选择默认一般用户。单击 Next 按钮继续安装。自动安装 X3D 程序包。

(12) 完成全部 X3D 浏览器程序的安装工作，单击 Done 按钮，结束全部安装工作。

2. 启动 X3D 浏览器

X3D 浏览器的使用：在正确安装 X3D 浏览器后，选择“开始”→“所有程序”→X3DBrowser 命令或创建快捷方式为 X3DBrowser 放在桌面上。

3. 运行 X3D 浏览器

在桌面上双击 图标，启动 X3D 浏览器，然后运行 X3D 程序，如图 1-14 所示。

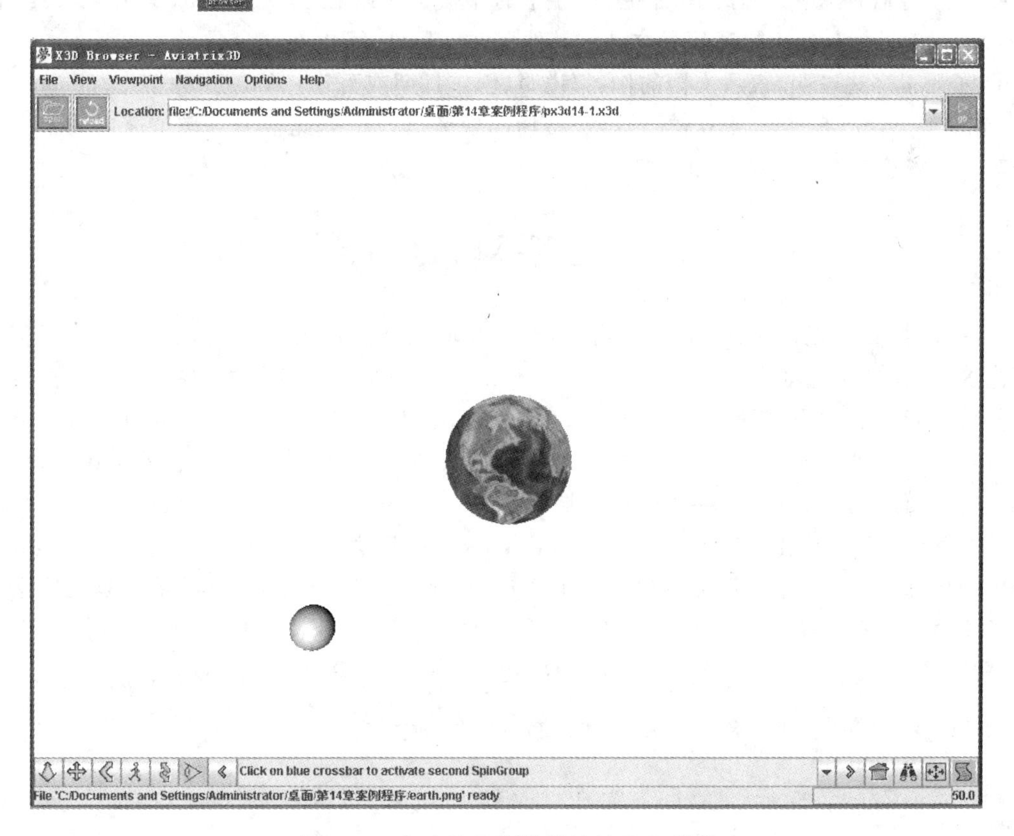

图 1-14 启动 X3D 浏览器运行 X3D 程序

第2章　互联网3D程序框架

互联网3D程序框架包括互联网3D节点、XML标签、互联网3D文档类型声明、head头文件节点、component(组件)标签节点、meta节点以及Scene场景节点等。互联网3D节点是互联网3D文件中最高一级的XML节点,包含概貌(profile)、版本(version)、命名空间(xmlns:xsd)等信息。Head头文件标签节点包括component、metadata(元数据)或任意作者自定的标签。head标签节点是互联网3D标签的第一个子对象,放在场景的开头。如果想使用指定概貌profile的集合范围之外的节点,可以在头文件(head)中加入组件(component)语句,用于描述场景之外的其他信息。另外,可以在头文件(head)元素中加入meta子元素描述说明,表示文档的作者、说明、创作日期或著作权等的相关信息。Scene(场景)节点是包含所有互联网3D场景语法结构的根节点。根据此根节点增加需要的节点和子节点以创建三维立体场景和造型,在每个文件里只允许有一个Scene根节点。

2.1　互联网3D节点

互联网3D节点设计:包括互联网3D节点与场景(Scene)节点的语法和定义。任何互联网3D场景或造型都由互联网3D节点与场景(Scene)根节点开始的,在此基础上开发设计软件项目所需要的各种场景和造型。互联网3D与XML关联术语,互联网3D节点(nodes)被表示为XML元素(element)。互联网3D节点中的域(field)被表示为XML中的属性(attributes),例如name="value"(域名 = "值")字符串对。

互联网3D节点语法定义,互联网3D(Extensible 3D)场景图文件是最高一级的互联网3D/XML节点。互联网3D标签包含一个场景(Scene)节点,场景(Scene)节点是三维场景图的根节点。选择或添加一个Scene节点可以编辑各种三维立体场景和造型。互联网3D节点语法包括域名、域值、域数据类型以及存储/访问类型等,互联网3D节点语法定义如下:

```
<互联网3D  域名(属性名)      域值(属性值)      域数据类型
    Profile          [Full|
                          Immersive|
                          Interactive|
                          Interchange|
                          Core|
                          MPEG4Interactive]
    Version               3.2                SFString
    xmlns:xsd             http://www.w3.org/2001/XMLSchema-instance
    xsd:noNamespace
    SchemaLocation        http://www.web3d.org/specifications/互联网3D-3.2.xsd>
</互联网3D>
```

互联网 3D 节点 <X3D> 包含概貌(profile)、版本(version)、xmlns:xsd 以及 xsd:noNamespace SchemaLocation 共 4 个域。其中,概貌又包含几个域值:Full、Immersive、Interactive、Interchange、Core、MPEG4Interactive,默认值为 Full。

在互联网 3D 场景中需要支持的概貌作用,如 Full 概貌包括互联网 3D/2000x 规格中的所有节点;在 Immersive 概貌中加入 GeoSpatial 地理信息支持;Interchange 概貌负责相应的基本场景内核(core)并符合只输出的设计;Interactive 概貌或 MPEG4 Interactive 概貌负责相应的 KeySensor 类的交互;Extensibility 扩展概貌负责交互、脚本、原型、组件等;VRML97 概貌符合 VRML97 规格的向后兼容性。

互联网 3D 版本号 Version:相应版本互联网 3D Version 3.1 对应互联网 3D/VRML2000x,表示字符数据,总是使用固定值,是一个单值字符串类型 SFString。

xmlns:xsd 表示 XML 命名空间概要定义,其中,XML namespace 缩写(xmlns);XML Schema Definition 缩写(xsd)。如 xmlns:xsd"http://www.w3.org/2001/XMLSchema-instance"字符数据。

xsd:noNamespaceSchemaLocation:表示互联网 3D 概要定义的互联网 3D 文本有效 URL(Uniform Resource Locator),URL 称为统一资源定位码(器),是指标有通信协议的字符串(如 HTTP、FTP、GOPHER),通过其基本访问机制的表述来标识资源。

2.1.1 互联网 3D 语法格式

在每一个互联网 3D 文件中,文件头必须位于互联网 3D 文件的第一行。互联网 3D 文件是以 UTF-8 编码字符集用 XML 技术编写的文件。每一个互联网 3D 文件的第一行应该由 XML 的声明语法格式(文档头)表示。

在互联网 3D 文件使用 XML 语法格式声明如下:

```
<?xml version = "1.0" encoding = "UTF - 8"?>
```

语法说明:

(1) 声明从"<?xml"开始,到"?>"结束。

(2) version 属性指明编写文档的 XML 的版本号,该项是必选项,通常设置为 1.0。

(3) encoding 属性是可选项,表示使用编码字符集。省略该属性时,使用默认编码字符集,即 Unicode 码,在互联网 3D 中使用国际 UTF-8 编码字符集。

UTF-8 的英文全称是 UCS Transform Format,而 UCS 是 Universal Character Set 的缩写。国际 UTF-8 字符集包含任何计算机键盘上能够找到的字符,而多数计算机使用的 ASCII 字符集是 UTF-8 字符集的子集,因此使用 UTF-8 书写和阅读互联网 3D 文件很方便。UTF-8 支持多种语言字符集,由国际标准化组织 ISO 10646—1:1993 标准定义。

2.1.2 互联网 3D 文档类型声明

互联网 3D 文档类型声明用来在文档中详细地说明文档信息,必须出现在文档的第一个元素前,文档类型采用 DTD 格式。<!DOCTYPE…>描述以指定互联网 3D 文件所采用的 DTD,文档类型声明对于确定一个文档的有效性、良好结构性是非常重要的。互联网 3D 文档类型声明(内部 DTD 的书写格式)。

```
<!DOCTYPE X3D PUBLIC "ISO//Web3D//DTD X3D 3.2//EN"
"http://www.web3d.org/specifications/X3D-3.2.dtd">
```

DTD可分为外部DTD和内部DTD两种类型，外部DTD存放在一个扩展名为DTD的独立文件中，内部DTD和它描述的XML文档存放在一起，XML文档通过文档类型声明来引用外部DTD和定义内部DTD。互联网3D使用内部DTD的书写格式：

```
<!DOCTYPE 根元素名[内部DTD定义…]>
```

互联网3D使用外部DTD的书写格式：

```
<!DOCTYPE 根元素名 SYSTEM DTD文件的URI>
```

URI(Uniform Resource Identifier)称为统一资源标识符，泛指所有以字符串标识的资源，其范围涵盖了URL和URN。URL(Uniform Resource Locator)称为统一资源定位码(器)，是指标有通信协议的字符串(如HTTP、FTP、GOPHER)，通过其基本访问机制的表述来标识资源。URN(Uniform Resource Name)称为统一资源名称，用来标识由专门机构负责的全球唯一的资源。

2.1.3 互联网3D主程序概貌

互联网3D。主程序概貌(profile)用来指定互联网3D文档所采用的概貌属性。概貌(profile)中定义了一系列内建节点及其组件的集合，互联网3D文档中所使用的节点必须在指定概貌(profile)的集合的范围之内。概貌(profile)的属性值可以是Core、Interchange、Interactive、MPEG4Interactive、Immersive及Full。互联网3D主程序概貌(profile)采用。

```
<X3D profile='Immersive' version='3.2'
xmlns:xsd='http://www.w3.org/2001/XMLSchema-instance'
xsd:noNamespaceSchemaLocation='http://www.web3d.org/specifications/X3D-3.2.xsd'>
</X3D>
```

互联网3D根文档标签包含概貌信息和概貌验证，在互联网3D根标签中XML概貌和互联网3D命名空间也可以用来执行XML概貌验证。主程序概貌又包含头元素和场景主体，头元素又包含组件和说明信息，场景中可以创建需要的各种节点。头元素(head)用于描述场景之外的其他信息，如果想使用指定概貌profile的集合范围之外的节点，可以在头元素(head)中加入组件(component)语句，表示额外使用某组件及支援等级中的节点。如在Immersive概貌中加入GeoSpatial地理信息支持。另外，可以在头元素(head)元素中，加入meta子元素描述说明，表示文档的作者、说明、创作日期或著作权等相关信息。

2.2 互联网3D head节点

互联网3D head标签节点也称为头文件(head)包括component(组件)、metadata或任意作者自定的标签。head标签节点是互联网3D标签的第一个子对象，放在场景的开头，在网页HTML中与<head>标签匹配。它主要用于描述场景之外的其他信息，如果想使用指定概貌profile的集合范围之外的节点，可以在头文件(head)中，加入组件(component)语句，表示额外使用某组件及支援等级中的节点。另外，可以在头文件(head)元素中，加入 meta 子元素描述说明，表示文档的作者、说明、创作日期或著作权等相关信息。head 标签节点语法定义如下：

```
<head>
        <meta 子元素描述说明 />
              ⋮
        <meta 子元素描述说明/>
</head>
```

head 标签节点语法结构如图 2-1 所示。

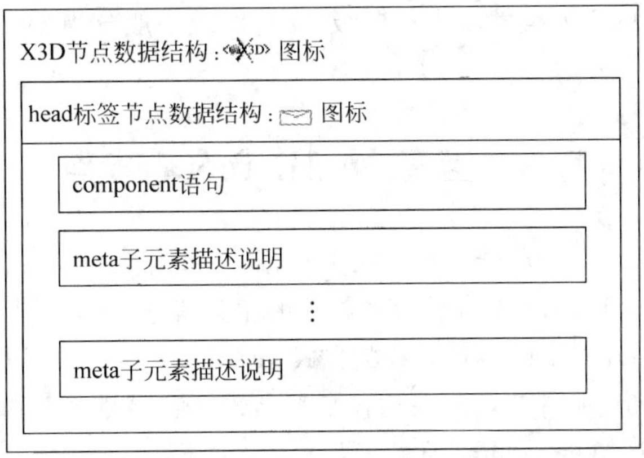

X3D节点数据结构：图标

head标签节点数据结构：图标

component语句

meta子元素描述说明

⋮

meta子元素描述说明

图 2-1　head 标签节点语法结构

2.3　互联网 3D component 节点

互联网 3D component 标签节点指出场景中需要的超出给定互联网 3D 概貌的功能。component 标签是 head 头文件标签中首选的子标签，即先增加一个 head 头文件标签，然后根据设计需求增加组件。component 标签节点语法定义如下：

```
<component
     name            [Core|CADGeometry|
                    CubeMapTexturing|DIS |
                    EnvironmentalEffects|
                    EnvironmentalSensor|
                    EventUtilities |
                    Geometry2D|Geometry3D |
                    Geospatial|Grouping |
                    H-Anim|Interpolation|
                    KeyDeviceSensor|
                    Lighting|Navigation |
                    Networking|NURBS |
                    PointingDeviceSensor |
                    Rendering|Scripting |
                    Shaders|Shape|Sound |
                    Text|Texturing|
```

```
                Texturing3D|Time]
    level       [1|2|3|4]
/>
```


component 标签节点包含两个域：一个是 name(名字)，另一个是 level(支持层级)。component 标签节点 name(名字)在指定的组件中，即包含在概貌 profile 域 Full 中涵盖了 Core、CADGeometry、CubeMapTexturing、DIS、EnvironmentalEffects、EnvironmentalSensor、EventUtilities、GeoData、Geometry2D、Geometry3D、Geospatial、Grouping、H-Anim、Interpolation、KeyDeviceSensor、Lighting、Navigation、Networking、NURBS、PointingDeviceSensor、Rendering、Scripting、Shaders、Shape、Sound、Text、Texturing、Texturing3D、Time 等为此组件的名称；level(支持层级)表示每一个组件所支持层级，支持层级一般分为 4 级，分别为 1、2、3、4 个等级。

2.4 互联网 3D meta 节点

互联网 3D meta(metadata)子节点是在头文件(head)节点中，加入 meta 子节点描述说明，表示文档的作者、说明、创作日期或著作权等的相关信息。meta 节点数据为场景提供信息，使用与网页 HTML 的 meta 标签一样的方式，attribute=value 进行字符匹配，提供名称和内容属性。互联网 3D 所有节点语法均包括域名、域值、域数据类型以及存储/访问类型等，以后不再赘述。meta(metadata)子节点语法定义如下：

```
<meta 域名(属性名)  域值(属性值)  域数据类型  存储/访问类型
        name          Full          SFString         InputOutput
        content
        xml:lang
        dir           [ltr|rtl]
        http-equiv
        scheme
/>
```

meta 子节点 <> 包含 name(名字)、content(内容)、xml:lang(语言)、dir、http-equiv、scheme 等域。

- name(名字)域——一个单值字符串类型，该属性是可选项，在此输入元数据属性的名称。
- content(内容)域——一个必须提供属性值，用来描述节点必须提供该属性值，在此输入元数据的属性值。
- xml:lang(语言)域——表示字符数据的语言编码，该属性是可选项。
- dir 域——表示从左到右或从右到左的文本的排列方向，可选择[ltr|rtl]，即 ltr=left-to-right，rtl=right-to-left。该属性是可选项。
- http-equiv 域——表示 HTTP 服务器可能用来回应 HTTP headers，该属性是可选项。
- scheme 域——允许作者提供用户更多的上下文内容以正确地解释元数据信息，该属性是可选项。

1. MetadataDouble 节点

MetadataDouble 双精度浮点数节点为其父节点提供信息，此 Metadata 节点的更进一步信息可以由附带 containerField="metadata"的子 Metadata 节点提供。IS 标签先于任何 Metadata 标签，Metadata 标签先于其他子标签。MetadataDouble 双精度浮点数节点语法定义如下：

```
<MetadataDouble
    DEF              ID
    USE              IDREF
    name                             SFString          InputOutput
    value                            MFDouble          InputOutput
    reference                        SFString          InputOutput
    containerField   "metadata"
/>
```

MetadataDouble 双精度浮点数节点包含 DEF(定义节点)、USE(使用节点)、value(值)、name(名字)、reference(参考)以及 containerField(容器域)等域。

- DEF 为节点定义一个名字，给该节点定义了唯一的 ID，在其他节点中就可以引用这个节点。用 DEF 为节点命名时，使用有意义的描述性的名称可以规范文件，以提高文件可读性。
- USE 用来引用 DEF 定义的节点 ID，即引用 DEF 定义的节点名字，同时忽略其他的属性和子对象。使用 USE 来引用其他的节点对象而不是复制节点可以提高性能和编码效率。
- name(名字)域——是一个单值字符串类型，访问类型是输入/输出类型，表示字符数据，该属性是可选的。在此处输入 metadata 元数据的属性名。
- value(值)域——是一个多值双精度浮点类型，该属性是可选的，访问类型是输入/输出类型。此处输入 metadata 元数据的属性值。
- reference(参考)域——是一个单值字符串类型，访问类型是输入/输出类型，表示字符数据，该属性是可选的，作为元数据标准或特定元数据值定义的参考。
- containerField(容器域)域——是 field 标签的前缀，表示了子节点和父节点的关系。如果是作为 MetadataSet 元数据集的一部分，则设置 containerField="value"，否则只作为父元数据节点自身提供元数据时，使用默认值"metadata"。containerField 属性只有在互联网 3D 场景用 XML 编码时才使用。

2. MetadataFloat 节点

MetadataFloat 单精度浮点数节点为其父节点提供信息，此 Metadata 节点的更进一步信息可以由附带 containerField="metadata"的子 Metadata 节点提供。IS 标签先于任何 Metadata 标签，Metadata 标签先于其他子标签。MetadataFloat 单精度浮点数节点语法定义如下：

```
<MetadataFloat
    DEF              ID
    USE              IDREF
    name                             SFString          InputOutput
```

```
    value                  MFFloat          InputOutput
    reference              SFString         InputOutput
    containerField    "metadata"
/>
```


MetadataFloat 单精度浮点数节点◇包含 DEF(定义节点)、USE(使用节点)、name(名字)、value(值)、reference(参考)以及 containerField(容器域)等域。

value(值)域是一个多值单精度浮点类型,该属性是可选的,访问类型是输入/输出类型。此处输入 metadata 元数据的属性值。

MetadataFloat 单精度浮点数节点的其他“域”详细说明与 MetadataDouble 双精度浮点数节点“域”相同,请参照 2.4 节中 MetadataDouble 双精度浮点数节点域、域名和域值描述。

3. MetadataInteger 节点

MetadataInteger 整数节点为其父节点提供信息,此 Metadata 节点的更进一步的信息可以由附带 containerField="metadata" 的子 Metadata 节点提供。IS 标签先于任何 Metadata 标签,Metadata 标签先于其他子标签。MetadataInteger 整数节点语法定义如下。

```
<MetadataInteger
    DEF               ID
    USE               IDREF
    name                          SFString    InputOutput
    value                         MFInt32     InputOutput
    reference                     SFString    InputOutput
    containerField    "metadata"
/>
```

MetadataInteger 整数节点包含 DEF、USE、name(名字)、value(值)、reference(参考)以及 containerField(容器域)等域。

value(值)域是一个多值整数类型,该属性是可选的,访问类型是输入/输出类型。此处输入 metadata 元数据的属性值。

MetadataInteger 整数节点的其他“域”详细说明与 MetadataDouble 双精度浮点数节点“域”相同,请参照 2.4 节中 MetadataDouble 双精度浮点数节点域、域名和域值描述。

4. MetadataString 节点

MetadataString 节点为其父节点提供信息,此 Metadata 节点的更进一步信息可以由附带 containerField="metadata"的子 Metadata 节点提供。IS 标签先于任何 Metadata 标签,Metadata 标签先于其他子标签。MetadataString 节点语法定义如下:

```
<MetadataString
    DEF               ID
    USE               IDREF
    name                          SFString    InputOutput
    value                         MFString    InputOutput
    reference                     SFString    InputOutput
    containerField    "metadata"
/>
```

MetadataString 节点◇包含 DEF(定义节点)、USE(使用节点)、name(名字)、value

(值)、reference(参考)以及 containerField(容器域)等域。

value(值)域是一个多值字符串类型,该属性是可选的,访问类型是输入/输出类型。此处输入 metadata 元数据的属性值。

MetadataString 节点的其他"域"详细说明与 MetadataDouble 双精度浮点数节点"域"相同,请参照 2.5 节中 MetadataDouble 双精度浮点数节点域、域名和域值描述。

5. MetadataSet 节点

MetadataSet 节点是 MetadataSet 集中一系列的附带 containerField="value"的 Metadata 节点,这些子 Metadata 节点共同为其父节点提供信息。此 MetadataSet 节点的更进一步信息可以由附带 containerField="metadata"的子 Metadata 节点提供。IS 标签先于任何 Metadata 标签,Metadata 标签先于其他子标签。MetadataSet 节点语法定义如下:

```
<MetadataSet
    DEF                 ID
    USE                 IDREF
    name                             SFString            InputOutput
    reference                        SFString            InputOutput
    containerField      "metadata"
/>
```

MetadataSet 节点◇包含 DEF(定义节点)、USE(使用节点)、name(名字)、reference(参考)、containerField(容器域)等域。

- DEF 为节点定义一个名字,给该节点定义了唯一的 ID,在其他节点中就可以引用这个节点。用 DEF 为节点命名时,使用有意义的描述性的名称可以规范文件,以提高文件可读性。
- USE 用来引用 DEF 定义的节点 ID,即引用 DEF 定义的节点名字,同时忽略其他的属性和子对象。使用 USE 来引用其他的节点对象而不是复制节点可以提高性能和编码效率。
- name(名字)域——一个单值字符串类型,访问类型是输入/输出类型,表示字符数据,该属性是可选的。在此处输入 metadata 元数据的属性名。
- reference(参考)域——一个单值字符串类型,访问类型是输入/输出类型,表示字符数据,该属性是可选的,作为元数据标准或特定元数据值定义的参考。
- containerField(容器域)域——field 标签的前缀,表示子节点和父节点的关系。如果是作为 MetadataSet 元数据集的一部分,则设置 containerField="value",否则只作为父元数据节点自身提供元数据时,使用默认值"metadata"。containerField 属性只有在互联网 3D 场景用 XML 编码时才使用。

2.5 互联网 3D Scene 节点

互联网 3D Scene 节点是包含所有互联网 3D 场景语法定义的根节点。以此根节点增加需要的节点和子节点以创建场景,在每个文件里只允许有一个 Scene 根节点。Scene fields 体现了 Script 节点 Browser 类的功能,浏览器对这个节点 fields 的支持还在实验性阶段。用 Inline 引用场景中的 Scene 节点和根 Scene 节点产生相同效果的值。

2.5.1 互联网 3D Scene 设计

Scene 节点设计包括 Scene 节点定义、Scene 节点语法结构图以及 Scene 节点详解等。Scene 根节点语法定义如下：

```
<Scene>
    <! -- Scene graph nodes are added here -->
</Scene>
```

Scene(场景)根节点语法结构图如图 2-2 所示。

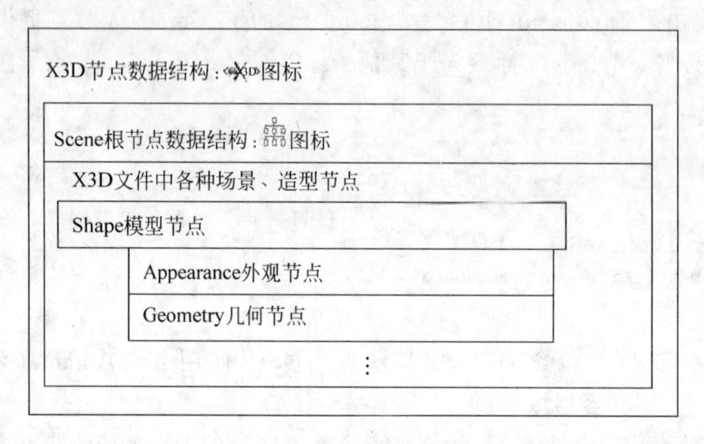

图 2-2 Scene(场景)节点语法结构图

2.5.2 互联网 3D 文件注释

互联网 3D 文件注释在编写互联网 3D 源代码时，为了使源代码结构更合理、更清晰并且层次感更强，经常在源程序中添加注释信息。在互联网 3D 文档中允许程序员在源代码中的任何地方进行注释说明，以进一步增加源程序的可读性。使互联网 3D 源文件层次清晰、结构合理，形成好文档资料，符合软件开发要求。互联网 3D 文件注释，在互联网 3D 文档中加入注释的方式与 XML 的语法相同。例如：

```
<Scene>
    <! -- Scene graph nodes are added here -->
</Scene>
```

其中＜！ -- Scene graph nodes are added here--＞是一个注释。互联网 3D 文件注释部分，以一个符号"＜！ --"开头，以"--＞"结束于该行的末尾，文件注释信息可以是一行，也可以是多行，但不允许嵌套。同时，字符串"--"、"＜"和"＞"不能出现在注释中。

浏览器在浏览互联网 3D 文件时将跳过注释部分的所有内容。另外，浏览器在浏览互联网 3D 文件时将自动忽略互联网 3D 文件中的所有空格和空行。

一个互联网 3D 元数据与结构源程序实例框架，主要利用互联网 3D 节点、head 头文件节点、component 组件标签节点、meta 节点、Scene 节点以及几何节点等构成一个互联网 3D 程序框架。

互联网 3D 文件案例程序框架展示如下：

```
<?xml version = "1.0" encoding = "UTF - 8"?>
< X3D profile = 'Immersive' version = '3.2' >
  < head >
    < meta content = ' * enter FileNameWithNoAbbreviations. X3D here * ' name = 'title'/>
    < meta content = ' * enter description here, short - sentence summaries preferred * '
     name = 'description'/>
    < meta content = ' * enter name of original author here * ' name = 'creator'/>
    < meta content = ' * enter date of initial version here * ' name = 'created'/>
    < meta content = ' * enter date of translation here * ' name = 'translated'/>
    < meta content = ' * enter date of latest revision here * ' name = 'modified'/>
    < meta content = ' * enter version here, if any * ' name = 'version'/>
    < meta content = ' * enter reference citation or relative/online url here * ' name = 'reference'/>
    < meta content = ' * enter additional url/bibliographic reference information here * '
     name = 'reference'/>
    < meta content = ' * enter reference resource here if required to support function, delivery, or
     coherence of content * ' name = 'requires'/>
    < meta content = ' * enter drawing filename/url here * ' name = 'drawing'/>
    < meta content = ' * enter image filename/url here * ' name = 'image'/>
    < meta content = ' * enter movie filename/url here * ' name = 'MovingImage'/>
    < meta content = ' * enter photo filename/url here * ' name = 'photo'/>
    < meta content = ' * enter subject keywords here * ' name = 'subject'/>
    < meta content = ' * enter permission statements or url here * ' name = 'accessRights'/>
    < meta content = ' * insert any known warnings, bugs or errors here * ' name = 'warning'/>
    < meta content = ' * enter online Uniform Resource Identifier (URI) or Uniform Resource Locator
     (URL) address for this file here * ' name = 'identifier'/>
        < meta content = '../../license. html' name = 'license'/>
    <! -- Additional authoring resources for meta - tags:
  </head >
  < Scene >
    <! -- Scene graph nodes are added here -- >
  </Scene >
</X3D >
```

第3章 互联网3D几何造型设计

互联网3D几何造型组件主要用于创建基本三维立体场景和造型的开发与设计，它包含基本立体几何节点Sphere球体节点、Box盒子节点、Cone圆锥体节点、Cylinder圆柱体节点以及Text文本造型节点等。利用互联网3D立体几何节点创建的造型编程简洁、快速、方便，有利于浏览器的快速浏览，提高软件编程和运行的效率。本章重点介绍简单三维立体几何节点设计语法定义，并结合实例源程序理解软件开发与设计全过程。在互联网3D三维立体网页编程语言中，互联网3D文件由各种各样的节点组成，"节点"是互联网3D的内核，节点之间可以并列或层层嵌套使用。节点在互联网3D文件中起着主导的作用，它贯穿于第二代三维立体网络程序设计语言互联网3D编程语言始终。可以说，如果没有节点，互联网3D文件也就不存在了。理解和掌握互联网3D编程语言的"节点"是至关重要的，因为它是互联网3D编程设计的灵魂，是互联网3D编程的精髓，互联网3D三维立体空间造型就是由许许多多"节点"构成并创建的。互联网3D简单三维立体几何节点设计主要由Shape模型节点、三维立体造型节点以及相关几何节点组成。

3.1 互联网3D模型设计

在互联网3D文件Scene根节点中，添加开发与设计所需要三维立体场景和造型时，在Shape模型节点中包含两个子节点，分别为Appearance外观节点与Geometry几何造型节点。Appearance外观子节点定义了物体造型的外观，包括纹理映像、纹理坐标变换以及外观的材料节点；Geometry几何造型子节点定义了立体空间物体的几何造型，如Box节点、Cone节点、Cylinder节点和Sphere节点等原始的几何结构。

Shape模型节点在互联网3D节点与Scene场景根节点的基础上，设计添加场景与造型。互联网3D节点是互联网3D文件中最高一级的互联网3D节点，包含Profile概貌与Head头文件。Head头文件节点包括component组件，metadata描述说明标签，head标签节点是互联网3D标签的第一个子对象，放在场景的开头。在head头文件元素中，加入meta子元素描述说明，表示文档的作者、说明、创作日期或著作权等相关信息。如果想使用指定概貌profile的集合范围之外的节点，可以在head头文件中，加入component组件语句，用于描述场景之外的其他信息。

Scene场景节点表示包含所有互联网3D场景语法结构的根节点。在此根节点下增加Shape模型节点和子节点以创建三维立体场景和造型，在每个文件里只允许有一个Scene根节点。Shape模型节点是建立在Scene场景根节点之下的模型节点，在Shape模型节点下，可以创建外观子节点和几何造型子节点，对三维立体空间场景和造型进行外观和几何体描述。

3.1.1 互联网 3D Shape 语法定义

Shape 模型节点是在互联网 3D 文件中(Scene)根场景节点基础上,选择或添加一个 Shape 模型节点或其他节点可以编辑各种三维立体场景和造型。Shape 模型节点定义了一个互联网 3D 立体空间造型所具有的几何尺寸、材料、纹理和外观特征等,这些特征定义了互联网 3D 虚拟空间中创建的空间造型。Shape 节点是互联网 3D 的内核节点,互联网 3D 的所有立体空间造型均使用 Shape 节点创建,所以 Shape 节点在互联网 3D 文件中显得尤为重要。

Shape 模型节点可以放在互联网 3D 文件中任何组节点下,Shape 模型节点可以包含 Appearance 子节点和 geometry 子节点,可以用符合类型定义的原型 ProtoInstance 来替代。Shape 模型节点语法定义如下:

```
< Shape
DEF                 ID
USE                 IDREF
bboxCenter          0 0 0           SFVec3f         initializeOnly
bboxSize            -1 -1 -1        SFVec3f         initializeOnly
containerField      children
class
/>
```

Shape 模型节点包含域名、域值、域数据类型以及存储/访问类型等,节点中数据内容包含在一对尖括号中,用“<、/>”表示。Shape 模型节点包含 DEF、USE、bboxCenter、bboxSize、containerField、appearance、geometry 以及 class 域等。

- DEF 为节点定义一个名字,给该节点定义了唯一的 ID,在其他节点中就可以引用这个节点。用 DEF 为节点命名时,使用有意义的描述性的名称可以规范文件,以提高文件可读性。
- USE 用来引用 DEF 定义的节点 ID,即引用 DEF 定义的节点名字,同时忽略其他的属性和子对象。使用 USE 来引用其他的节点对象而不是复制节点可以提高性能和编码效率。
- bboxCenter 域——表示边界盒的中心,默认值为[0 0 0],域数据类型为一单值三维矢量空间,包含三个浮点数,数与数之间用空格分离,该值表示从原点到所给定点的矢量。存储/访问类型为 initializeOnly。
- bboxSize 域——表示边界盒尺寸大小,默认值为[-1 -1 -1],域数据类型为一个单值三维矢量空间,包含三个浮点数。存储/访问类型为 initializeOnly。为优化三维立体场景,也可以强制指定赋值。
- containerField 域——表示容器域是 field 域标签的前缀,表示了子节点和父节点的关系。该容器域名称为 children,涵盖 appearance 子节点和 geometry 子节点。如 geometry Box、children Group、proxy Shape。containerField 属性只有在 X3D 场景用 XML 编码时才使用。
- appearance 域——定义了一个 Appearance 节点,Appearance 节点定义了物体造型的外观,包括纹理映像、纹理坐标变换以及外观的材料节点。Appearance 域的默认值为 NULL,表示其外观为白色光。该域值为一个单值节点。

- geometry 域——定义了一个几何造型节点，包含 Box 节点、Cone 节点、Cylinder 节点和 Sphere 节点等原始的几何结构。geometry 域的默认值为 NULL，表示没有任何几何造型节点。该域值为一个单值节点。
- class 域——用空格分开的类的列表，保留给 XML 样式表使用。只有 X3D 场景用 XML 编码时才支持 class 属性。

3.1.2 互联网 3D Shape 案例分析

利用 Shape 模型节点中的 Geometry 子节点创建各种几何造型，使三维立体空间场景和造型更具真实感。虚拟现实瓶子三维立体造型设计利用互联网 3D 虚拟现实程序设计语言进行设计、编码和调试。利用现代软件开发的极端编程思想，采用绝对编程、自动测试、简单设计以及先测试后设计开发理念。融合结构化、组件化和模块化的设计思想，使软件开发设计层次清晰、结构合理。利用虚拟现实语言的各种简单节点创建生动、逼真的瓶子三维立体造型。使用互联网 3D 节点、背景节点、简单几何节点以及坐标变换节点进行设计和开发。

【实例 3-1】 利用 Shape 空间物体造型模型节点、背景节点、基本几何节点、坐标变换节点等在三维立体空间背景下，创建一个颜色为灰色的瓶子造型。简单几何节点将在下面详细讲述，虚拟现实三维立体场景设计互联网 3D 文件源程序展示如下：

```
<Scene>
<Background skyColor="0.98 0.98 0.98"/>
  <Transform translation="0 5 0" rotation ="0 1 0 0" scale="0.9 1 1 ">
      <Shape>
        <Appearance>
          <Material ambientIntensity="0.4" diffuseColor="0.8 0.8 0.8"
            shininess="0.2" specularColor="0.7 0.7 0.7"/>
        </Appearance>
  <Sphere radius="5"/>
      </Shape>
    </Transform>
     <Transform translation="0 -1 0" rotation ="0 1 0 0" scale="0.9 1 1 ">
      <Shape>
        <Appearance>
          <Material ambientIntensity="0.4" diffuseColor="0.8 0.8 0.8"
            shininess="0.2" specularColor="0.7 0.7 0.7"/>
        </Appearance>
  <Sphere radius="4"/>
      </Shape>
    </Transform>
  <Transform translation="-1 4 4" rotation ="0 1 0 0" scale="0.9 1 0.8 ">
      <Shape>
        <Appearance>
          <Material ambientIntensity="0.4" diffuseColor="0.8 0.8 0.8"
            shininess="0.2" specularColor="0.7 0.7 0.7"/>
        </Appearance>
<Sphere radius="2.5"/>
      </Shape>
    </Transform>
     <Transform translation="1 4 4" rotation ="0 1 0 0" scale="0.9 1 0.8 ">
```

```
        <Shape>
          <Appearance>
            <Material ambientIntensity="0.4" diffuseColor="0.8 0.8 0.8"
              shininess="0.2" specularColor="0.7 0.7 0.7"/>
          </Appearance>
  <Sphere radius="2.5"/>
        </Shape>
      </Transform>
       <Transform translation="0.2 5.5 5.2" rotation ="0 1 0 0" scale="0.8 1 1 ">
        <Shape>
          <Appearance>
            <Material ambientIntensity="0.4" diffuseColor="0.2 0 0"
              shininess="0.2" specularColor="0.7 0.7 0.7"/>
          </Appearance>
  <Sphere radius="1"/>
        </Shape>
      </Transform>
         ⋮
</Scene>
```

在互联网 3D 源文件中，在 Scene 场景根节点下添加 Background 背景节点和 Shape 模型节点，背景节点的颜色取白色以突出三维立体几何造型的显示效果。利用坐标变换节点和三维立体几何节点创建三维立体造型。

互联网 3D 虚拟现实瓶子三维立体造型设计运行程序，首先，启动 X3D 浏览器，然后在浏览器中即可运行互联网 3D 虚拟现实三维立体造型场景程序，Shape 模型节点源程序运行效果如图 3-1 所示。

图 3-1　互联网 3D 虚拟现实 Shape 模型节点运行效果

3.2 互联网 3D Sphere 设计

互联网 3D Sphere 球体节点设计描述了一个球体的几何造型。根据球体半径大小的不同,可以改变球体的大小。球体节点通常作为 Shape 节点中 Geometry 子节点。Sphere 球体节点是一个几何节点,用来创建一个三维立体球,根据开发与设计需求可以为 Sphere 球体节点粘贴纹理、设置各种需要颜色以及透明度等。Shape 模型节点可以包含 Appearance 子节点和 Geometry 子节点,Sphere 球体节点作为 Shape 模型节点下 Geometry 几何节点域中的一个子节点。而 Appearance 外观和 Material 材料节点用于描述 Sphere 球体节点的纹理材质、颜色、发光效果、明暗、光的反射以及透明度等。

3.2.1 互联网 3D Sphere 算法分析

互联网 3D 虚拟现实 Sphere 球体表面映射算法分析与实现。

球体表面坐标算法。设球体的球心坐标为 $M_0(X_0, Y_0, Z_0)$,已知球体半径为 R,如果 $M(X,Y,Z)$ 为球体表面上任意一点,则有 $|M_0M|=R$。

得到球体表面通用坐标方程如下:

$$(X-X_0)^2+(Y-Y_0)^2+(Z-Z_0)^2=R^2 \tag{3-1}$$

当球体的球心坐标为 $M_0(0,0,0)$ 时,得到球体表面特殊坐标方程为:

$$X^2+Y^2+Z^2=R^2 \tag{3-2}$$

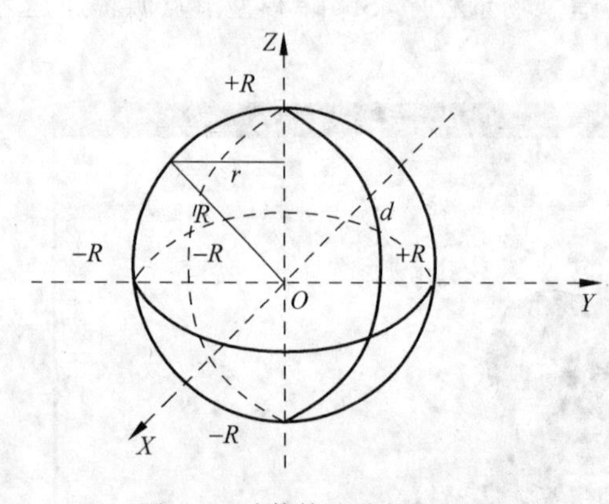

图 3-2 球体算法分析与现实

对三维球体坐标进一步细化,将球体在 X、Y 平面进行极限分隔,形成无数截面,截面圆的半径为 r,球心到截面的距离为 d,所得截面圆的半径取值在[0,R]之间。

$$r=\sqrt{R^2-d^2} \quad r\in[-R,+R] \tag{3-3}$$

把复杂三维运算简化为二维运算。得到三维球体坐标简化公式,其中 X、Y 为截面圆上的坐标,球心到截面的距离为 d,r 为截面圆半径,Z 为球体的三维坐标为一个常量,取值范围在[$-R$,$+R$],R 为球体半径,如图 3-2 所示。

$$\begin{cases} X^2+Y^2=r^2 & r\in[-R,+R] \\ Z=d & d\in[-R,+R] \end{cases} \tag{3-4}$$

3.2.2 互联网 3D Sphere 语法定义

互联网 3D Sphere 球体节点语法定义了一个三维立体球体的属性和域值,通过 Sphere 球体节点的域名、域值、域的数据类型以及事件的存储访问权限的定义来描述一个三维立体空间球体造型。主要利用球体半径(radius)和实心(solid)参数创建(设置)互联网 3D 球体文件。Sphere 球体节点语法定义如下:

```
<Sphere
    DEF                 ID
    USE                 IDREF
    radius              1           SFFloat         initializeOnly
    solid               true        SFBool          initializeOnly
    containerField      geometry
    class
/>
```

Sphere 球体节点 包含域名、域值、域数据类型以及存储/访问类型等，节点中数据内容包含在一对尖括号中，用"<、/>"表示。域数据类型描述如下：

- SFFloat 域——单值单精度浮点数。
- SFBool 域——一个单值布尔量，取值范围为[true|false]。

事件的存储/访问类型描述：表示域（属性）的存储/访问类型，包括 inputOnly（输入类型）、outputOnly（输出类型）、initializeOnly（初始化类型）以及 inputOutput（输入/输出类型）等，用来描述该节点必须提供该属性值。Sphere 球体节点包含 DEF、USE、radius、solid、containerField 以及 class 域等。

- DEF 为节点定义一个名字，给该节点定义了唯一的 ID，在其他节点中就可以引用这个节点。用 DEF 为节点命名时，使用有意义的描述性的名称可以规范文件，以提高 X3D 文件可读性。该属性是可选项。
- USE 用来引用 DEF 定义的节点 ID，即引用 DEF 定义的节点名字，同时忽略其他的属性和子对象。使用 USE 来引用其他的节点对象而不是复制节点可以提高性能和编码效率。该属性是可选项。
- radius 域——定义一个以原点为球心的三维球体的半径。SFFlot 域类型表示一个单值单精度浮点数，该域值不可小于 0.0，其默认值为 1.0。如果要改变三维立体球体的大小，可以通过改变球体的 radius 半径的域值完成，也可以使用 Transform 节点对三维立体球进行定位、缩放和旋转等设计。
- solid 域——定义了一个布尔量，当该域值 true 时，表示只构建球体对象的表面，不构建背面；当该域值 false 时，表示球体对象的正面和背面均构建。该域值的取值范围为[true|false]，其默认值为 true。
- containerField 域——表示容器域是 field 域标签的前缀，表示子节点和父节点的关系。该容器域名称为 geometry，包含几何节点。如 geometry Sphere、children Group、proxy Shape。containerField 属性只有在 X3D 场景用 XML 编码时才使用。
- class 域——是用空格分开的类的列表，保留给 XML 样式表使用。只有 X3D 场景用 XML 编码时才支持 class 属性。

3.2.3 互联网 3D Sphere 案例分析

在 Shape 模型节点中，利用 Geometry 子节点下的 Sphere 球体节点创建三维立体球造型。虚拟现实 Sphere 球体节点三维立体造型设计利用虚拟现实程序设计语言互联网 3D 进行设计、编码和调试。利用结构化、组件化和模块化的设计思想，使软件开发设计层次清晰、结构合理。利用互联网 3D 虚拟现实技术的各种节点创建生动、逼真的 Sphere 球体节点三维立体造型。使用互联网 3D 节点、背景节点、Shape 模型节点以及 Sphere 球体节点进行设计和开发。

【实例 3-2】 在互联网 3D 三维立体空间场景环境下，利用背景节点、Shape 空间物体造型模型节点、Appearance 外观子节点和 Material 外观材料节点以及 Sphere 球体节点在三维立体空间背景下，创建一个三维立体球的互联网 3D 源程序。虚拟现实 Sphere 球体节点立体场景设计互联网 3D 文件源程序展示如下：


```
<?xml version = "1.0" encoding = "UTF - 8"?>
< X3D profile = 'Immersive' version = '3.2' >
    < head >
        < meta content = "px3d3 - 2. x3d" name = "filename"/>
        < meta content = "zjz - zjr - zjd" name = "author"/>
    </head >
      < Scene >
      <! -- Scene graph nodes are added here -- >
        < Background skyColor = '1 1 1'/>
        < Shape >
            < Appearance >
                < Material ambientIntensity = "0.4" diffuseColor = "1.0 0.2 0.2"
             shininess = "0.2" specularColor = "0.7 0.7 0.7"/>
            </Appearance >
            < Sphere radius = '1.5'/>
        </Shape >
    </Scene >
```

</X3D>在互联网 3D 源文件中，在 Scene 场景根节点下添加 Background 背景节点和 Shape 模型节点，背景节点的颜色取白色 以突出三维立体几何造型的显示效果。利用基本三维立体几何节点，即球体节点在三维立体创建一个灰色的球体造型显示效果。

互联网 3D 虚拟现实三维立体球造型设计运行程序，首先，启动 X3D 浏览器，即可运行虚拟现实三维立体球造型场景，Sphere 节点序运行效果如图 3-3 所示。

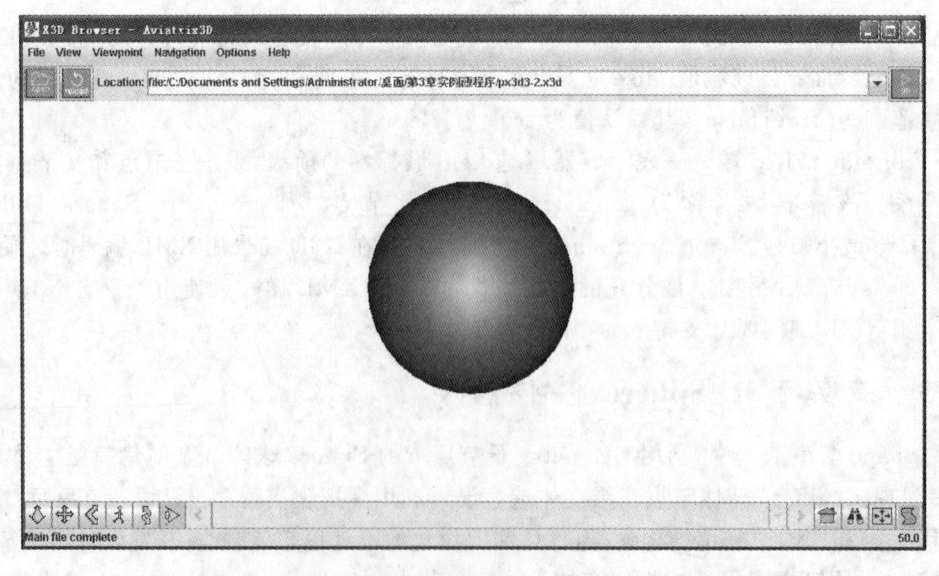

图 3-3　互联网 3D 虚拟现实 Sphere 节点运行效果

3.3 互联网 3D Box 设计

互联网 3D Box 立方体节点设计是一个三维立体基本几何节点，用来创建立方体、长方体以及立体平面的原始几何造型，该节点一般作为 Shape 节点中 Geometry 域的子节点。Box 立方体节点描述了一个立方体的几何造型。根据立方体长、宽和高尺寸大小的不同，可以改变立方体的大小和长短。Box 立方体节点通常作为 Shape 节点中 Geometry 子节点。

3.3.1 互联网 3D Box 语法定义

Box 立方体节点语法定义了一个三维空间立方体造型的属性名、域值、域数据类型、存储和访问类型，通过 Box 立方体节点的域名、域值等来描述一个三维空间立方体造型。主要利用立方体 size 尺寸大小分别定义立方体的长、高和宽和 solid 参数创建互联网 3D 立方体造型。Box 立方体节点语法定义如下：

```
< Box
      DEF                ID
      USE                IDREF
      size               2 2 2          SFVec3f          initializeOnly
      solid              true           SFBool           initializeOnly
      containerField     geometry
      class
/>
```

Box 立方体节点 ● 包含域名、域值、域数据类型以及存储/访问类型等，节点中数据内容包含在一对尖括号中，用“<、/>”表示。

域数据类型描述如下：

- SFVec3f 域——定义一个三维向量空间。一个 SFVec3f 域值包含三个浮点数，数与数之间用空格分离。该值表示从原点到所给定点的向量。
- SFBool 域——是一个单值布尔量，取值范围为[true|false]。

事件的存储/访问类型描述：表示域(属性)的存储/访问类型，包括 inputOnly(输入类型)、outputOnly(输出类型)、initializeOnly(初始化类型)以及 inputOutput(输入/输出类型)等，用来描述该节点必须提供该属性值。Box 立方体节点包含 DEF、USE、size、solid、containerField、class 域等。

- DEF 为节点定义一个名字，给该节点定义了唯一的 ID，在其他节点中就可以引用这个节点。用 DEF 为节点命名时，使用有意义的描述性的名称可以规范文件，以提高 X3D 文件可读性。该属性是可选项。
- USE 用来引用 DEF 定义的节点 ID，即引用 DEF 定义的节点名字，同时忽略其他的属性和子对象。使用 USE 来引用其他的节点对象而不是复制节点可以提高性能和编码效率。该属性是可选项。
- size 域——指定一个以原点为中心的空间三维立方体或长方体的尺寸大小。该域值为三维数组，第一个数值为长方体在 X 轴方向上的宽度，第二个数值为长方体在 Y 轴方向上的高度，第三个数值为长方体在 Z 轴方向上的深度。size 域的域值必须大于 0.0,其默认值为 2.0 2.0 2.0,即立方体的长、宽、高均为 2.0。

- solid 域——定义一个立方体造型表面和背面绘制的布尔量,当该域值 true 时,表示只构建立方体对象的表面,不构建背面;当该域值 false 时,表示立方体对象的正面和背面均构建。该域值的取值范围为[true|false],其默认值为 true。
- containerField 域——表示容器域是 field 域标签的前缀,表示子节点和父节点的关系。该容器域名称为 geometry,包含几何节点。如 geometry Sphere、children Group、proxy Shape。containerField 属性只有在 X3D 场景用 XML 编码时才使用。
- class 域——是用空格分开的类的列表,保留给 XML 样式表使用。只有 X3D 场景用 XML 编码时才支持 class 属性。

3.3.2 互联网 3D Box 案例分析

互联网 3D Box 立方体三维立体造型设计利用虚拟现实程序设计语言互联网 3D 进行设计、编码和调试。利用现代软件开发编程思想,融合结构化、组件化和模块化的设计思想,使软件开发设计层次清晰、结构合理。利用虚拟现实语言的各种节点创建生动、逼真的 Box 立方体节点三维立体造型。使用互联网 3D 内核节点、背景节点以及 Box 立方体节点进行设计和开发。在 Shape 模型节点中,利用 Geometry 几何子节点下的 Box 立方体节点创建三维空间立方体或长方体造型,使互联网 3D 三维立体空间场景和造型更具真实感。

【实例 3-3】 在互联网 3D 三维立体空间场景环境下,利用背景节点、视点节点、Shape 空间物体造型模型节点、Appearance 外观子节点和 Material 外观材料节点以及 Box 立方体节点在三维立体空间背景下,创建一个三维空间 Box 长方体的互联网 3D 源程序。Box 立方体节点立体场景设计互联网 3D 文件源程序展示如下:

```
<Scene>
    <Background skyColor="1 1 1"/>
    <Viewpoint orientation="0 1 0 0.524" position="3 0 5"/>
    <Shape>
      <Appearance>
        <Material ambientIntensity="0.4" diffuseColor="0.0 1.0 1.0"
              shininess="0.2" specularColor="0.7 0.7 0.7"/>
      </Appearance>
      <Box size="4 2 2"/>
    </Shape>
  </Scene>
```

在互联网 3D 源文件中的 Scene 场景根节点下添加 Background 背景节点、视点节点和 Shape 模型节点,背景节点的颜色取银白色以突出三维立体几何造型的显示效果。利用基本三维立体几何节点,即立方体节点在三维立体创建一个立方体造型,根据设计需求设置立方体或长方体的尺寸大小,也可以设置 solid 域来绘制立体造型的不同表面。此外还增加了 Appearance 外观节点和 Material 材料节点,以提高空间三维空间立方体造型的显示效果。

互联网 3D 虚拟现实三维立方体造型设计运行程序,首先,启动 X3D 浏览器,可运行虚拟现实三维空间立方体造型场景,在三维立体空间背景下,Box 长方体节点运行后的效果如图 3-4 所示。

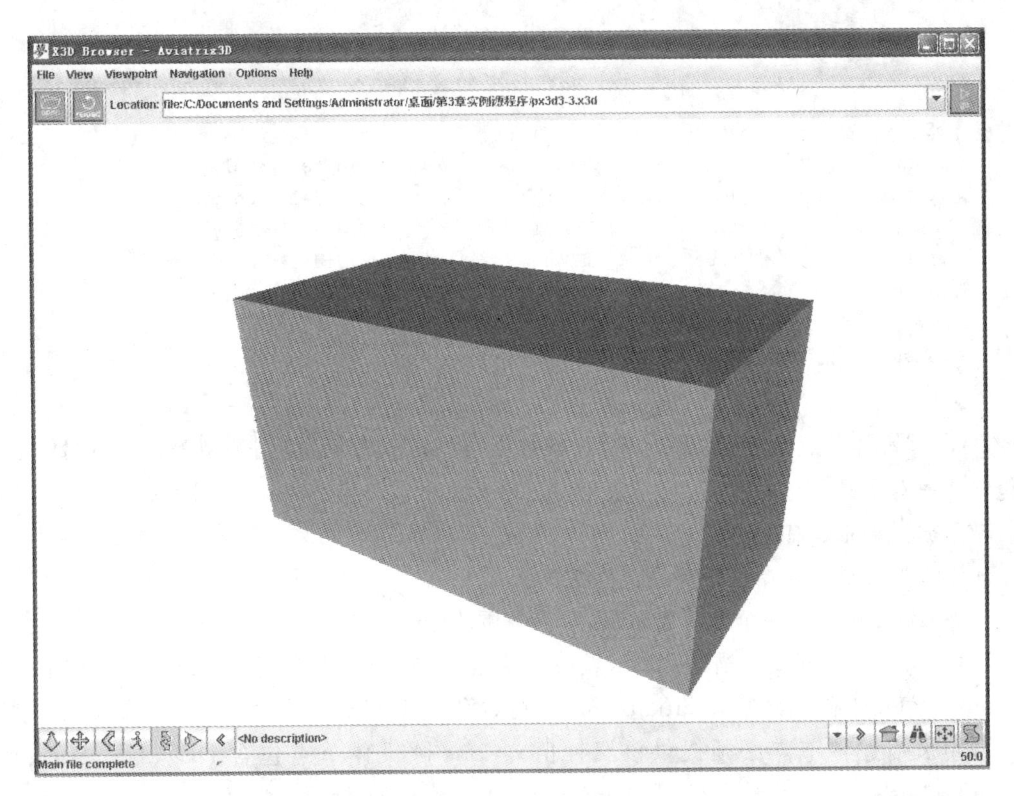

图 3-4　互联网 3D 虚拟现实三维立体 Box 节点运行效果

3.4　互联网 3D Cone 设计

互联网 3D Cone 圆锥体设计是在互联网 3D 文件中创建一个三维立体几何节点，用来在三维立体空间中创建一个圆锥体造型，根据开发与设计需求可以为 Cone 圆锥体节点粘贴纹理、设置各种需要颜色以及透明度等，使浏览者体验三维立体空间各种物体造型的浏览效果。Cone 圆锥体定义了一个圆锥体的原始造型，是互联网 3D 基本几何造型节点，一般作为 Shape 节点中 Geometry 子节点。利用 Shape 节点中 Appearance 外观和 Material 材料子节点用于描述 Cone 圆锥体节点的纹理材质、颜色、发光效果、明暗、光的反射以及透明度等。提高开发与设计的效果 Cone 圆锥体节点描述了一个圆锥体的几何造型。通过设置圆锥体的半径大小、圆锥体高度等参数的不同，可以改变圆锥体的尺寸大小。圆锥体节点通常作为 Shape 节点中 Geometry 几何子节点。

3.4.1　互联网 3D Cone 语法定义

互联网 3D Cone 圆锥体节点语法定义了一个三维立体空间圆锥体造型的属性名和域值，利用 Cone 圆锥体节点的域名、域值、域的数据类型以及事件的存储访问权限的定义来创建一个三维立体空间 Cone 圆锥体造型。主要使用 Cone 圆锥体节点中的高度(height)、圆锥底半径(bottomRadius)、侧面(side)、底面(bottom)以及实心(solid)参数设置创建互联网 3D 圆锥体造型。Cone 圆锥体节点语法定义如下：

```
<Cone

    DEF              ID
    USE              IDREF
    height           2           SFFloat          initializeOnly
    bottomRadius     1           SFFloat          initializeOnly
    side             true        SFBool           initializeOnly
    bottom           true        SFBool           initializeOnly
    solid            true        SFBool           initializeOnly
    containerField   geometry
    class
/>
```

Cone 圆锥体节点 ▲ 包含域名、域值、域数据类型以及存储/访问类型等，节点中数据内容包含在一对尖括号中，用“<、/>”表示。

域数据类型描述如下：

- SFFloat 域——单值单精度浮点数。

  SFBool 域——一个单值布尔量，取值范围为[true|false]。

事件的存储/访问类型描述：表示域(属性)的存储/访问类型，包括 inputOnly(输入类型)、outputOnly(输出类型)、initializeOnly(初始化类型)以及 inputOutput(输入/输出类型)等，用来描述该节点必须提供该属性值。Cone 圆锥体节点包含 DEF、USE、height、bottomRadius、side、bottom、solid、containerField 以及 class 域等。

- DEF 为节点定义一个名字，给该节点定义了唯一的 ID，在其他节点中就可以引用这个节点。用 DEF 为节点命名时，使用有意义的描述性的名称可以规范文件，以提高 X3D 文件的可读性。该属性是可选项。
- USE 用来引用 DEF 定义的节点 ID，即引用 DEF 定义的节点名字，同时忽略其他的属性和子对象。使用 USE 来引用其他的节点对象而不是复制节点可以提高性能和编码效率。该属性是可选项。
- height 域——指定圆锥体的高。圆锥体的高位于 Y 轴方向，且以原点为中点。该域值为单精度浮点数，存储/访问类型是 initializeOnly。该域值必须大于 0.0，其默认值为 2.0，就是圆锥体的底部的中心位于 Y 轴的 −1.0 处，顶点位于 Y 轴 1.0 处。
- bottomRadius 域——指定以原点为中心，以 Y 轴为中心轴的圆锥体的底部圆的半径。该域值为单精度浮点数，存储/访问类型是 initializeOnly(初始化类型)。该域值必须大于 0.0，其默认值为 1.0，就是该圆锥体底部的半径为 1.0。
- side 域——指定该圆锥体是否有锥面。该域值为单值布尔类型，存储/访问类型是 initializeOnly(初始化类型)。如果该域值为 true，则创建锥面；如果该域值为 false，则不创建。该域值的默认值为 true。
- bottom 域——指定一个是否创建该圆锥体的底部。该域值为单值布尔类型，存储/访问类型是 initializeOnly(初始化类型)。如果该域值为 true，则创建底部；如果该域值为 false，则不创建。该域值的默认值为 true。
- solid 域——定义一个圆锥体造型表面和背面绘制的布尔量，当该域值 true 时，表示

只构建圆锥体对象的表面，不构建背面；当该域值 false 时，表示圆锥体对象的正面和背面均构建。该域值的取值范围为[true|false]，其默认值为 true。

- containerField 域——表示容器域是 field 域标签的前缀，表示子节点和父节点的关系。该容器域名称为 geometry，包含几何节点。如 geometry Sphere、children Group、proxy Shape。containerField 属性只有在 X3D 场景用 XML 编码时才使用。
- class 域——是用空格分开的类的列表，保留给 XML 样式表使用。只有 X3D 场景用 XML 编码时才支持 class 属性。

3.4.2 互联网 3D Cone 案例分析

互联网 3D Cone 圆锥体三维立体造型设计利用虚拟现实程序设计语言互联网 3D 进行设计、编码和调试。利用现代软件开发的思想，采用结构化、组件化和模块化的设计思想，使软件开发设计层次清晰、结构合理。利用虚拟现实语言的各种节点创建生动、逼真的 Cone 圆锥体节点三维立体造型。使用互联网 3D 节点、背景节点以及 Cone 圆锥体节点进行设计和开发。在 Shape 模型节点中，利用 Geometry 几何子节点下的 Cone 圆锥体节点创建三维立体圆锥体造型，使用 Appearance 外观子节点和 Material 外观材料子节点使三维立体空间场景和造型更具真实感。

【实例 3-4】 在互联网 3D 三维立体空间场景环境下，利用 Shape 空间物体造型模型节点、Appearance 外观子节点和 Material 外观材料节点以及 Cone 圆锥体节点在三维立体空间背景下，创建一个三维立体蓝色圆锥体的互联网 3D 源程序。Cone 圆锥体节点立体场景设计互联网 3D 文件源程序展示如下：

```
<Scene>
    <Background skyColor="1 1 1"/>
    <Shape>
      <Appearance>
        <Material ambientIntensity="0.4" diffuseColor="0.0 1.0 0.0"
              shininess="0.2" specularColor="0.7 0.7 0.7"/>
      </Appearance>
      <Cone bottom="true" bottomRadius="2.0" height="3" side="true"/>
    </Shape>
</Scene>
```

在互联网 3D 源文件中的 Scene 场景根节点下添加 Background 背景节点和 Shape 模型节点，背景节点的颜色取白色以突出三维立体几何造型的显示效果。在 Shape 模型节点下增加 Appearance 外观节点和 Material 材料节点，以提高空间三维立体圆锥体的显示效果。在几何节点中创建 Cone 圆锥体节点，根据设计需求设置 Cone 圆锥体半径和高的尺寸大小，也可以设置 solid 域来绘制立体造型的不同表面。

互联网 3D 虚拟现实三维 Cone 圆锥体造型设计运行程序，首先，启动 X3D 浏览器，可运行虚拟现实三维空间绿色圆锥体造型场景，在三维立体空间背景下，Cone 圆锥体节点运行后的场景效果如图 3-5 所示。

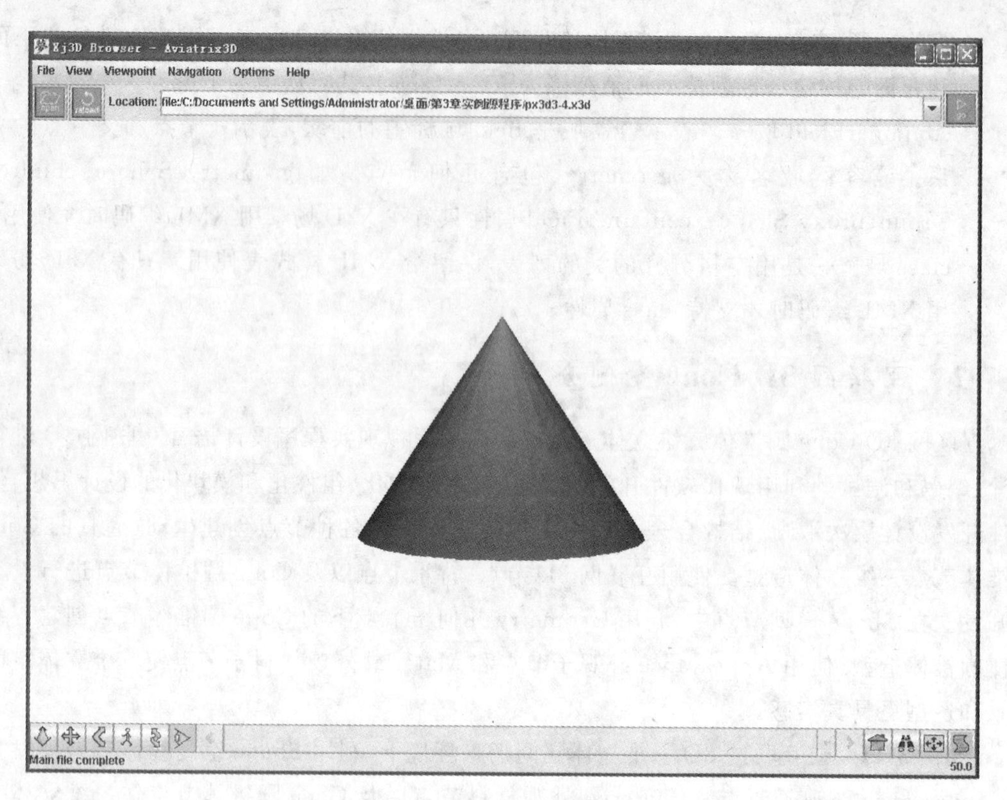

图 3-5　虚拟现实互联网 3D Cone 圆锥体运行效果

3.5　互联网 3D Cylinder 设计

互联网 3D Cylinder 节点设计描述了一个圆柱体的 3D 几何造型。根据圆柱体的半径大小、圆柱体高度的不同,可以改变圆柱体的大小尺寸。圆柱体节点通常作为 Shape 节点中 Geometry 几何子节点。Cylinder 圆柱体节点定义了一个圆柱体的原始造型,是互联网 3D 基本几何造型节点,一般作为 Shape 节点中 Geometry 子节点。利用 Shape 节点中 Appearance 外观和 Material 材料子节点用于描述 Cylinder 圆柱体节点的纹理材质、颜色、发光效果、明暗、光的反射以及透明度等,提高开发与设计的效果。

3.5.1　互联网 3D Cylinder 算法分析

Cylinder 算法分析与实现在虚拟现实立体空间建立三维坐标系(X,Y,Z),将圆柱体的中心线作为虚拟空间三维坐标的中轴线,对圆柱体表面的算法进行分析和设计,如图 3-6 所示。

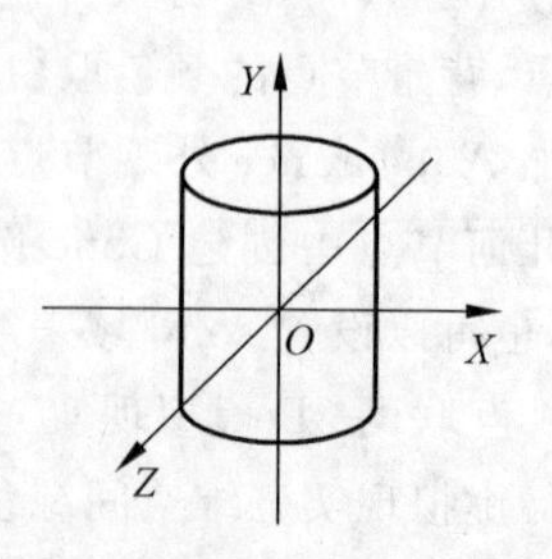

图 3-6　圆柱体三维坐标系

假设圆柱体的重心点在坐标原点(0,0,0)上,圆柱体与圆柱体表面构成三维立体空间造型。在三维立体坐标系中,设圆柱表面上任意一点(θ,γ,δ)在圆柱体表面上的投影坐标为(x,y,z)。设圆柱体中心点为 O,圆柱体的半径为 R,照片宽

度为 W，高度为 H。运用空间解析几何的方法建立数学模型。

$$\begin{cases} x^2 + z^2 = R^2 \\ y = h, \quad h \in [-H/2, H/2] \\ x/\theta = y/\gamma = z/\delta \end{cases} \tag{3-5}$$

求得圆柱体表面上的坐标为(x,y,z)。

$$\begin{cases} x = \pm R \cdot \theta / \sqrt{R^2 + \theta^2} \\ y = \pm R \cdot \gamma / \sqrt{R^2 + \theta^2} \\ z = \pm R \cdot \delta / \sqrt{R^2 + \theta^2} \end{cases} \tag{3-6}$$

3.5.2 互联网 3D Cylinder 语法定义

互联网 3D Cylinder 节点语法定义了一个三维立体空间圆柱体造型的属性名和域值，利用 Cylinder 圆柱体节点的域名、域值、域的数据类型以及事件的存储访问权限的定义来创建一个三维立体空间 Cylinder 圆柱体造型。主要利用 Cylinder 圆柱体节点中的高度(height)、圆柱底半径(bottomRadius)、侧面(side)、底面(bottom)以及实心(solid)参数设置创建互联网 3D 三维立体圆柱体造型。Cylinder 圆柱体节点定义了一个圆柱体的三维立体造型。通常作为 Shape 节点中 Geometry 域的值。Cylinder 圆柱体节点语法定义如下：

```
<Cylinder
DEF                 ID
USE                 IDREF
height              2          SFFloat        initializeOnly
radius              1          SFFloat        initializeOnly
top                 true       SFBool         initializeOnly
side                true       SFBool         initializeOnly
bottom              true       SFBool         initializeOnly
solid               true       SFBool         initializeOnly
containerField      geometry
class
/>
```

Cylinder 圆柱体节点包含域名、域值、域数据类型以及存储/访问类型等，节点中数据内容包含在一对尖括号中，用“<、/>”表示。

域数据类型描述如下：

- SFFloat 域——是单值单精度浮点数。
- SFBool 域——是一个单值布尔量，取值范围为[true|false]。

事件的存储/访问类型描述：表示域(属性)的存储/访问类型，包括 inputOnly(输入类型)、outputOnly(输出类型)、initializeOnly(初始化类型)以及 inputOutput(输入/输出类型)等，用来描述该节点必须提供该属性值。Cylinder 圆柱体节点包含 DEF、USE、height、radius、top、side、bottom、solid、containerField 以及 class 域等。

- DEF 为节点定义一个名字，给该节点定义了唯一的 ID，在其他节点中就可以引用这个节点。用 DEF 为节点命名时，使用有意义的描述性的名称可以规范文件，以提高互联网 3D 文件的可读性，该属性是可选项。

- USE 用来引用 DEF 定义的节点 ID，即引用 DEF 定义的节点名字，同时忽略其他的属性和子对象。使用 USE 来引用其他的节点对象而不是复制节点可以提高性能和编码效率。该属性是可选项。

- height 域——指定了圆柱体的高。该域值必须大于 0.0，其默认值为 2.0，表示圆柱体的底部的位于 Y 轴的 −1 处，顶部位于 Y 轴的 1 处。该域值的尺寸以米为单位，几何尺寸一旦初始化后就不可以再更改，通过使用 Transform 缩放尺寸。
- radius 域——指定了以原点为中心，Y 为轴的圆柱体的半径。该域值必须大于 0.0，其默认值为 1.0。该域值的尺寸以米为单位，几何尺寸一旦初始化后就不可以再更改，通过使用 Transform 缩放尺寸。
- top 域——指定了是否创建该圆柱体的顶部。如果该域值为 true，则创建顶部圆（不画内表面）；如果该域值为 false，则不创建顶部圆。该域的默认值为 true，一旦初始化后就不可以再更改。
- side 域——指定是否创建该圆柱体的曲面。如果该域值为 true，则创建曲面（不画内表面）；如果该域值为 false，则不创建曲面。该域的默认值为 true，一旦初始化后就不可以再更改。
- bottom 域——指定了是否创建该圆柱体的底部。如果该域值为 true，则创建底部圆（不画内表面）；如果该域值为 false，则不创建底部圆。该域的默认值为 true，一旦初始化后就不可以再更改。
- solid 域——定义了一个圆柱体造型表面和背面绘制的布尔量，当该域值 true 时，表示只构建圆柱体对象的表面，不构建背面；当该域值 false 时，表示圆柱体对象的正面和背面均构建。该域值的取值范围为[true|false]，其默认值为 true。
- containerField 域——表示容器域是 field 域标签的前缀，表示了子节点和父节点的关系。该容器域名称为 geometry，包含几何节点。如 geometry Sphere、children Group、proxy Shape。containerField 属性只有在互联网 3D 场景用 XML 编码时才使用。
- class 域——是用空格分开的类的列表，保留给 XML 样式表使用。只有互联网 3D 场景用 XML 编码时才支持 class 属性。

3.5.3 互联网 3D Cylinder 案例分析

互联网 3D Cylinder 圆柱体三维立体造型设计利用虚拟现实程序设计语言互联网 3D 进行设计、编码和调试。利用现代软件开发的极端编程思想，采用绝对编程、自动测试、简单设计以及先测试后设计开发理念。融合结构化、组件化和模块化的设计思想，使软件开发设计层次清晰、结构合理。利用虚拟现实语言的各种节点创建生动、逼真的 Cylinder 圆柱体节点三维立体造型。使用互联网 3D 内核节点、背景节点以及 Cylinder 圆柱体节点进行设计和开发。Cylinder 圆柱体节点是在 Shape 模型节点中的 Geometry 几何子节点下创建三维立体圆柱体造型，使用 Appearance 外观子节点和 Material 外观材料子节点使造型更具真实感。

【实例 3-5】 在互联网 3D 三维立体空间场景环境下，利用 Shape 空间物体造型模型节点、Appearance 外观子节点和 Material 外观材料节点，以及 Cylinder 圆柱体节点在三维立体空间背景下，创建一个三维立体黄色圆柱体的互联网 3D 源程序。Cylinder 圆柱体节点立体场景设计互联网 3D 文件源程序展示如下：

```
<Scene>
    <Background skyColor="1 1 1"/>
    <Shape>
        <Appearance>
          <Material ambientIntensity="0.4" diffuseColor="1.0 1.0 0.0"
              shininess="0.2" specularColor="1.0 1.0 0.2"/>
        </Appearance>
        <Cylinder height="3.8" radius="1.5"/>
    </Shape>
</Scene>
```

在互联网 3D 源文件中的 Scene 场景根节点下添加 Background 背景节点和 Shape 模型节点，背景节点的颜色取银白色以突出三维立体几何造型的显示效果。在 Shape 模型节点下增加 Appearance 外观节点和 Material 材料节点，以提高空间三维立体球的显示效果。在几何节点中创建 Cylinder 圆柱体节点，根据设计需求设置 Cylinder 圆柱体高和半径的尺寸大小，也可以设置 solid 域来绘制立体造型的不同表面。

互联网 3D 虚拟现实三维 Cylinder 圆柱体造型程序运行，首先，启动 X3D 浏览器，单击 Open 按钮，选择相应的文件，即可运行虚拟现实三维空间圆柱体造型场景，在三维立体空间背景下，Cylinder 圆柱体节点运行后的场景效果如图 3-7 所示。

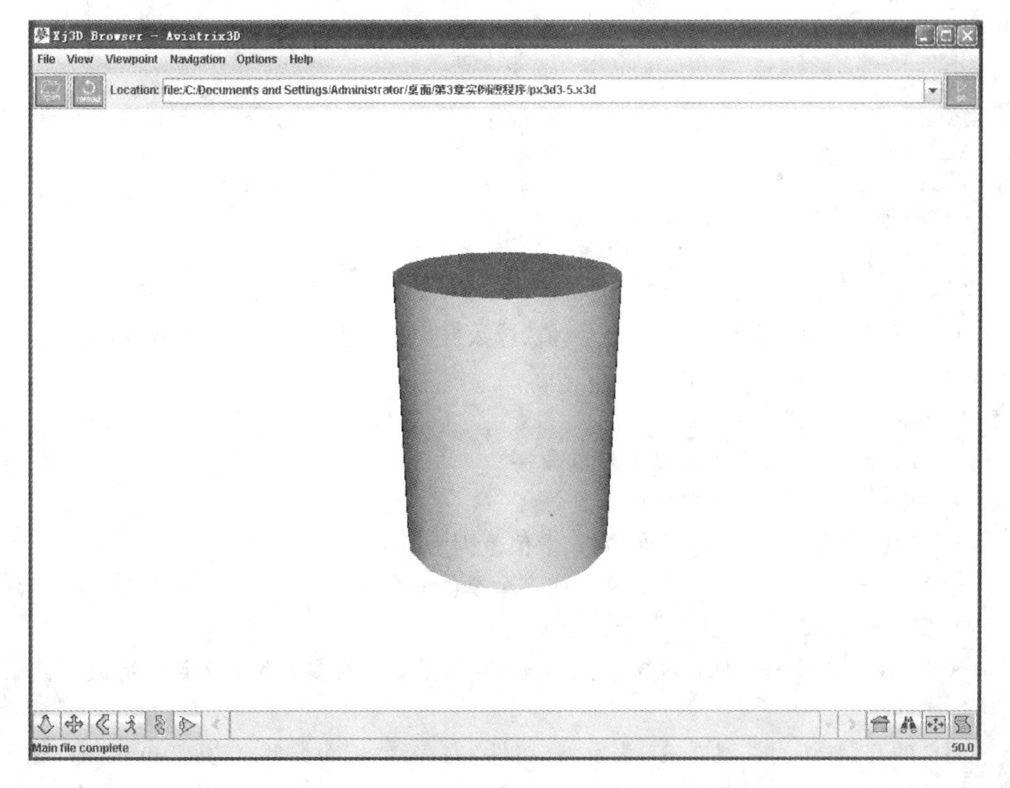

图 3-7　互联网 3DCylinder 节点运行效果

3.6 互联网 3D Text 设计

互联网 3D Text 节点设计用来在互联网 3D 空间中创建文本造型，通常使用 Shape 节点的 Geometry 域的域值。Text 文本造型节点描述了一个文字几何造型。根据文字的文本内容，创建一行或多行文本、定义文本造型的长度以及文本造型的外观特征等。Text 文本造型节点通常作为 Shape 节点中 Geometry 几何子节点。Text 文本造型节点用于在虚拟现实立体空间中创建文字，Text 文本造型节点分别包含 string、length、maxExtent、lineBounds、textBounds 以及 fontStyle 等域，其中 fontStyle 为文本外观子节点。

3.6.1 互联网 3D Text 语法定义

互联网 3D Text 节点语法定义了一个三维立体空间文本造型的属性名和域值，利用 Text 文本造型节点的域名、域值、域的数据类型以及事件的存储访问权限的定义来创建一个三维立体空间 Text 文本造型。主要利用 Text 文本造型节点中的文本内容(string)、文本长度(length)、文本最大有效长度(maxExtent)以及实心(solid)等参数设置创建互联网 3D 三维立体文本造型。Text 文本造型节点语法定义如下：

```
<Text
DEF                 ID
USE                 IDREF
string                              MFString        inputOutput
length                              MFFloat         inputOutput
maxExtent           0.0             SFFloat         inputOutput
solid               true            SFBool          initializeOnly
lineBounds                          MFVec2f         outputOnly
textBounds                          SFVec2f         outputOnly
containerField      geometry
class
/>
```

Text 文本造型节点 T 包含域名、域值、域数据类型以及存储/访问类型等，节点中数据内容包含在一对尖括号中，用“<、/>”表示。

域数据类型描述如下：

- SFFloat 域——单值单精度浮点数。
- MFFlot 域——多值单精度浮点数。
- SFBool 域——一个单值布尔量，取值范围为[true|false]。
- MFString 域——一个含有零个或多个单值的多值域，指定了零个或多个字符串。
- SFVec2f 域——定义了一个二维矢量。
- MFVec2f 域——一个包含任意数量的二维矢量的多值域，指定零组或多组二维矢量。

事件的存储/访问类型描述：表示域(属性)的存储/访问类型，包括 inputOnly(输入类型)、outputOnly(输出类型)、initializeOnly(初始化类型)以及 inputOutput(输入/输出类型)等，用来描述该节点必须提供该属性值。Text 文本造型节点包含 DEF、USE、string、 length、maxExtent、solid、lineBounds、textBounds、containerField 以及 class 域等。

- DEF 为节点定义一个名字，给该节点定义了唯一的 ID，在其他节点中就可以引用这个节点。用 DEF 为节点命名时，使用有意义的描述性的名称可以规范文件，以提高 X3D 文件可读性，该属性是可选项。
- USE 用来引用 DEF 定义的节点 ID，即引用 DEF 定义的节点名字，同时忽略其他的属性和子对象。使用 USE 来引用其他的节点对象而不是复制节点可以提高性能和编码效率。该属性是可选项。
- string 域——指定了要创建的文本内容，其域值可以是一行文本，也可以是多行文本。这些文本均包含在引号之内，在引号内的回车符将被忽略，所以不能使用回车键分行。在其域值中每一行文本用引号分隔每个字符串，不同的行用逗号分开。该域值的默认值为空，即不产生文本造型。另外，字符串中包含引号中套用的引号时，在内层的引号前加反斜杠 如 "say \"hello\" please"。如果需要，许多 XML 工具自动替换涉及的 XML 字符(如 & 替换为 & 或 " 替换为 ")。
- length 域——用来指定文本字符串的长度，是以 X3D 单位为计量单位的，这里的长度指的是每一行文本的长度，参照局部坐标系统。当设定一个值后，浏览器通过改变字符尺寸或字符间距来进行压缩或扩展，以满足设定长度的要求。Length 域的值和 string 域值是一一对应的，即一个数值控制一行文本。所以其实压缩或扩展并不是固定数值的，它与 string 域值有关。当所设定的长度大于其文本造型本来的长度时，则扩展，反之压缩。该域值的默认值为空列表，即为 0.0，表示即不扩展也不压缩。
- maxExtendt 域——指定了文本造型中所对应的行的最大有效长度，也是以 X3D 单位为计量单位的，参照局部坐标系统。该域值必须大于 0.0，而对那些长度大于所设定长度的行，通过改变字符尺寸或字符间距来进行压缩。该域值的默认值为 0.0，表示对文本造型的长度没有限制，可以为任意长度。
- solid 域——定义了一个 TEXT 文本造型表面和背面绘制的布尔量，当该域值 true 时，表示只构建文本造型对象的表面，不构建背面；当该域值 false 时，表示文本造型对象的正面和背面均构建。该域值的取值范围为[true|false]，其默认值为 true。
- fontStyle 域——用来定义文本造型的外观特征。一般情况下，其域值为 FontStyle 子节点，该域值的默认值为 NULL，即没有定义外观特征。使用默认的外观特征，如左对齐，从左到右，文本尺寸为 1.0，文本间距为 1.0 以及默认的字体大小等。
- lineBounds 域——定义了一个 TEXT 文本造型在本地坐标系统中，由每个线围成的二维区域范围的文本造型线段。该域值为 outputOnly(输出类型)，是多值的二维矢量。
- textBounds 域——定义了一个 TEXT 文本造型在本地坐标系统中，由所有线围成的二维文本造型区域。该域值为 outputOnly(输出类型)，是一个单值二维矢量。
- containerField 域——表示容器域是 field 域标签的前缀，表示了子节点和父节点的关系。该容器域名称为 geometry，包含几何节点。如 geometry Box、children Group 和 proxy Shape。containerField 属性只有在 X3D 场景用 XML 编码时才使用。

- class 域——是用空格分开的类的列表，保留给 XML 样式表使用。只有 X3D 场景用 XML 编码时才支持 class 属性。

3.6.2 互联网 3D Text 案例分析

互联网 3D Text 文本造型节点三维立体设计利用虚拟现实程序设计互联网 3D 进行设计、编码和调试。利用现代软件开发的极端编程思想，采用绝对编程、自动测试、简单设计以及先测试后设计开发理念。融合结构化、组件化和模块化的设计思想，使软件开发设计层次清晰、结构合理。利用虚拟现实语言的各种节点创建生动、逼真的 Text 文本三维立体造型。使用互联网 3D 节点、背景节点以及 Text 文本造型节点进行设计和开发。Text 文本造型节点是在 Shape 模型节点中的 Geometry 几何子节点下创建三维立体文本造型，使用 Appearance 外观子节点和 Material 外观材料子节点描述空间物体造型的颜色、材料漫反射、环境光反射、物体镜面反射、物体发光颜色、外观材料的亮度以及透明度等，使三维立体空间场景和造型更具真实感。

【实例 3-6】 在互联网 3D 三维立体空间场景环境下，利用 Shape 空间物体造型模型节点、Appearance 外观子节点和 Material 外观材料节点以及 Text 文本造型节点在三维立体空间背景下，创建一个三维立体文字造型节点的互联网 3D 源程序。Text 文本造型节点立体场景设计互联网 3D 文件源程序展示如下：

```
<Scene>
        <Background skyColor="1 1 1"/>
        <Shape>
    <! -- Add a single geometry node here -- >
            <Appearance>
                <Material ambientIntensity="0.4" diffuseColor="1.0 0.0 0.0"
            shininess="0.2" specularColor="0.2 0.2 0.2"/>
            </Appearance>
            <Text string='"Web3D http://www.x3d.com","X3D-Augmented Reality",
                        "X3D-Virtual Reality","2012-05-28"'>
                <! -- FontStyle justify='"MIDDLE" "MIDDLE"'/ -- >
            </Text>
        </Shape>
</Scene>
```

在互联网 3D 源文件中的 Scene 场景根节点下添加 Background 背景节点和 Shape 模型节点，背景节点的颜色取白色以突出三维立体几何文字造型的显示效果。利用基本三维立体 Text 文本造型节点创建一个白色背景下的文字造型，此外增加了 Appearance 外观节点和 Material 材料节点，对物体造型的外观颜色、物体发光颜色、外观材料的亮度以及透明度的设计，提高三维空间文字造型的显示效果。

互联网 3D 虚拟现实三维 Text 文本造型程序运行，首先，启动 X3D 浏览器，单击 Open 按钮，然后打开对应文件，可运行虚拟现实三维空间 Text 文本造型场景，在三维立体空间背景下，显示四行文本文字的效果图，在文本中四行不同的文字用逗号隔开，可以设定两行不同的长度以及设定字符串最大有效长度等。Text 文本造型节点运行后的场景效果如图 3-8 所示。

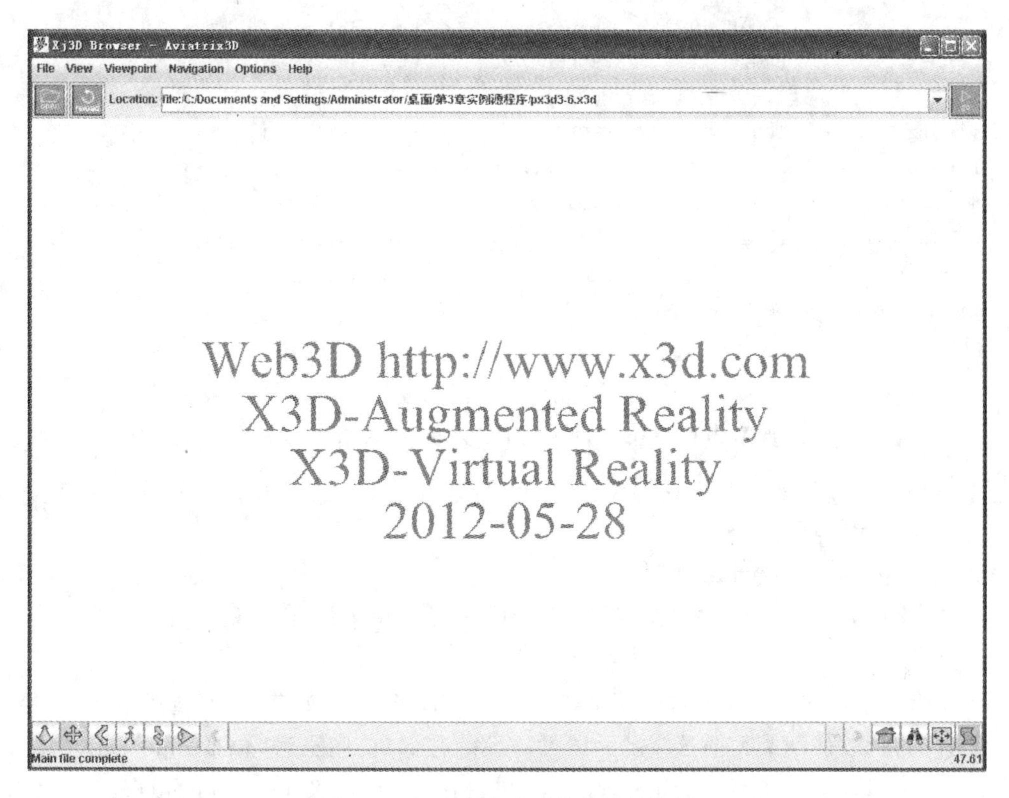

图 3-8 Text 文本造型节点运行效果

3.6.3 互联网 3D FontStyle 语法定义

互联网 3D FontStyle 文本外观节点是 Text 文本节点的子节点，用来控制文本造型的外观特征，通过设定 FontStyle 节点可以改变由 Text 节点创建的文本造型的外观、字体、字型、风格和尺寸大小等。FontStyle 文本外观节点用于在虚拟现实立体空间中创建文字的同时，利用该节点对文字的外观进行设计，FontStyle 文本外观节点分别包含 family、style、justify、size、spacing、language、horizontal、leftToRight 以及 topToBottom 域（属性）等。

FontStyle 文本外观节点语法定义了一个三维立体空间文本外观的属性名和域值，利用文本外观节点的域名、域值、域的数据类型以及事件的存储访问权限的定义来创建一个效果更加理想的三维立体空间文字造型。主要利用 FontStyle 文本外观节点中的 family（字体）、style（文本风格）、justify（摆放方式）、size（文字大小）、spacing（文字间距）、language（语言）、horizontal（文本排列方式）等参数设置创建互联网 3D 三维立体文本外观造型。FontStyle 文本外观节点语法定义如下：

```
<FontStyle
DEF            ID
USE            IDREF
family         SERIF          MFString       initializeOnly
style          "PLAIN"
               [PLAIN|BOLD|ITALIC|
```

```
                BOLDITALIC]        SFString        initializeOnly
justify         BEGIN              MFString        initializeOnly
size            1.0                SFFloat         initializeOnly
spacing         1.0                SFFloat         initializeOnly
language                           SFString
horizontal      true               SFBool          initializeOnly
leftToRight     true               SFBool          initializeOnly
topToBottom     true               SFBool          initializeOnly
containerField  fontStyle
class
/>
```

FontStyle 文本外观节点 包含域名、域值、域数据类型以及存储/访问类型等，节点中数据内容包含在一对尖括号中，用“<、/>”表示。

域数据类型描述如下：

- SFFloat 域——单值单精度浮点数。
- SFBool 域——一个单值布尔量，取值范围为[true|false]。
- SFString 域——单值字符串类型。
- MFString 域——一个含有零个或多个单值的多值域，指定了零个或多个字符串。

事件的存储/访问类型描述：表示域(属性)的存储/访问类型，包括 inputOnly(输入类型)、outputOnly(输出类型)、initializeOnly(初始化类型)以及 inputOutput(输入/输出类型)等，用来描述该节点必须提供该属性值。FontStyle 文本外观节点包含 DEF、USE、family、style、justify、size、spacing、language、horizontal、leftToRight、topToBottom、containerField 以及 class 域等。

- DEF 为节点定义一个名字，给该节点定义了唯一的 ID，在其他节点中就可以引用这个节点。用 DEF 为节点命名时，使用有意义的描述性的名称可以规范文件，以提高 X3D 文件可读性，该属性是可选项。
- USE 用来引用 DEF 定义的节点 ID，即引用 DEF 定义的节点名字，同时忽略其他的属性和子对象。使用 USE 来引用其他的节点对象而不是复制节点可以提高性能和编码效率。该属性是可选项。
- family 域——用来指定在 X3D 文件中使用的一系列字体名，浏览器按排列顺序优先使用第一个可用字体。支持值包括 SERIF、SANS、TYPEWRITER。其中 SERIF 是指 serif 字体，是一种变宽的字体，如 Times Roman 字体；SANS 是指 sans 字体，也是一种变宽的字体，如 Helvetica 字体；TYPEWRITER 是指 typewriter 字体，是一种等宽字体，如 Coutier 字体。这里要注意的是，在 X3D 浏览器中实际显示的字体类型是与浏览器本身有关的，当该域值设定为 SERIF 时，浏览器也有可能显示 New York 字符集，这是由浏览器本身的设置决定的。该域值的默认值为 SERIF。另外，字符串变量可以是多值，由用引号""分开每一个字符串(如"so separate"、"each string"、"by"、"quote marks")。
- style 域的值用来指定所显示的文本的风格。设置文字是常规体、粗体、斜体或粗斜体等，该域值通常包括 PLAIN、BOLD、ITALIC 和 BOLDITALIC，这些都是浏览器所能支持的风格。其中，PLAIN 为常用字体，既不加粗又不倾斜；BOLD 为加粗字体；ITALIC 为倾斜字体；BOLDITALIC 为既加粗又倾斜的字体。该域值的默认值为 PLAIN。

- justify 域——用来指定文本造型中文本块的摆放方式，既是设置左对齐，右对齐，还是居中对齐，这是相对 *X* 轴或 *Y* 轴来说的。该域值为一个含有一个或两个值的列表。当含有两个选项值时，要用逗号分开，且都包含在括号中。其中第 1 个值为主对齐方式，第 2 个值为次对齐方式。这些值可从 FIRST、BEGIN、MIDDLE 和 END 中选择。当是水平排列的文本造型时，选 MIDDLE 时，则表示该文本造型的中点在 *Y* 轴上。该域值的默认值为 BEGIN，这是主对齐方式，次对齐方式按照 FIRST 处理。另外，字符串变量可以是多值，可用引号"" 分开每一个字符串（如" so separate"、"each string"、"by"、"quote marks"）。
- size 域——用来指定所显示的文本字符的高度，单位为 X3D 文件单位，参照局部坐标系统，也设定了字符的默认行间距。改变其高度可以进而改变文本字符的尺寸大小，该域值的默认值为 1.0。
- spacing 域——用来指定所显示的文本字符的间距，即调节行间距的比例。当文本是水平排列时，该间距指的是水平间距，而当文本是垂直排列时，该间距指的是垂直间距。该域值的默认值为 1.0。
- language 域——用来指定 string 域值中所使用的语言，如英语、法语、德语等。在 X3D 中可以使用的 language 域值是基于在 POSIX 和 RFC 1766 等几个国际标准中的规范的。该语言编码包括主编码和一系列子编码(可能是空)。
- horizontal 域——表示控制着文本造型的排列方式，既是水平排列还是垂直排列。该域值的默认值为 true，表示文本为水平排列；如将 horizontal 域值设定为 false，表示两行文本造型是垂直排列的。
- leftToRight 域——用来指定相邻字符在水平方向上的摆放，即决定字符是从左到右(true) 还是从右到左(false)。当 leftToRight 域值为 true 时，相邻字符沿 *X* 正方向从左到右排列；当 leftToRight 域值为 false 时，则从右到左排列。
- topToBottom 域——用来指定相邻字符在垂直方向上的摆放，即决定字符方向是顶到底(true) 还是底到顶(false)。如果当 topToBottom 域值为 true 时，相邻字符沿 *Y* 负方向从上到下排列；而当 topToBottom 域值为 false 时，相邻字符沿 *Y* 正方向从下往上排列。
- containerField 域——表示容器域是 field 域标签的前缀，表示子节点和父节点的关系。该容器域名称为 fontStyle，包含几何节点，如 geometry Box、children Group、proxy Shape。containerField 属性只有在 X3D 场景用 XML 编码时才使用。
- class 域——是用空格分开的类的列表，保留给 XML 样式表使用。只有 X3D 场景用 XML 编码时才支持 class 属性。

3.6.4 互联网 3D FontStyle 案例分析

互联网 3D FontStyle 文本外观节点是 Text 文本造型节点，而 Text 文本造型节点又是在 Shape 模型节点中的 Geometry 几何子节点下的三维立体文本造型，使用 Appearance 外观子节点和 Material 外观材料子节点描述空间物体造型的颜色、材料漫反射、环境光反射、物体镜面反射、物体发光颜色、外观材料的亮度以及透明度等，使三维立体空间场景和文字造型更生动和鲜活，具有真实感受。

FontStyle 文本外观节点三维立体设计利用虚拟现实程序设计语言互联网 3D 进行设计、编码和调试。利用现代软件开发思想，融合结构化、组件化和模块化的设计思想，使软件开发设计层次清晰、结构合理。利用虚拟现实语言的各种节点创建生动、逼真的文本三维立体造型。使用互联网 3D 节点、背景节点、Text 文本造型节点以及 FontStyle 文本外观节点进行设计和开发。

【实例 3-7】 在互联网 3D 三维立体空间场景环境下，利用 Shape 空间物体造型模型节点、Appearance 外观子节点和 Material 外观材料节点、Text 文本造型节点以及 FontStyle 文本外观节点等在三维立体空间背景下，显示两行文本造型。具有 BOLDITALIC 为既加粗又倾斜的字体，并且文本造型位于 *X*、*Y* 轴的中心点上，创建一个三维立体文字造型的互联网 3D 源程序。FontStyle 文本外观节点立体文字场景设计互联网 3D 文件源程序展示如下：

```
<Scene>
        <Background skyAngle="1.571" skyColor="0.2 0.2 1.0 1.0 1.0 1.0"/>
        <Shape>
    <!-- Add a single geometry node here -->
        <Appearance>
            <Material ambientIntensity="0.4" diffuseColor="1.0 0.0 0.0"
         shininess="0.2" specularColor="0.2 0.2 0.2"/>
        </Appearance>
        <Text string='"广东珠海哈尔滨三维立体动画游戏设计","X3D-Augmented Reality",
"X3D-Virtual Reality","2012-05-28"'>
            <FontStyle justify='"MIDDLE" "MIDDLE"'/>
        </Text>
    </Shape>
</Scene>
```

在互联网 3D 源文件中的 Scene 场景根节点下添加 Background 背景节点和 Shape 模型节点，背景节点的颜色取淡蓝色以突出三维立体几何文字造型的显示效果。利用基本三维立体 Text 文本造型节点和 FontStyle 文本外观节点共同创建一个淡蓝色背景下的文字造型，此外增加了 Appearance 外观节点和 Material 材料节点，对物体造型的外观颜色、物体发光颜色、外观材料的亮度以及透明度的设计，提高三维空间文字造型的显示效果。

互联网 3D 虚拟现实三维 Text 文本造型和 FontStyle 文本外观节点程序运行，首先，启动 X3D 浏览器，单击 Open 按钮，然后打开相应程序文件，运行虚拟现实三维空间 Text 文本造型和 FontStyle 文本外观节点场景，在三维立体空间背景下，显示四行文本文字的效果图，选用 BOLDITALIC（既加粗又倾斜）的字体，并且文本造型位于 X、Y 轴的中心点上。文本外观节点程序运行后的场景效果如图 3-9 所示。

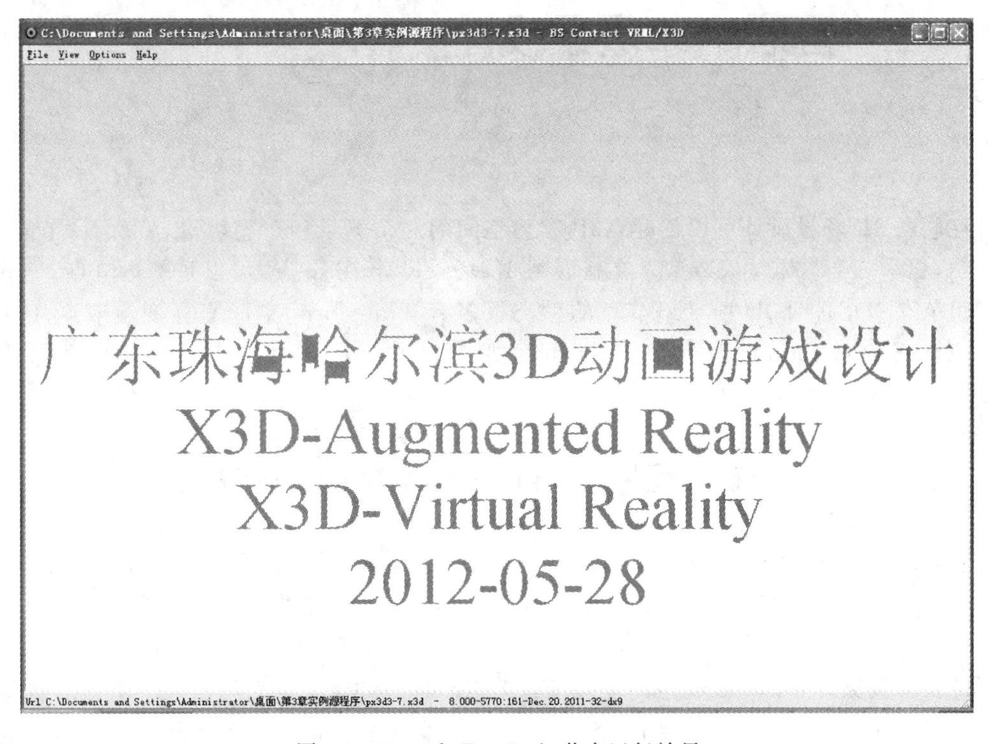

图 3-9　Text 和 FontStyle 节点运行效果

第4章 互联网3D场景设计

互联网 3D 场景设计可以创建 X3D 立体空间的复杂场景和造型,可以将所有"节点"包含其中,看作一个整体对象造型。在互联网 3D 场景设计中"节点"可以是基本节点、子节点或者组节点。互联网 3D 场景组节点的种类很多有 Transform 空间坐标变换节点、Group 编组节点、StaticGroup 静态组节点、Inline 内联节点、Switch 开关节点以及 LOD 细节层次节点等。

4.1 互联网 3D Transform 设计

互联网 3D Transform 空间坐标变换节点对三维立体空间场景进行定位,是一个可以包含其他节点的组节点。Transform 节点方位的确定:+*X* 是指屏幕的正右方;+*Y* 指屏幕的正上方;+*Z* 是指屏幕正对浏览者方向,设定+*Y* 为正上方以保持场景的兼容性和浏览器的正常浏览。Transform 空间坐标变换节点,可在 X3D 立体空间创建一个新的空间坐标系。程序中的每一个 Transform 空间变换节点都创建一个相对已有坐标系的局部坐标系统,该节点所包含的空间物体造型都是在这个局部坐标系统上建立的。利用 Transform 节点,可以在 X3D 场景中创建多个局部坐标,而这些坐标系可随意平移定位、旋转和缩放,使坐标系上的造型实现平移定位、旋转和缩放。

4.1.1 互联网 3D Transform 语法定义

互联网 3D Trasform 空间坐标变换节点是组节点,定义一个相对于已有坐标系的局部坐标系。该节点可以在立体空间指定一个物体造型的位置,还可以对其进行位置定位、旋转和缩放等操作。Transform 空间坐标变换节点与 X3D 基本几何造型节点、点节点、线节点、面节点、海拔栅格节点以及挤出造型等复杂节点联合使用,创建复杂三维立体空间造型和场景。Transform 空间坐标变换节点语法定义了一个用于确定坐标变换的属性名和域值,利用 Transform 空间坐标变换节点的域名、域值、域的数据类型以及事件的存储访问权限的定义来创建一个效果更加理想和复杂的三维立体空间造型。Transform 空间坐标变换节点语法定义如下:

```
<Transform
DEF                ID
USE                IDREF
translation        0 0 0          SFVec3f         inputOutput
rotation           0 0 1 0        SFRotation      inputOutput
center             0 0 0          SFVec3f         inputOutput
scale              1 1 1          SFVec3f         inputOutput
```

```
scaleOrientation  0 0 1 0        SFRotation     inputOutput
bboxCenter        0 0 0          SFVec3f        initializeOnly
bboxSize          -1 -1 -1       SFVec3f        initializeOnly
containerField    children
class
/>
```

Transform 组节点包含域名、域值、域数据类型以及存储/访问类型等，节点中数据内容包含在一对尖括号中，用"<、/>"表示。

域数据类型描述如下：

- SFVec3f 域——定义了一个三维矢量空间。
- SFRotation 域——指定了一个任意的旋转。

事件的存储/访问类型描述：表示域(属性)的存储/访问类型，包括 inputOnly(输入类型)、outputOnly(输出类型)、initializeOnly(初始化类型)以及 inputOutput(输入/输出类型)等，用来描述该节点必须提供该属性值。Transform 空间坐标变换组节点包含 DEF、USE、translation、rotation、center、scale、scaleOrientation、bboxCenter、bboxSize、containerField 以及 class 域等。

- DEF 为节点定义一个名字，给该节点定义了唯一的 ID，在其他节点中就可以引用这个节点。用 DEF 为节点命名时，使用有意义的描述性的名称可以规范文件，以提高 X3D 文件可读性，该属性是可选项。
- USE 用来引用 DEF 定义的节点 ID，即引用 DEF 定义的节点名字，同时忽略其他的属性和子对象。使用 USE 来引用其他的节点对象而不是复制节点可以提高性能和编码效率。该属性是可选项。
- translation 域——指定了在世界坐标系的原点和局部坐标系的原点之间 *X*、*Y*、*Z* 方向上的距离。该域值的第一个值为 *X* 方向上的距离，第二个值为 *Y* 方向上的距离，第三个值为 Z 方向上的距离。该值既可以为正，也可以为负，只是方向相反而已。该域值的默认值为 0.0 0.0 0.0，表示各方向的距离为 0，局部坐标系和世界坐标系重合。提示：操作顺序是先旋转方位、缩放、按中心旋转、最后移动。
- rotation 域——指定了一个局部坐标系旋转轴和旋转角度。局部坐标是围绕该旋转轴旋转一个该域值所设定的旋转角度，该域的前三个值为一个三维坐标的 *X*、*Y*、*Z* 分量，该三维坐标是在新坐标系上的原点和该点相连的虚线就是旋转轴。该域值的第 4 个值为以弧度为计量单位的旋转角度。其默认值为 0.0 0.0 1.0 0.0，表示以 *Z* 轴为旋转轴，但不发生旋转。
- center 域——指定了一个从局部坐标原点的位移偏移、旋转和缩放，其默认值为 0.0 0.0 0.0。提示：操作顺序是先旋转方位、缩放、按中心旋转、最后移动。
- scale 域——指定了局部坐标系在 *X*、*Y*、*Z* 方向上的缩放系数。该域值的三个值分别为 *X*、*Y*、*Z* 方向的缩放系数，其默认值为 1.0 1.0 1.0，表示在 *X*、*Y*、*Z* 方向上没有缩放。
- scaleOrientation 域——指定了一个旋转轴和旋转角度，该域值的前三个值为局部坐标系上的 *X*、*Y*、*Z* 分量，第 4 个值为以弧度为计量单位的旋转角。但其作用与 rotation 节点不同，利用 scalezOrientation 域值在缩放前旋转新的坐标系，缩放后再将其旋转回来。其默认值为 0.0 0.0 1.0 0.0。

- bboxCenter 域——指定了边界盒的中心，从局部坐标系统原点的位置偏移。其默认值为 0.0.0.0.0.0。
- bboxSize 域——指定了边界盒尺寸 *X*、*Y*、*Z* 方向的大小。其默认值为－1.0 －1.0 －1.0。默认情况下是自动计算的，为了优化场景也可以强制指定。
- containerField 域——表示容器域是 field 域标签的前缀，表示了子节点和父节点的关系。该容器域名称为 children，包含几何节点。如 geometry Box、children Group、proxy Shape。containerField 属性只有在 X3D 场景用 XML 编码时才使用。
- class 域——是用空格分开的类的列表，保留给 XML 样式表使用。只有 X3D 场景用 XML 编码时才支持 class 属性。

4.1.2 互联网 3D Transform 案例分析

利用互联网 3D Transform 坐标变换节点实现立体空间物体造型的移动和定位，在三维立体坐标系 *X*、*Y*、*Z* 轴上实现任意位置的移动或定位效果。在 X3D 场景中，如果有多个造型不进行移动处理，则这些造型将在坐标原点重合，这是设计者不希望的。使用 Transform 坐标变换节点，可以实现 X3D 场景中各个造型的有机结合，达到理想的效果。利用虚拟现实语言的各种节点创建生动、逼真的 Transform 空间坐标变换组合的三维立体造型。使用 X3D 节点、背景节点、坐标变换节点以及几何节点进行设计和开发。

【实例 4-1】 利用 Transform 空间坐标变换节点、Shape 空间物体造型模型节点、Appearance 外观子节点和 Material 外观材料节点以及几何节点在三维立体空间背景下，创建一个复杂三维立体复合场景和造型。虚拟现实互联网 3D Transform 空间坐标变换复杂三维立体场景设计 X3D 文件源程序展示如下：

```
<Scene>
    <Background skyColor="0.98 0.98 0.98"/>
    <!-- heng-1     -->
    <Transform DEF="heng" rotation="0 0 0 0" scale="1 1 1" translation="0 6 0">
    <Shape>
      <Appearance>
        <Material ambientIntensity="0.1" diffuseColor="0.8 0.8 0.8"
          shininess="0.2" />
      </Appearance>
      <Box size="10.8 0.2 0.2"/>
    </Shape>
    </Transform>
    <!-- heng-2     -->
<Transform rotation='0 0 1 0' scale='1 1 1' translation='0 -1.75.0 0'>
    <transform USE="heng"/>
</Transform>
    <!-- heng-3     -->
<Transform rotation='0 0 1 0' scale='1 1 1' translation='0 -3.55.0 0'>
    <transform USE="heng"/>
</Transform>
```

```
    <! -- heng - 4       -->
<Transform rotation = '0 0 1 0' scale = '1 1 1' translation = '0  - 8.8.0 0'>
    <transform USE = "heng"/>
</Transform>
    <! -- heng - 5       -->
<Transform rotation = '0 0 1 0' scale = '1 1 1' translation = '0  - 12.0 0'>
    <transform USE = "heng"/>
</Transform>
<Transform rotation = "0 0 0 0" scale = "1 1 1" translation = " - 5.3 0 0">
    <Shape>
      <Appearance>
        <Material ambientIntensity = "0.1" diffuseColor = "0.8 0.8 0.8"
          shininess = "0.2" />
      </Appearance>
      <Box size = "0.2 12 0.2"/>
    </Shape>
    </Transform>
<Transform rotation = "0 0 0 0" scale = "1 1 1" translation = "5.3 0 0">
    <Shape>
      <Appearance>
        <Material ambientIntensity = "0.1" diffuseColor = "0.8 0.8 0.8"
          shininess = "0.2" />
      </Appearance>
      <Box size = "0.2 12 0.2"/>
    </Shape>
    </Transform>
<Transform rotation = "0 0 0 0" scale = "1 1 1" translation = "1 0 0">
    <Shape>
      <Appearance>
        <Material ambientIntensity = "0.1" diffuseColor = "0.8 0.8 0.8"
          shininess = "0.2" />
      </Appearance>
      <Box size = "0.2 12 0.2"/>
    </Shape>
    </Transform>
<Transform rotation = "0 0 0 0" scale = "1 1 1" translation = " - 1 0 0">
    <Shape>
      <Appearance>
        <Material ambientIntensity = "0.1" diffuseColor = "0.8 0.8 0.8"
          shininess = "0.2" />
      </Appearance>
      <Box size = "0.2 12 0.2"/>
    </Shape>
    </Transform>
                 ⋮
</Scene>
```

X3D 虚拟现实 Transform 坐标变换节点创建三维立体场景造型设计运行程序。首先，启动 BS_Contact_VRML/X3D 浏览器，然后打开相应的程序文件，即可运行虚拟现实 Transform 坐标变换节点创建一个组合的复杂的三维立体空间场景。Transform 坐标变换节点复杂场景造型运行效果如图 4-1 所示。

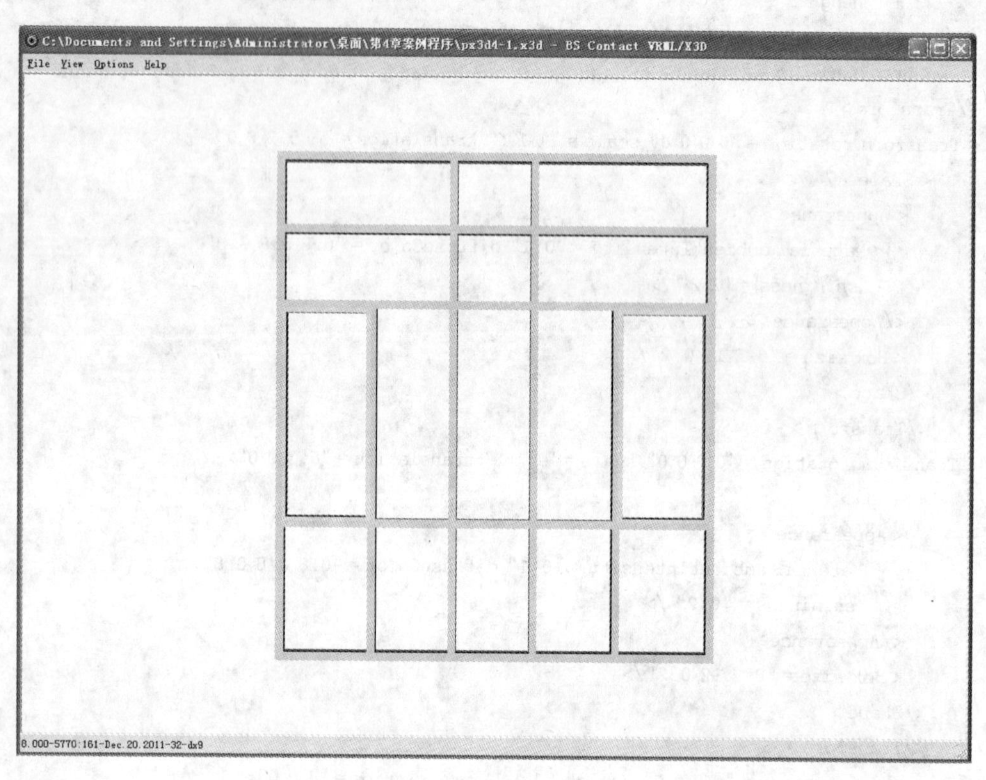

图 4-1 Transform 坐标变换节点复杂场景运行效果

4.2 互联网 3D Group 节点

互联网 3D Group 组节点用来编组各种几何节点造型，使其作为一个整体造型来看待。Group 编组节点通常用作为 Shape 模型节点的父节点。Group 编组节点是将多个节点进行组合创建较复杂的立体空间造型，利用 Group 编组节点的 Children 域可以包含任意个节点。该节点是组节点中最基本的节点。把 Group 编组节点中所包含全部节点视为一个整体，当作一个完整的空间造型来对待。如果利用 DEF(重定义节点名)对 Group 编组节点命名，则可以使用 USE(重用节点)在相同的文件中可以重复使用这一节点，从而增强程序设计的可重用性和灵活性。

4.2.1 互联网 3D Group 语法定义

互联网 3D Group 组节点语法定义了一个用于确定编组节点的属性名和域值，利用 Group 编组节点的域名、域值、域的数据类型以及事件的存储访问权限的定义来创建一个效果更加理想，具有一定整体感的三维立体空间造型。Group 组节点是把多个节点进行组合创建较复杂的立体空间造型，把 Group 组节点中所包含全部节点视为一个整体，当作一个完整的空间造型来对待。利用 Group 组节点的 Children 域可以包含任意个节点，该节点是组节点中最基本的节点。Group 组节点语法定义如下：

```
< Group
DEF              ID
USE              IDREF
bboxCenter       0 0 0          SFVec3f       initializeOnly
bboxSize         -1 -1 -1       SFVec3f       initializeOnly
containerField   children
class
/>
```

Group 组节点 □ 包含域名、域值、域数据类型以及存储/访问类型等，节点中数据内容包含在一对尖括号中，用“<、/>”表示。

域数据类型描述如下：

- SFVec3f 域——定义了一个三维矢量空间。

事件的存储/访问类型描述：表示域(属性)的存储/访问类型，包括 inputOnly(输入类型)、outputOnly(输出类型)、initializeOnly(初始化类型)以及 inputOutput(输入/输出类型)等，用来描述该节点必须提供该属性值。Group 组节点包含 DEF、USE、bboxCenter、bboxSize、containerField 以及 class 域等。

- DEF 为节点定义一个名字，给该节点定义了唯一的 ID，在其他节点中就可以引用这个节点。用 DEF 为节点命名时，使用有意义的描述性的名称可以规范文件，以提高 X3D 文件的可读性，该属性是可选项。
- USE 用来引用 DEF 定义的节点 ID，即引用 DEF 定义的节点名字，同时忽略其他的属性和子对象。使用 USE 来引用其他的节点对象而不是复制节点可以提高性能和编码效率。该属性是可选项。
- bboxCenter 域——指定了边界盒的中心，从局部坐标系统原点的位置偏移。其默认值为 0.0 0.0 0.0。
- bboxSize 域——指定了边界盒尺寸 X、Y、Z 方向的大小。其默认值为 -1.0 -1.0 -1.0。默认情况下是自动计算的，为了优化场景也可以强制指定。
- containerField 域——表示容器域是 field 域标签的前缀，表示了子节点和父节点的关系。该容器域名称为 children，包含几何节点。如 geometry Box、children Group、proxy Shape。containerField 属性只有在 X3D 场景用 XML 编码时才使用。
- class 域——是用空格分开的类的列表，保留给 XML 样式表使用。只有 X3D 场景用 XML 编码时才支持 class 属性。

4.2.2 互联网 3D Group 案例分析

利用互联网 3D Group 组节点实现立体空间复杂场景和物体造型设计。Group 组节点的功能是将其包含的所有节点当作一个整体造型来看待，从而增强程序设计的可重用性和灵活性，给 X3D 程序设计带来更大的方便。虚拟现实 Group 组节点三维立体造型设计利用虚拟现实程序设计语言 X3D 进行设计、编码和调试。利用现代软件开发思想，采用结构化、组件化和模块化的设计思想,使软件开发设计层次清晰、结构合理。利用虚拟现实语言的各种节点创建生动、逼真的三维立体组合造型。使用X3D内核节点、背景节点、坐标变换节点、Group组节点以及几何节点进行设计和开发。

【实例4-2】 利用Shape空间物体造型模型节点、Appearance外观子节点和Material外观材料节点、Transform空间坐标变换、Group组节点以及几何节点在三维立体空间背景下,创建一个复杂三维立体组合造型。互联网3D Group组节点创建三维立体场景设计,X3D文件源程序展示如下:

```
<Scene>
    <!-- Scene graph nodes are added here -->
        <Background skyColor = "1 1 1"/>
        <Group DEF = 'group1'>
    <!-- Add children nodes here -->
            <Transform bboxCenter = '0 0 0' bboxSize = '-1 -1 -1' center = '0 0 0' rotation =
'0 0 1 0'
                scale = '1 1 1' translation = '0 0 -5'>
                <Shape>
                    <Appearance>
                        <Material ambientIntensity = '0.1' diffuseColor = '0.2 0.8 0.2'
shininess = '0.15'
                            specularColor = '0.8 0.8 0.8' transparency = '0.5' />
                    </Appearance>
                    <Box size = '16 4 4' />
                </Shape>
            </Transform>
    <!-- Shape1 -->
            <Transform bboxCenter = '0 0 0' bboxSize = '-1 -1 -1' center = '0 0 0' rotation =
'0 0 1 0'
                scale = '1 1 1' translation = '-6 0 -5'>
                <Shape>
                    <Appearance>
                        <Material ambientIntensity = '0.4' diffuseColor = '0.3 0.2 0.0'
shininess = '0.2'
                            specularColor = '0.7 0.7 0.6' transparency = '0' />
                    </Appearance>
                    <Sphere radius = '2' />
                </Shape>
            </Transform>
    <!-- Shape2 -->
            <Transform bboxCenter = '0 0 0' bboxSize = '-1 -1 -1' center = '0 0 0' rotation =
'0 0 1 0.785'
                scale = '1 1 1' translation = '-1.5 0 -5'>
                <Shape>
                    <Appearance>
                        <Material ambientIntensity = '0.1' diffuseColor = '0.2 0.8 0.2'
shininess = '0.15'
                            specularColor = '0.8 0.8 0.8' transparency = '0' />
```

```
                </Appearance>
                <Box size='2.8 2.8 2.8'/>
            </Shape>
        </Transform>
    <!-- Shape3 -->
        <Transform bboxCenter='0 0 0' bboxSize='-1 -1 -1' center='0 0 0' rotation=
'0 0 1 0'
              scale='1 1 1' translation='3 0 -5'>
            <Shape>
                <Appearance>
                    <Material ambientIntensity='0.1' diffuseColor='0.8 0.2 0.2'
shininess='0.15'
                        specularColor='0.8 0.8 0.8' transparency='0'/>
                </Appearance>
                <Cone bottom='true' bottomRadius='2' height='4' side='true'/>
            </Shape>
        </Transform>
    <!-- Shape4 -->
        <Transform bboxCenter='0 0 0' bboxSize='-1 -1 -1' center='0 0 0' rotation=
'0 0 1 0'
              scale='1 1 1' translation='6.5 0 -5'>
            <Shape>
                <Appearance>
                    <Material ambientIntensity='0.1' diffuseColor='0.5 0.5 0.7'
shininess='0.15'
                        specularColor='0.8 0.8 0.9' transparency='0'/>
                </Appearance>
                <Cylinder height='4' radius='1.5'/>
            </Shape>
        </Transform>
      </Group>
    <Transform rotation='1 0 0 3.141' scale='1 1 1' translation='0 -4.0 -10'>
        <Group USE="group1"/>
    </Transform>
    </Scene>
</X3D>
```

在 Scene 场景根节点下添加 Background 背景节点、Group 组节点、Transform 坐标变换和 Shape 模型节点，背景节点的颜色取白色以突出三维立体几何造型的显示效果。利用 Group 组节点创建复杂组合三维立体场景和造型，此外增加了 Appearance 外观节点和 Material 材料节点，对物体造型的外观颜色、物体发光颜色、外观材料的亮度以及透明度的设计，以提高空间三维立体复杂造型的效果。互联网 3D Group 编组节点三维立体场景和造型设计运行程序。首先，启动 X3D 浏览器，单击 Open 按钮，然后打开相应文件运行虚拟现实互联网 3D Group 编组节点，创建一个组合的三维立体空间场景和造型。互联网 3D Group 组节点程序运行效果如图 4-2 所示。

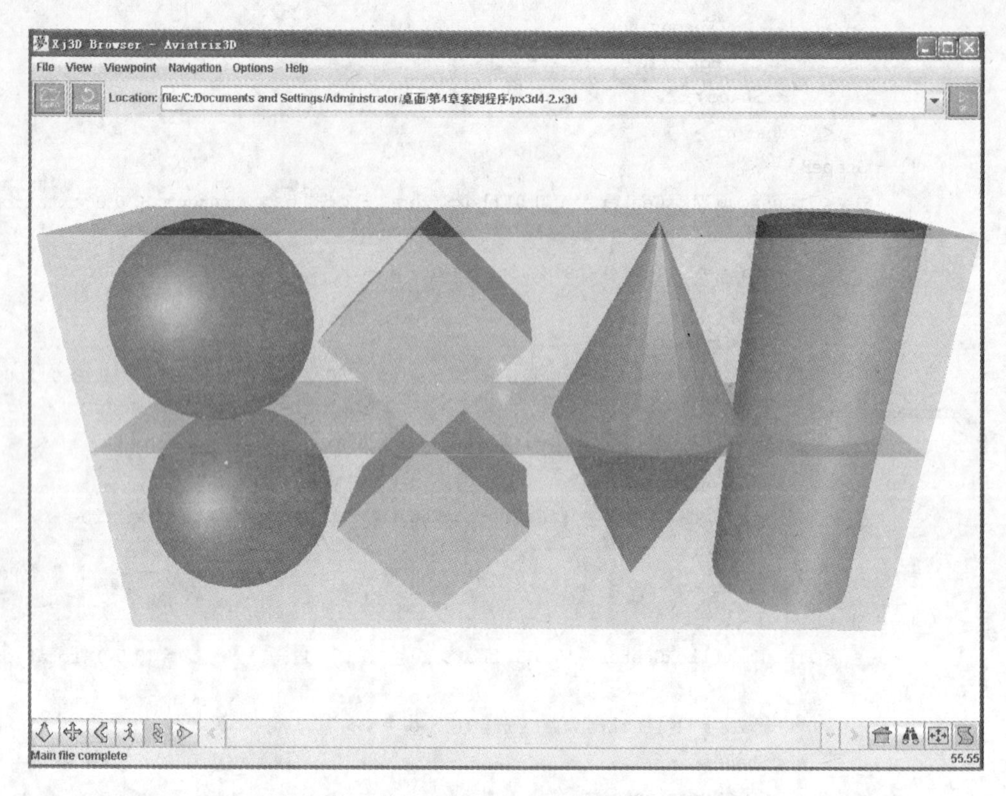

图 4-2　互联网 3D Group 组节点程序运行效果

4.3　互联网 3D StaticGroup 设计

互联网 3D StaticGroup 静态组节点是一个可以包含其他节点的静态组节点。将 StaticGroup 编组节点中所包含全部节点视为一个整体，当作一个完整的空间造型来对待，从而增强程序设计的可重用性和灵活性。StaticGroup 是一个可以包含其他节点的组节点。这个节点是方便浏览器优化的场景。Shape 模型节点可以包含 Appearance 子节点和 Geometry 子节点，StaticGroup 静态组节点作为 Shape 模型节点的上一级节点。而 Appearance 外观和 Material 材料节点用于描述几何节点的纹理材质、颜色、发光效果、明暗、光的反射以及透明度等。

4.3.1　互联网 3D StaticGroup 语法定义

互联网 3D StaticGroup 静态组节点语法定义了一个用于确定编组节点的属性名和域值，利用 StaticGroup 静态组节点的域名、域值、域的数据类型以及事件的存储访问权限的定义来创建一个效果更加理想，具有一定整体感的三维立体空间造型。StaticGroup 静态组节点是把多个节点进行组合创建较复杂的立体空间造型，利用 StaticGroup 静态组节点的 Children 域可以包含任意个节点。StaticGroup 静态组的子节点应该不会改动，也不发送和接收事件，也不应包含可引用的节点。把 StaticGroup 静态组节点中所包含全部节点视为一个整体，当作一个完整的空间造型来对待。StaticGroup 静态组节点语法定义如下：

```
<StaticGroup
DEF              ID
USE              IDREF
bboxCenter       0 0 0          SFVec3f        initializeOnly
bboxSize         -1 -1 -1       SFVec3f        initializeOnly
containerField   children
class
/>
```

StaticGroup 静态组节点 设计包含域名、域值、域数据类型以及存储/访问类型等，节点中数据内容包含在一对尖括号中，用“<、/>”表示。

域数据类型描述如下：

- SFVec3f 域——定义了一个三维矢量空间。

事件的存储/访问类型描述：表示域(属性)的存储/访问类型，包括 inputOnly(输入类型)、outputOnly(输出类型)、initializeOnly(初始化类型)以及 inputOutput(输入/输出类型)等，用来描述该节点必须提供该属性值。StaticGroup 静态组节点包含 DEF、USE、bboxCenter、bboxSize、containerField 以及 class 域等。

- DEF 为节点定义一个名字，给该节点定义了唯一的 ID，在其他节点中就可以引用这个节点。用 DEF 为节点命名时，使用有意义的描述性的名称可以规范文件，以提高 X3D 文件的可读性，该属性是可选项。
- USE 用来引用 DEF 定义的节点 ID，即引用 DEF 定义的节点名字，同时忽略其他的属性和子对象。使用 USE 来引用其他的节点对象而不是复制节点可以提高性能和编码效率。该属性是可选项。
- bboxCenter 域——指定边界盒的中心，从局部坐标系统原点的位置偏移。其默认值为 0.0 0.0 0.0。
- bboxSize 域——指定边界盒尺寸在 X、Y、Z 方向的大小。其默认值为 -1.0 -1.0 -1.0。默认情况下是自动计算的，为了优化场景也可以强制指定。
- containerField 域——表示容器域是 field 域标签的前缀，表示子节点和父节点的关系。该容器域名称为 children，包含几何节点。如 geometry Box、children Group、proxy Shape。containerField 属性只有在 X3D 场景用 XML 编码时才使用。
- class 域——是用空格分开的类的列表，保留给 XML 样式表使用。只有 X3D 场景用 XML 编码时才支持 class 属性。

4.3.2 互联网 3D StaticGroup 案例分析

利用互联网 3D StaticGroup 静态组节点实现立体空间复杂物体造型。StaticGroup 组节点的功能是将其包含的所有节点当作一个整体造型来看待，以静态组节点表现出来，从而增强程序设计的可重用性和灵活性，给 X3D 程序设计带来更大的方便。虚拟现实 Group 组节点三维立体造型设计利用虚拟现实程序设计语言 X3D 进行设计、编码和调试。使用 X3D 节点、背景节点、坐标变换节点、StaticGroup 组节点以及几何节点进行设计和开发。

【实例 4-3】 利用 Shape 空间物体造型模型节点、Appearance 外观子节点和 Material

外观材料节点、Transform 空间坐标变换、StaticGroup 组节点以及几何节点在三维立体空间背景下，创建一个复杂三维立体组合造型。虚拟现实 StaticGroup 组节点三维立体场景设计 X3D 文件源程序展示如下：

```
<Scene>
    <!-- Scene graph nodes are added here -->
        <Background skyColor="1 1 1"/>
        <StaticGroup DEF='StaticGroup1'>
      <!-- Add children nodes here -->
        <Transform DEF="tran" scale='1 1 1' translation='0 0 0'>
            <Shape >
                <Appearance>
                    <Material ambientIntensity='0.4' diffuseColor='0.5 0.5 0.8' >
                    </Material>
                </Appearance>
                <Box size='0.2 5 0.3'>
                </Box>
            </Shape>
        </Transform>
    <Transform rotation='0 0 0 0' scale='1 1 1' translation='-3 0 0' >
            <Transform USE="tran"/>
        </Transform>
    <!-- heng-->
    <Transform scale='1 1 1' translation='-1.5 2.4 0'>
            <Shape >
                <Appearance>
                    <Material ambientIntensity='0.4' diffuseColor='0.5 0.5 0.8' >
                    </Material>
                </Appearance>
                <Box size='2.8 0.2 0.3'>
                </Box>
            </Shape>
        </Transform>
    <!-- menbashou-->
    <Transform scale='1 1 1' translation='-2.7 0 0' rotation="0 0 1 1.571">
            <Shape >
                <Appearance>
                    <Material ambientIntensity='0.4' diffuseColor='0.5 0.5 0.8' >
                    </Material>
                </Appearance>
                <Cylinder height="0.2" radius="0.25"/>
            </Shape>
        </Transform>
    <!-- men-->
    <Transform scale='1 1 1' translation='-1.5 -0.1 0'>
            <Shape >
                <Appearance>
                    <Material ambientIntensity='0.1' diffuseColor='0.8 0.8 0.8' shininess='0.15' >
```

```
                <⁄Material>
              <⁄Appearance>
              <Box size='2.8 4.8 0.2'>
              <⁄Box>
            <⁄Shape>
          <⁄Transform>
        <⁄StaticGroup>
    <Transform rotation='0 0 1 0.0' scale='1 1 1' translation='0 0.0 -10'>
        <StaticGroup USE="StaticGroup1"/>
    <⁄Transform>
      <⁄Scene>
  <⁄X3D>
```

在 Scene 场景根节点下添加 Background 背景节点、StaticGroup 静态组节点、Transform 坐标变换和 Shape 模型节点，背景节点的颜色取白色以突出三维立体几何造型的显示效果。利用 StaticGroup 组节点创建复杂组合三维立体场景和造型，此外增加了 Appearance 外观节点和 Material 材料节点，对物体造型的外观颜色、物体发光颜色、外观材料的亮度以及透明度的设计，以提高空间三维立体复杂造型的效果。虚拟现实 StaticGroup 静态组节点三维立体造型设计运行程序。首先，启动 BS_Contact_VRML/X3D 浏览器，运行虚拟现实 StaticGroup 编组节点，创建一个组合的三维立体空间场景造型。互联网 3D StaticGroup 组节点源程序运行效果如图 4-3 所示。

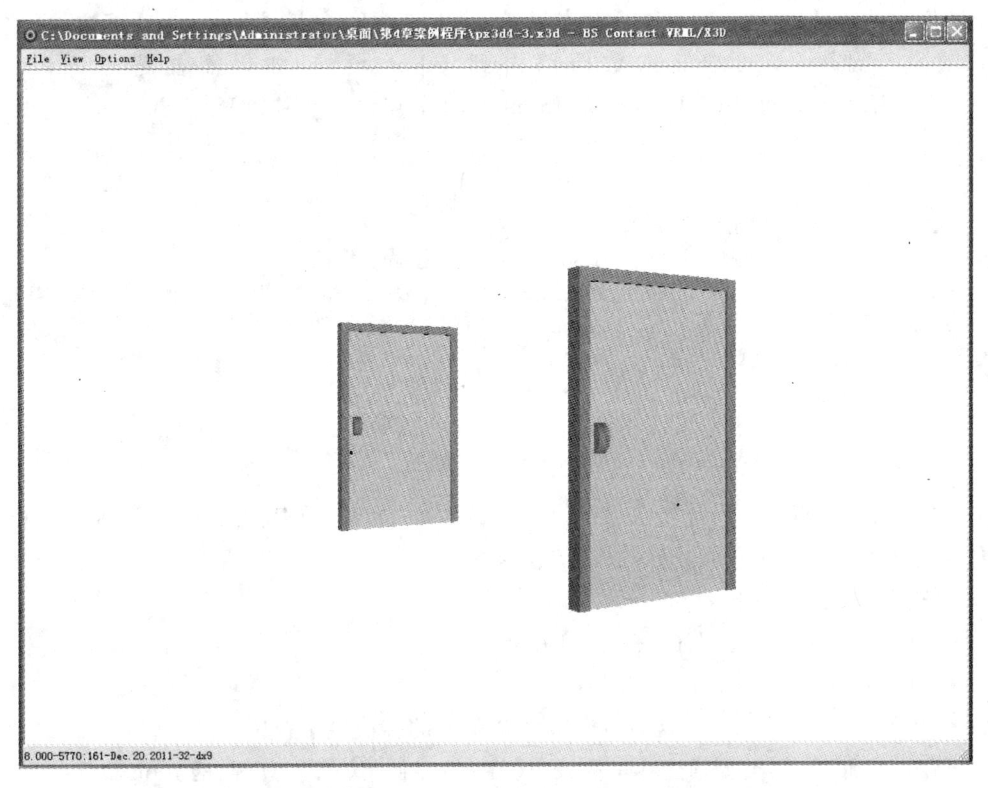

图 4-3　互联网 3D StaticGroup 组节点源程序运行效果

4.4 互联网 3D Inline 节点设计

互联网 3D Inline 内联节点设计可以使 X3D 程序设计模块化。由基本 X3D 程序模块组成复杂和庞大的 X3D 立体空间静态或动态场景。Inline 内联节点是一个组节点,也可以包含在其他组节点之下。Inline 内联节点还可以从其他网站中引入 X3D 程序,可以实现分工协作,每个人在自己的计算机上完成自己的工作,然后把 X3D 程序放在网络上由一个负责人从各个网站上嵌入 X3D 文件进行调试或运行,完成三维立体虚拟现实空间场景和造型的创建。在 X3D 程序设计中,编写 X3D 源程序时,由于创建的节点造型复杂,使 X3D 源程序过大或过长,给程序编写和调试带来诸多不便,因此将一个很大的 X3D 源程序拆成几个小程序。这就是软件工程的设计思想,采用结构化、模块化、层次化,提高软件设计质量。设计出层次清晰结构合理的软件项目。

4.4.1 互联网 3D Inline 语法定义

互联网 3D Inline 内联节点语法定义了一个用于确定内联节点的属性名和域值,利用 Inline 内联节点的域名、域值、域的数据类型以及事件的存储访问权限的定义来创建一个效果更加理想,具有结构化、模块化、组件化整体感的三维立体空间造型。在 X3D 程序设计中,Inline 内联节点可以使 X3D 程序设计实现模块化及组件化。由基本 X3D 程序模块组成复杂和庞大的 X3D 立体空间静态或动态场景。Inline 内联节点可以通过 url 读取外部文件中的节点。提示:不可以将参数值路由到 Inline 场景,如果需要路由可以使用 ExternProtoDeclare 和 ProtoInstance。Inline 内联节点语法定义如下:

```
< Inline
DEF              ID
USE              IDREF
load             true          SFBool       inputOutput
url                            MFString     inputOutput
bboxCenter       0 0 0         SFVec3f      initializeOnly
bboxSize         -1 -1 -1      SFVec3f      initializeOnly
containerField   children
class
/>
```

Inline 内联节点《X3D》设计包含域名、域值、域数据类型以及存储/访问类型等,节点中数据内容包含在一对尖括号中,用“<、/>”表示。

域数据类型描述如下:

- SFVec3f 域——定义了一个三维矢量空间。
- SFBool 域——一个单值布尔量。
- MFString 域——一个含有零个或多个单值的多值域字符串。

事件的存储/访问类型描述:表示域(属性)的存储/访问类型,包括 inputOnly(输入类型)、outputOnly(输出类型)、initializeOnly(初始化类型)以及 inputOutput(输入/输出类型)等,用来描述该节点必须提供该属性值。Inline 内联节点包含 DEF、USE、load、url、 bboxCenter、bboxSize、containerField 以及 class 域等。

- DEF 为节点定义一个名字，给该节点定义了唯一的 ID，在其他节点中就可以引用这个节点。用 DEF 为节点命名时，使用有意义的描述性的名称可以规范文件，以提高 X3D 文件可读性，该属性是可选项。
- USE 用来引用 DEF 定义的节点 ID，即引用 DEF 定义的节点名字，同时忽略其他的属性和子对象。使用 USE 来引用其他的节点对象而不是复制节点可以提高性能和编码效率。该属性是可选项。
- load 域——指定了 load 值为 true 时，立刻读取至内存；load 值为 false 时，推迟读取或在内存中释放对象。注释：使用 LoadSensor 检测读取的结束时间。
- url 域——指定了一个所需要嵌入的 X3D 文件的路径和文件名，可以是本地计算机或网络中远程计算机文件名和位置。
- bboxCenter 域——指定了边界盒的中心，从局部坐标系统原点的位置偏移。其默认值为 0.0 0.0 0.0。
- bboxSize 域——指定了边界盒尺寸在 X、Y、Z 方向的大小。其默认值为 −1.0 −1.0 −1.0。默认情况下是自动计算的，为了优化场景也可以强制指定。
- containerField 域——表示容器域是 field 域标签的前缀，表示了子节点和父节点的关系。该容器域名称为 children，包含几何节点。如 geometry Box、children Group、proxy Shape。containerField 属性只有在 X3D 场景用 XML 编码时才使用。
- class 域——是用空格分开的类的列表，保留给 XML 样式表使用。只有 X3D 场景用 XML 编码时才支持 class 属性。

4.4.2 互联网 3D Inline 案例分析

互联网 3D Inline 节点设计利用虚拟现实 X3D 程序进行设计、编码和调试。使用虚拟现实 Inline 内联节点三维立体造型设计，利用现代软件开发的极端编程思想，采用绝对编程、自动测试、简单设计以及先测试后设计开发理念。融合结构化、组件化和模块化的设计思想，使软件开发设计层次清晰、结构合理。利用虚拟现实语言的各种节点创建生动、逼真的三维立体组合造型。使用 X3D 内核节点、背景节点、坐标变换节点、Inline 内联以及几何节点进行设计和开发。利用 Inline 内联节点实现三维立体空间复杂物体造型设计的结构化、模块化、组件化。Inline 内联节点可以通过 url 读取外部文件中的节点，从而增强程序设计的可重用性和灵活性，给 X3D 程序设计带来更大的方便。

【实例 4-4】 利用 Transform 空间坐标变换、Shape 空间物体造型模型节点、Appearance 外观子节点和 Material 外观材料节点、Inline 内联以及几何节点在三维立体空间背景下，创建一个层次清晰结构合理的复杂三维立体组合场景和造型。虚拟现实 Inline 内联节点内嵌入一个复杂的三维立体场景设计 X3D 文件源程序展示如下：

```
<Scene>
    <!-- Scene graph nodes are added here -->
    <Background skyColor="1 1 1"/>
    <Transform translation="0.5 -2.5 -10.5" scale="1 1 1">
      <Shape DEF="sp">
```

```
        <Appearance>
          <Material ambientIntensity="0.4" diffuseColor="0.5 0.5 0.5"/>
        </Appearance>
        <Cylinder bottom="true" height="1.8" radius="0.5" side="true" top="true"/>
      </Shape>
    </Transform>
    <Transform translation="0.5 -1.5 -10.5" scale="1 1 1">
      <Shape >
        <Appearance>
          <Material ambientIntensity="0.4" diffuseColor="0.5 0.5 0.5"/>
        </Appearance>
        <Cylinder bottom="true" height="0.5" radius="1" side="true" top="true"/>
      </Shape>
    </Transform>
    <Transform rotation="0 0 1 0" scale="0.35 0.35 0.35" translation="7 3.2 -10.7">
      <Inline url="px3d4-4-1.x3d"/>
    </Transform>
    <Transform rotation="0 0 1 0" scale="0.35 0.35 0.35" translation="-5.9 3.2 -10.7">
      <Inline url="px3d4-4-1.x3d"/>
    </Transform>
    <Transform rotation="0 0 1 0" scale="0.35 0.35 0.35" translation="3.7 3.2 -16.2">
      <Inline url="px3d4-4-1.x3d"/>
    </Transform>
    <Transform rotation="0 0 1 0" scale="0.35 0.35 0.35" translation="-2.7 3.2 -16.2">
      <Inline url="px3d4-4-1.x3d"/>
    </Transform>
    <Transform rotation="0 0 1 0" scale="0.35 0.35 0.35" translation="3.7 3.2 -5.2">
      <Inline url="px3d4-4-1.x3d"/>
    </Transform>
    <Transform rotation="0 0 1 0" scale="0.35 0.35 0.35" translation="-2.6 3.2 -5.2">
      <Inline url="px3d4-4-1.x3d"/>
    </Transform>
    <Transform rotation="0 0 1 0" scale="0.05 0.05 0.05" translation="0 -5 -10">
      <Inline url="px3d4-4-2.x3d"/>
    </Transform>
  </Scene>
</X3D>
```

在 X3D 源文件中添加 Background 背景节点、Transform 坐标变换、Inline 内联节点和 Shape 模型节点，背景节点的颜色取浅灰白色以突出三维立体几何造型的显示效果。利用 Inline 内联节点实现组件化、模块化的设计效果，此外增加了 Appearance 外观节点和 Material 材料节点，对物体造型的外观颜色、物体发光颜色、外观材料的亮度以及透明度的设计。

虚拟现实互联网 3D Inline 内联节点三维立体造型设计运行程序。首先，启动 BS_Contact_VRML/X3D 浏览器，然后打开相应的程序文件，运行虚拟现实 Inline 内联节点，创建一个模块化和组件化的三维立体空间场景造型。在场景中利用 Inline 内联节点内嵌入立体造型程序运行效果如图 4-4 所示。

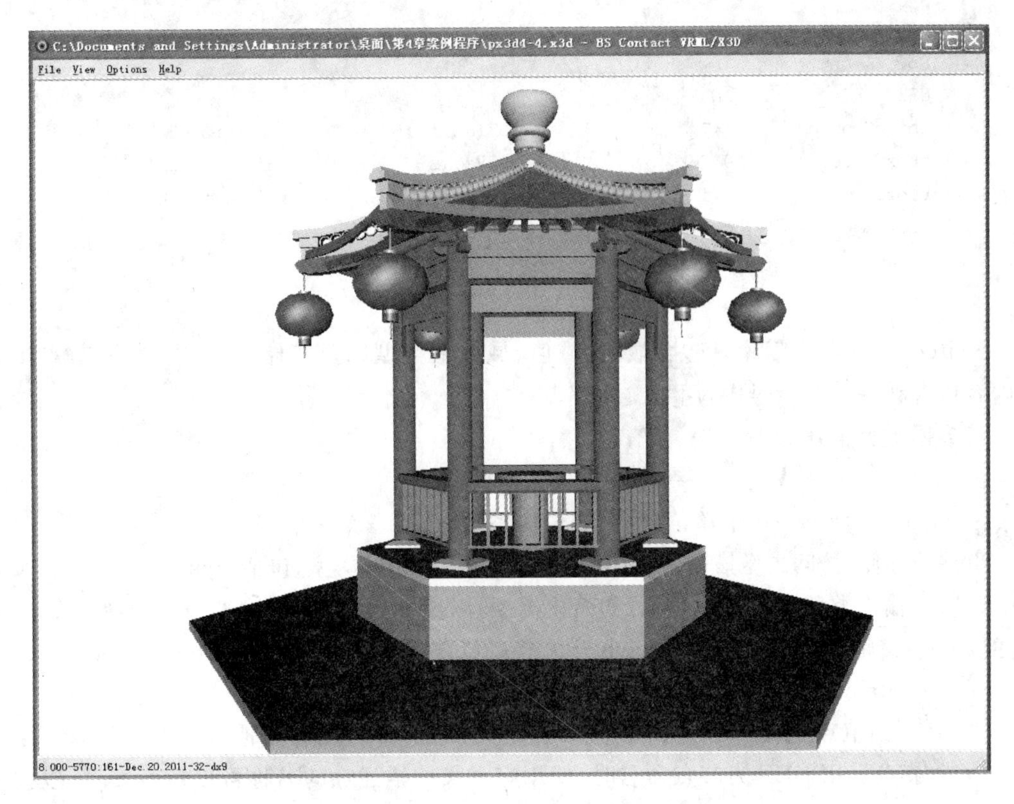

图 4-4　互联网 3D Inline 内联场景效果

4.5　互联网 3D Switch 开关节点

互联网 3D Switch 节点设计在 X3D 三维立体程序设计中，可作为选择开关使用。该节点也是一个组节点，称为选择型组节点。在这个节点中创建不同的子节点，但同一时刻只能选择一个子节点，因此增加了 X3D 程序的交互性，使用户有更大的选择权。Switch 开关节点可以包含多个节点，可以把各种几何体临时放在 Switch 节点下的未选定的子节点中，以进行开发与测试。Switch 开关节点通常用作 Shape 模型节点的父节点。

4.5.1　Switch 开关语法定义

互联网 3D Switch 开关节点语法定义了一个用于确定开关节点的属性名和域值，利用 Switch 开关节点的域名、域值、域的数据类型以及事件的存储访问权限的定义来创建一个效果更加理想，方便软件开发、设计及调试的三维立体空间场景造型。Switch 开关节点是一个组节点，在同一时间内只显示一个选定的子节点，也可能一个也不显示。Switch 开关节点可以包含多个节点，包含的节点改名为 children 而不是原来的 choice，目的是统一所有 GroupingNodeType 节点的命名规则。不管是否被选中，所有的子节点都持续地发送接收事件。Shape 模型节点下的各种几何体可以放在 Switch 节点的未选定的子节点中，以进行隐藏测试。Switch 开关节点语法定义如下：

```
<Switch
    DEF              ID
    USE              IDREF
    whichChoice      -1              SFInt32        inputOutput
    bboxCenter       0 0 0           SFVec3f        initializeOnly
    bboxSize         -1 -1 -1        SFVec3f        initializeOnly
    containerField   children
    class
/>
```

Switch 开关节点设计包含域名、域值、域数据类型以及存储/访问类型等，节点中数据内容包含在一对尖括号中，用"<、/>"表示。

域数据类型描述如下：

- SFVec3f 域——定义了一个三维矢量空间。
- SFInt32 域——一个单值含有 32 位的整数。

事件的存储/访问类型描述：表示域(属性)的存储/访问类型，包括 inputOnly(输入类型)、outputOnly(输出类型)、initializeOnly(初始化类型)以及 inputOutput(输入/输出类型)等，用来描述该节点必须提供该属性值。Switch 开关节点包含 DEF、USE、whichChoice、bboxCenter、bboxSize、containerField 以及 class 域等。

- DEF 为节点定义一个名字，给该节点定义了唯一的 ID，在其他节点中就可以引用这个节点。用 DEF 为节点命名时，使用有意义的描述性的名称可以规范文件，以提高 X3D 文件可读性，该属性是可选项。
- USE 用来引用 DEF 定义的节点 ID，即引用 DEF 定义的节点名字，同时忽略其他的属性和子对象。使用 USE 来引用其他的节点对象而不是复制节点可以提高性能和编码效率。该属性是可选项。
- whichChoice 域——定义了该域值是选择要执行在 children 域中的那个子节点。其中 0 代表第一个子节点，1 代表第二个子节点，以此类推。该域值的默认值为－1，表示不选择任何子节点。
- bboxCenter 域——指定了边界盒的中心，从局部坐标系统原点的位置偏移。其默认值为 0.0 0.0 0.0。
- bboxSize 域——指定了边界盒尺寸在 X、Y、Z 方向的大小。其默认值为－1.0 －1.0 －1.0。默认情况下是自动计算的，为了优化场景也可以强制指定。
- containerField 域——表示容器域是 field 域标签的前缀，表示了子节点和父节点的关系。该容器域名称为 children，包含几何节点。如 geometry Box、children Group、proxy Shape。containerField 属性只有在 X3D 场景用 XML 编码时才使用。
- class 域——是用空格分开的类的列表，保留给 XML 样式表使用。只有 X3D 场景用 XML 编码时才支持 class 属性。

4.5.2 互联网 3D Switch 案例分析

利用互联网 3D Switch 开关节点实现三维立体空间场景造型动态调试和设计。Switch 开关节点是一个组节点，在同一时刻只能选择一个子节点，也可能一个也不显示，给 X3D 程序设计带来更大的方便。虚拟现实 Switch 开关节点三维立体造型设计利用虚拟现实程序设计语言 X3D 进行设计、编码和调试。利用现代软件开发思想，融合结构化、组件化和模块化的设计思想，使软件开发设计层次清晰、结构合理。利用虚拟现实语言的各种节点创建生动、逼真的三维立体组合造型。使用 X3D 内核节点、背景节点、坐标变换节点、Switch 开关以及几何节点进行设计和开发。

【实例 4-5】 利用 Shape 空间物体造型模型节点、Appearance 外观子节点和 Material 外观材料节点、Transform 空间坐标变换、Switch 开关以及几何节点在三维立体空间背景下，创建一个开关组合程序。虚拟现实 Switch 开关设计 3 种不同的文本显示方式，使用 Switch 开关节点，可以方便地利用选择开关控制，使程序控制更加方便、灵活。当 whichChoice 域值为 0 时，表示显示球形几何造型和文本内容。互联网 3D Switch 开关节点三维立体场景设计 X3D 文件源程序展示如下：

```
<Scene>
    <!-- Scene graph nodes are added here -->
        <Background skyColor="1 1 1"/>
        <Transform translation='0 2 0'>
            <Shape>
                <Appearance>
                    <Material diffuseColor="1 0 0"/>
                </Appearance>
                <Text string='Switch:whichChoice * '>
                    <FontStyle justify='"MIDDLE" "MIDDLE"' />
                </Text>
            </Shape>
        </Transform>
        <Switch bboxCenter="0 0 0" bboxSize="-1 -1 -1"
      containerField="children" whichChoice="0">
            <Shape>
                <Appearance>
                    <Material diffuseColor="1 0 1"/>
                </Appearance>
                <Text string='0:First Text:VR-X3D-Web3D-Program'>
                    <FontStyle justify='"MIDDLE" "MIDDLE"'/>
                </Text>
            </Shape>

            <Shape>
                <Appearance>
                    <Material diffuseColor="0 1 1"/>
                </Appearance>
                <Text string='1:Second Text:X3DV-Web3D-Program'>
                    <FontStyle justify='"MIDDLE" "MIDDLE"'/>
                </Text>
            </Shape>

            <Shape>
                <Appearance>
                    <Material diffuseColor="0 0 1"/>
                </Appearance>
                <Text string='2:Third Text:VRML-Web3D-Program'>
```

```
            <FontStyle justify='"MIDDLE" "MIDDLE"'/>
          </Text>
        </Shape>
      </Switch>
    </Scene>
</X3D>
```


在Scene场景根节点下添加Background背景节点、Switch开关节点和Shape模型节点,背景节点的颜色取白色以突出三维立体几何造型的显示效果。利用Switch开关节点实现程序的动态调试与设计效果,此外增加了Appearance外观节点和Material材料节点,对物体造型的外观颜色、物体发光颜色、外观材料的亮度以及透明度的设计。虚拟现实Switch开关节点三维立体造型设计运行程序。首先,启动BS_Contact_VRML/X3D浏览器,打开程序文件,运行虚拟现实Switch开关节点,创建一个各种动态隐藏测试的三维立体几何空间场景造型。利用互联网3D Switch开关节点调试程序运行效果如图4-5所示。

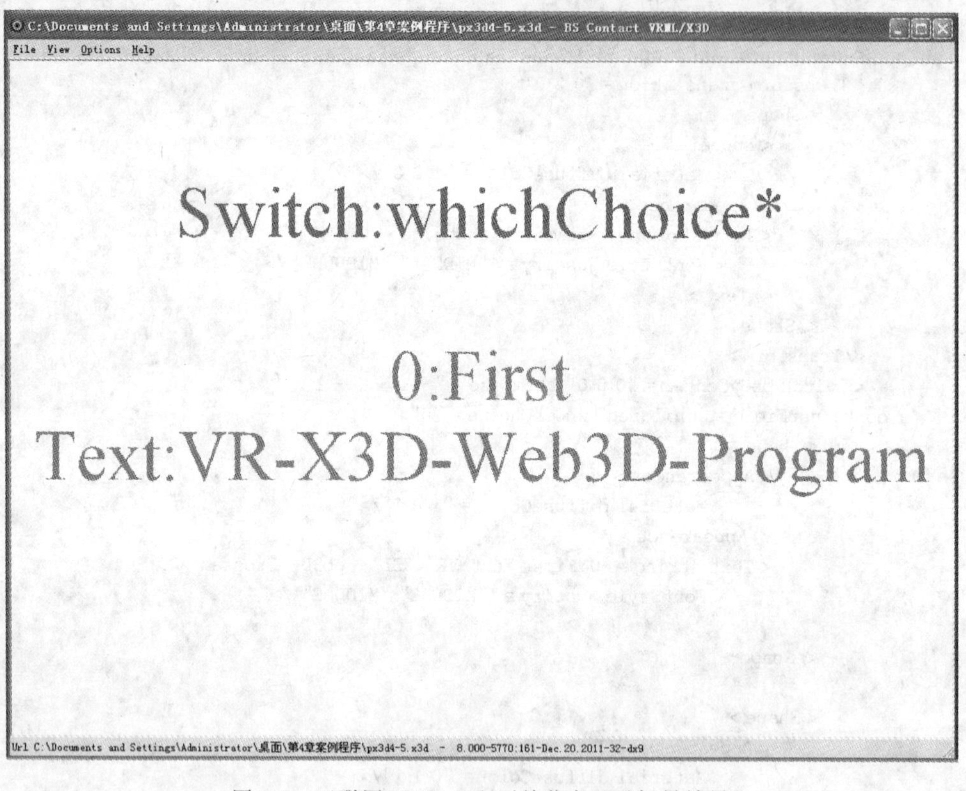

图4-5 互联网3D Switch开关节点显示场景效果

4.6 互联网3D LOD设计

在互联网3D虚拟现实三维立体世界中,根据不同的细节层次节点创建出不同的造型,然后再根据在X3D世界中视觉与立体空间造型的远近,在浏览器中调用不同细节的空间造型。如果造型与浏览者较远时,造型的细节就会比较少,且比较粗糙;如果造型与浏览者较近时,则会看到更加清晰的细节。在细节层次比较少时,浏览速度会很快;而如果造型比较复杂时，会直接影响浏览的速度，所以应尽可能不设计过分复杂的造型，以提高 X3D 的浏览速度。空间的细节层次控制原理，是通过空间距离的远近来展现空间造型的各个细节。细节层次控制和现实世界中的感观是极为相似的。在现实世界中人们都体验过，在很远的地方时，只能隐约地看到一座建筑物的轮廓、形状和大小等。当你走进建筑物时，就会看清楚整个建筑物的具体框架结构，再走进一些会看到更加清晰的内容。LOD(Level Of Detail，细节层次)节点是分级型组节点，用于对相同景物做出不同精细度的刻画。通过 X3D 所提供的的 LOD 细节层次节点，将各个不同的细节穿插起来，在不同的距离调用不同的细节空间造型。因此，在创建 X3D 虚拟现实空间造型时，要平衡浏览器速度和造型的真实性两者的关系。如果造型越真实，相应的 X3D 文件就越大，就要影响浏览器的浏览速度，耗费大量的 CPU 时间。而 LOD 细节层次节点能够解决这一问题，可以对不同的景物做出不同细致的刻画，比较近的景物用比较精细描述，比较远的景物用比较粗糙的描述，分级程度完全根据浏览者与景物的相对距离而定提高浏览器的速度。

4.6.1 互联网 3D LOD 语法定义

互联网 3D LOD 细节层次节点语法定义了一个用于确定场景细节层次节点的属性名和域值，利用 LOD 细节层次节点的域名、域值、域的数据类型以及事件的存储访问权限的定义来创建一个对不同的景物做出不同的细致描述，通过分级程度控制提高浏览器的速度。LOD 细节层次节点根据浏览者视点移动的距离，自动切换使用不同层次的对象。LOD 细节层次节点的 range 值是由近到远的一系列数值，对应的子层次几何对象也越来越简单以获得更佳的性能。对应 n 个 range 值，必须有 $n+1$ 个子层次对象，只显示对应当前距离的子层次对象，但所有的子层次对象都持续地发送接收事件。LOD 细节层次节点语法定义如下：

```
<LOD
DEF                 ID
USE                 IDREF
forceTransitions    false          SFBool        initializeOnly
center              0 0 0          SFVec3f       initializeOnly
range               [0, ∞]         MFFloat       initializeOnly
bboxCenter          0 0 0          SFVec3f       initializeOnly
bboxSize            -1 -1 -1       SFVec3f       initializeOnly
level_changed       ""             SFInt32       outputOnly
containerField      children
class
/>
```

4.6.2 互联网 3D LOD 描述

LOD 细节层次节点 包含域名、域值、域数据类型以及存储/访问类型等，节点中数据内容包含在一对尖括号中，用“<、/>”表示。

域数据类型描述如下：

- SFBool 域——一个单值布尔量。
- SFVec3f 域——定义了一个三维矢量空间。
- SFInt32 域——一个单值含有 32 位的整数。

- MFFloat 域——多值单精度浮点数。

事件的存储/访问类型描述：表示域(属性)的存储/访问类型，包括 inputOnly(输入类型)、outputOnly(输出类型)、initializeOnly(初始化类型)以及 inputOutput(输入/输出类型)等，用来描述该节点必须提供该属性值。LOD 细节层次节点包含 DEF、USE、forceTransitions、center、range、bboxCenter、bboxSize、level_changed、containerField、children 以及 class 域等。

- DEF 为节点定义一个名字，给该节点定义了唯一的 ID，在其他节点中就可以引用这个节点。用 DEF 为节点命名时，使用有意义的描述性的名称可以规范文件，以提高 X3D 文件可读性，该属性是可选项。
- USE 用来引用 DEF 定义的节点 ID，即引用 DEF 定义的节点名字，同时忽略其他的属性和子对象。使用 USE 来引用其他的节点对象而不是复制节点可以提高性能和编码效率。该属性是可选项。
- forceTransitions 域——指定了一个对各种浏览器能否对细节层次进行浏览，对程序中的设计是否实行对每一个连续的基本细节过度。
- center 域——指定了从局部坐标系统原点的位置偏移，定义了 LOD 节点的子节点的几何中心位置坐标。该域值与原点的距离可以用来作为不同细节层次选取的依据。其默认值为(0 0 0)。
- range 域——定义了观察者与对象(造型)之间距离的范围大小，用来描述与空间造型的距离远近的列表，根据此列表浏览器会从一个细节切换到另一个细节。注意的是，该域值必须为正，并且必须是顺序增长。其中取值范围为[0,infinity]，根据摄像机到对象的距离在不同子节点切换，range 值由近至远。对应 n 个 range 值，必须有 $n+1$ 个子层次对象。可以增加 <WorldInfo info='null node'/> 作为不渲染的最后一层的子对象。
- bboxCenter 域——指定了边界盒的中心，从局部坐标系统原点的位置偏移。其默认值为 0.0 0.0 0.0。
- bboxSize 域——指定了边界盒尺寸在 X、Y、Z 方向的大小。其默认值为 −1.0 −1.0 −1.0。默认情况下是自动计算的，为了优化场景也可以强制指定。
- level_changed 域——指定了一个激活通用细节层次 LOD children。
- containerField 域——表示容器域是 field 域标签的前缀，表示了子节点和父节点的关系。该容器域名称为 children，包含几何节点。如 geometry Box、children Group、proxy Shape。containerField 属性只有在 X3D 场景用 XML 编码时才使用。
- children 域——指定一个包含在组内的子节点的列表。该域值可以包含 Shape 节点和其他编组节点。在该域值中所列出的每一个子节点都分别描述了不同的细节造型，通常第一个子节点提供最高细节层次的空间造型，后面的子节点的细节层次依次降低。至于不同细节层次造型的切换，则由空间造型距离的远近来决定。其默认值为一个空的子节点。
- class 域——是用空格分开的类的列表，保留给 XML 样式表使用。只有 X3D 场景用 XML 编码时才支持 class 属性。

第5章 X3D视点导航开发设计

在X3D视点与导航开发设计中,利用视点和导航技术浏览X3D三维立体场景中的造型和景观,可以手动也可以自动浏览虚拟现实场景中的各种物体和造型。利用X3D视点与导航组件开发与设计出更完美、更逼真的三维立体场景和造型,并对X3D场景进行渲染和升华。X3D视点与导航组件包括ViewPoint节点设计、ViewPoint节点语法定义、NavigationInfor节点设计、Billboard节点设计、Anchor节点设计、Collision节点设计、OrthoViewPoint节点设计以及ViewpointGroup节点设计等。

5.1 互联网3D ViewPoint设计

互联网3D ViewPoint设计,是在X3D虚拟现实程序中的视点就是用户所浏览的立体空间中预先定义的观察位置和空间朝向。X3D视点效果从一个视点切换到另一个视点有两种途径:一是跳跃型的,二是非跳跃型的。跳跃型视点,一般用来说明那些在虚以世界中重要的和用户感兴趣的观察点,为用户提供了一种方便快捷的机制,使浏览者不必浏览每一个景点;而非跳跃型视点一般用来建立一种从一个坐标系到另一个坐标系的平滑转换,也是一种快速浏览方式。视点与导航在X3D开发与设计中起着重要作用,在X3D程序中的视点就是一个你所浏览的立体空间中预先定义的观察位置和空间朝向,在这个位置上通过这个朝向,浏览者可以观察到虚拟世界中的场景。在X3D虚以世界中可以创建多个观测点,以供浏览者选择。不过浏览者在任何时候,在一个虚以空间中只有一个空间观测点可用,也就是说不允许同时使用几个观测点,这与人只有一双眼睛是相符合的。视点可以从你控制那个可用的观测点切换到另一个视点。

5.1.1 视点原理剖析

在一个完整的虚拟世界中,观察X3D虚拟物体需要观测视点。虚拟视野包括视点、屏幕以及虚拟物体。屏幕是一个概念上的矩形,视点和虚拟物体之间的桥梁即图像板。

视点(viewpoint):在空间数据模型中指考虑问题的出发点或对客观现象的总体描述。视点绘画的概念,绘画时把作者即观察者所处的位置定为一点,叫视点,其他物体的主线都以此排布,不同的角度大小叫视角。

视点的成像原理是由视点、图像板、虚拟物体三部分构成,视点位于图像板的右侧,虚拟物体位于图像板的左侧,如图5-1所示。

5.1.2 互联网3D ViewPoint语法定义

互联网3D Viewpoint视点节点指定用户视点在三维立体场景中的位置和方向,

Background,Fog,NavigationInfo,TextureBackground,Viewpoint 节点都是可绑定节点。Viewpoint 视点节点确定了一个 X3D 空间坐标系中的观察位置,指定了这个观察位置在 X3D 立体空间三维坐标、立体空间朝向以及视野范围等参数。该节点既可作为独立的节点,也可作为其他组节点的子节点。

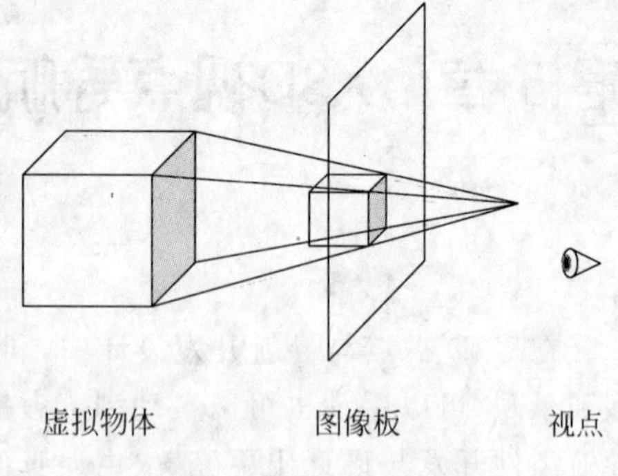

图 5-1　视点的成像原理

Viewpoint 视点节点语法定义了一个用于确定浏览者的朝向和距离的属性名和域值,利用 Viewpoint 视点节点的域名、域值、域的数据类型以及事件的存储访问权限的定义来创建一个效果更加理想的三维立体空间自然景观场景和造型的浏览效果。Viewpoint 视点节点语法定义如下:

```
<Viewpoint
DEF                ID
USE                IDREF
description                          SFString         initializeOnly
position           0 0 10            SFVec3f          inputOutput
orientation        0 0 1 0           SFRotation       inputOutput
fieldOfView        0.785398          SFFloat          inputOutput
jump               true              SFBool           inputOutput
centerOfRotation   0 0 0             SFVec3f          inputOutput
set_bind           ""                SFBool           inputOnly
bindTime           ""                SFTime           outputOnly
isBound            ""                SFBool           outputOnly
containerField     children
class
/>
```

Viewpoint 视点节点包含域名、域值、域数据类型以及存储/访问类型等,节点中数据内容(架构)包含在一对尖括号中,用"<、/>"表示。

域数据类型描述如下:

- SFBool 域——是一个单值布尔量。
- SFFlot 域——是单值单精度浮点数。
- SFString 域——包含一个字符串。
- SFTime 域——含有一个单独的时间值。
- SFVec3f 域——定义了一个单值三维向量。
- SFRotation 域——指定了一个单值任意的旋转。

事件的存储/访问类型描述:表示域(属性)的存储/访问类型,包括 inputOnly(输入类型)、outputOnly(输出类型)、initializeOnly(初始化类型)以及 inputOutput(输入/输出类型)等,用来描述该节点必须提供该属性值。Viewpoint 视点节点包含 DEF、USE、description、position、orientation、fieldOfView、jump、centerOfRotation、set _ bind、bindTime、isBound、containerField 以及 class 域等。

- DEF 为节点定义一个名字，给该节点定义了唯一的 ID，在其他节点中就可以引用这个节点。用 DEF 为节点命名时，使用有意义的描述性的名称可以规范文件，以提高 X3D 文件的可读性，该属性是可选项。
- USE 用来引用 DEF 定义的节点 ID，即引用 DEF 定义的节点名字，同时忽略其他的属性和子对象。使用 USE 来引用其他的节点对象而不是复制节点可以提高性能和编码效率。该属性是可选项。
- description 域——定义了一个用于描述视点的字符串，也可以是该视点的名字。为这个视点显示的文字描述或导航提示，人们通过该视点的描述找到自己感兴趣的视点。这些文字描述会出现在空间视点列表中，即浏览器主窗口的左下角。该域值的默认值为空字符。
- position 域——指定了一个三维坐标，用来说明这个 Viewpoint 节点在 X3D 场景中所创建的空间视点空间位置。该域值的默认值为 0.0 0.0 1.0，即将视点放在 Z 轴正方向的距离坐标原点 1.0 个单位的地点上。
- orientation 域——指定了一个空间朝向，就是浏览者在虚拟世界中面对的方向，但不是直接给出方向，而是提供了一个观测点的位置绕其旋转的旋转轴，旋转角度指定了绕此轴旋转的数值。X3D 中初始化的视点与 Z 轴负方向对齐，X 轴正方向指向右，Y 轴正方向指向正上方。Orientation 域给出的域值是相对初始化的空间朝向的旋转角度。该域值的前三个值说明了一个三维向量，即 X、Y 和 Z 分量，最后一个值为弧度度量，说明了旋转角度的正负。该值域的默认值为 0.0 0.0 1.0 0.0，即没有发生旋转。
- fieldOfView 域——定义了观测点视角的大小，用弧度单位表示。大视角产生类似光角镜头的效果，而小视角产生类似远焦镜头的效果。该域值视角范围在 0°～180° 即 0.0～3.142 弧度。其默认值为 45°，即 0.785 弧度。
- jump 域——指定了一个布尔量。定义了视点是跳跃型还是非跳跃型，如果为 true，表示跳跃型的视点空间，浏览器将从某一个观测点转到另一个新的观测点上。如果是 false，表示非跳跃型的视点空间，则一直维持在当前的观测点位置上。
- centerOfRotation 域——指定了一个输入/输出类型的三维矢量，被提议加入 NavigationInfo EXAMINE mode。
- set_bind 域——指定一个输入事件 set_bind 为 true 激活这个节点，输入事件 set_bind 为 false，表示禁止这个节点。也就是说，设置 bind 为 true/false 将在堆栈中弹出/推开(允许/禁止)这个节点。
- bindTime 域——指定一个当节点被激活/停止时发送事件。
- isBound 域——指定一个当节点激活时发送 true 事件，当节点转到另一个节点时发送 false 事件。
- containerField 域——表示容器域是 field 域标签的前缀，表示了子节点和父节点的关系。该容器域名称为 children，包含几何节点。如 geometry Box、children Group、proxy Shape。containerField 属性只有在 X3D 场景用 XML 编码时才使用。
- class 域——是用空格分开的类的列表，保留给 XML 样式表使用。只有 X3D 场景用 XML 编码时才支持 class 属性。

5.1.3 互联网 3D ViewPoint 案例分析

互联网 3D Viewpoint 视点节点指定了这个观察位置在 X3D 立体空间三维坐标，确定了一个 X3D 空间坐标系中的观察位置，立体空间朝向以及视野距离等参数。该节点既可作为独立的节点，也可作为其他组节点的子节点。

【实例 5-1】 利用 Background 背景、Transform 空间坐标变换、Viewpoint 视点节点以及 Inline 内联节点创建一个三维立体空间视点浏览效果。虚拟现实 Viewpoint 视点节点三维立体场景设计 X3D 源程序展示如下：

```
<Scene>
    <!-- Scene graph nodes are added here -->
        <Background skyColor="1 1 1"/>
     <Viewpoint description="viewpoint1" orientation="0 1 0 0.524" position="8 0 10"/>
    <Viewpoint description="viewpoint2" orientation="0 1 0 1.571" position="80 0 5"/>
    <Viewpoint description="viewpoint3" orientation="0 1 0 3.141" position="0 5 -50"/>
    <Group DEF="group1">
        <Transform translation='0.25 -0.05 -0.1'>
            <Shape>
                <Appearance>
                    <Material />
                    <ImageTexture url='13691.jpg' />
                </Appearance>
                <Box size='6.2 4.7 0.01' />
            </Shape>
        </Transform>
        <Transform rotation='0 0 1 0' scale='0.02 0.02 0.02' translation='1 1 -0.5'>
            <Inline url='phuakuang.x3d' />
        </Transform>
        <Transform translation='5 -3 0'>
            <Shape>
                <Appearance>
                    <Material />
                    <ImageTexture url='blue.jpg' />
                </Appearance>
                <Sphere radius='0.5' />
            </Shape>
        </Transform>
          <Transform translation='-4.5 -3 0'>
            <Shape>
                <Appearance>
                    <Material />
                    <ImageTexture url='blue.jpg' />
                </Appearance>
                <Sphere radius='0.5' />
            </Shape>
        </Transform>
    </Group>
```

```
<Transform translation='0 0 -5'>
    <Group USE="group1"/>
</Transform>
<Transform translation='0 0 -10'>
    <Group USE="group1"/>
</Transform>
<Transform translation='0 0 -15'>
    <Group USE="group1"/>
</Transform>
<Transform translation='0 0 -20'>
    <Group USE="group1"/>
</Transform>
</Scene>
```

在 Scene 场景根节点下添加 Background 背景节点、Shape 节点、Transform 坐标变换、Inline 内联节点以及 Viewpoint 视点节点。利用 Viewpoint 视点节点创建一个三维立体公路和树木视点浏览效果。

虚拟现实 Viewpoint 视点节点三维立体空间背景设计运行程序。首先，启动 X3D 浏览器，打开相应的文件，即可运行虚拟现实 Viewpoint 视点节点创建一个三维立体场景进行视点切换浏览观看三维立体场景造型。Viewpoint 视点节点程序运行效果如图 5-2 所示。

图 5-2 Viewpoint 视点节点浏览效果

5.2 互联网 3D NavigationInfo 设计

互联网 3D 视点导航 NavigationInfo 设计就是在 X3D 虚以世界中使用一个三维的造型作为浏览者在虚以世界中的替身，并可使用替身在虚以世界中移动、行走或飞行等。通过替身来观看虚拟世界，还可以通过替身与虚拟现实的景物和造型进行交流、互动和感知等。

NavigationInfo 视点导航节点用来提供有关浏览者如何在 X3D 虚拟世界里导航，是以移动、行走、飞行等类型进行浏览，并且提供一个虚拟现实的替身(avatar)的信息，使用该替身可在虚拟现实世界空间里遨游驰骋。

NavigationInfo 视点导航描述了场景的观看方式和替身的物理特征。其中观察简单物体时设置 type="EXAMINE""ANY"可以提高操控性。

提示：NavigationInfo types ["WALK" "FLY"]支持摄像机到对象的碰撞检测。另外 Background、Fog、NavigationInfo、TextureBackground、Viewpoint 节点都是可绑定节点。NavigationInfo 视点导航节点通常作为 Transform 节点或 Group 编组节点中的子节点或与 Background 背景节点平行使用。

5.2.1 互联网 3D NavigationInfo 语法定义

互联网 3D NavigationInfo 视点导航节点语法定义了一个用于确定浏览者导航浏览的属性名和域值，利用 NavigationInfo 视点导航节点的域名、域值、域的数据类型，以及事件的存储访问权限的定义来创建一个效果更加理想的三维立体空间自然景观场景和造型的导航浏览效果。NavigationInfo 视点导航节点语法定义如下：

```
<NavigationInfo
DEF                 ID
USE                 IDREF
type                "EXAMINE" "ANY"  MFString        inputOutput
speed               1.0              SFFloat         inputOutput
headlight           true             SFBool          inputOutput
avatarSize          0.25 1.6 0.75    MFFloat         inputOutput
visibilityLimit     0.0              SFFloat         inputOutput
transitionType      "ANIMATE"        MFString        inputOutput
transitionTime      1.0              MFFloat         inputOutput
transitionComplete  ""               MFFloat         inputOutput
set_bind            ""               SFBool          inputOnly
bindTime            ""               SFTime          outputOnly
isBound             ""               SFBool          outputOnly
containerField      children
class
/>
```

NavigationInfo 视点导航节点设计包含域名、域值、域数据类型以及存储/访问类型等，节点中数据内容(架构)包含在一对尖括号中，用“<、/>”表示。

域数据类型描述如下：

- SFBool 域——一个单值布尔量。

• SFFlot 域——单值单精度浮点数。
• SFTime 域——含有一个单独的时间值。
• MFFlot 域——多值单精度浮点数。
• MFString 域——一个含有零个或多个单值的多值域字符串。

事件的存储/访问类型描述：表示域（属性）的存储/访问类型，包括 inputOnly（输入类型）、outputOnly（输出类型）、initializeOnly（初始化类型）以及 inputOutput（输入/输出类型）等，用来描述该节点必须提供该属性值。NavigationInfo 视点导航节点包含 DEF、USE、type、speed、headlight、avatarSize、visibilityLimit、TransitionType、TransitionTime、TransitionComplete、set_bind、bindTime、isBound、containerField 以及 class 域等。

• DEF 为节点定义一个名字，给该节点定义了唯一的 ID，在其他节点中就可以引用这个节点。用 DEF 为节点命名时，使用有意义的描述性的名称可以规范文件，以提高 X3D 文件可读性，该属性是可选项。
• USE 用来引用 DEF 定义的节点 ID，即引用 DEF 定义的节点名字，同时忽略其他的属性和子对象。使用 USE 来引用其他的节点对象而不是复制节点可以提高性能和编码效率。该属性是可选项。
• type 域——指定了浏览者替身的漫游（浏览）类型，该域值可在 ANY、WALK、FLY、EXAMINE、LOOKAT、NONE 这 6 种类型中进行转换。其中观察简单物体时设置 type="EXAMINE" "ANY"可以提高操控性。

(1) WALK 表示观看者以行走方式浏览虚拟世界，替身会受到重力影响。

(2) FLY 表示观看者以飞行方式浏览虚拟世界，替身不会受到重力影响在虚拟空间飞翔、遨游。

(3) EXAMINE 方式表示替身不能移动，为改变替身与物体之间的距离，只能移动物体去靠近或远离它，甚至可以围绕它旋转。

(4) LOOKAT 表示注视。

(5) NONE 表示不提供替身导航方式。

(6) ANY 表示浏览器支持以上 5 种浏览方式。该域值的默认为 WALK。

• speed 域——指定了浏览者在虚拟场景中替身行进的速度，单位为每秒多少长度（units/s）。其默认值为 1.0（units/s）。漫游的速度也会受到浏览器设置的影响，大多数浏览器都可以通过浏览器本身的设置来改变漫游速度。

如果当采用 EXAMINE 导航方式时，speed 域不会影响观察旋转的速度。如果 type 域设置的是 none，漫游速度将变为 0，浏览者的位置将被固定，但浏览者改变视角将不受影响。

• headlight 域——定义了替身的头顶灯打开或关闭开关。若该域值为 true，表示打开替身的头顶灯；若为 false，则关闭替身的头顶灯。替身的头顶灯是由 DirectionalLight 节点创建，它相当于强度值为 1.0 的方向（平行）光。
• avatarSize 域——定义了三维空间中浏览者替身的尺寸。在运行 X3D 程序时，可以假设三维空间中有一个不可见的浏览者替身，通常利用该替身来进行碰撞检查。avatarSize 域值有三个参数。第一个参数 width：指定了替身与其他几何物体发生碰撞的最小距离。第二个参数 height：定义了替身距离地面的高度。第三个参数 step height：指定替身能够跨越的最大高度，即步幅高度。默认值为 0.25 1.6 0.75。

- VisibilityLimit 域——指定了用户能够观察到的最大距离。该域值必须大于 0。其默认值为 0.0,表示最远可以观察到无穷远处。如果观察者在最大观察距离之内没有观察到任何对象,则显示背景图。在构造一个大的三维立体空间场景,其运算量是很大的,如虚拟城市,当远景看不到或可忽略时,就可以得用 visibilityLimit 域来定义用户能够观察到的最大距离。
- TransitionType 域——指定了输入一个或多个配额,如 ANIMATE、LINEAR、TELEPORT。注释:这个域可以被省略。
- TransitionTime 域——指定了一个视点持续坐标变换。注释:如果 transitionType is ANIMATE,该域值将为浏览器提供一个 animation 参数。注释:这个域可以被省略。
- TransitionComplete 域——指定了一个事件发生并完成视点坐标变换。注释:这个域可以被省略。
- set_bind 域——指定一个输入事件 set_bind 为 true 激活这个节点,若输入事件 set_bind 为 false,则禁止这个节点。就是说设置 bind 为 true/false,将在堆栈中弹出/推开(允许/禁止)这个节点。
- bindTime 域——指定一个当节点被激活/停止时发送事件。
- isBound 域——指定一个当节点激活时发送 true 事件,当节点转到另一个节点时发送 false 事件。
- containerField 域——表示容器域是 field 域标签的前缀,表示了子节点和父节点的关系。该容器域名称为 children,包含几何节点。如 geometry Box、children Group、proxy Shape。containerField 属性只有在 X3D 场景用 XML 编码时才使用。
- class 域——是用空格分开的类的列表,保留给 XML 样式表使用。只有 X3D 场景用 XML 编码时才支持 class 属性。

5.2.2 互联网 3D NavigationInfo 案例分析

互联网 3D NavigationInfo 视点导航描述了场景的观看方式和替身的物理特征。其中观察简单物体时设置 type="WALK"可以提高操控性。可以移动、行走、飞行等类型进行浏览,并且提供一个虚拟现实的替身(avatar)等信息。

【实例 5-2】 利用 Background 背景、Transform 空间坐标变换、NavigationInfo 视点导航节点以及 Inline 内联节点创建一个三维立体空间视点导航浏览效果。虚拟现实 NavigationInfo 视点导航节点三维立体场景设计,X3D 源程序展示如下:

```
<Scene>
        <PointLight DEF = "_PointLight" location = '20.6596 25.53  - 29.4217' global = 'true'>
        </PointLight>
        <SpotLight DEF = "_SpotLight" direction = ' - 0.0660605 0.160346  - 0.984848' intensity =
'12' location = ' - 11.9999  - 39 130.658' global = 'true'>
        </SpotLight>
        <NavigationInfo type = '"WALK"' speed = '5'/>

        <Viewpoint DEF = "_Viewpoint" jump = 'false' orientation = '0 1 0 1.571' position = '150
10  - 10' description = "view1">
```

```
        </Viewpoint>
        <Viewpoint DEF="_Viewpoint_1" jump='false' orientation='120 600 0 0' position=
'0 200 800' description="View2">
        </Viewpoint>
        <Viewpoint DEF="_Viewpoint_2" jump='false' orientation='500 -300 -200 -1.571'
position='0 1000 0' description="view3">
        </Viewpoint>
        <PointLight DEF="_PointLight" color='1 1 1' intensity='0.36' location='-66.5588
114.124 -183.085' global='true'>
        </PointLight>
        <PointLight DEF="_PointLight_1" color='1 1 1' intensity='0.25' location=
'-27.2899 98.4689 -37.9009' global='true'>
        </PointLight>
        <PointLight DEF="_PointLight_2" color='1 1 1' intensity='0.57' location='7.01502
119.83 18.8003' global='true'>
        </PointLight>
        <Transform rotation='0 0 -1 3.142' translation='-58.92 0 90.01'>
            <Shape>
                <Appearance>
                    <Material ambientIntensity='1' diffuseColor='0.7765 0.7765 0.7255'
shininess='0.145' specularColor='0 0 0' transparency='0'>
                    </Material>
                </Appearance>
                <IndexedFaceSet DEF="_05-FACES" ccw='false' coordIndex='0,1,82,-1,
                    0,82,81,-1,
                    1,2,83,-1,
                    1,83,82,-1,
                    2,3,84,-1,
                    2,84,83,-1,
                    3,4,85,-1,
                    3,85,84,-1,
                        ⋮
                    -5.55 -1.35 0.05, -5.45 -1.35 0.05, -5.45 -1.35 -0.05, -5.55
-1.35 -0.05'>
                    </Coordinate>
                </IndexedFaceSet>
            </Shape>
        </Transform>
        <Transform rotation='-0.706306 0 -0.707906 3.142' translation='-16.22 1.343 -17.62'>
            <Shape>
                <Appearance>
                    <Material ambientIntensity='1' diffuseColor='0.5882 0.5882 0.5882'
shininess='0.145' specularColor='0 0 0' transparency='0'>
                    </Material>
                </Appearance>
                <IndexedFaceSet DEF="__02-FACES" ccw='false' coordIndex='0,1,2,-1,
                    0,2,3,-1,
                    4,7,6,-1,
                    4,6,5,-1,
                    0,4,5,-1,
```

```
                    ⋮
                    72,76,79, -1,
                79,75,72, -1
                ' solid = 'true'>
                <Coordinate DEF = "_03 - COORD" point = '0  -1.5 0.075,0  -1.35 0.075,
0  -1.35  -0.075,0  -1.5  -0.075,
                    ⋮
-5.55  -1.35 0.05, -5.45  -1.35 0.05, -5.45  -1.35  -0.05, -5.55  -1.35  -0.05
                    '>
                </Coordinate>
            </IndexedFaceSet>
        </Shape>
    </Transform>
        ⋮
</Scene>
```

在 X3D 源文件 Scene 场景根节点下添加 Background 背景节点、Group 编组节点、Transform 坐标变换、Inline 内联节点以及 NavigationInfo 视点导航节点。利用 NavigationInfo 视点导航节点创建一个三维立体公路和灯笼视点导航浏览效果。

虚拟现实 NavigationInfo 视点导航节点三维立体空间场景设计运行程序。首先，启动 X3D 浏览器，然后打开相应 X3D 程序运行虚拟现实 NavigationInfo 视点导航节点创建一个三维立体导航场景造型。NavigationInfo 视点导航节点程序运行效果如图 5-3 所示。

图 5-3　NavigationInfo 视点导航节点浏览效果

5.3 互联网 3D Billboard 设计

在互联网 3D 三维立体程序设计中，Billboard 节点设计是对广告、警示牌、海报节点进行设计编程，可以在世界坐标系之下创建一个局部坐标系，选定一个旋转轴后，这个节点下的子节点所构成的虚拟对象的正面会永远自动地面对观众，不管观察者如何行走或旋转等。把 Billboard 和几何对象尽可能近的放置，为了局部坐标系统中的位移，在 Billboard 的子节点中可以嵌套 Transform 节点。不要把 Viewpoint 节点放入 Billboard 节点中。Billboard 广告、警示牌、海报节点，在 X3D 场景中，用来给企、事业单位、公司、部门做广告宣传、路标指示、警示提示、张贴海报宣传等。

5.3.1 互联网 3D Billboard 语法定义

互联网 3D Billboard 节点语法定义了一个用于确定广告、警示牌、海报节点的属性名和域值，利用 Billboard 广告、警示牌、海报节点的域名、域值、域的数据类型以及事件的存储访问权限的定义来创建一个效果更加理想的开发和设计效果。Billboard 广告、警示牌、海报节点是一个可以包含其他节点的组节点。该节点里的内容将沿指定轴旋转以保证画面始终面对用户，设置 axisOfRotation 为 0 0 0 将使画面完全对着用户视点。Billboard 广告、警示牌、海报节点语法定义如下：

```
<Billboard
DEF              ID
USE              IDREF
axisOfRotation   0 1 0          SFVec3f        inputOutput
bboxCenter       0 0 0          SFVec3f        initializeOnly
bboxSize         -1 -1 -1       SFVec3f        initializeOnly
containerField   children
class
/>
```

Billboard 节点中设计包含域名、域值、域数据类型以及存储/访问类型等，节点中数据内容包含在一对尖括号中，用“<、/>”表示。

域数据类型描述如下：

- SFVec3f 域——定义了一个三维矢量空间。

事件的存储/访问类型描述：表示域(属性)的存储/访问类型，包括 inputOnly(输入类型)、outputOnly(输出类型)、initializeOnly(初始化类型)以及 inputOutput(输入/输出类型)等，用来描述该节点必须提供该属性值。Billboard 广告、警示牌、海报节点包含 DEF、USE、axisOfRotation、bboxCenter、bboxSize、containerField 以及 class 域等。

- DEF 为节点定义一个名字，给该节点定义了唯一的 ID，在其他节点中就可以引用这个节点。用 DEF 为节点命名时，使用有意义的描述性的名称可以规范文件，以提高 X3D 文件可读性，该属性是可选项。
- USE 用来引用 DEF 定义的节点 ID，即引用 DEF 定义的节点名字，同时忽略其他的属性和子对象。使用 USE 来引用其他的节点对象而不是复制节点可以提高性能和编码效率。该属性是可选项。

- axisOfRotation 域——指定了一个在 Billboard 节点中的局域坐标系中，选定一个旋转轴。其中，(1,0,0)表示绕 X 轴旋转，(0,1,0)表示绕 Y 轴旋转，(0,0,1)表示绕 Z 轴旋转。
- bboxCenter 域——指定了边界盒的中心，从局部坐标系统原点的位置偏移。其默认值为 0.0 0.0 0.0。
- bboxSize 域——指定了边界盒尺寸在 X、Y、Z 方向的大小。其默认值为 −1.0 −1.0 −1.0。默认情况下是自动计算的，为了优化场景也可以强制指定。
- containerField 域——表示容器域是 field 域标签的前缀，表示了子节点和父节点的关系。该容器域名称为 children，包含几何节点。如 geometry Box、children Group、proxy Shape。containerField 属性只有在 X3D 场景用 XML 编码时才使用。
- class 域——用空格分开的类的列表，保留给 XML 样式表使用。只有 X3D 场景用 XML 编码时才支持 class 属性。

5.3.2 互联网 3D Billboard 案例分析

互联网 3D 虚拟现实立体程序设计利用 Billboard 广告、警示牌、海报节点实现三维立体空间场景造型里的内容按指定轴旋转并始终保证画面正对用户，设置 axisOfRotation 为 0 0 0 将使画面完全正对着用户视点，给 X3D 程序设计带来更大的方便。Billboard 广告、警示牌、海报节点三维立体造型设计利用虚拟现实程序设计语言 X3D 进行设计、编码和调试。利用虚拟现实语言的各种节点创建生动、逼真、鲜活的三维立体广告组合造型。使用 X3D 内核节点、背景节点、坐标变换节点、Billboard 广告以及几何节点进行设计和开发。

【实例 5-3】 虚拟现实 X3D 三维立体程序设计利用 Shape 空间物体造型模型节点、Appearance 外观子节点和 Material 外观材料节点、Transform 空间坐标变换、Billboard 广告以及几何节点在三维立体空间背景下，创建一个开关广告、警示牌、海报程序。虚拟现实 Billboard 广告、警示牌、海报节点设计一个更加生动、鲜活的三维立体场景。Billboard 广告、警示牌、海报节点三维立体场景设计 X3D 文件源程序展示如下：

```
<Scene>
    <!-- Scene graph nodes are added here -->
      <Background skyColor="1 1 1"/>
      <Billboard>
         <Transform translation="0 1 0">
        <Shape>
          <Appearance>
            <Material/>
            <ImageTexture url="13691.jpg"/>
          </Appearance>
          <Box size="8.5 7 1"/>
        </Shape>
      </Transform>
      <Transform translation="0 -2.5 0">
        <Shape>
          <Appearance>
            <Material ambientIntensity="0.4" diffuseColor="0.5 0.5 0.7"
```

```
            shininess = "0.2" specularColor = "0.8 0.8 0.9"/>
        </Appearance>
        <Cylinder height = "5" radius = "0.3"/>
      </Shape>
    </Transform>
    </Billboard>
    <Transform translation = "0  -5 0">
      <Shape>
        <Appearance >
          <Material diffuseColor = "0.6 0.8 0.5"/>
        </Appearance>
        <Box size = "15 0.1 10"/>
      </Shape>
    </Transform>
  </Scene>
```

在互联网3D三维立体程序设计文件Scene场景根节点下添加Background背景节点、Billboard广告、警示牌、海报节点和Transform节点，背景节点的颜色取浅灰白色以突出三维立体几何造型的显示效果。利用Billboard节点实现程序的动态调试与设计效果，此外增加了Appearance外观节点和Material材料节点，对物体造型的外观颜色、物体发光颜色、外观材料的亮度以及透明度的设计。虚拟现实Billboard节点三维立体造型设计运行程序。首先，启动X3D浏览器，打开相关X3D程序运行虚拟现实Billboard广告节点创建一个广告、警示牌、海报三维立体空间场景。利用Billboard节点调试源程序运行效果如图5-4所示。

图5-4 Billboard节点设计场景效果

5.4 互联网 3D Anchor 设计

互联网 3D Anchor 节点设计能够实现 X3D 虚拟现实互联网络程序设计中场景之间的调用和互动，实现三维立体场景之间的切换。它是 X3D 的外部调用接口，实现与 HTML 网页之间的调用以及与 3D 之间的调用等。使用超链接功能实现网络上任何地域或文件之间的互联、交互及动态感知，使三维立体空间场景更加生动、鲜活。Anchor 锚节点即超链接组节点，它的作用是链接 X3D 三维立体空间中各个不同场景，使 X3D 世界变得更加生动有趣。可以利用 Anchor 锚节点直接上网，实现真正意义上的网络世界。

5.4.1 互联网 3D Anchor 语法定义

互联网 3D Anchor 锚节点语法定义了一个用于确定场景调用节点的属性名和域值，利用 Anchor 锚节点的域名、域值、域的数据类型以及事件的存储访问权限的定义来创建一个有效的场景交互调用设计。Anchor 锚节点是一个可以包含其他节点的组节点。当单击这个组节点中的任一个几何对象时，浏览器便读取 url 域指定的调用内容，也可以在两个场景中相互调用场景。Anchor 锚节点语法定义如下：

```
<Anchor
DEF                 ID
USE                 IDREF
description                          SFString          inputOutput
url                                  MFString          inputOutput
parameter                            MFString          inputOutput
bboxCenter          0 0 0            SFVec3f           initializeOnly
bboxSize            -1 -1 -1         SFVec3f           initializeOnly
containerField      children
class
/>
```

Anchor 锚节点 ⚓ 设计包含域名、域值、域数据类型以及存储/访问类型等，节点中数据内容包含在一对尖括号中，用“<、/>”表示。

域数据类型描述如下：

- SFVec3f 域——定义了一个三维矢量空间。
- SFString 域——一个单值字符串。
- MFString 域——一个含有零个或多个单值的多值域字符串。

事件的存储/访问类型描述：表示域(属性)的存储/访问类型，包括 inputOnly(输入类型)、outputOnly(输出类型)、initializeOnly(初始化类型)以及 inputOutput(输入/输出类型)等，用来描述该节点必须提供该属性值。Anchor 锚节点包含 DEF、USE、description、url、parameter、bboxCenter、bboxSize、containerField 以及 class 域等。

- DEF 为节点定义一个名字，给该节点定义了唯一的 ID，在其他节点中就可以引用这个节点。用 DEF 为节点命名时，使用有意义的描述性的名称可以规范文件，以提高 X3D 文件可读性，该属性是可选项。
- USE 用来引用 DEF 定义的节点 ID，即引用 DEF 定义的节点名字，同时忽略其他的

属性和子对象。使用 USE 来引用其他的节点对象而不是复制节点可以提高性能和编码效率。该属性是可选项。

- description 域——指定一个文本字符串提示，当移动光标到锚节点对象而不单击它时，浏览器显示该提示字符串文件。
- url 域——指定需装入文件的路径或网络导航器地址 URL。如果指定多个 URL，按优先顺序进行排列，浏览器装入从 URL 序列中发现的第一个文件。

单击锚节点的子对象，可以跳转到其他网址。注释：附加了视点名后可以直接跳转到场景的内部视点，如 #ViewpointName、someOtherCoolWorld. wrl、#GrandTour。另外，跳转到本地视点只需要使用视点名，如 #GrandTour。

- parameter 域——为 X3D 和 HTML 浏览器附加的信息，这些信息是一连串的字符串，格式为"关键词=值"的字符串。

对传递的参数可以指定网络浏览器改变 url 的存取方式，可以将 parameter 设置为 target =_blank，可以在新窗口中打开目标 url；也将 parameter 设置为 target=frame_name，可以在指定目标框架名的框架中打开目标 url。

- bboxCenter 域——指定了边界盒的中心，从局部坐标系统原点的位置偏移。其默认值为 0.0 0.0 0.0。
- bboxSize 域——指定了边界盒尺寸在 X、Y、Z 方向的大小。其默认值为 -1.0 -1.0 -1.0。默认情况下是自动计算的，为了优化场景也可以强制指定。
- containerField 域——表示容器域是 field 域标签的前缀，表示了子节点和父节点的关系。该容器域名称为 children，包含几何节点。如 geometry Box、children Group、proxy Shape。containerField 属性只有在 X3D 场景用 XML 编码时才使用。
- children 域——指定场景中锚节点对象，它包含指向其他文件(在 url 域中指定)的超链接。当观察者单击其中的一个对象时，浏览器便装入在 url 域中指定的文件。
- class 域——是用空格分开的类的列表，保留给 XML 样式表使用。只有 X3D 场景用 XML 编码时才支持 class 属性。

5.4.2 互联网 3D Anchor 案例分析

互联网 3D Anchor 锚节点三维立体造型设计利用虚拟现实程序设计技术 X3D 进行设计、编码和调试。利用虚拟现实语言的各种节点创建生动、逼真、鲜活的三维立体场景之间动态调用与互动。使用 X3D 节点、背景节点、坐标变换节点、Anchor 锚节点以及几何节点进行设计和开发。Anchor 锚节点是一个可以包含其他节点的组节点。利用 Anchor 锚节点实现三维立体空间场景之间的动态调用，当单击这个组节点中的任一个几何对象时，浏览器便读取 url 域指定的调用内容，也可以在两个场景中相互调用场景。

【实例 5-4】 利用 Shape 空间物体造型模型节点、Appearance 外观子节点和 Material 外观材料节点、Transform 空间坐标变换、Anchor 锚以及几何节点在三维立体空间背景下，创建一个动态交互调用场景。虚拟现实 Anchor 锚节点设计一个更加生动、鲜活的三维立体场景互动。Anchor 锚节点三维立体场景设计 X3D 文件源程序展示如下：

```
<Scene>
    <!-- Scene graph nodes are added here -->
```

```
    <Background skyColor = "1 1 1"/>
    <Anchor description = 'main call px3d5 - 4 - 1.x3d' url = '"px3d5 - 4 - 1.x3d"'>
        <Transform translation = '0.25  - 0.05  - 0.1'>
            <Shape>
                <Appearance>
                    <Material />
                    <ImageTexture url = 'p3691.jpg' />
                </Appearance>
                <Box size = '6.2 4.7 0.01' />
            </Shape>
        </Transform>
        <Transform rotation = '0 0 1 0' scale = '0.02 0.02 0.02' translation = '1 1 - 0.5'>
            <Inline url = 'phuakuang.x3d' />
        </Transform>
        <Transform translation = '0  - 2 0'>
            <Shape>
                <Appearance>
                    <Material ambientIntensity = '0.4' diffuseColor = '1 0 0' shininess =
'0.2' specularColor = '1 0 0 ' />
                </Appearance>
                <Sphere radius = '0.2' />
            </Shape>
        </Transform>
    </Anchor>
</Scene>
```

运行互联网 3D Anchor 锚节点创建一个动态交互的三维立体空间场景调用。利用 Anchor 锚节点调用另一个程序场景运行效果如图 5-5 所示。

图 5-5　利用互联网 3D Anchor 锚节点调用场景效果

被调用子程序场景和造型，提供 X3D 源程序和执行程序供用户使用与浏览，其程序代码如下：

```
<Scene>
<!-- Scene graph nodes are added here -->
    <Anchor description = "return main program" url = "px3d5 - 4.x3d">
        <Background leftUrl = '"13691.jpg"' rightUrl = '"13692.jpg"'
         frontUrl = '"13693.jpg"' backUrl = '"P3691.jpg"'
         topUrl = '"blue.jpg"' bottomUrl = '"GRASS.JPG"'/>
        <Shape>
            <Appearance>
                <Material ambientIntensity = '0.2' diffuseColor = '0.6 0.5 0.2'
                  emissiveColor = '0.7 0.4 0.2' shininess = '0.3'
                  specularColor = '0.8 0.6 0.2' transparency = '0.0'>
                </Material>
                </Appearance>
            <Sphere containerField = "geometry" radius = '1.0'>
            </Sphere>
        </Shape>
    </Anchor>
</Scene>
```

当单击图 5-5 中的造型时，调用虚拟现实 Anchor 锚节点三维立体空间造型设计程序场景。运行虚拟现实 Anchor 锚节点创建一个动态交互的三维立体空间场景调用过程。利用 Anchor 锚节点调用程序运行效果如图 5-6 所示。

图 5-6　利用 Anchor 锚节点被调用场景效果

5.5 互联网 3D Collision 设计

互联网 3D Collision 碰撞传感器节点设计是使观测者看到虚拟空间物体与造型之间发生碰撞的现象。在该节点中使用 route 路由提交的出事件启动一个声音节点，发出“啊”的声音，使 X3D 虚拟现实场景更加逼真。

互联网 3D Collision 碰撞传感器节点参照当前的 Viewpoint 和 NavigationInfo avatarSize 域，检测摄像机和对象的碰撞。Collision 碰撞传感器节点是一个组节点，它可以处理其子节点的碰撞检测。Collision 碰撞传感器节点可以包含一个代理用来进行碰撞检测。其中代理几何体并不显示。而 PointSet、IndexedLineSet、LineSet 和 Text 节点不进行碰撞检测。提示：用简单的、只计算接触的代理几何体可以提高性能，如 NavigationInfo type、WALK、FLY，支持摄像机和对象的碰撞检测。在增加 geometry 或 Appearance 节点之前先插入一个 Shape 节点。Collision 碰撞传感器节点用来检测何时用户和该组立体空间中的任何其他造型发生碰撞，它可以处理其子节点的碰撞检测。可以有多个子节点在 children 的域中，但它又具有传感器节点的特性。Collision 碰撞传感器节点语法定义如下：

```
<Collision
DEF              ID
USE              IDREF
bboxCenter       0 0 0          SFVec3f        initializeOnly
bboxSize         -1 -1 -1       SFVec3f        initializeOnly
enabled          true           SFBool         inputOutput
isActive         ""             SFBool         outputOnly
collideTime      ""             SFTime         outputOnly
containerField   children
class
/>
```

Collision 碰撞传感器节点设计包含域名、域值、域数据类型以及存储/访问类型等，节点中数据内容包含在一对尖括号中，用“<、/>”表示。

域数据类型描述如下：

- SFFloat 域——单值单精度浮点数。
- SFBool 域——一个单值布尔量。
- SFVec3f 域——一个包含任意数量的三维矢量的单值域。
- SFTime 域——含有一个单独的时间值。
- SFRotation 域——规定某一个绕任意轴的任意角度的旋转。
- SFNode 域——含有一个单节点。
- MFNode 域——包含任意数量的节点。

事件的存储/访问类型描述：表示域（属性）的存储/访问类型，包括 inputOnly（输入类型）、outputOnly（输出类型）、initializeOnly（初始化类型）以及 inputOutput（输入/输出类型）等，用来描述该节点必须提供该属性值。Collision 碰撞传感器节点包含 DEF、USE、bboxCenter、bboxSize、enabled、isActive、collideTime、containerField 以及 class 域等。

- DEF 为节点定义一个名字，给该节点定义了唯一的 ID，在其他节点中就可以引用这个节点。用 DEF 为节点命名时，使用有意义的描述性的名称可以规范文件，以提高 X3D 文件可读性。该属性是可选项。
- USE 用来引用 DEF 定义的节点 ID，即引用 DEF 定义的节点名字，同时忽略其他的属性和子对象。使用 USE 来引用其他的节点对象而不是复制节点可以提高性能和编码效率。该属性是可选项。
- bboxCenter 域——定义了一个边界盒的中心，表明从局部坐标系统原点的位置偏移。
- bboxSize 域——定义了一个边界盒尺寸，默认情况下是自动计算的，为了优化场景，也可以强制指定。
- enabled 域——定义了一个允许/禁止子节点的碰撞检测。注释：VRML 97 规格中的 collide。
- isActive 域——定义了一个当传感器状态改变时发送 isActive true/false 事件。当对象和视点碰撞时，isActive=ture；当对象和视点不再碰撞时，isActive=false。
- collideTime 域——定义了一个碰撞的时间，当摄像机（替身）和几何体碰撞的时候产生 collideTime 事件。
- containerField 域——表示容器域是 field 域标签的前缀，表示了子节点和父节点的关系。该容器域名称为 children，包含几何节点。如 geometry Sphere、children Group、proxy Shape。containerField 属性只有在 X3D 场景用 XML 编码时才使用。
- class 域——用空格分开的类的列表，保留给 XML 样式表使用。只有 X3D 场景用 XML 编码时才支持 class 属性。

5.6 互联网 3D OrthoViewPoint 设计

互联网 3D Viewpoint 视点节点语法定义了一个用于确定浏览者的朝向和距离的属性名和域值，利用 Viewpoint 视点节点的域名、域值、域的数据类型以及事件的存储访问权限的定义来创建一个效果更加理想的三维立体空间自然景观场景和造型的浏览效果。Viewpoint 视点节点语法定义如下：

```
<Viewpoint
DEF                 ID
USE                 IDREF
description                          SFString        initializeOnly
position            0 0 10           SFVec3f         inputOutput
orientation         0 0 1 0          SFRotation      inputOutput
fieldOfView         0.785398         SFFloat         inputOutput
jump                true             SFBool          inputOutput
centerOfRotation    0 0 0            SFVec3f         inputOutput
set_bind            ""               SFBool          inputOnly
bindTime            ""               SFTime          outputOnly
isBound             ""               SFBool          outputOnly
containerField      children
class
/>
```

互联网 3D OrthoViewpoint 正交视点节点定义了提供正交投影观测场景视点，正投影观测点是从观测中心点的坐标位置投射平行视点，视点域指定在本地坐标系统的最大值最小范围效果。小视角产生类似远焦镜头的效果，而大视角产生类似广角镜头的效果，在每一个视点域的方向(方位)将有 minimum < maximum 最小值至最大值关系，视点域值表示在任何正交(垂直)方向中心线(轴线)的视点的最小值视点范围。浏览器和矩形的视点投射具有下列关系：

```
视点显示的宽 = maximum_x - minimum_x
视点显示的高 = maximum_y - minimum_y
```

OrthoViewpoint 正交视点提供了某个场景从一个特定的地点(位置)和方向上自由的正交投影透视视点，NavigationInfo 导航节点、Background 背景节点、TextureBackground 纹理背景节点、Fog 雾节点、LocalFog 本地雾节点、OrthoViewpoint 正交视点节点以及 Viewpoint 视点节点是能够绑定的节点。OrthoViewpoint 正交视点语法定义如下：

```
<OrthoViewpoint
  DEF                ID
  USE                IDREF
  description        ""              SFString      inputOutput
  position           0 0 10          SFVec3f       inputOutput
  orientation        0 0 1 0         SFRotation    inputOutput
  centerOfRotation   0 0 0           SFVec3f       inputOutput
  fieldOfView        -1, -1, 1, 1    MFFloat       inputOutput
  jump               TRUE            SFBool        inputOutput
  retainUserOffsets  FALSE           SFBool        inputOutput
  set_bind                           SFBool        inputOnly
  bindTime                           SFTime        outputOnly
  isBound                            SFBool        outputOnly
  containerField     children
  class
/>
```

OrthoViewpoint 正交视点节点包含域名、域值、域数据类型以及存储/访问类型等，节点中数据内容(架构)包含在一对尖括号中，用"<、/>"表示。

域数据类型描述如下：

- SFBool 域——一个单值布尔量。
- SFFlot 域——单值单精度浮点数。
- SFString 域——包含一个字符串。
- SFTime 域——含有一个单独的时间值。
- SFVec3f 域——定义了一个单值三维向量。
- SFRotation 域——指定了一个单值任意的旋转。

事件的存储/访问类型描述：表示域(属性)的存储/访问类型，包括 inputOnly(输入类型)、outputOnly(输出类型)、initializeOnly(初始化类型)以及 inputOutput(输入/输出类型)等，用来描述该节点必须提供该属性值。Viewpoint 视点节点包含 DEF、USE、description、position、orientation、centerOfRotation、fieldOfView、jump、retainUserOffsets、containerField 以及

class 域等。

5.7 互联网 3D ViewpointGroup 设计

互联网 3D ViewpointGroup 视点组节点设计是在视点列表中使用控制视点的显示，children 域是一系列的 X3D 视点节点类型。ViewpointGroup 视点组节点语法定义如下：

```
<ViewpointGroup
    DEF                 ID
    USE                 IDREF
    description         ""              SFString        inputOutput
    displayed           TRUE            SFBool          inputOutput
    center              0 0 0           SFVec3f         inputOutput
    size                0 0 0           SFVec3f         inputOutput
    retainUserOffsets   FALSE           SFBool          inputOutput
    containerField      children
    class
/>
```

ViewpointGroup 视点组节点设计包含域名、域值、域数据类型以及存储/访问类型等，节点中数据内容(架构)包含在一对尖括号中，用"<、/>"表示。

域数据类型描述如下：

- SFBool 域——一个单值布尔量。
- SFFlot 域——单值单精度浮点数。
- SFString 域——包含一个字符串。
- SFTime 域——含有一个单独的时间值。
- SFVec3f 域——定义了一个单值三维向量。
- SFRotation 域——指定了一个单值任意的旋转。

事件的存储/访问类型描述：表示域(属性)的存储/访问类型，包括 inputOnly(输入类型)、outputOnly(输出类型)、initializeOnly(初始化类型)以及 inputOutput(输入/输出类型)等，用来描述该节点必须提供该属性值。Viewpoint 视点节点包含 DEF、USE、description、displayed、center、size、retainUserOffsets、containerField 以及 class 域等。

第6章 互联网3D影视媒体开发设计

互联网3D影视播放、纹理组件主要包括Appearance节点、Material节点、TwoSideMaterial双面外观材料节点、FillProperties 节点、LineProperties 节点、ImageTexture 节点、MovieTexture节点、PixelTexture节点以及TextureTransform节点设计等。用于创建三维立体场景和造型的纹理绘制和影视播放等。利用X3D纹理绘制节点创建的更加生动、逼真和鲜活场景和造型，提高三维立体场景和造型渲染效果，提高软件开发和编程效率。

6.1 互联网3D Appearance设计

在Shape模型节点中涵盖的两个子节点分别为Appearance外观节点与Geometry几何造型节点。Appearance外观子节点定义了物体造型的外观，包括纹理映像、纹理坐标变换以及外观的材料节点，Geometry几何造型子节点定义了立体空间物体的几何造型，如Box节点、Cone节点、Cylinder节点和Sphere节点等原始的几何结构。

6.1.1 互联网3D Appearance语法定义

互联网3D Appearance外观节点用来定义物体造型的外观属性，通常作为Shape节点的子节点。Appearance外观节点指定几何物体造型的外观视觉效果，包含Material外观的材料节点、Texture纹理映像节点和TextureTransform纹理坐标变换节点。在增加Appearance或Geometry节点之前先创建一个Shape节点。Appearance外观节点语法定义如下：

```
<Appearance
DEF                  ID
USE                  IDREF
material             NULL          SFNode
texture              NULL          SFNode
textureTransform     NULL          SFNode
containerField                     appearance
class
/>
```

Appearance外观节点▲设计包含域名、域值、域数据类型以及存储/访问类型等，节点中数据内容包含在一对尖括号中，用“<、/>”表示。

Appearance 外观节点包含 DEF、USE、material、texture、textureTransform、containerField以及class等节点域。

- DEF为节点定义一个名字，给该节点定义了唯一的ID，在其他节点中就可以引用这个节点。用 DEF 为节点命名时，使用有意义的描述性的名称可以规范文件，以提高 X3D 文件可读性。该属性是可选项。

- USE 用来引用 DEF 定义的节点 ID，即引用 DEF 定义的节点名字，同时忽略其他的属性和子对象。使用 USE 来引用其他的节点对象而不是复制节点可以提高性能和编码效率。该属性是可选项。
- material 域——定义了一个节点 Material，Material 节点定义了造型外观的材料属性。material 域的默认值为 NULL，表示其外观材料为白色光。该域值为一个单值节点。
- texture 域——定义了一个将被应用于造型的纹理映像。该域值的默认值为 NULL，表示没有应用纹理映像。该域值为一个单值节点。
- textureTransform 域——定义了在纹理映射到一个造型时所使用的二维纹理坐标变换。通常 textureTransform 域值包含 textureTransform 节点。该域值的默认值为 NULL，表示不对纹理进行坐标变换。该域值为一个单值节点。
- containerField 域——表示容器域是 field 域标签的前缀，表示了子节点和父节点的关系。该容器域名称为 appearance，包含 material 子节点、texture 子节点以及 textureTransform 子节点。如 geometry Box、children Group、proxy Shape。containerField 属性只有在 X3D 场景用 XML 编码时才使用。
- class 域——是用空格分开的类的列表，保留给 XML 样式表使用。只有 X3D 场景用 XML 编码时才支持 class 属性。

6.1.2 互联网 3D Appearance 案例分析

利用 Shape 模型节点中的 Appearance 外观子节点，使用 Geometry 子节点创建各种几何造型，设计三维立体造型以及物体造型的外观属性等，使三维立体空间场景和造型更具真实感。使用 X3D 节点、背景节点、Shape 节点、Appearance 外观子节点以及几何节点进行设计和开发。

【实例 6-1】 利用 Shape 空间物体造型模型节点、Appearance 外观子节点和 Box 节点、背景节点等在三维立体空间背景下，创建一个立方体贴图造型。Appearance 外观子节点三维立体场景设计 X3D 文件源程序展示如下：

```
<Scene>
    <!-- Scene graph nodes are added here -->
    <Background skyColor="1 1 1"/>
    <Shape>
      <Appearance>
        <ImageTexture repeatS="true" repeatT="true" url="13698.jpg"/>
      </Appearance>
      <Box size="4 4 4"/>
    </Shape>
  </Scene>
```

在互联网 3D 文件中，在 Scene 场景根节点下添加 Background 背景节点、Shape 模型节点、Appearance 外观节点设计，背景节点的颜色取白色以突出三维立体几何造型的显示效果。

虚拟现实三维立体造型设计运行程序，首先，启动 X3D 浏览器，然后在浏览器中运行 X3D 虚拟现实三维立体造型场景，Appearance 外观节点设计运行效果如图 6-1 所示。

图 6-1　Appearance 外观节点设计运行效果

6.2　互联网 3D Material 设计

互联网 3D Material 外观材料节点描述三维立体空间造型外观，造型的外观设计包括造型的颜色、发光效果、明暗、光的反射以及透明度等。该节点可以使立体空间造型的外观效果更加逼真、生动。Material 外观材料节点用来指定造型外观材料的属性，有颜色、光的反射、明暗效果及造型的透明度等，该节点指定相关几何节点的表面材质属性，Material 属性在渲染时用来计算 X3D 光照。通常作为 Appearance 节点的和 Shape 节点的子节点(域值)。

6.2.1　互联网 3D Material 语法定义

互联网 3D Material 节点设计材料的漫反射颜色、有多少环境光被该表面反射、物体镜面反射光线的颜色以及发光物体产生的光的颜色对空间造型颜色的影响。X3D 虚拟空间物体造型高级颜色配比通过对造型外观 Material 节点的设计可以实现如黄金、白银、铜和铝等颜色以及塑料颜色，如表 6-1 所示。

表 6-1 Material 外观材料高级颜色配比

颜色效果	材料的漫反射颜色(diffuseColor)	多少环境光被该表面反射(ambientItensify)	物体镜面反射光线的颜色(specularColor)	外观材料的亮度(shininess)
黄金	0.3 0.2 0.0	0.4	0.7 0.7 0.6	0.2
白银	0.5 0.5 0.7	0.4	0.8 0.8 0.9	0.2
铜	0.4 0.2 0.0	0.28	0.8 0.4 0.0	0.1
铝	0.3 0.3 0.5	0.3	0.7 0.7 0.8	0.1
红塑料	0.8 0.2 0.2	0.1	0.8 0.8 0.8	0.15
绿塑料	0.2 0.8 0.2	0.1	0.8 0.8 0.8	0.15
蓝塑料	0.2 0.2 0.8	0.1	0.8 0.8 0.8	0.15

Material 外观材料节点语法定义如下：

```
<Material
DEF                     ID
USE                     IDREF
diffuseColor            0.8 0.8 0.8       SFColor       inputOutput
emissiveColor           0 0 0             SFColor       inputOutput
specularColor           0 0 0             SFColor       inputOutput
shininess               0.2               SFFloat       inputOutput
ambientIntensity        0.2               SFFloat       inputOutput
transparency            0                 SFFloat       inputOutput
containerField          material
class
/>
```

Material 外观材料节点设计包含域名、域值、域数据类型以及存储/访问类型等，节点中数据内容包含在一对尖括号中，用“<、/>”表示。

Material 外观材料节点包含 DEF、USE、diffuseColor（材料的漫反射颜色）、emissiveColor(发光物体产生的光的颜色)、specularColor（物体镜面反射光线的颜色）、shininess(造型外观材料的亮度)、ambientItensity（有多少环境光被该表面反射）以及 transparency(透明度)。

- DEF 为节点定义一个名字，给该节点定义了唯一的 ID，在其他节点中就可以引用这个节点。用 DEF 为节点命名时，使用有意义的描述性的名称可以规范文件，以提高 X3D 文件可读性。该属性是可选项。
- USE 用来引用 DEF 定义的节点 ID，即引用 DEF 定义的节点名字，同时忽略其他的属性和子对象。使用 USE 来引用其他的节点对象而不是复制节点可以提高性能和编码效率。该属性是可选项。
- diffuseColor 域——指定了一种材料的漫反射颜色。物体表面相对于光源的角度决定它对来自光源的光的反射。在所有的光源中，有多少直接基于法线角度的光线反射。表面越接近垂直于光线，被反射的漫反射光线就越多。此域用一个三维数组来表示 RGB 颜色，例如 1 0 0 表示红色。该域值的默认值是 0.8 0.8 0.8，表示中强度的白光。

- emissiveColor 域——定义一个发光物体自身产生的光的颜色。发射光的颜色在显示基于辐射度的模型时或者显示科学数据时非常有用。该域表示在所有灯关闭的时候,物体自身发出的灯光颜色。该域值的默认值为 0.0 0.0 0.0,表示不发光。另外,该域值对 IndexedLineSet、LineSet 和 PointSet 节点有影响,当该域值较大时(较亮时)可能让物体造型上的纹理退色。
- specularColor 域——定义了物体镜面反射光线的 RGB 红、绿、蓝三个颜色,表示物体镜面反射光强度。该域值的默认值是 0.0 0.0 0.0,表示镜面不反射,在概貌互换中这个域可能被忽略。
- shininess 域——指定了造型外观材料的亮度,其值从漫反射表面的 0.0 到高度抛光表面的 1.0。即该域值表示光滑度较低值提供较大的软反光,较高值提供较小的锐利高光。该域值的默认值为 0.2,表示选择适当的亮度,在概貌互换中这个域可能被忽略。
- ambientIntensity 域——定义了将有多少环境光被该物体表面反射。环境光是各向同性的,而且它仅依赖于光源的数目不依赖于相对于表面的位置,即环境光反射所有无方向性光源。环境光颜色以 ambientlntensity * diffuseColor 计算。该域值的默认值为 0.2,表示对材料产生较低的环境光线效果;在概貌互换中这个域可能被忽略。
- transparency 域——指定了物体的透明度,其值的变化范围是从完全不透明表面的 0.0 到完全透明表面的 1.0。其默认值为 0,表示不透明。

根据物体的透明度不同,可构造出玻璃、屏风以及墙壁等空间造型。透明的可以使光线透过造型看到后面的景物,像玻璃一样;而半透明的造型则允许一部分光线通过,挡住另一部分光线,像窗户上的纱帘;而不透明的造型则挡住了全部的光线,只有部分反射光线,如建筑物、楼房等。

- containerField 域——表示容器域是 field 域标签的前缀,表示了子节点和父节点的关系。该容器域名称为 material,包含 material 子节点。如 geometry Box、children Group、proxy Shape。containerField 属性只有在 X3D 场景用 XML 编码时才使用。
- class 域——是用空格分开的类的列表,保留给 XML 样式表使用。只有 X3D 场景用 XML 编码时才支持 class 属性。

6.2.2 互联网 3D Material 案例分析

利用 Appearance 外观子节点和 Material 外观材料子节点描述空间物体造型的颜色、材料漫反射、环境光反射、物体镜面反射、物体发光颜色、外观材料的亮度以及透明度等,使用 Shape 模型节点中的 Geometry 子节点创建各种几何造型,使三维立体空间场景和造型更具真实感。

利用使用 X3D 节点、背景节点、坐标变换节点以及几何节点进行设计和开发。进行设计、编码和调试。利用现代软件开发的极端编程思想,采用绝对编程、自动测试、简单设计以及先测试后设计开发理念。融合结构化、组件化和模块化的设计思想,使软件开发设计层次清晰、结构合理。利用虚拟现实语言的各种节点创建生动、逼真的大红灯笼三维立体造型。

【实例 6-2】 利用 Shape 空间物体造型模型节点、Appearance 外观子节点和 Material 外观材料节点、坐标变换节点等在三维立体空间背景下，创建一个颜色为红色的三维大红灯笼造型。虚拟现实大红灯笼三维立体场景设计 X3D 文件源程序展示如下：

```
<Scene>
    <! -- Scene graph nodes are added here -->
    <Background skyColor = "1 1 1"/>
  <Transform translation = "0 0 0" scale = "0.8 0.6 0.8 ">
      <Shape>
        <Appearance>
          <Material ambientIntensity = "0.1" diffuseColor = "1 0 0"
            shininess = "0.15" specularColor = "0.8 0.8 0.8"/>
        </Appearance>
        <Sphere radius = "3"/>
      </Shape>
    </Transform>
    <Transform translation = "0 0 0" scale = "0.5 1 0.5">
      <Shape DEF = "sp">
        <Appearance>
          <Material ambientIntensity = "0.4" diffuseColor = "0.5 0.5 0.7"
            shininess = "0.2" specularColor = "0.8 0.8 0.9"/>
        </Appearance>
        <Cylinder bottom = "true" height = "3.8" radius = "1" side = "true" top = "true"/>
      </Shape>
    </Transform>
  <Transform scale = '0.06 1.8 0.06' translation = '0 0 0' >
          <Shape USE = "sp"/>
    </Transform>
  <Transform translation = "0 -2.15 0" scale = "0.5 1 0.5">
      <Shape >
        <Appearance>
          <Material ambientIntensity = "0.4" diffuseColor = "0.3 0.2 0"
            shininess = "0.2" specularColor = "0.7 0.7 0.6"/>
        </Appearance>
        <Cylinder bottom = "true" height = "0.5" radius = "1" side = "true" top = "true"/>
      </Shape>
    </Transform>
  </Scene>
```

在 X3D 源文件中，利用 Appearance 外观节点和 Material 材料节点设计，对物体造型的外观颜色、物体发光颜色、外观材料的亮度以及透明度的设计，在 Scene 场景根节点下添加 Background 背景节点和 Shape 模型节点，背景节点的颜色取白色以突出三维立体几何造型的显示效果。利用几何节点创建三维立体大红灯笼造型以提高空间三维立体造型的浏览效果。

虚拟现实大红灯笼三维立体造型设计运行程序，首先，启动 X3D 浏览器，然后在浏览器中，运行虚拟现实大红灯笼三维立体造型，Material 材料节点设计源程序运行结果如图 6-2 所示。

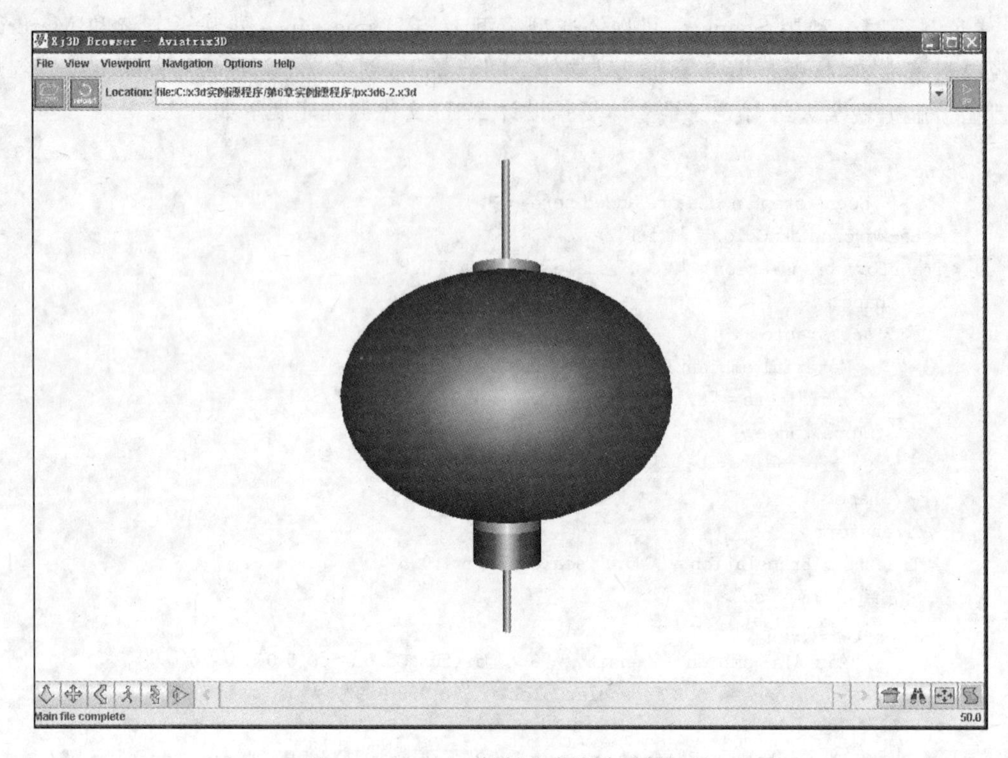

图 6-2 Material 材料节点设计运行效果

6.3 互联网 3D TwoSideMaterial 设计

互联网 3D TwoSideMaterial 节点设计描述一个双面三维立体空间造型外观材料，造型的外观设计包括造型的颜色、发光效果、明暗、光的反射以及透明度等。该节点可以使立体空间造型的外观效果更加逼真、生动。TwoSideMaterial 外观材料节点用来指定造型外观材料的属性，有颜色、光的反射、明暗效果及造型的透明度等，该节点指定相关几何节点的表面材质属性，TwoSideMaterial 属性在渲染时用来计算 X3D 光照。通常作为 Appearance 节点和 Shape 节点的子节点。TwoSideMaterial 外观材料节点语法定义如下：

```
< TwoSideMaterial
DEF                  ID
USE                  IDREF
diffuseColor         0.8 0.8 0.8     SFColor          inputOutput
emissiveColor        0 0 0           SFColor          inputOutput
specularColor        0 0 0           SFColor          inputOutput
shininess            0.2             SFFloat          inputOutput
ambientIntensity     0.2             SFFloat          inputOutput
transparency         0               SFFloat          inputOutput
backDiffuseColor     0.8 0.8 0.8     SFColor          inputOutput
backEmissiveColor    0 0 0           SFColor          inputOutput
backSpecularColor    0 0 0           SFColor          inputOutput
backShininess        0.2             SFFloat          inputOutput
```

```
backAmbientIntensity  0.2               SFFloat         inputOutput
backTransparency      0                 SFFloat         inputOutput
theme                 [none|ArtDeco|Autumn|Glass|Metals|Neon|Rococo|SantaFe]
containerField        material
class
/>
```

TwoSideMaterial 外观材料节点设计包含域名、域值、域数据类型以及存储/访问类型等，节点中数据内容包含在一对尖括号中，用“<、/>”表示。

twoSideMaterial 外观材料节点包含 DEF、USE、diffuseColor（材料的漫反射颜色）、ambientIntensity（有多少环境光被该表面反射）、specularColor（物体镜面反射光线的颜色）、emissiveColor（发光物体产生的光的颜色）、shininess（造型外观材料的亮度）、transparency（透明度）以及背面相应的节点等。

6.4　互联网 3D FillProperties 设计

互联网 3D FillProperties 填充物节点设计用于填充 2D 图形纹理绘制，该节点作为模型组件内定义的 Shape 模型节点下的一个子节点是描述二维平面几何节点的填充物情况，而外观节点用于描述几何造型的外观和材料的颜色和透明度等。FillProperties 填充物节点用于填充 2D 图形，对各种不同基本平面几何（2D 图形）节点进行填充设计。

在 X3D 文件中的 2D 平面几何节点组件是由 x、y 平面构成的各种几何图形，如圆弧、圆、圆盘、圆环、矩形、填充圆和填充物等。利用 X3D 基本二维几何节点创建的造型编程简洁、快速、方便，有利于浏览器的快速浏览，提高软件编程和运行的效率。

FillProperties 填充物节点是一个平面几何（2D 图形）填充节点，位于 Shape 模型节点下的 FillProperties 填充物子节点，用于对基本平面几何（2D 图形）进行填充设计，该节点与 Appearance 外观是同一级子节点。

FillProperties 填充物节点语法定义了一个用于 2D 图形填充的属性名和域值，利用 FillProperties 填充物节点的域名、域值、域的数据类型以及事件的存储访问权限的定义来创建一个效果更加理想的 2D 图形填充造型。利用 FillProperties 填充物节点中的 filled（填充标志）、hatched（画阴影线）、hatchStyle（阴影线样式）、hatchColor（阴影线颜色）等参数设置创建 X3D 二维立体几何造型。FillProperties 填充物节点语法定义如下：

```
<FillProperties
DEF               ID
USE               IDREF
filled            true            SFBool          inputOutput
hatched           true            SFBool          inputOutput
hatchStyle        1               SFInt32         inputOutput
hatchColor        1 1 1           SFColor         inputOutput
containerField    fillProperties
class
/>
```

FillProperties 填充物节点纹理绘制包含域名、域值、域数据类型以及存储/访问类型等,节点中数据内容(架构)包含在一对尖括号中,用"<、/>"表示。

域数据类型描述如下:

- SFInt32 域——一个单值含有 32 位的整数。
- SFBool 域——一个单值布尔量,取值范围为[true|false]。
- SFColor 域——只有一个颜色的单值域,它指定了一个红绿蓝(RGB)三个浮点数。

事件的存储/访问类型描述:表示域(属性)的存储/访问类型,包括 inputOnly(输入类型)、outputOnly(输出类型)、initializeOnly(初始化类型)以及 inputOutput(输入/输出类型)等,用来描述该节点必须提供该属性值。FillProperties 填充物节点包含 DEF、USE、filled、hatched、hatchStyle、hatchColor、containerField 以及 class 域等。

6.5 互联网 3D LineProperties 设计

互联网 3D LineProperties 线填充物节点设计用于定义 2D 图形的线型填充纹理绘制,对各种不同的平面几何(2D 图形)节点进行设计。LineProperties 线填充物节点定义二维图形的线型,是一个平面几何(2D 图形)线型填充节点,位于 Shape 模型节点下的 LineProperties 线填充物子节点。LineProperties 线填充物节点是 X3D 平面几何(2D 图形)线型填充节点,一般作为 Shape 节点中的子节点,用于线型填充 2D 图形。利用 Shape 节点中 Appearance 外观和 Material 材料子节点用于描述 2D 平面几何节点的纹理材质、颜色、发光效果、明暗、光的反射以及透明度等,提高开发与设计的效果。

LineProperties 线填充物节点定义二维图形的线型,是一个平面几何(2D 图形)填充节点,位于 Shape 模型节点下的 LineProperties 线填充物子节点,该节点与 Appearance 外观节点是同一级子节点。

LineProperties 线填充物节点语法定义了一个二维图形的线型的属性名和域值,利用 LineProperties 线填充物节点的域名、域值、域的数据类型以及事件的存储访问权限的定义来创建一个效果更加理想的 2D 图形填充线型。利用 LineProperties 线填充物节点中的 applied、linetype、linewidthScaleFactor 等参数设置创建 X3D 二维立体平面几何线型。LineProperties 线填充物节点语法定义如下:

```
<LineProperties
DEF                    ID
USE                    IDREF
applied                true              SFBool        inputOutput
linetype               0                 SFInt32       inputOutput
linewidthScaleFactor   0                 SFFloat       inputOutput
containerField       lineProperties
class
/>
```

LineProperties 线填充物纹理绘制节点■■包含域名、域值、域数据类型以及存储/访问类型等,节点中数据架构包含在一对尖括号中,用"<、/>"表示。

域数据类型描述如下:

- SFInt32 域——一个单值含有 32 位的整数。

- SFBool 域——一个单值布尔量，取值范围为[true|false]。
- SFFloat 域——一个单值单精度浮点数。

事件的存储/访问类型描述：表示域（属性）的存储/访问类型，包括 inputOnly（输入类型）、outputOnly（输出类型）、initializeOnly（初始化类型）以及 inputOutput（输入/输出类型）等，用来描述该节点必须提供该属性值。LineProperties 线填充物节点设计包含 DEF、USE、applied、linetype、linewidthScaleFactor、containerField 以及 class 域等。

6.6 互联网 3D ImageTexture 设计

互联网 3D 文件提供了多种纹理节点，ImageTexture 图像纹理节点、Image3DTexture 图像纹理节点、PixelTexture 像素纹理节点和 MovieTexture 电影纹理节点。ImageTexture 图像纹理节点创建一个三维立体几何体表面纹理贴图，使 X3D 文件三维立体场景和造型有更加逼真和生动的设计效果，该节点常作为 Shape 模型节点中 Appearance 外观节点下的子节点。

6.6.1 互联网 3D ImageTexture 语法定义

互联网 3D ImageTexture 图像纹理节点语法定义了一个用于确定图像纹理节点的属性名和域值，利用 ImageTexture 图像纹理节点的域名、域值、域的数据类型以及事件的存储访问权限的定义来创建一个效果更加理想的三维立体空间造型。ImageTexture 图像纹理节点映射一个二维图像到一个几何形体的表面。纹理贴图使用一个水平和垂直(s,t)二维坐标系统，对应图像上相对边角的距离。当使用太亮的材质自发光 Material emissiveColor 值会破坏一些纹理的效果。ImageTexture 图像纹理节点语法定义如下：

```
< ImageTexture
DEF              ID
USE              IDREF
url                             MFString        inputOutput
repeatS          true           SFBool          initializeOnly
repeatT          true           SFBool          initializeOnly
containerField   texture
class
/>
```

ImageTexture 图像纹理节点设计包含域名、域值、域数据类型以及存储/访问类型等，节点中数据内容（架构）包含在一对尖括号中，用“＜、/＞”表示。

域数据类型描述如下：

- SFBool 域——一个单值布尔量。
- MFString 域——一个含有零个或多个单值的多值字符串。

事件的存储/访问类型描述：表示域（属性）的存储/访问类型，包括 inputOnly（输入类型）、outputOnly（输出类型）、initializeOnly（初始化类型）以及 inputOutput（输入/输出类型）等，用来描述该节点必须提供该属性值。ImageTexture 图像纹理绘制节点包含 DEF、USE、url、repeatS、repeatT、containerField 以及 class 域等。

- DEF 为节点定义一个名字，给该节点定义了唯一的 ID，在其他节点中就可以引用这个节点。用 DEF 为节点命名时，使用有意义的描述性的名称可以规范文件，以提高 X3D 文件可读性，该属性是可选项。
- USE 用来引用 DEF 定义的节点 ID，即引用 DEF 定义的节点名字，同时忽略其他的属性和子对象。使用 USE 来引用其他的节点对象而不是复制节点可以提高性能和编码效率。该属性是可选项。
- url 域——指定了一个由高优先级到低优先级的 URL 排序表。用于粘贴图像文件名及来源位置，图像格式必须是 JPEG、GIF 或 PNG 文件格式的文件。X3D 浏览器从地址列表中第一个 URL 指定位置试起。如果图像文件没有被找到或不能被打开，浏览器就尝试打开第二个 URL 指定的文件，依次类推，当找到一个可打开的图像文件时，该图像文件被读入，作为纹理映射造型。如果找不到任何一个可以打开的图像文件，将不进行纹理映射。
- repeatS 域——指定一个布尔量。沿 *S* 轴水平重复纹理，其中 *S* 代表水平方向。如果是 true，粘贴图像会重复填满这个几何对象表面到[0.0,1.0]的范围外，在水平方向，此为默认值；如果是 false，粘贴图片只会被限制在[0.0,1.0]的范围内，在水平方向重复填满几何对象表面。
- repeatT 域——指定了一个布尔量。沿 *T* 轴垂直重复纹理，其中 *T* 代表垂直方向。如果是 true，粘贴图片会重复填满这个几何对象表面到[0.0,1.0]的范围外，在垂直方向，此为默认值；如果是 false，粘贴图片只会被限制在[0.0,1.0]的范围内，在垂直方向重复填满几何对象表面。
- containerField 域——表示容器域是 field 域标签的前缀，表示子节点和父节点的关系。该容器域名称为 texture，包含几何节点。如 geometry Box、children Group、proxy Shape。containerField 属性只有在 X3D 场景用 XML 编码时才使用。
- class 域——用空格分开的类的列表，保留给 XML 样式表使用。只有 X3D 场景用 XML 编码时才支持 class 属性。

6.6.2 互联网 3D ImageTexture 案例分析

互联网 3D 三维立体纹理绘制组件节点设计利用 ImageTexture 图像纹理节点实现三维立体空间造型纹理贴图。ImageTexture 图像纹理节点的功能是将需要的纹理图像粘贴在各种几何造型上，使 X3D 文件中的场景和造型更加逼真与生动，给 X3D 程序设计带来更大的方便。

【实例 6-3】 互联网 3D 立体纹理绘制组件节点设计利用 Shape 空间物体造型模型节点、Appearance 外观子节点和 Material 外观材料节点、Inline 内联节点 、Transform 空间坐标变换、ImageTexture 图像纹理以及几何节点在三维立体空间背景下，创建一个纹理贴图的三维立体图像纹理造型。虚拟现实 ImageTexture 图像纹理节点图像纹理三维立体场景设计 X3D 文件源程序展示如下：

```
<Scene>
    <!-- Scene graph nodes are added here -->
        <Background skyColor="1 1 1"/>
```

```
        <Transform translation = '0.25  - 0.05  - 0.1'>
            <Shape>
                <Appearance>
                    <Material />
                    <ImageTexture url = '13691.jpg' />
                </Appearance>
                <Box size = '6.2 4.7 0.01' />
            </Shape>
        </Transform>
        <Transform DEF = "jk1" rotation = '0 0 1 0' scale = '0.02 0.02 0.02' translation = '1 1  - 0.5'>
            <Inline url = 'phuakuang.x3d' />
        </Transform>

    <Transform translation = '1.25 0.9  - 10.6'>
            <Shape>
                <Appearance>
                    <Material />
                    <ImageTexture url = 'f002.jpg' />
                </Appearance>
                <Box size = '6.2 4.7 0.01' />
            </Shape>
        </Transform>
    <Transform rotation = '0 0 1 0' translation = '1 1  - 10.5'>
            <Transform USE = "jk1" />
        </Transform>
        <Transform translation = '5  - 3 0'>
            <Shape>
                <Appearance>
                    <Material />
                    <ImageTexture url = '0108.jpg' />
                </Appearance>
                <Sphere radius = '0.5' />
            </Shape>
        </Transform>
    <Transform translation = ' - 4.5  - 3 0'>
            <Shape>
                <Appearance>
                    <Material />
                    <ImageTexture url = '0108.jpg' />
                </Appearance>
                <Sphere radius = '0.5' />
            </Shape>
        </Transform>
    </Scene>
```

在X3D立体网页纹理绘制组件节点设计中，在Scene场景根节点下添加Background背景节点、Group编组节点、Transform坐标变换、Shape模型节点以及ImageTexture图像纹理节点，背景节点的颜色取白色以突出三维立体几何造型的显示效果。利用ImageTexture图像纹理节点组合创建一个三维立体图像纹理场景和造型，以提高空间三维立体图像纹理造型的显示效果。虚拟现实ImageTexture图像纹理节点三维立体图像纹理造型设计运行程序。首先，启动 X3D 浏览器，运行虚拟现实 ImageTexture 图像纹理节点创建一个三维立体图像纹理场景造型。ImageTexture 图像纹理节点源程序运行效果如图 6-3 所示。

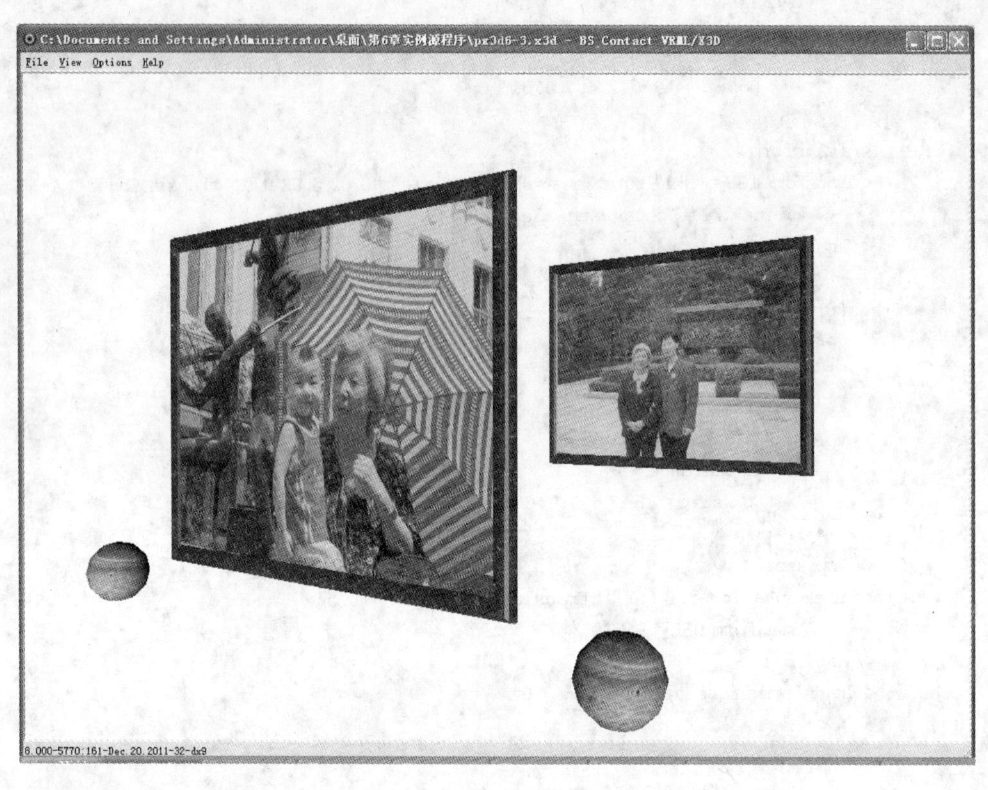

图 6-3　互联网 3D ImageTexture 三维立体图像纹理效果

6.7　互联网 3D MovieTexture 设计

互联网 3D MovieTexture 影视纹理节点设计创建一个三维立体播放电影图像纹理，使 X3D 文件三维立体场景和造型有更加逼真和生动的设计效果，该节点常作为 Shape 模型节点中 Appearance 外观节点下的子节点。MovieTexture 影视纹理 MPEG 的全称为 Moving picture Expects Group，即运动图像专家组，是一种压缩比率较大的活动图像和声音的运动图像压缩标准，其压缩率为 0.8 位/像素到 0.4 位/像素之间，其所存储的电影文件的图形质量也比较好。现在 MPEG 技术有 MPEG-1、MPEG-2 和新的 MPEG-4，并正在研发的 MPEG-7 等，而在 X3D 中最有效的是 MPEG-1 文件。MPEG 文件的扩展名为.mpg。MovieTexture 影视纹理节点是电影纹理，用来指定纹理映射属性。通常作为 Appearance 节点的 Texture 域的值。MovieTexture 节点主要用于影视播放，也可以使用 MovieTexture 节点来创建伴音，作为 Sound 节点指定所需的声音文件，如播放电影时的电影声音。

6.7.1 互联网 3D MovieTexture 语法定义

互联网 3D MovieTexture 影视纹理节点语法定义了一个用于确定电影纹理图像节点的属性名和域值，利用 MovieTexture 影视纹理节点的域名、域值、域的数据类型以及事件的存储访问权限的定义来创建一个效果更加理想的三维立体电影视素纹理播放场景。MovieTexture 影视纹理节点提供为指定的几何的电影纹理图像，或者为 Sound 节点提供声音。影视纹理贴图使用一个二维坐标系统(s,t)水平和垂直数据，(s,t)水平和垂直数据的值取值范围在[0.0,1.0]之间，对应图像上相对边角的距离。如果想在看电影的同时听到声音，首先使用 DEF 定义一个影视纹理，然后使用 USE 作为 Sound 节点的源，这样可以节省内存。MovieTexture 影视纹理节点语法定义如下：

```
<MovieTexture
DEF                 ID
USE                 IDREF
url                                 MFString        inputOutput
loop                false           SFBool          inputOutput
speed               1.0             SFFloat         inputOutput
startTime           0               SFTime          inputOutput
stopTime            0               SFTime          inputOutput
repeatS             true            SFBool          initializeOnly
repeatT             true            SFBool          initializeOnly
duration_changed    ""              SFTime          outputOnly
isActive            ""              SFBool          outputOnly
isPaused            ""              SFBool          outputOnly
pauseTime           0               SFTime          outputOnly
resumeTime          0               SFTime          outputOnly
elapsedTime         ""              SFTime          outputOnly
containerField      texture
class
/>
```

MovieTexture 影视纹理节点设计包含域名、域值、域数据类型以及存储/访问类型等，节点中数据内容包含在一对尖括号中，用“<、/>”表示。

域数据类型描述如下：

- SFBool 域——一个单值布尔量。
- SFFlot 域——单值单精度浮点数。
- SFTime 域——含有一个单独的时间值。
- MFString 域——表示一个多值字符串。

事件的存储/访问类型描述表示域(属性)的存储/访问类型，包括 inputOnly(输入类型)、outputOnly(输出类型)、initializeOnly(初始化类型)以及 inputOutput(输入/输出类型)等，用来描述该节点必须提供该属性值。MovieTexture 影视纹理节点包含 DEF、USE、url、loop、speed、startTime、stopTime、repeatS、repeatT、duration _ changed、isActive、isPaused、pauseTime、resumeTime、elapsedTime、containerField 以及 class 域等。

- DEF 为节点定义一个名字，给该节点定义了唯一的 ID，在其他节点中就可以引用这个节点。用 DEF 为节点命名时，使用有意义的描述性的名称可以规范文件，以提高 X3D 文件可读性，该属性是可选项。

- USE 用来引用 DEF 定义的节点 ID，即引用 DEF 定义的节点名字，同时忽略其他的属性和子对象。使用 USE 来引用其他的节点对象而不是复制节点可以提高性能和编码效率。该属性是可选项。
- url 域——表示一个被引入影片文件的路径。影片文件的格式为 MPEG1-System（同时具有声音与视频）或 MPEG1-Video（只有视频）。影片的位置和文件名有多个定位更加安全可靠，网络定位使用 E-mail 附件也有效。
- loop 域——指定了一个布尔量。如果为 true 时，表示一直循环播放；若为 false 时，则只运行一次，此为默认值。
- speed 域——定义了一个电影（或音轨）的播放速度比例，是一个浮点数。该域值指定了电影纹理播放速度的乘法因子。当该域值为 1.0 时，表示影片为正常播放速度；当该域值大于 1.0 时，表示影片快速播放，如为 2.0 时，则为两倍的播放速度；当该域值小于 1.0 时，影片的播放速度减慢；当该域值小于 0.0 时，则影片将反向播放。该域值的默认值为 1.0，按正常速度播放电影。
- startTime 域——指定了一个绝对时间：从 1970 年 1 月 1 日，00:00:00 GMT 经过的秒数。注释：一般通过路由接收一个时间值。其默认值为 0。
- stopTime 域——指定了一个绝对时间：从 1970 年 1 月 1 日，00:00:00 GMT 经过的秒数。注释：一般通过路由接收一个时间值。其默认值为 0。
- repeatS 域——指定纹理坐标是回绕还是锁定。沿 *S* 轴水平重复纹理，*S* 代表水平方向。如果域值为 true，则纹理坐标在纹理系统中回绕并重复；如果域值为 false，则纹理坐标不重复并且锁定。其默认值为 true。
- repeatT 域——指定纹理坐标是回绕还是锁定。沿 *T* 轴垂直重复纹理，*T* 代表垂直方向。如果域值为 true，则纹理坐标在纹理系统中回绕并重复；如果域值为 false，则纹理坐标不重复并且锁定。其默认值为 true。
- duration_changed 域——指定一个影视纹理持续输出一次回放中经过的秒数。
- isActive 域——指定一个当回放开始/结束的时候发送 isActive true/false 事件。
- isPaused 域——指定一个当回放暂停/继续的时候发送 isPaused true/false 事件。注释：VRML 97 不支持该域值。
- pauseTime 域——指定了当现在时间 time now ＞＝ pauseTime，isPaused 值变为 true 暂停 TimeSensor。绝对时间：从 1970 年 1 月 1 日，00:00:00 GMT 经过的秒数。注释：一般通过路由接收一个时间值，VRML 97 不支持该域值。
- resumeTime 域——指定了当 resumeTime ＜＝ time now 现在时间，isPaused 值变为 false 再次激活 TimeSensor。绝对时间：从 1970 年 1 月 1 日，00:00:00 GMT 经过的秒数。注释：一般通过路由接收一个时间值，VRML 97 不支持该域值。
- elapsedTime 域——指定了当前的 MovieTexture 激活并运行的经过的以秒累计的时间，不包括暂停时经过的时间，VRML 97 不支持该域值。
- containerField 域——表示容器域是 field 域标签的前缀，表示子节点和父节点的关系。该容器域名称为 texture，包含几何节点。如 geometry Box、children Group、

proxy Shape。containerField 属性只有在 X3D 场景用 XML 编码时才使用。

- class 域——用空格分开的类的列表，保留给 XML 样式表使用。只有 X3D 场景用 XML 编码时才支持 class 属性。

6.7.2 互联网 3D MovieTexture 案例分析

互联网 3D MovieTexture 影视纹理节点提供为指定的几何的电影纹理图像，或者为 Sound 节点提供声音。影视纹理贴图使用一个二维坐标系统(s,t)水平和垂直数据，对应图像上相对边角的距离。

【实例 6-4】 利用 X3D 三维立体程序设计中的背景节点、视点导航节点、Shape 空间物体造型模型节点、Appearance 外观子节点和 Material 外观材料节点、Transform 空间坐标变换、MovieTexture 影视纹理播放以及几何节点在三维立体空间背景下，创建一个三维立体影视纹理播放造型。虚拟现实 MovieTexture 影视纹理节点三维立体影视纹理播放场景设计 X3D 文件源程序展示如下：

```
<Scene>
    <!-- Scene graph nodes are added here -->
        <Background skyColor='1 1 1'/>
        <NavigationInfo type='"EXAMINE" "ANY"'/>
        <Viewpoint position='0 1 10'/>
        <Transform translation='0 2 0'>
            <Shape>
                <Appearance>
                    <Material/>
                </Appearance>
                <Box size='6 4 0.35'/>
            </Shape>
        </Transform>
        <Transform translation='0 -0.6 0'>
            <Shape>
                <Appearance>
                    <Material ambientIntensity='0.4' diffuseColor='0.5 0.5 0.7'
                      shininess='0.2' specularColor='0.8 0.8 0.9'/>
                </Appearance>
                <Cylinder height='1.5' radius='0.2'/>
            </Shape>
        </Transform>
        <Transform translation='0 -1.5 0' scale='2.5 2.5 0.6'>
            <Shape>
                <Appearance>
                    <Material ambientIntensity='0.4' diffuseColor='0.5 0.5 0.7'
                      shininess='0.2' specularColor='0.8 0.8 0.9'/>
                </Appearance>
                <Cylinder height='0.2' radius='1'/>
            </Shape>
        </Transform>
        <Transform translation='0 2 0.2'>
            <Shape>
```

```
            <Appearance>
                <MovieTexture loop='true' url='movie.mpg' />
            </Appearance>
            <Box size='6 4 0.01' />
        </Shape>
    </Transform>
</Scene>
```

在X3D三维立体程序设计源文件中，在Scene场景根节点下添加Background背景节点、视点导航节点、Shape模型节点以及MovieTexture影视纹理节点，背景节点的颜色取白色以突出三维立体影视几何造型的显示效果。利用MovieTexture影视纹理节点组合创建一个三维立体电影播放纹理造型，以提高空间三维立体影视造型的显示效果。虚拟现实MovieTexture影视纹理节点三维立体电影播放设计运行程序，首先，安装X3D浏览器，运行虚拟现实影视节目播放三维立体场景。在三维立体空间背景下，使用MovieTexture电影纹理节点程序运行结果，播放的影视纹理格式为*.mpg，如图6-4所示。

图6-4　MovieTexture电影纹理播放三维立体效果

6.8　互联网3D PixelTexture设计

互联网3D PixelTexture像素纹理节点设计创建一个三维立体几何体表面像素纹理图像绘制，使X3D文件三维立体场景和造型有更加逼真、细腻和生动的设计效果，该节点常作为Shape模型节点中Appearance外观节点下的子节点。Pixeltexture节点是像素纹理节点，指定了纹理映射的属性，定义了一个包含像素值的数组创建一个二维纹理贴图，纹理贴图使用一个二维坐标系统（s,t）水平，垂直（s,t）的值在范围[0.0,1.0]之间，对应图像上相对边角的距离。添加纹理时需要先添加 Shape 节点和 Appearance 节点。

6.8.1 互联网 3D PixelTexture 语法定义

互联网 3D PixelTexture 像素纹理节点语法定义了一个用于确定像素纹理绘制节点的属性名和域值，利用 PixelTexture 像素纹理节点的域名、域值、域的数据类型以及事件的存储访问权限的定义来创建一个效果更加理想的三维立体造型像素纹理绘制。PixelTexture 像素纹理节点语法定义如下：

```
<PixelTexture
DEF                 ID
USE                 IDREF
image               0 0 0          SFImage          inputOutput
repeatS             true           SFBool           initializeOnly
repeatT             true           SFBool           initializeOnly
containerField      texture
class
/>
```

PixelTexture 像素纹理节点设计包含域名、域值、域数据类型以及存储/访问类型等，节点中数据内容（架构）包含在一对尖括号中，用“<、/>”表示。

域数据类型描述如下：

- SFBool 域——一个单值布尔量。
- SFImage 域——含有非压缩的二维彩色图像或灰度图像。

事件的存储/访问类型描述：表示域（属性）的存储/访问类型，包括 inputOnly（输入类型）、outputOnly（输出类型）、initializeOnly（初始化类型）以及 inputOutput（输入/输出类型）等，用来描述该节点必须提供该属性值。PixelTexture 像素纹理节点包含 DEF、USE、image、repeatS、repeatT、containerField 以及 class 域等。

- DEF 为节点定义一个名字，给该节点定义了唯一的 ID，在其他节点中就可以引用这个节点。用 DEF 为节点命名时，使用有意义的描述性的名称可以规范文件，以提高 X3D 文件可读性，该属性是可选项。
- USE 用来引用 DEF 定义的节点 ID，即引用 DEF 定义的节点名字，同时忽略其他的属性和子对象。使用 USE 来引用其他的节点对象而不是复制节点可以提高性能和编码效率。该属性是可选项。
- image 域——定义一个图像，指定了用来对造型进行纹理映射的纹理映像的大小和像素值。该域值包含宽 width、高 height、像素值组的数量 number_of_components、像素值 pixel_values 宽和高，图像像素的数量 number_of_components 分别为 1（亮度）、2（亮度加 alpha 透明度）、3（红绿蓝色彩）、4（红绿蓝色彩加 alpha 透明度）。
- repeatS 域——指定一个布尔量。沿 S 轴水平重复纹理，其中 S 代表水平方向。如果是 true，粘贴图像会重复填满这个几何对象表面到[0.0,1.0]的范围外，在水平方向，此为默认值；如果是 false，粘贴图片只会被限制在[0.0,1.0]的范围内，在水平方向重复填满几何对象表面。

- repeatT 域——指定了一个布尔量。沿 *T* 轴垂直重复纹理，其中 *T* 代表垂直方向。如果是 true，粘贴图片会重复填满这个几何对象表面到[0.0，1.0]的范围外，在垂直方向，此为默认值；如果是 false，粘贴图片只会被限制在[0.0，1.0]的范围内，在垂直方向重复填满几何对象表面。
- containerField 域——表示容器域是 field 域标签的前缀，表示了子节点和父节点的关系。该容器域名称为 texture，包含几何节点。如 geometry Box、children Group、proxy Shape。containerField 属性只有在 X3D 场景用 XML 编码时才使用。
- class 域——用空格分开的类的列表，保留给 XML 样式表使用。只有 X3D 场景用 XML 编码时才支持 class 属性。

6.8.2 互联网 3D PixelTexture 案例分析

互联网 3D 纹理绘制组件节点设计利用 PixelTexture 像素纹理节点实现三维立体空间造型像素纹理绘制。PixelTexture 像素纹理节点的功能是将需要的像素纹理绘制在各种几何造型上，使 X3D 文件中的场景和造型更加逼真与生动，给 X3D 程序设计带来更大的方便。

【实例 6-5】 X3D 三维立体纹理绘制组件节点设计利用 Shape 空间物体造型模型节点、Appearance 外观子节点和 Material 外观材料节点、Transform 空间坐标变换、PixelTexture 像素纹理以及几何节点在三维立体空间背景下，创建一个像素纹理绘制的三维立方体造型。虚拟现实 PixelTexture 像素纹理节点三维立方体和圆锥体像素纹理绘制场景设计 X3D 文件源程序展示如下：

```
<Scene>
   <!-- Scene graph nodes are added here -->
        <Background skyColor = "1 1 1"/>
        <Viewpoint description = "PixelTexture" position = "0 0 5"/>
<Transform translation = "-1 0 0" rotation = "0 1 0 0"  >
        <Shape>
            <Appearance>
                <PixelTexture image = "2 4 3 0xFF0000 0x00FF00 0xFFFF00 0x00FFFF 0xFF00FF
0 0x0000FF 0xFFFF00"/>
            </Appearance>
            <Box/>
        </Shape>
</Transform>
<Transform translation = "1.5 0 0" rotation = "0 1 0 0"  >
<Shape>
            <Appearance>
                <PixelTexture image = "2 4 3 0xFF0000 0x00FF00 0xFFFF00 0x00FFFF 0xFF00FF
0 0x0000FF 0xFFFF00"/>
            </Appearance>
            <Cone bottom = "true" bottomRadius = "1.0" height = "2" side = "true"/>
        </Shape>
</Transform>
   </Scene>
```

在 X3D 三维立体纹理绘制组件节点设计中，在 Scene 场景根节点下添加 Background

背景节点、Shape模型节点以及PixelTexture像素纹理节点，背景节点的颜色取白色以突出三维立体几何造型的显示效果。利用PixelTexture像素纹理节点组合创建一个三维立方体像素纹理绘制造型，以提高空间三维立方体造型的显示效果。虚拟现实PixelTexture像素纹理节点三维立方体和圆锥体像素纹理绘制设计运行程序。首先，启动X3D浏览器，即可运行虚拟现实PixelTexture像素纹理节点创建一个三维立方体和圆锥体造型像素纹理绘制。PixelTexture像素纹理节点源程序运行效果如图6-5所示。

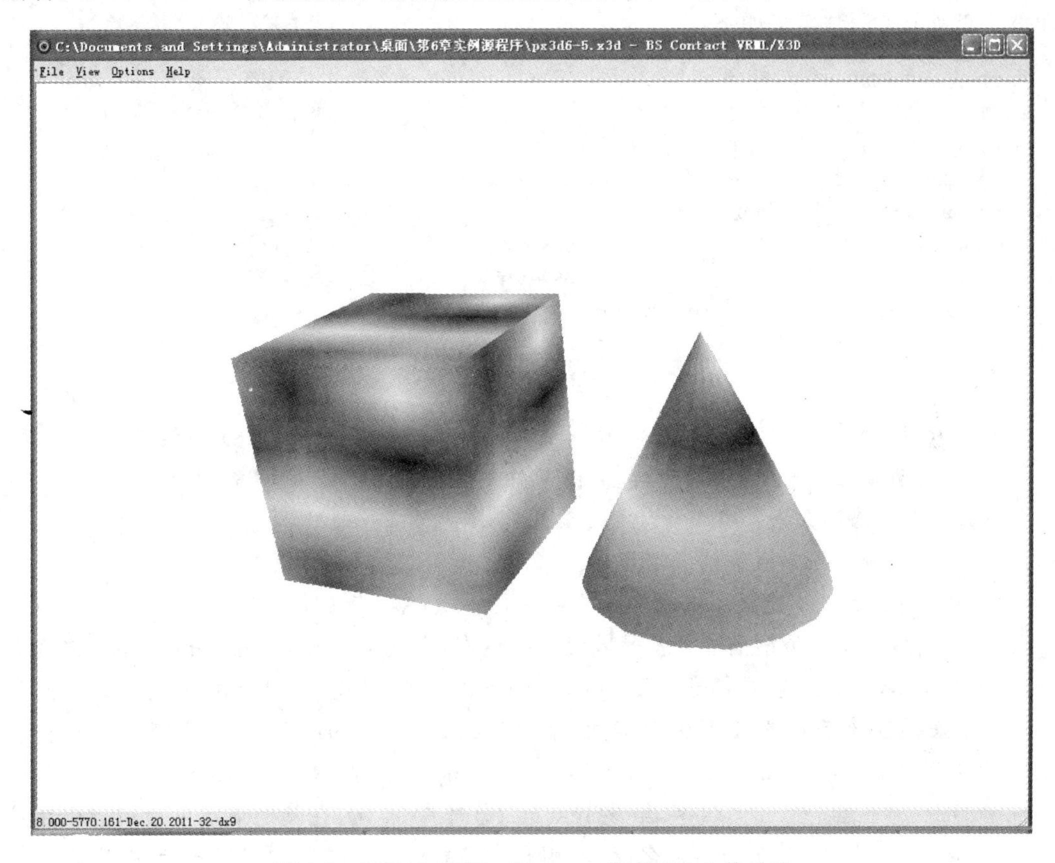

图6-5　互联网3D PixelTexture像素纹理立体效果

6.9　互联网3D TextureTransform设计

互联网3D TextureTransform纹理坐标变换节点设计相对世界纹理坐标系建立了一个局部纹理坐标系统。这同transform节点在世界坐标系上新建一个局部坐标系一样。该节点的功能是改变粘贴在几何对象表面的图片或影片的位置，使其平移、转动或改变图像的尺寸。TextureTransform纹理坐标变换节点指定了一个改变贴图的二维纹理坐标的位置、方向、和比例。因为贴图先进行纹理变换然后再贴到几何体上，所以视觉效果是相反的。执行顺序为：先平移，沿中心旋转，沿中心缩放。TextureTransform纹理坐标变换节点创建一个2D纹理坐标变换图像绘制，使X3D文件三维立体场景和造型有更加逼真和生动的设计效果，该节点通常用作Shape模型和Appearance外观节点中的子节点。

6.9.1 互联网 3D TextureTransform 语法定义

互联网 3D TextureTransform 纹理坐标变换节点语法定义了一个用于确定 2D 纹理坐标变换节点的属性名和域值，利用 TextureTransform 纹理坐标变换节点的域名、域值、域的数据类型以及事件的存储访问权限的定义来创建一个效果更加理想的 2D 纹理坐标变换图像场景。该节点通常用作 Shape 模型和 Appearance 外观节点中的子节点。TextureTransform 纹理坐标变换节点语法定义如下：

```
<TextureTransform
DEF              ID
USE              IDREF
translation      0 0                 SFVec2f         inputOutput
center           0 0                 SFVec2f         inputOutput
rotation         0                   SFFloat         inputOutput
scale            1 1                 SFVec2f         inputOutput
containerField   textureTransform
class
/>
```

TextureTransform 纹理坐标变换节点 设计包含域名、域值、域数据类型以及存储/访问类型等，节点中数据内容(架构)包含在一对尖括号中，用"<、/>"表示。

域数据类型描述如下：

- SFFlot 域——单值单精度浮点数。
- SFVec2f 域——定义了一个单值二维矢量。

事件的存储/访问类型描述：表示域(属性)的存储/访问类型，包括 inputOnly(输入类型)、outputOnly(输出类型)、initializeOnly(初始化类型)以及 inputOutput(输入/输出类型)等，用来描述该节点必须提供该属性值。TextureTransform 纹理坐标变换节点包含 DEF、USE、translation、center、rotation、scale、containerField 以及 class 域等。

- DEF 为节点定义一个名字，给该节点定义了唯一的 ID，在其他节点中就可以引用这个节点。用 DEF 为节点命名时，使用有意义的描述性的名称可以规范文件，以提高 X3D 文件可读性，该属性是可选项。
- USE 用来引用 DEF 定义的节点 ID，即引用 DEF 定义的节点名字，同时忽略其他的属性和子对象。使用 USE 来引用其他的节点对象而不是复制节点可以提高性能和编码效率。该属性是可选项。
- translation 域——指定了一个二维浮点向量，它可以重新定义要粘贴图片的位置。指定了新的纹理坐标系的原点和原始纹理坐标系原点在 S(水平方向)和 T(垂直方向)方向上的距离。该域值的第一个值为 S 方向的距离，第二个值为 T 方向的距离，其值既可为正也可为负。该域的默认值为 0.0 0.0。
- center 域——指定局部纹理坐标系上的一个二维纹理坐标，纹理坐标的旋转和缩放都是围绕该点来进行的。它的功能是定义一个粘贴图片的任意几何中心点，作为旋转或缩放尺寸的中心位置。该域值的默认值为 0.0 0.0。
- rotation 域——定义了一个浮点数。描述了局部纹理坐标相对世界纹理坐标系的旋转角度，这只是在平面上旋转，故可理解为以 Z 轴为旋转轴。其值是以弧度为单位。该域值的默认值为 0.0，表示不旋转。

- scale 域——指定了局部纹理坐标系在 S(水平方向)和 T(垂直方向)方向上的缩放系数。该域值的第 1 个值为 S 方向的缩放系数，第 2 个值为 T 方向的缩放系数。该域值的默认值为 1.0 1.0，表示没有缩放。
- containerField 域——表示容器域是 field 域标签的前缀，表示子节点和父节点的关系。该容器域名称为 textureTransform，包含几何节点。如 geometry Box、children Group、proxy Shape。containerField 属性只有在 X3D 场景用 XML 编码时才使用。
- class 域——是用空格分开的类的列表，保留给 XML 样式表使用。只有 X3D 场景用 XML 编码时才支持 class 属性。

6.9.2 互联网 3D TextureTransform 案例分析

在 X3D 三维立体纹理绘制组件节点设计中，互联网 3D TextureTransform 纹理坐标变换节点指定了一个改变贴图的二维纹理坐标的位置、方向和比例。因为贴图先进行纹理变换，然后再贴到几何体上，所以视觉效果是相反的。可以利用 TextureTransform 节点来对纹理坐标进行转换、旋转和缩放，该节点通常用作 Shape 模型和 Appearance 外观节点中的子节点。

【实例 6-6】 在 X3D 三维立体纹理绘制组件节点设计利用 Transform 空间坐标变换、Shape 空间物体造型模型节点、Appearance 外观子节点和 Material 外观材料节点、TextureTransform 纹理坐标变换以及几何节点在三维立体空间背景下，创建一个三维立体纹理坐标变换图像绘制。虚拟现实 TextureTransform 纹理坐标变换节点三维立体纹理坐标变换图像场景设计 X3D 文件源程序展示如下：

```
<Scene>
    <!-- Scene graph nodes are added here -->
        <Background skyColor="1 1 1"/>
        <Viewpoint description="PixelTexture" position="0 0 10"/>
    <Transform rotation="1 0 0 6.284">
            <Shape>
                <Appearance>
                    <ImageTexture url="F002.jpg"/>
                    <TextureTransform center='1 1' translation='1 1' scale='2 2'/>
                </Appearance>
                <Box size='4 4 4'/>
            </Shape>
        </Transform>
    </Scene>
```

在 X3D 三维立体纹理绘制组件节点源文件中，在 Scene 场景根节点下添加 Background 背景节点、Shape 模型节点以及 TextureTransform 纹理坐标变换节点，背景节点的颜色取白色以突出三维立体影像几何造型的显示效果。利用 TextureTransform 纹理坐标变换节点组合创建一个三维立体纹理坐标变换图像绘制，以提高空间三维立体纹理坐标变换的显示效果。虚拟现实 TextureTransform 纹理坐标变换节点三维立体纹理坐标绘制设计运行程序。首先,启动X3D浏览器,即可运行虚拟现实TextureTransform纹理坐标变换节点创建一个三维立体纹理坐标变换绘制造型。使用TextureTransform纹理坐标变换节点来改变纹理在几何对象表面的图像的位置,使其旋转与定位来改变图像的尺寸。其源程序运行效果如图6-6所示。

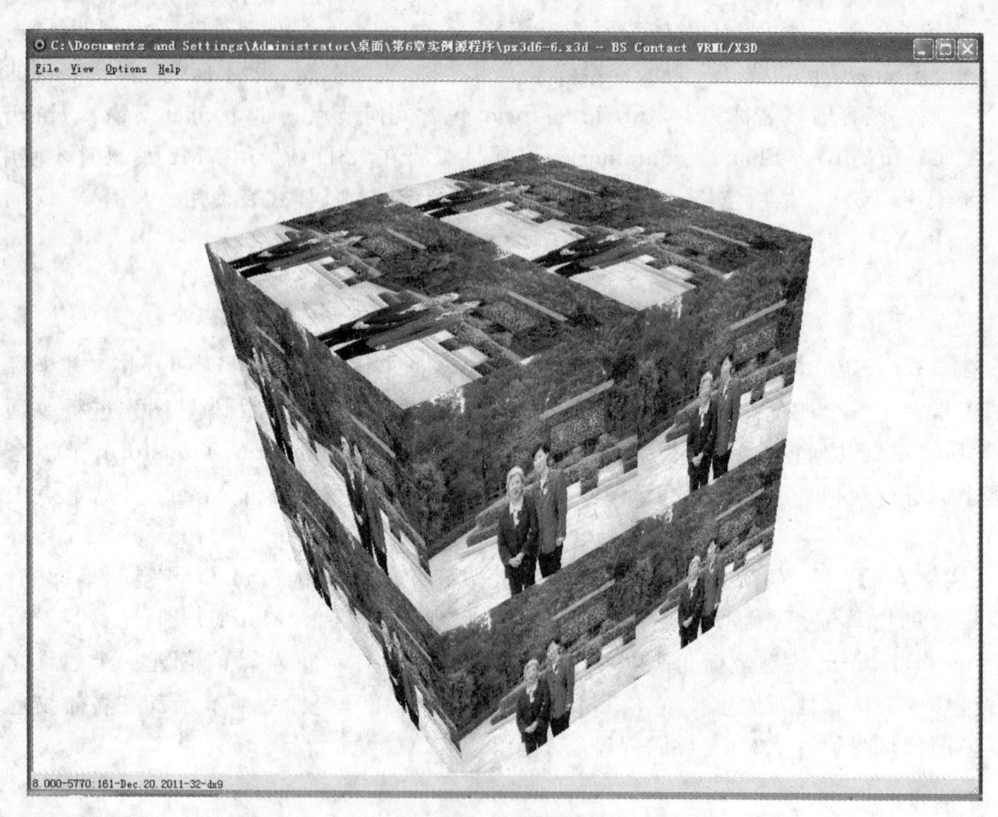

图6-6　TextureTransform纹理坐标变换节点效果

6.10　互联网3D Sound设计

在X3D场景中,你会领略具有立体感的听觉效果,在X3D场景中可以添加声音。X3D场景播放的不是简单的2D声音,而是有自己的声源,模拟现实中的声音传播路径的3D声音。把虚拟和现实融为一体,使整个X3D世界更加具有真实感,更加生动逼真、栩栩如生。

声音是人们在现实生活中用来传递信息的重要手段,要想发出声音首先需要一个声源。在X3D中指定一个声源需要设置这个声源的空间位置、声音的发射方向、声音的高低与强弱等。互联网3D Sound语法定义包括AudioClip音响剪辑节点和声音节点两大部分。

6.10.1　互联网3D AudioClip语法定义

互联网3D AudioClip音响剪辑节点在X3D世界中描述了一个声源,指定了其他需要声源的节点可以引用的声音文件的位置及播放的各种参数,就如生成一台播放音乐的装置,如CD唱盘机。X3D所支持的声音文件有WAV、MIDI和MPEG-1文件,通过AudioClip节点引用的声音文件有WAV文件和MIDE文件。MPEG-1是通过MovieTexture影视播放节点来引用的。

AudioClip 音响剪辑节点在 X3D 世界中描述了一个声源，指定了其他需要声源的节点可以引用的声音文件的位置及播放的各种参数，提供音频数据给 Sound 节点，可以先添加 Sound 节点。

AudioClip 音响剪辑节点语法定义了一个用于确定音响剪辑的属性名和域值，利用 AudioClip 音响剪辑节点的域名、域值、域的数据类型以及事件的存储访问权限的定义来创建一个效果更加理想的三维立体音响效果。

AudioClip 音响剪辑节点语法定义如下：

```
<AudioClip
DEF                 ID
USE                 IDREF
description                          SFString     inputOutput
url                                  MFString     inputOutput
loop                false            SFBool       inputOutput
pitch               1.0              SFFloat      inputOutput
startTime           0                SFTime       inputOutput
stopTime            0                SFTime       inputOutput
duration_changed    ""               SFTime       OutputOnly
isActive            ""               SFBool       inputOutput
isPaused            ""               SFBool       inputOutput
pauseTime           0                SFTime       inputOutput
resumeTime          0                SFTime       inputOutput
elapsedTime         ""               SFTime       OutputOnly
containerField      source
class
/>
```

AudioClip 音响剪辑节点包含 DEF、USE、description、url、loop、pitch、startTime、startTime、stopTime、duration _ changed、isActive、isPaused、pauseTime、resumeTime、elapsedTime、containerField 以及 class 域等。

域数据类型描述如下：

- SFFloat 域——单值单精度浮点数。
- SFBool 域——一个单值布尔量。
- SFString 域——包含一个字符串。
- MFString 域——一个含有零个或多个单值的多值域。
- SFTime 域——含有一个单独的时间值。

事件的存储/访问类型描述表示域(属性)的存储/访问类型，包括 inputOnly(输入类型)、outputOnly(输出类型)、initializeOnly(初始化类型)以及 inputOutput(输入/输出类型)等，用来描述该节点必须提供该属性值。

- DEF 为节点定义一个名字，给该节点定义了唯一的 ID，在其他节点中就可以引用这个节点。用 DEF 为节点命名时，使用有意义的描述性的名称可以规范文件，以提高 X3D 文件的可读性，该属性是可选项。
- USE 用来引用 DEF 定义的节点 ID，即引用 DEF 定义的节点名字，同时忽略其他的

属性和子对象。使用 USE 来引用其他的节点对象而不是复制节点可以提高性能和编码效率。该属性是可选项。

- description 域——定义了一组描述所引用声音文件的文本串。在浏览器播放该声音文件的同时显示这些文本串，或在不能播放该声音文件时显示该文本串，以说明该声音文件。该域值的默认值为空。
- url 域——定义了一个需要引入的声音文件的 URL 地址，或一组 URL 地址列表。该域值提供了在该 X3D 场景中所要播放的声音文件的具体位置，其排列顺序为从高优先权的到低优先权的。通常浏览器从地址列表中第一个 URL 指定地址开始尝试，如果声音文件没有被找到或不能被打开，浏览器就尝试打开第二个 URL 指定的文件，依次类推。当找到一个可打开的声音文件时，该声音文件就读入，作为声源。如果找不到一个可以打开的声音文件，则不播放声音。该域的默认值为一张空的 URL 列表，这表明没有任何文件被打开，不播放任何声音。
- loop 域——指定是否循环播放所引用的声音文件。该域值为一个布尔运算量，如果该域值为 true，只要 startTime 大于 stopTime，或者 stopTime 小于 startTime，声音便一遍又一遍地循环播放；如果该域值为 false，则声音只播放一次就停止。该域值默认为 false。
- pitch 域——指定了播放声音的相乘因子（频率的倍数），用来加快或减慢声音的播放速度。将 pitch 域的域值同这个声音文件的固有播放时间相乘就是该声音文件在 VRML 空间中的播放时间。当该域值为 1.0 时，声音按正常速度播放；当该域值在 0.0 和 1.0 之间时，将减慢声音的播放速度，并降低音调；当该域值大于 1.0 时，将加快声音的播放速度，并提高音调。该域值的默认为 1.0，即按原声音文件本身的速度来播放。
- startTime 域——定义了声音文件开始播放的时间。以秒为单位的时间。该域值的默认值为 0.0 秒。
- stopTime 域——定义了声音停止播放的时间。该域的默认值为 0.0 秒。

startTime、stopTime、picth 和 loop 域共同控制这 AudioClip 节点的声音播放。AudioClip 节点在其 startTime 到达之前保持休眠状态，即不播放声音文件。在 startTime 时刻，AudioClip 节点变为活跃节点，才开始播放声音。如果 loop 域值为 false，当 startTime 到达或播放完一遍声音（在 startTime＋duration/pitch）后，AudioClip 节点停止播放。如果 loop 域值为 true，AudioClip 将连续反复播放声音，直到 stopTime 为止。在停止时间早于开始时间的情况下，系统将忽略停止时间，这可用来生成永远循环的声音。

- duration_changed 域——定义了持续输出一次回放中经过的秒数。
- isActive 域——指定了当回放开始/结束的时候发送 isActive true/false 事件。
- isPaused 域——指定了当回放暂停/继续的时候发送 isPaused true/false 事件。警告：该域值不支持 VRML 97。
- pauseTime 域——指定了当现在时间 time now ＞＝ pauseTime，isPaused 值变为 true 时暂停 TimeSensor。绝对时间：从 1970 年 1 月 1 日，00:00:00 GMT 经过的秒数。一般通过路由接收一个时间值。
- resumeTime 域——指定了当 resumeTime ＜＝ time now（现在时间）且 isPaused 值

变为 false 时再次激活 TimeSensor。绝对时间为：从 1970 年 1 月 1 日，00:00:00 GMT 经过的秒数。一般通过路由接收一个时间值。

- elapsedTime 域——指定了当前的 AudioClip 激活并运行经过的以秒累计的时间，不包括暂停时经过的时间。
- containerField 域——表示容器域是 field 域标签的前缀，表示子节点和父节点的关系。该容器域名称为 source，包含几何节点。如 geometry Box、children Group、proxy Shape。containerField 属性只有在 X3D 场景用 XML 编码时才使用。
- class 域——是用空格分开的类的列表，保留给 XML 样式表使用。只有 X3D 场景用 XML 编码时才支持 class 属性。

6.10.2 互联网 3D Sound 语法定义

互联网 3D Sound 声音节点在 X3D 世界中生成了一个声音发射器，它用来指定声源的各种参数，即指定了 X3D 场景中声源的位置和声音的立体化表现。声音可以位于局部坐标系中的任何一个点，并以球面或椭球的模式发射出声音。Sound 节点也可以使声音环绕，即不通过立体化处理，这种声音在离它所指定的距离变为 0。Sound 节点可以出现在 X3D 文本的顶层，也可以作为组节点的子节点。

Sound 声音节点指定了 X3D 场景中声源的位置和声音的立体化形式。声音可以位于局部坐标系中的任何一个点，并以球面或椭球的模式发射出声音。Sound 声音节点包含了一个 AudioClip 或 MovieTexture 节点以进行声音回放。

Sound 声音节点语法定义了一个用于确定声音的属性名和域值，利用 Sound 声音节点的域名、域值、域的数据类型以及事件的存储访问权限的定义来创建一个效果更加理想的三维立体音响效果。

Sound 声音节点语法定义如下：

```
< Sound
DEF               ID
USE               IDREF
location          0 0 0          SFVec3f        inputOutput
direction         0 0 1          SFVec3f        inputOutput
intensity         1              SFFloat        inputOutput
minFront          1              SFFloat        inputOutput
minBack           1              SFFloat        inputOutput
maxFront          10             SFFloat        inputOutput
maxBack           10             SFFloat        inputOutput
priority          0              SFFloat        inputOutput
spatialize        true           SFBool         initializeOnly
containerField    children
class >
</Sound >
```

Sound 声音节点包含 DEF、USE、location、direction、intensity、minFront、minBack、maxFront、maxBack、priority、spatialize、containerField 以及 class 域等。

域数据类型描述如下：

- SFBool 域——一个单值布尔量。
- SFFloat 域——单值单精度浮点数。
- SFNode 域——含有一个单节点。
- SFVec3f 域——定义了一个三维向量空间。

事件的存储/访问类型描述表示域(属性)的存储/访问类型,包括 inputOnly(输入类型)、outputOnly(输出类型)、initializeOnly(初始化类型)以及 inputOutput(输入/输出类型)等,用来描述该节点必须提供该属性值。

Sound 声音节点域、域名和域值详解主要对 location、direction、intensity、minFront、minBack、maxFront、maxBack、priority、spatialize、containerField 以及 class 域等进行描述。

- DEF 为节点定义一个名字,给该节点定义了唯一的 ID,在其他节点中就可以引用这个节点。用 DEF 为节点命名时,使用有意义的描述性的名称可以规范文件,以提高 X3D 文件可读性,该属性是可选项。
- USE 用来引用 DEF 定义的节点 ID,即引用 DEF 定义的节点名字,同时忽略其他的属性和子对象。使用 USE 来引用其他的节点对象而不是复制节点可以提高性能和编码效率。该属性是可选项。
- location 域——指定了当前局部坐标系中一个用来表示声音发射器位置的三维坐标。该域的默认值为 0.0 0.0 0.0,即坐标系的原点。
- direction 域——指定了声音发射器的空间朝向,即规定 VRML 世界中声音发射器所指方向的矢量,声音发射器将以这个矢量的方向发射声音。该矢量由三个浮点数表示,分别表示一个三维向量的 X、Y、Z 部分。该域的默认值为 0.0 0.0 1.0,即指向空间坐标系的 Z 轴正方向的向量。
- intensity 域——指定了声音发射器发射声音的强度,即音量。该域值在 0.0～1.0 范围内变化。1.0 表示音量最大,为声音文件建立时的全音量;0.0 表示静音。在 0.0～1.0 的值则表示不同声音发射器的音量。需要注意的是,当 intensity 的域值大于 1.0 时,会使该声音失真,也就失去了其声音本来的效果,如果场景需要高音量的声音,最好先在更高音量下重新录制一次。该域值的默认值为 1.0。
- minFront 域——指定了在当前坐标系统中,从声音发射器所在位置沿 direction 域所指定方向假想的直线距离,超过此距离声音开始衰减,直到 maxFront 域所指定的距离处,音量为零。该域值要大于或等于 0.0。其默认值为 1.0。
- minBack 域——指定了在当前坐标中,从声音发射器所在位置沿 direction 域所指定方向的相反方向假想的直线距离,超过此距离则声音开始衰减,直到 maxBack 域所指定的距离处,音量为零。该域值要大于或等于 0.0。其默认值为 1.0。
- maxFront 域——指定了当前坐标系中,从声音发射器所在位置沿 direction 域所指定方向假想的直线距离,超过此距离则听不到声音。该域值要大于或等于 0.0。其默认值为 10.0。
- maxBack 域——指定了在当前坐标系中,从声音发射器所在位置沿 direction 域所指定方向的相反方向假想的直线距离,超过此距离则听不到声音。该域值的设定要大于或等于 0.0。其默认值为 10.0。
- priority 域——用来指定声音的优先级。该域的取值范围为 0.0～1.0。1.0 表示最高的优先级，0.0，最低。priority 域的默认值为 0.0。

- spatialize 域——指定是否实现声音立体化，即是否将声音经过数字处理，使浏览者听到声音的同时可感觉出声音发射器在三维空间的具体位置，从而达到立体效果。该域值为布尔值运算。当域值为 true 时，声音信号被转换为一个单耳信号，经过立体化处理，然后由扬声器或耳机的左右输出；当域值为 false 时，声音信号将不经处理，直接由扬声器或耳机输出。
- containerField 域——表示容器域是 field 域标签的前缀，表示子节点和父节点的关系。该容器域名称为 children，包含几何节点。如 geometry Box、children Group、proxy Shape。containerField 属性只有在 X3D 场景用 XML 编码时才使用。
- class 域——是用空格分开的类的列表，保留给 XML 样式表使用。只有 X3D 场景用 XML 编码时才支持 class 属性。

6.10.3 互联网 3D Sound 案例分析

Sound 声音节点指定了 X3D 场景中声源的位置和声音的立体化形式。声音可以位于局部坐标系中的任何一个点，并以球面或椭球的模式发射出声音。Sound 节点也可以使声音环绕，即不通过立体化处理，这种声音在离它所指定的距离变为 0。Sound 节点可以出现在 X3D 文本的顶层，也可以作为组节点的子节点。Sound 声音节点包含了一个 AudioClip 或 MovieTexture 节点以进行声音回放。

【实例 6-7】 利用 Shape 空间物体造型模型节点、Appearance 外观子节点和 Material 外观材料节点、Transform 空间坐标变换、AudioClip 和 Sound 声音节点以及几何节点在三维立体空间背景下，创建一个三维立体声音场景环境。虚拟现实 Sound 声音文件节点三维立体声音文件播放场景设计 X3D 文件源程序展示如下：

```
<Scene>
    <Viewpoint description='9m off-axis distance, range circles at -2m, -1m, 5m and 10m'
position='0 1 9'/>
    <Viewpoint description='5m on-axis distance, range circles at 5m and 10m' orientation='0 1
0 1.57' position='8 1 0'/>
    <NavigationInfo type='"WALK" "EXAMINE" "ANY"'/>
    <Background skyColor="0.98 0.98 0.98"/>
<Group>
      <Sound direction='1 0 0' maxBack='2' minFront='5'>
        <AudioClip description='will' loop='true' stopTime='0' url='"will.wav" '/>
      </Sound>
<!-- Sound -->
      <Transform DEF="jk1" rotation='0 0 1 0' scale='4 4 4' translation='0 1 2.5'>
          <Inline url='tup-0.png' />
        </Transform>
    </Group>
</Scene>
```

在 X3D 源文件中，在 Scene 场景根节点下添加 Background 背景节点、Shape 模型节点以及 AudioClip 和 Sound 声音节点文件节点，背景节点的颜色取白色以突出三维立体声音几何造型的显示效果。利用 Sound 声音文件节点组合创建一个三维立体声音造型，以提高空间三维立体 Sound 声音的音响效果。

虚拟现实 Sound 声音文件节点三维立体 Sound 声音播放设计效果运行程序,首先,安装 X3D 浏览器,然后,双击运行虚拟现实 Sound 声音节点三维立体播放效果。在三维立体空间背景下,使用 Sound 声音节点程序运行结果,播放的声音文件为 will. wav,如图 6-7 所示。

图 6-7 Sound 声音节点文件播放立体音响效果

第7章　互联网3D曲面设计

互联网3D曲面设计组件利用点、线、多边形、平面以及曲面等三维立体几何组件开发更加复杂三维立体造型和场景。一个虚拟现实空间的内容是丰富多彩的，仅有一些基本造型是不能满足X3D设计的需要，因此，需要创建出更加复杂而多变的场景和造型来满足人们对虚拟现实空间环境的渴望。这样不仅使虚拟现实场景更加逼真、鲜活，具有真实感，而且使虚拟现实场景等同于现实生活效果。X3D点、线、多边形几何组件涵盖PointSet节点、IndexedLineSet节点、IndexedFaceSet节点、LineSet节点、Color节点、ColorRGBA节点、Coordinate节点、Normal节点、TextureCoordinate节点、ElevationGrid节点以及Extrusion节点等。

7.1　互联网3D PointSet设计

互联网3D PointSet"点"节点设计用来生成几何点造型，并为其定位、着色和创建复杂造型。PointSet"点"节点通常用作为Shape模型节点中geometry子节点。PointSet"点"节点包含了Color和Coordinate子节点，以再现一系列三维色点。Color值或Material emissiveColor值可以指定画线或画点的颜色。可以使用和背景不同的Color值或Material emissiveColor值。在增加geometry或Appearance节点之前先插入一个Shape节点。在浏览器处理此场景内容时，可以用符合类型定义的原型ProtoInstance来替代。

7.1.1　互联网3D PointSet语法定义

互联网3D PointSet"点"节点语法定义了一个用于确定"点"的属性名和域值，利用PointSet"点"节点的域名、域值、域的数据类型以及事件的存储访问权限的定义来创建一个效果更加理想的三维立体空间"点"造型。利用PointSet"点"节点中的Color和Coordinate子节点等参数创建X3D三维立体空间"点"造型。PointSet"点"节点表示一个几何"点"节点，可以创建一个三维立体空间点造型，根据开发与设计需求设置空间物体点的坐标和点的颜色来确定空间的"点"。还可以利用Appearance外观和Material材料节点来描述PointSet"点"节点的纹理材质、颜色、发光效果、明暗以及透明度等。PointSet"点"节点语法定义如下：

```
<PointSet
DEF                 ID
USE                 IDREF
containerField      geometry
 * Color            NULL            SFNode          子节点
 * Coordinate       NULL            SFNode          子节点
```

```
class
/>
```

PointSet 节点设计包含域名、域值、域数据类型以及存储/访问类型等，节点中数据内容(架构)包含在一对尖括号中，用“<、/>”表示。

域数据类型描述如下：

- SFNode 域——含有一个单节点。

事件的存储/访问类型描述：表示域(属性)的存储/访问类型，包括 inputOnly(输入类型)、outputOnly(输出类型)、initializeOnly(初始化类型)以及 inputOutput(输入/输出类型)等，用来描述该节点必须提供该属性值。PointSet 节点包含 DEF、USE、Color、Coordinate、containerField 以及 class 域等。其中 * 表示子节点。

- DEF 为节点定义一个名字，给该节点定义了唯一的 ID，在其他节点中就可以引用这个节点。用 DEF 为节点命名时，使用有意义的描述性的名称可以规范文件，以提高 X3D 文件的可读性，该属性是可选项。
- USE 用来引用 DEF 定义的节点 ID，即引用 DEF 定义的节点名字，同时忽略其他的属性和子对象。使用 USE 来引用其他的节点对象而不是复制节点可以提高性能和编码效率。该属性是可选项。
- containerField 域——表示容器域是 field 域标签的前缀，表示子节点和父节点的关系。该容器域名称为 geometry，包含几何节点。如 geometry Box、children Group、proxy Shape。containerField 属性只有在 X3D 场景用 XML 编码时才使用。
- class 域——用空格分开的类的列表，保留给 XML 样式表使用。只有 X3D 场景用 XML 编码时才支持 class 属性。

7.1.2 互联网 3D PointSet 案例分析

互联网 3D 虚拟现实 PointSet“点”三维立体造型设计利用虚拟现实程序进行设计、编码和调试。利用现代软件开发思想，采用绝对编程、自动测试、简单设计以及先测试后设计开发理念。融合结构化、组件化和模块化的设计思想，使软件开发设计层次清晰、结构合理。利用虚拟现实语言的各种节点创建生动、逼真的 PointSet“点”三维立体造型。使用 X3D 内核节点、背景节点、坐标变换节点以及几何节点进行设计和开发。

【实例 7-1】 利用 Shape 空间物体造型模型节点、Appearance 外观子节点和 Material 外观材料节点、PointSet“点”几何节点在三维立体空间背景下，创建一个三维立体“点”造型。虚拟现实 PointSet“点”三维立体场景设计 X3D 文件源程序展示如下：

```
<Scene>
    <!-- Scene graph nodes are added here -->
        <Background skyColor="1 1 1"/>
        <Shape>
            <Appearance>
                <Material diffuseColor="0.2 0.8 0.8"/>
            </Appearance>
            <PointSet>
        <Coordinate point="0 0 0,&#10; -4 0 0, -3.5 0 0, -3 0 0, -2.5 0 0, -2 0 0, -1.5 0 0,
    -1 0 0, -0.5 0 0,0.5 0 0,1 0 0,1.5 0 0, 2 0 0,2.5 0 0,3 0 0,3.5 0 0,4 0 0,&#10;0 -4 0,
```

```
0 -3.5 0,0 -3 0,0 -2.5 0,0 -2 0,0 -1.5 0,0 -1 0,0 -0.5 0,0 0.5 0,0 1 0,0 1.5 0, 0 2 0,
0 2.5 0,0 3 0,0 3.5 0,0 4 0,&#10;-4 -4 0,-3.5 -3.5 0,-3 -3 0,-2.5 -2.5 0,-2 -2 0,
-1.5 -1.5 0,-1 -1 0,-0.5 -0.5 0,0.5 0.5 0,1 1 0,1.5 1.5 0,2 2 0,2.5,2.5 0,3 3 0,
3.5 3.5 0,4 4 0,&#10;-4 4 0,-3.5 3.5 0,-3 3 0,-2.5 2.5 0,-2 2 0,-1.5 1.5 0,-1 1 0,
-0.5 0.5 0,0.5 -0.5 0,1 -1 0,1.5 -1.5 0,2 -2 0,2.5 -2.5 0,3 -3 0,3.5 -3.5 0,4 -4 0,
&#10;0 0 4,0 0 3.5, 0 0 3,0 0 2.5,0 0 2,0 0 1.5,0 0 1,0 0 0.5,0 0 -0.5,0 0 -1,0 0 -1.5,
0 0 -2,0 0 -2.5,0 0 -3,0 0 -3.5,0 0 -4,"/>
            </PointSet>
        </Shape>
    </Scene>
```

在Scene场景根节点下添加Background背景节点和Shape模型节点，背景节点的颜色取白色以突出三维立体几何造型的显示效果。利用三维立体几何"点"节点创建三维立体"点"造型，此外增加了Appearance外观节点和Material材料节点，对物体造型的外观颜色、物体发光颜色、外观材料的亮度以及透明度的设计，以提高空间三维立体"点"造型的显示效果。

虚拟现实PointSet"点"节点三维立体造型设计运行程序，首先，启动X3D浏览器，单击Open按钮，然后打开X3D案例程序文件，即可运行虚拟现实"点"三维立体空间场景造型。在三维立体空间背景下，由于"点"是像素点，太小，所以在图上看不清楚。互联网3D PointSet"点"节点源程序运行效果如图7-1所示。

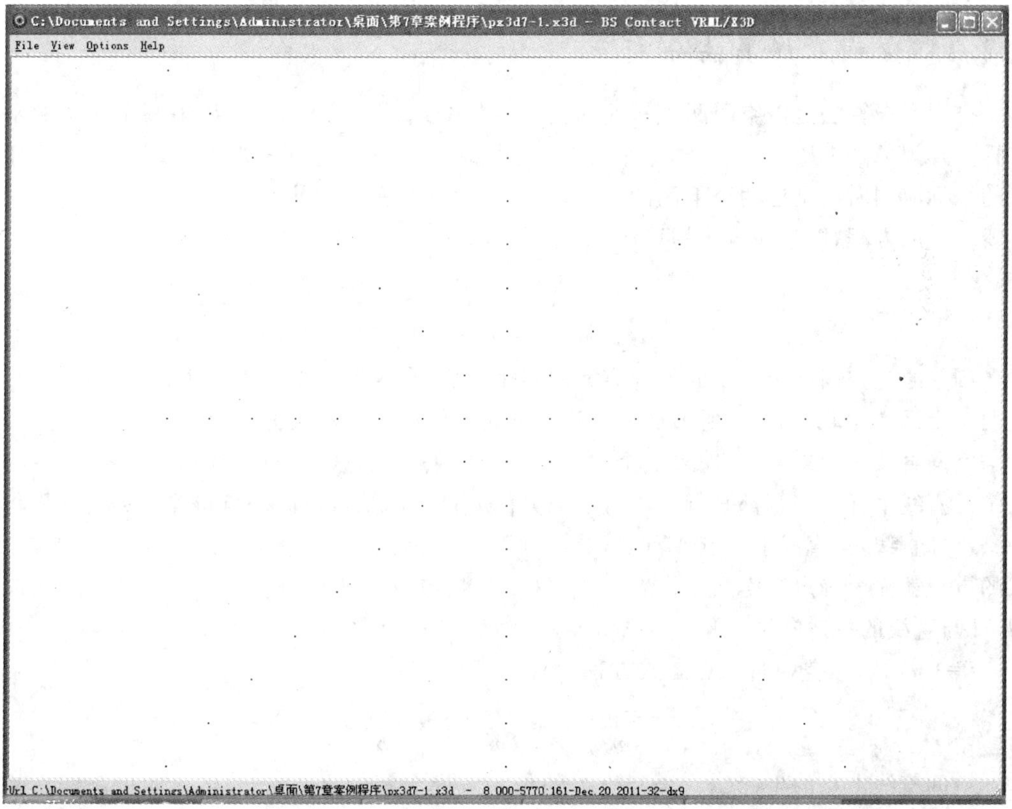

图7-1 互联网3D PointSet"点"节点运行效果

7.2 互联网 3D IndexedLineSet 设计

互联网 3D IndexedLineSet“线”节点是一个三维立体线几何节点，该节点可以包括 Color 节点和 Coordinate 节点。Color 值或 Material emissiveColor 值可以指定画线或画点的颜色。线不受光照的影响，不能做贴图，它们也不做碰撞检测。可以使用和背景不同的 Color 值或 Material emissiveColor 值。如果用原来给 IndexedFaceSet 定义的 Coordinate points 编写，index 值需要循环到初始顶点，以使每个多边形的轮廓闭合。在增加 geometry 或 Appearance 节点之前先插入一个 Shape 节点。在浏览器处理此场景内容时，可以用符合类型定义的原型 ProtoInstance 来替代。

互联网 3D IndexedLineSet 线节点是使用“线”来构造空间造型。X3D 文件中的线是虚拟世界中两个端点之间的直线。要想确定一条直线，就必须指定这条线的起点和终点，剩下的事由 X3D 浏览器解决。同样，也可以在 X3D 中创建折线，多个直线构成角度在端点连接起来就成了折线。浏览器是按点的顺序来连接直线的，在列表前面的点先进行连接。

互联网 3D IndexedLineSet“线”节点是将许多线集合在一起，并给每一条线一个索引(index)。将索引 1 的点坐标和索引 2 的点坐标相连，索引 2 的点坐标与索引 3 的点坐标，依次类推，就形成了一个空间折线。IndexedLineSet 节点创建了有关线的立体几何造型，包括直线和折线，该节点也常作为 Shape 模型节点中 geometry 子节点。

7.2.1 空间直线算法分析

空间直线算法是由空间两个平面相交产生的交线，即空间直线。如果两个相交的平面方程分别为 $A_1x+B_1y+C_1z+D_1=0$ 和 $A_2x+B_2y+C_2z+D_2=0$，那么空间直线上的任意点的坐标应同时满足这两个平面的方程，即空间直线算法满足方程组。该方程组叫做空间直线的一般方程，即空间直线的算法。

$$\begin{cases}A_1x+B_1y+C_1z+D_1=0\\A_2x+B_2y+C_2z+D_2=0\end{cases}\tag{7-1}$$

因为通过空间一个直线的平面有无限多个，只要在这无限多个平面中任意选取两个，把这两个平面方程联立起来，所形成的方程组就是空间直线的一般方程。

空间直线点向式算法，如果一个向量平行于一条直线，这个向量就叫做这条直线的方向向量。直线上任一向量都平行于该直线的方向向量。已知过空间一点可作一条直线平行于一条已知直线，当直线上一点 $M_0(x_0,y_0,z_0)$和它的一个方向向量 $s=\{m,n,p\}$为已知时，直线的方程就完全确定。空间直线点向式方程，设点 $M(x,y,z)$是直线上的任一点，那么向量 M_0M 与直线的方向向量 s 平行，两个向量的对应坐标成比例。$M_0M=\{x-x_0,y-y_0,z-z_0\}$，$s=\{m,n,p\}$，空间直线点向式方程。

$$\frac{x-x_0}{m}=\frac{y-y_0}{n}=\frac{z-z_0}{p}\tag{7-2}$$

空间直线上点的坐标(x,y,z)，直线的任一方向向量 s 的坐标 m、n、p 叫做这条直线的一组方向数。

空间直线的参数方程算法。空间直线上点的坐标 x、y、z 还可以用另一个变量 t(称为

参数)的函数来表示，如果设

$$\frac{x-x_0}{m}=\frac{y-y_0}{n}=\frac{z-z_0}{p}=$$

那么

$$\begin{cases}x=x_0+mt\\y=y_0+nt\\z=z_0+pt\end{cases}\tag{7-3}$$

这个方程组被称为空间直线的参数方程，即空间直线的的参数方程算法。

7.2.2 互联网 3D IndexedLineSet 语法定义

互联网 3D IndexedLineSet“线”节点指定了一个几何“线”节点，可以创建一个三维立体空间线造型，根据开发与设计需求设置空间物体线的坐标和线的颜色来确定空间的“线”。还可以利用 Appearance 外观和 Material 材料节点来描述 IndexedLineSet“线”节点的纹理材质、颜色、发光效果、明暗以及透明度等。

IndexedLineSet“线”节点语法定义了一个用于确定线的属性名和域值，利用 IndexedLineSet“线”节点的域名、域值、域的数据类型以及事件的存储访问权限的定义来创建一个效果更加理想的三维立体空间“线”造型。利用 IndexedLineSet“线”节点中的 coordIndex、colorPerVertex、colorIndex、set_coordIndex、set_colorIndex 域等参数创建 X3D 三维立体空间“线”造型。IndexedLineSet“线”节点语法定义如下：

```
< IndexedLineSet
DEF                 ID
USE                 IDREF
coordIndex                          MFInt32        initializeOnly
colorPerVertex      true            SFBool         initializeOnly
colorIndex                          MFInt32        initializeOnly
set_coordIndex                      MFInt32        inputOnly
set_colorIndex                      MFInt32        initializeOnly
containerField      geometry
* Color             NULL            SFNode         子节点
* Coordinate        NULL            SFNode         子节点
class
/>
```

IndexedLineSet“线”节点包含域名、域值、域数据类型以及存储/访问类型等，节点中的数据内容(架构)包含在一对尖括号中，用“<、/>”表示。

域数据类型描述如下：

- MFInt32 域——一个多值含有 32 位的整数。
- SFBool 域——一个单值布尔量，取值范围为[true|false]。
- SFNode 域——含有一个单节点。

事件的存储/访问类型描述：表示域(属性)的存储/访问类型，包括 inputOnly(输入类型)、outputOnly(输出类型)、initializeOnly(初始化类型)以及 inputOutput(输入/输出类型)等，用来描述该节点必须提供该属性值。IndexedLineSet“线”节点包含 DEF、USE、 coordIndex、colorPerVertex、colorIndex、set_coordIndex、set_colorIndex、containerField 以及 class 域等。其中 * 表示子节点。

- DEF 为节点定义一个名字，给该节点定义了唯一的 ID，在其他节点中就可以引用这个节点。用 DEF 为节点命名时，使用有意义的描述性的名称可以规范文件，以提高 X3D 文件可读性，该属性是可选项。
- USE 用来引用 DEF 定义的节点 ID，即引用 DEF 定义的节点名字，同时忽略其他的属性和子对象。使用 USE 来引用其他的节点对象而不是复制节点可以提高性能和编码效率。该属性是可选项。
- coordIndex 域——指定了一个按照顺序以坐标索引来使用 coordinates 节点中提供坐标。编号的起点为 0，一组设置间可以使用逗号分隔以便于阅读代码，使用 -1 来分隔每一组线。如果渲染的 Coordinate point 点集原来是定义用在 IndexedFaceSet 时，索引值可能需要重复每个起点的值以封闭多边形。
- colorPerVertex 域——指定了一个 Color 节点被应用于每顶点上（true），还是每多边形上（false）。默认值为 true。
- colorIndex 域——指定了一个按照顺序以索引来使用颜色。如果渲染的 Coordinate point 点集原来是定义用在 IndexedFaceSet 时，索引值可能需要重复每个起点的值以封闭多边形。
- set_coordIndex 域——指定了一个按照顺序以坐标索引来使用 coordinates 节点中提供坐标。编号的起点为 0，一组设置间可以使用逗号分隔以便于阅读代码，使用 -1 来分隔不同的多边形索引。
- set_colorIndex 域——指定了一个按照顺序以索引来使用颜色。
- containerField 域——表示容器域是 field 域标签的前缀，表示子节点和父节点的关系。该容器域名称为 geometry，包含几何节点。如 geometry Box、children Group、proxy Shape。containerField 属性只有在 X3D 场景用 XML 编码时才使用。
- class 域——用空格分开的类的列表，保留给 XML 样式表使用。只有 X3D 场景用 XML 编码时才支持 class 属性。

7.2.3 互联网 3D IndexedLineSet 案例分析

互联网 3D IndexedLineSet"线"三维立体造型设计利用虚拟现实程序 X3D 进行设计、编码和调试。利用现代软件开发的极端编程思想，采用绝对编程、自动测试、简单设计以及先测试后设计开发理念。融合结构化、组件化和模块化的设计思想，使软件开发设计层次清晰、结构合理。利用虚拟现实语言的各种节点创建生动、逼真的 IndexedLineSet"线"三维立体立方体线造型。使用 X3D 内核节点、背景节点、坐标变换节点以及几何"线"节点进行设计和开发。

【实例 7-2】 利用 Viewpoint 视点节点、Group 组节点、Shape 空间物体造型模型节点、Appearance 外观子节点和 Material 外观材料节点、IndexedLineSet"线"几何节点在三维立体空间背景下，创建一个三维立体坐标"线"造型。虚拟现实 IndexedLineSet"线"三维立体场景设计 X3D 文件源程序展示如下：

```
<Scene>
```

```
<!-- Scene graph nodes are added here -->
<Background skyColor="1 1 1"/>
<Viewpoint description='5m Viewpoint---1' position='0 0 5'/>
<Viewpoint description='15m Viewpoint---2' position='0 0 15'/>
<Group>
  <Shape>
    <Appearance>
      <Material diffuseColor='0 0 0' emissiveColor='1.0 0.2 0.2'/>
    </Appearance>
      <IndexedLineSet coordIndex="0, 1, 2, 3, 0, -1,&#10;4, 5, 6, 7, 4, -1, &#10;
0, 4, -1,&#10;1, 5, -1,&#10;2, 6, -1,&#10;3, 7">
      <Coordinate point="-1.0 1.0 1.0,&#10; 1.0 1.0 1.0,&#10; 1.0 1.0 -1.0,&#10;
-1.0 1.0 -1.0,&#10;-1.0 -1.0 1.0,&#10; 1.0 -1.0 1.0,&#10; 1.0 -1.0 -1.0,&#10;
-1.0 -1.0 -1.0"/>
    </IndexedLineSet>
  </Shape>
</Group>
</Scene>
```

在X3D源文件中，在Scene场景根节点下添加Background背景节点和Shape模型节点，背景节点的颜色取白色以突出三维立体几何“线”造型的显示效果。利用三维立体几何“线”节点创建三维立体“线”造型，此外增加了Appearance外观节点和Material材料节点，对物体造型的外观颜色、物体发光颜色、外观材料的亮度以及透明度的设计，以提高空间三维立体“点”造型的显示效果。

虚拟现实IndexedLineSet“线”节点三维立体造型设计运行程序，首先，启动X3D浏览器，单击Open按钮，然后打开X3D案例程序，即可运行虚拟现实IndexedLineSet“线”节点创建一个三维立体线造型场景。IndexedLineSet“线”节点源程序运行效果如图7-2所示。

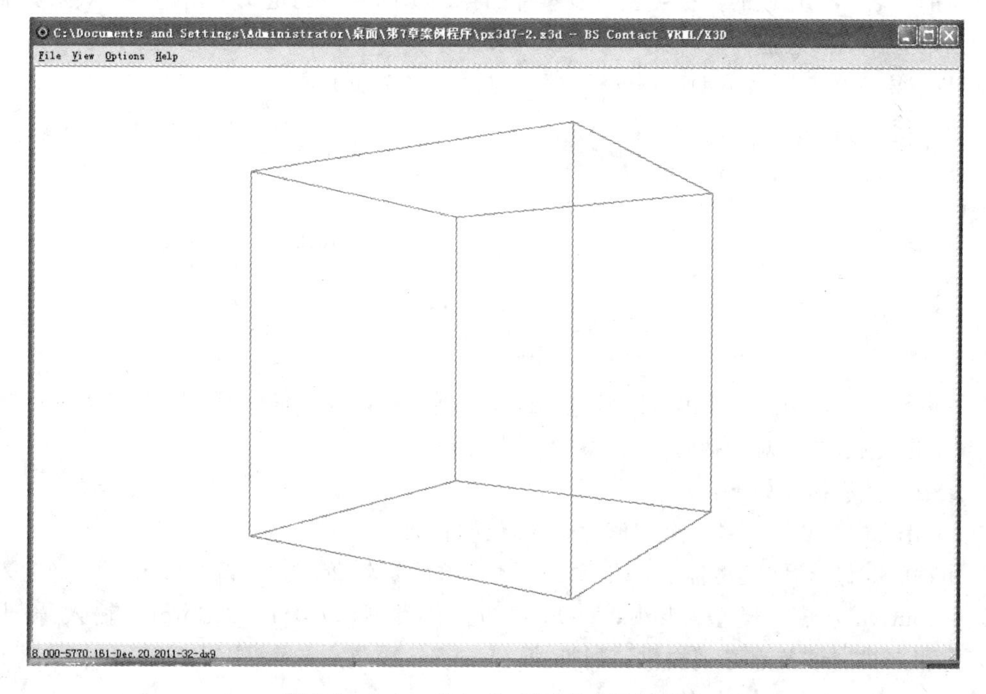

图7-2　IndexedLineSet“线”节点运行效果

7.3 互联网 3D LineSet 设计

互联网 3D LineSet 线节点设计是使用线来构造空间造型。X3D 中的线是虚拟世界中两个端点之间的直线。要想确定一条直线,就必须指定这条线的起点和终点,也可以在 X3D 中创建折线,多个直线构成角度在端点连接起来就成了折线。浏览器是用顶点的顺序来连接直线的,在列表前面的点先进行连接。LineSet 线节点利用线的顶点数描述每个折线中使用 Coordinate 子节点域中的多少坐标点(顶点坐标),通过获取的 vertexCount[n]、Coordinate 中的顶点被分配到每段线上。LineSet 线节点描述了一个空间线的几何造型。根据线节点的顶点数、点的坐标位置确定线的方位。LineSet 线节点通常作为 Shape 节点中 geometry 几何子节点。

互联网 3D LineSet 线节点是一个几何节点,此节点中,可以包括 Color 节点和 Coordinate 节点。Color 值或 Material emissiveColor 值可以指定画线或画点的颜色。线不受光照的影响,不能做贴图,它们也不做碰撞检测。其中,使用和背景不同的 Color 值或 Material emissiveColor 值。如果用原来给 IndexedFaceSet 定义的 Coordinate points 改写,index 值需要循环到初始顶点,以使每个多边形的轮廓闭合。

互联网 3D LineSet 线节点表示一个几何节点,可以创建一个三维立体空间线造型,根据开发与设计需求设置空间物体线的顶点数、点的坐标来确定空间线的位置。还可以利用 Appearance 外观和 Material 材料节点来描述 LineSet 线节点的纹理材质、颜色、发光效果、明暗以及透明度等。

互联网 3D LineSet 线节点语法定义了一个用于确定线的属性名和域值,利用 LineSet 线节点的域名、域值、域的数据类型以及事件的存储访问权限的定义来创建一个效果更加理想的三维立体空间线造型。利用 LineSet 线节点中的 vertexCount(顶点数)等参数设置创建 X3D 三维立体空间线造型。LineSet 线节点语法定义如下:

```
< LineSet
DEF                 ID
USE                 IDREF
vertexCount                              MFInt32          initializeOnly
containerField      geometry
class
/>
```

LineSet 线节点⾮设计包含域名、域值、域数据类型以及存储/访问类型等,节点中数据内容(架构)包含在一对尖括号中,用“<、/>”表示。

域数据类型描述如下:

- MFInt32 域——是一个多值含有 32 位的整数。

事件的存储/访问类型描述:表示域(属性)的存储/访问类型,包括 inputOnly(输入类型)、outputOnly(输出类型)、initializeOnly(初始化类型)以及 inputOutput(输入/输出类型)等,用来描述该节点必须提供该属性值。LineSet 线节点包含 DEF、USE、vertexCount、containerField 以及 class 域等。

7.4 互联网 3D IndexedFaceSet 设计

互联网 3D IndexedFaceSet“面”节点设计是一个三维立体几何面节点，表示一个由一组顶点构建的一系列平面多边形形成的 3D 立体造型，该节点可以包含 Color、Coordinate、Normal、TextureCoordinate 节点。在增加 geometry 或 Appearance 节点之前先插入一个 Shape 节点。在浏览器处理此场景内容时，可以用符合类型定义的原型 ProtoInstance 来替代。IndexedFaceSet“面”节点创建一个由面组成的立体几何造型，该节点也常作为 Shape 模型节点中 geometry 子节点。在 X3D 文件中，创建面是通过 IndexedFaceSet 节点来实现的，创建立体几何造型，也可组成实体模型，并对其进行着色。IndexedFaceSet 节点通常作为造型节点的 geometry 域的值。

7.4.1 空间平面算法分析

空间平面算法分析涵盖空间平面点法式方程、平面的一般方程以及平面的截距式方程。

空间平面点法式方程。如果一个向量垂直于一个平面，那么这个向量就叫做该平面的法线向量，平面上的任一向量均与该平面的法线向量垂直。已知，过空间一点可以作而且只能作一平面垂直于一条已知直线，所以当平面上一点 $M_0(x_0, y_0, z_0)$ 和它的一个法线向量 $\boldsymbol{n}=\{A,B,C\}$ 为已知时，平面的方程就确定了。设 $M(x,y,z)$ 是平面上的任一点，那么向量 M_0M 必与平面的法线向量 $\boldsymbol{n}$ 垂直，即它们的数量积等于零。

$$\boldsymbol{n}\cdot M_0M = 0 \text{ 由于 } \boldsymbol{n} = \{A,B,C\}, M_0M = \{x-x_0, y-y_0, z-z_0\}$$

所以有

$$A(x-x_0)+B(y-y_0)+C(z-z_0)=0 \tag{7-4}$$

这就是平面上任一点 M 的坐标 x、y、z 所满足的方程，这样的方程叫做平面方程。由于该方程是有平面上的一点 $M_0(x_0, y_0, z_0)$ 及它的一个法线向量 $\boldsymbol{n}=\{A,B,C\}$ 来确定的，所以把该方程叫做点法式方程。

空间平面的一般方程，因为任一平面都可以用它上面的一点及法线向量来确定，所以任何一个平面都可以用三元一次方程来表示。设有三元一次方程

$$Ax+By+Cz+D=0 \tag{7-5}$$

任取满足该方程的一组数 x_0、y_0、z_0，即 $Ax_0+By_0+Cz_0+D=0$，把上述两个等式相减得方程形式，还原为 $A(x-x_0)+B(y-y_0)+C(z-z_0)=0$。由此可知，任一三元一次方程的图形总是一个平面，该方程称为空间平面的一般方程算法。其中 x、y、z 的系数就是该平面的一个法线向量 $\boldsymbol{n}$ 的坐标，即 $\boldsymbol{n}=\{A,B,C\}$。

一般地，如果一个平面与 x、y、z 三轴分别交于 $Px(a,0,0)$、$Py(0,b,0)$、$Pz(0,0,c)$ 三点，那么该平面的方程为

$$\frac{x}{a}+\frac{y}{b}+\frac{z}{c}=1 \tag{7-6}$$

这个方程叫做平面的截距式方程，而 a、b、c 分别被称作平面在 x、y、z 轴上的截距。

7.4.2 互联网 3D IndexedFaceSet 语法定义

互联网 3D IndexedFaceSet“面”节点语法定义了一个用于确定面的属性名和域值，利用

IndexedFaceSet"面"节点的域名、域值、域的数据类型以及事件的存储访问权限的定义来创建一个效果更加理想的三维立体空间"面"造型。利用 IndexedFaceSet"面"节点中的 coordIndex、colorPerVertex、colorIndex、set_coordIndex、set_colorIndex 域等参数创建 X3D 三维立体空间"面"造型。IndexedFaceSet"面"节点定义了一个几何"面"节点,用来创建一个三维立体空间面造型,根据开发与设计需求设置空间物体面的点坐标和线的颜色来确定空间的"面"。还可以利用 Appearance 外观和 Material 材料节点来描述 IndexedFaceSet"面"节点的纹理材质、颜色、发光效果、明暗以及透明度等。IndexedFaceSet"面"节点语法定义如下:

```
< IndexedFaceSet
DEF                  ID
USE                  IDREF
coordIndex                          MFInt32      initializeOnly
ccw                  true           SFBool       initializeOnly
convex               true           SFBool       initializeOnly
solid                true           SFBool       initializeOnly
creaseAngle          0              SFFloat      initializeOnly
colorPerVertex       true           SFBool       initializeOnly
colorIndex                          MFInt32      initializeOnly
normalPerVertex      true           SFBool       initializeOnly
normalIndex                         MFInt32      initializeOnly
texCoordIndex                       MFInt32      initializeOnly
set_coordIndex                      MFInt32      inputOnly
set_colorIndex                      MFInt32      initializeOnly
set_normalIndex                     MFInt32      inputOnly
set_texCoordIndex                   MFInt32      inputOnly
containerField       geometry
 * Color             NULL           SFNode       子节点
 * Coordinate        NULL           SFNode       子节点
 * Normal            NULL           SFNode       子节点
 * TextureCoordinate NULL           SFNode       子节点
class
/>
```

IndexedFaceSet"面"节点▷设计包含域名、域值、域数据类型以及存储/访问类型等,节点中数据内容(架构)包含在一对尖括号中,用"<、/>"表示。

域数据类型描述如下:

- MFInt32 域——一个多值含有 32 位的整数。
- SFBool 域——一个单值布尔量,取值范围为[true|false]。
- SFColor 域——只有一个颜色的单值域,它指定了一个红绿蓝(RGB)三个浮点数。
- SFNode 域——含有一个单节点。
- SFFloat 域——单值单精度浮点数。

事件的存储/访问类型描述:表示域(属性)的存储/访问类型,包括 inputOnly(输入类型)、outputOnly(输出类型)、initializeOnly(初始化类型)以及 inputOutput(输入/输出类型)等,用来描述该节点必须提供该属性值。IndexedFaceSet"面"节点包含 DEF、USE、coordIndex、ccw、convex、creaseAngle、colorPerVertex、colorIndex、solid、normalPerVertex、 normalIndex、texCoordIndex、set _ coordIndex、set _ colorIndex、set _ normalIndex、set _ texCoordIndex、containerField 以及 class 域等。其中 * 表示子节点。

- DEF 为节点定义一个名字，给该节点定义了唯一的 ID，在其他节点中就可以引用这个节点。用 DEF 为节点命名时，使用有意义的描述性的名称可以规范文件，以提高 X3D 文件可读性，该属性是可选项。
- USE 用来引用 DEF 定义的节点 ID，即引用 DEF 定义的节点名字，同时忽略其他的属性和子对象。使用 USE 来引用其他的节点对象而不是复制节点可以提高性能和编码效率。该属性是可选项。
- coordIndex 域——指定了一个按照顺序以坐标索引来使用 coordinates 节点中提供坐标。编号的起点为 0，一组设置间可以使用逗号分隔以便于阅读代码。使用 -1 来分隔不同的多边形索引。
- ccw 域——指定了一个面是按顺时针方向索引，还是逆时针索引。当该域值为 true 时，指定为逆时针，按顶点坐标方位的顺序；当 ccw 值为 false 时，可以翻转 solid(背面裁切)及法线方向，默认值为 true。
- convex 域——指定了一个针对所有的面都是凸多边形(true 值)，或可能有凹多边形(false 值)。在凸多边形的平面里，没有自相交的边，所有的内部角都小于 180°。注释：可能只支持 convex = true 的 IndexedFaceSets 造型。采用默认值 convex = "true"时，凹几何体可能不可见。
- creaseAngle 域——定义了一个决定相邻面渲染方式的角(用弧度值表示)，如果两个相邻面的法线夹角小于 creaseAngle，就把两个面的边平滑渲染，反之会渲染出两个面的边线。注释：可能只支持弧度值 0 和 π。注释：creaseAngle 值为 0 时锐利地渲染所有的边，creaseAngle 值为 3.14 时平滑地渲染所有的边。
- colorPerVertex 域——指定了一个 Color 节点被应用于每顶点上(true)，还是每多边形上(false)。默认值为 true。
- colorIndex 域——指定了一个按照顺序以索引来使用颜色。如果渲染的 Coordinate point 点集原来是定义用在 IndexedFaceSet 时，索引值可能需要重复每个起点的值以封闭多边形。
- solid 域——定义了一个布尔量，当该域值 true 时，表示只构建“面”对象的表面，不构建背面；当该域值 false 时，表示“面”对象的正面和背面均构建。该域值的取值范围为[true|false]，其默认值为 true。
- normalPerVertex 域——指定了一个 Normal 节点被应用于每顶点上(true)，还是每多边形上(false)，默认值为 true。
- normalIndex 域——指定了一个法向量索引列表，通过这个列表来指定要使用的法向量。该域值的默认值为空的法向量索引列表。
- texCoordIndex 域——用来定义一连串的索引，每个索引都对应 TextureCoordinate 节点(纹理坐标)中的每组坐标值。按照顺序索引纹理坐标以进行贴图，可以使用 3D 创作工具创作。
- set_coordIndex 域——设定了一个按照顺序以坐标索引来使用 coordinates 节点中提供坐标。编号的起点为 0，一组设置间可以使用逗号分隔以便于阅读代码，使用

-1来分隔不同的多边形索引。

- set_colorIndex 域——设定了一个按照顺序以索引来使用颜色。
- set_normalIndex 域——设定了一个法向量索引列表，通过这个列表来指定要使用的法向量。该域值的默认值为空的法向量索引列表。
- set_texCoordIndex 域——设定了一个按照顺序索引纹理坐标以进行贴图。可以使用3D创作工具创作。
- containerField 域——表示容器域是 field 域标签的前缀，表示了子节点和父节点的关系。该容器域名称为 geometry，包含几何节点。如 geometry Box、children Group、proxy Shape。containerField 属性只有在 X3D 场景用 XML 编码时才使用。
- class 域——用空格分开的类的列表，保留给 XML 样式表使用。只有 X3D 场景用 XML 编码时才支持 class 属性。

7.4.3 互联网 3D IndexedFaceSet 案例分析

互联网3D IndexedFaceSet“面”三维立体造型设计利用虚拟现实程序设计语言 X3D 进行设计、编码和调试。利用现代软件开发的极端编程思想，采用绝对编程、自动测试、简单设计以及先测试后设计开发理念。融合结构化、组件化和模块化的设计思想，使软件开发设计层次清晰、结构合理。利用虚拟现实语言的各种节点创建生动、逼真的由面组成的三维立体造型。使用 X3D 内核节点、背景节点、坐标变换节点以及几何“面”节点进行设计和开发。

【实例 7-3】 利用 Shape 空间物体造型模型节点、Appearance 外观子节点和 Material 外观材料节点、IndexedFaceSet“面”几何节点在三维立体空间背景下，创建一个由面组成的三维立体造型。虚拟现实 IndexedFaceSet“面”三维立体场景造型设计 X3D 文件源程序展示如下：

```
<Scene>
    <! -- Scene graph nodes are added here -->
        <Background skyColor="1 1 1"/>
<Viewpoint DEF="Viewpoint1" orientation="0 1 0 0" position="0 5 20"/>
<Shape>
            <Appearance>
                <Material diffuseColor="1 0 0" />
            </Appearance>
            <IndexedFaceSet convex="false" coordIndex="0, 1, 2, 3, 4, 5, 6, -1,&#xA;0,
12, 11, 10, 9, 8, 7, -1,&#xA;0, 7, 1, -1,&#xA;1, 7, 8, 2, -1,&#xA;2, 8, 9, 3, -1,&#xA;
3, 9, 10, 4, -1,&#xA;4, 10, 11, 5, -1,&#xA;5, 11, 12, 6, -1,&#xA;6, 12, 0">
                <Coordinate point="0.0 0.0 0.0,&#xA;&#xA;5.5 5.0 0.88,&#xA;4.0 5.5
0.968,&#xA;7.0 8.0 1.408,&#xA;4.0 9.0 1.584,&#xA;1.0 5.0 0.88,&#xA;2.5 4.5 0.792,
&#xA;&#xA;5.5 5.0 -0.88,&#xA;4.0 5.5 -0.968,&#xA;7.0 8.0 -1.408,&#xA;4.0 9.0 -1.
584,&#xA;1.0 5.0 -0.88,&#xA;2.5 4.5 -0.792,"/>
            </IndexedFaceSet>
        </Shape>
</Scene>
```

在 X3D 源文件中，在 Scene 场景根节点下添加 Background 背景节点和 Shape 模型节点，背景节点的颜色取白色以突出三维立体几何“面”造型的显示效果。利用三维立体几何

“面”节点创建一个由面组成的三维立体造型，此外增加了 Appearance 外观节点和 Material 材料节点，对物体造型的外观颜色、物体发光颜色、外观材料的亮度以及透明度的设计，以提高空间三维立体“面”造型的显示效果。

互联网 3D IndexedFaceSet“面”节点三维立体造型设计运行程序，首先，启动 X3D 浏览器，然后打开 X3D 案例程序，即可运行虚拟现实 IndexedFaceSet“面”节点创建一个三维立体空间场景造型。IndexedFaceSet“面”节点源程序运行效果如图 7-3 所示。

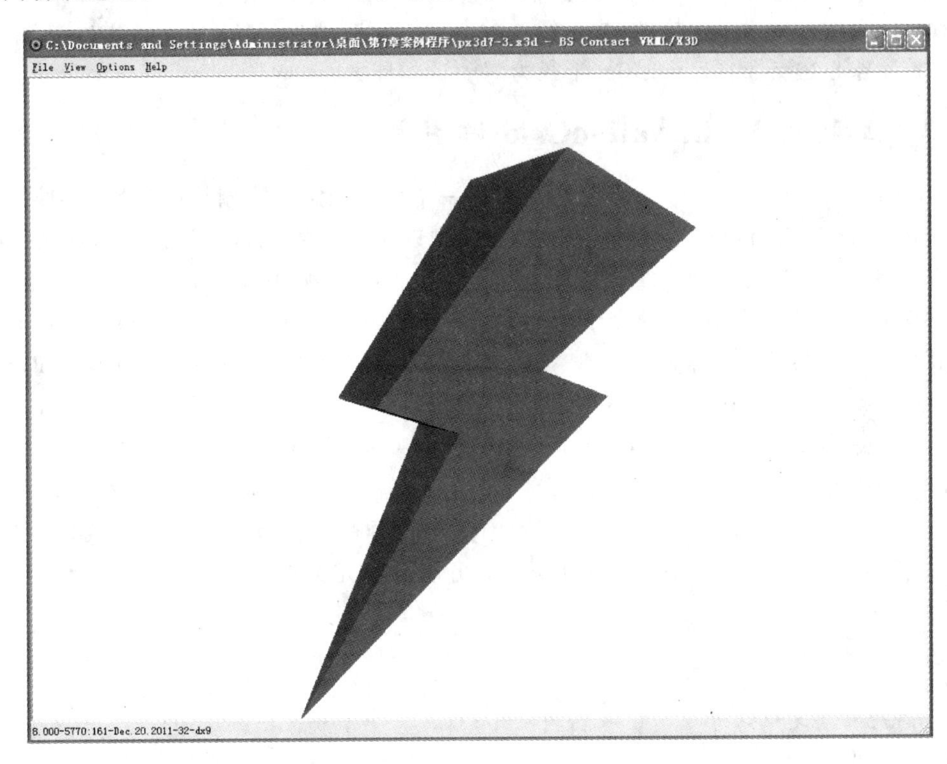

图 7-3　IndexedFaceSet“面”节点源程序运行效果

7.5　互联网 3D ElevationGrid 设计

互联网 3D ElevationGrid 节点先将某一个地表区域分隔成很多网格，定义网格的个数，在定义网格的长和宽，最后定义网格的高度，可创建该区域所需的海拔栅格几何造型。通常作为造型节点的 geometry 域的子节点。在 X3D 网页场景设计中，利用海拔栅格节点创建高山、沙丘以及不规则地表等空间造型。在水平平面（X-Z 平面）上创建栅格，再在 X-Z 平面栅格上任选一点，改变这个点在 Y 轴方向上的高度值，当增大该值就可形成高山，当减少该值就形成低谷。也可选择任意多个点以改变这些点的高度，创建出崎岖不平的山峦或峡谷等造型。

7.5.1　空间曲面算法分析

空间曲面算法分析针对复杂曲面进行设计，在空间解析几何中，曲面的概念是把任何曲面看做点的几何轨迹。在这种情况下，设如果曲面 S 与三元方程有如下关系：

(1) 曲面 S 上任一点的坐标都满足该方程。

(2) 不在曲面 S 上的点的坐标都不满足该方程。

$$F(x,y,z)=0 \tag{7-7}$$

那么该方程就叫做曲面 S 的方程,而曲面 S 就叫做该方程的图形。球面方程的算法:设球心在点 $M_0(x_0,y_0,z_0)$,半径为 R 的球面方程为 $(x-x_0)^2+(y-y_0)^2+(z-z_0)^2=R^2$ 如果球心在原点,那么 $x_0=y_0=z_0=0$,从而球面方程为 $x^2+y^2+z^2=R^2$。方程 $x^2+y^2+z^2-2x+4y=0$ 表示怎样的曲面,经过配方,原方程变为 $(x-1)^2+(y+2)^2+z^2=5$,即原方程表示球心在点 $M_0(1,-2,0)$、半径为 $R^2=5$ 的球面。

7.5.2 互联网 3D ElevationGrid 语法定义

互联网 3D ElevationGrid 节点语法定义了一个用于确定海拔栅格的属性名和域值,利用 ElevationGrid 节点的域名、域值、域的数据类型以及事件的存储访问权限的定义来创建一个效果更加理想的三维立体空间海拔栅格造型。利用 ElevationGrid 节点中的 xDimension、zDimension、xSpacing、zSpacing、height、ccw、colorPerVertex、normalPerVertex、solid 域等参数创建 X3D 三维立体空间海拔栅格造型。ElevationGrid 是一个几何节点。ElevationGrid 可以创建一个具有不同高度的矩形网格组成的海拔面。ElevationGrid 节点可以包含 Color、Normal、TextureCoordinate 节点。在增加 geometry 或 Appearance 节点之前先插入一个 Shape 节点。在浏览器处理此场景内容时,可以用符合类型定义的原型 ProtoInstance 来替代。ElevationGrid 海拔栅格节点创建一个高山、沙丘以及不规则地表等立体几何造型。ElevationGrid 节点语法定义如下:

```
<ElevationGrid
DEF                  ID
USE                  IDREF
xDimension           0          SFInt32      initializeOnly
zDimension           0          SFInt32      initializeOnly
xSpacing             1.0        SFFloat      initializeOnly
zSpacing             1.0        SFFloat      initializeOnly
height                          MFFloat      initializeOnly
set_height           ""         MFFloat      inputOnly
ccw                  true       SFBool       initializeOnly
creaseAngle          0          SFFloat      initializeOnly
solid                true       SFBool       initializeOnly
colorPerVertex       true       SFBool       initializeOnly
normalPerVertex      true       SFBool       initializeOnly
containerField       geometry
 * Color             NULL       SFNode       子节点
 * Normal            NULL       SFNode       子节点
 * TextureCoordinate NULL       SFNode       子节点
class
/>
```

ElevationGrid 节点设计包含域名、域值、域数据类型以及存储/访问类型等,节点中数据内容(架构)包含在一对尖括号中,用“<、/>”表示。

域数据类型描述如下:

- SFInt32 域——是一个单值含有 32 位的整数。
- SFBool 域——是一个单值布尔量，取值范围为[true|false]。
- MFFloat 域——是多值单精度浮点数。
- SFNode 域——含有一个单节点。

事件的存储/访问类型描述：表示域(属性)的存储/访问类型，包括 inputOnly(输入类型)、outputOnly(输出类型)、initializeOnly(初始化类型)以及 inputOutput(输入/输出类型)等，用来描述该节点必须提供该属性值。ElevationGrid 节点包含 DEF、USE、xSpacing、zSpacing、xDimension、zDimension、height、ccw、solid、creaseAngle、colorPerVertex、normalPerVertex、containerField 以及 class 域等。其中 * 表示子节点。

- DEF 为节点定义一个名字，给该节点定义了唯一的 ID，在其他节点中就可以引用这个节点。用 DEF 为节点命名时，使用有意义的描述性的名称可以规范文件，以提高 X3D 文件可读性，该属性是可选项。
- USE 用来引用 DEF 定义的节点 ID，即引用 DEF 定义的节点名字，同时忽略其他的属性和子对象。使用 USE 来引用其他的节点对象而不是复制节点可以提高性能和编码效率。该属性是可选项。
- xSpacing 域和 zSpacing 域——定义了栅格中行和列间的距离。xSpacing 域值为 x 方向上计算的列间的距离，zSpacing 域值为 z 方向上计算的行间的距离。它们的域值必须大于或等于 0.0。其默认值为 0.0。其中，水平 x 轴的总长等于(xDimension－1) * xSpacing；垂直 z 轴的总长等于(zDimension－1) * zSpacing。
- xDimension 域和 zDimension 域——指定为 X 和 Z 方向上(水平面)的栅格点的数量，其域值必须大于或等于 0，而所创建的海拔栅格中点的总体数量就是 xDimension×zDimension 个。这两个域的默认值均为 0，表示没有栅格创建。
- height 域——定义了海拔高度，也就是 Y 方向上计算的海拔。该域值中的一个值对应一个栅格点。为了形成 zDimension 行，height 域值是被一行一行列出来的，并且每一行都有 xDimension 个高度值。此高度值既可以是绝对高度，也可以是相对高度。该域值的默认值为空的列表，表示不创建海拔栅格。
- ccw 域——指定一个布尔值，它是 counterclockwise(逆时针)的英文缩写。该域值指定了海拔栅格创建的表面是按顺时针方向索引，还是按逆时针方向或者未知方向索引。当该域值为 true 时，则按逆时针方向索引；当该域值为 false 时，则按顺时针或未知方向索引。该域值的默认值为 true。
- solid 域——指定一个布尔值，当该域值为 true 时，表示只创建正面，不建立反面；当为 false 时，表示正反两面都创建。当 ccw 是 true，solid 也是 true 时，那么只创建面向 $+Y$ 轴正方向的一面；若 ccw 为 false，solid 还为 true 时，则只会创建 $-Y$ 轴负方向的一面。该域值的默认值为 true。
- creaseAngle 域——定义了一个用弧度(radian)表示的折痕角。若该值使用比较小的弧度，那么整个表面看起来就比较有棱角；若使用较大的角度，那么摺痕就会变得比较平滑。该域值必须大于或等于 0.0，取值范围为[0.0～1.0]，其默认值为 0.0。
- colorPerVertex——指定一个 Color 节点应用每顶点颜色(true 值时)，还是每四边形颜色(false 值时)。默认值为 true。

- normalPerVertex 域——指定一个 Normal 节点应用每顶点法线(true 值时),还是每四边形法线(false 值时),默认值为 true。
- containerField 域——表示容器域是 field 域标签的前缀,表示子节点和父节点的关系。该容器域名称为 geometry,包含几何节点。如 geometry Box、children Group、proxy Shape。containerField 属性只有在 X3D 场景用 XML 编码时才使用。
- class 域——用空格分开的类的列表,保留给 XML 样式表使用。只有 X3D 场景用 XML 编码时才支持 class 属性。

7.5.3 互联网 3D ElevationGrid 案例分析

互联网 3D ElevationGrid 节点三维立体造型设计利用虚拟现实程序设计语言 X3D 进行设计、编码和调试。利用现代软件开发思想,融合结构化、组件化和模块化的设计思想,使软件开发设计层次清晰、结构合理。利用虚拟现实语言的各种节点创建生动、逼真的海拔栅格三维立体造型。使用 X3D 内核节点、背景节点以及海拔栅格节点进行设计和开发。

【实例 7-4】 利用 Shape 空间物体造型模型节点、Appearance 外观子节点和 Material 外观材料节点、ElevationGrid 海拔栅格几何节点在三维立体空间背景下,创建一个海拔栅格三维立体山脉造型。虚拟现实 ElevationGrid 海拔栅格节点三维立体场景设计 X3D 文件源程序展示如下:

```
<Scene>
    <!-- Scene graph nodes are added here -->
    <Background skyColor="1 1 1"/>
<Viewpoint description='Viewpoint-1' position='8 4 15'/>
    <Viewpoint description='Viewpoint-2' position='8 4 25'/>
<Transform translation="0 0 -10" scale="2 1 2">
<Shape>
      <Appearance>
      <ImageTexture url="mount.jpg"/>
      </Appearance>
      <ElevationGrid creaseAngle="5.0"
        height="0.0 0.0 0.0 0.0 0.0 0.0 0.0 0.0 0.0 0.0 0.0 0.0 0.0 2.5 0.5 0.0 0.0 0.0 0.0
0.0 0.5 0.5 3.0 1.0 0.5 0.0 1.0 0.0 0.0 0.5 2.0 4.5 2.5 1.0 1.5 0.5 1.0 2.5 3.0 4.5 5.5 3.5 3.0
1.0 0.0 0.5 2.0 2.0 2.5 3.5 4.0 2.0 0.5 0.0 0.0 0.0 0.5 1.5 1.0 2.0 3.0 1.5 0.0 0.0 0.0 0.0 0.0
0.0 0.0 2.0 1.5 0.5 0.0 0.0 0.0 0.0 0.0 0.0 0.0 0.0 0.0"
        solid="false" xDimension="9" zDimension="9"/>
    </Shape>
</Transform>
  </Scene>
```

在 Scene 场景根节点下添加 Background 背景节点和 Shape 模型节点,背景节点的颜色取白色以突出三维立体山脉几何造型的显示效果。利用三维立体几何海拔栅格节点创建一个三维立体山脉造型,此外增加了 Appearance 外观节点和 Material 材料节点,对物体造型的外观颜色、物体发光颜色、外观材料的亮度以及透明度的设计,以提高空间三维立体山脉造型的显示效果。

虚拟现实 ElevationGrid 海拔栅格节点三维立体造型设计运行程序，首先，启动 X3D 浏览器，单击 Open 按钮，然后打开 X3D 案例程序，即可运行虚拟现实 ElevationGrid 海拔栅格节点创建一个三维立体空间山脉场景造型。在立体背景空间下，使用 Shape 模型节点和海拔栅格节点，创建一个山脉造型，并进行平滑处理的效果，如图 7-4 所示。

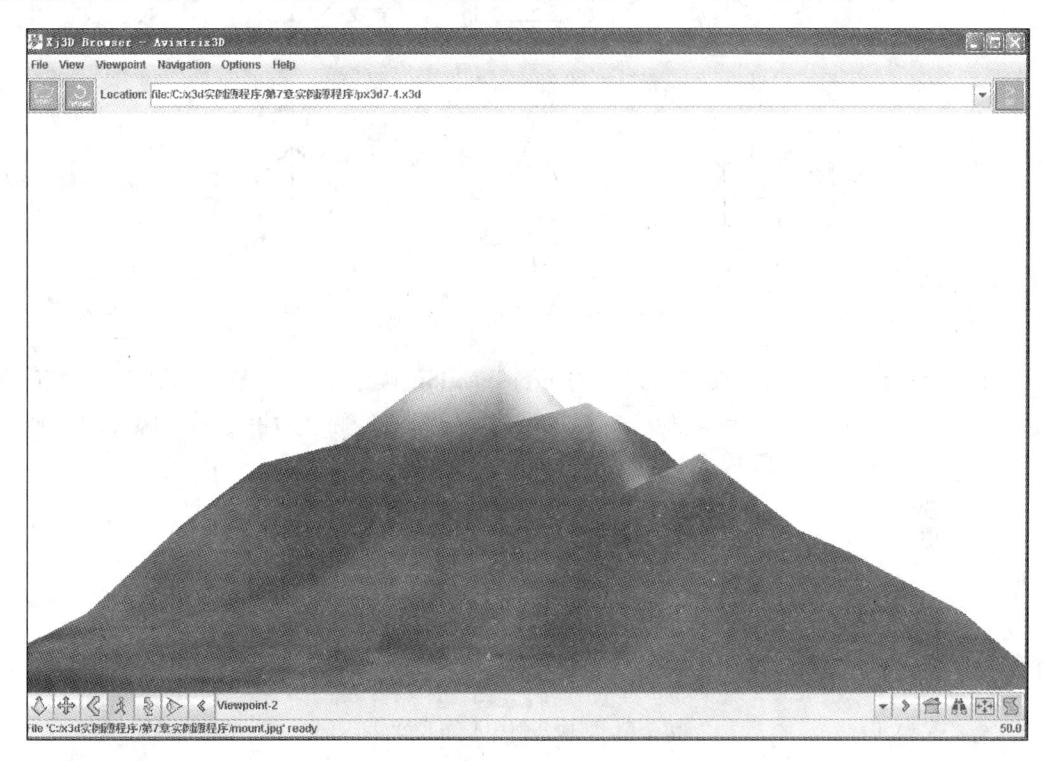

图 7-4 ElevationGrid 海拔栅格节点运行效果

7.6 互联网 3D Extrusion 设计

互联网 3D Extrusion 挤出造型节点设计可以创建出用户需要的所有立体空间造型。它像一个加工厂，能生产出各种各样的零部件或产品。利用 Extrusion 挤出造型节点生产和加工出 X3D 虚拟现实世界中千姿百态的三维立体空间造型，是 X3D 文件中最重要、最复杂，也是最有用的节点。

7.6.1 Extrusion 算法分析

在 X3D 文件中，Extrusion 挤出造型节点用于创建挤出造型，创建挤出造型过程类似工业生产制造中的一种加工的材料的流体通过一个金属板的模型孔，按照模型孔的设计，挤压成一个新的造型，这个过程就是挤出。例如铁丝就是铁水通过挤压模型挤出来的。Extrusion 挤出造型节点可视为更具变化的 Cylinder 圆柱体节点。Extrusion 挤出造型节点算法分析主要由两个 crossSection 域和 spine 域的域值设计决定。

crossSection 域控制断面形状，是一系列的二维轮廓线，可以组成圆形、正方形、三角形、菱形以及多边形等，如图 7-5 所示。

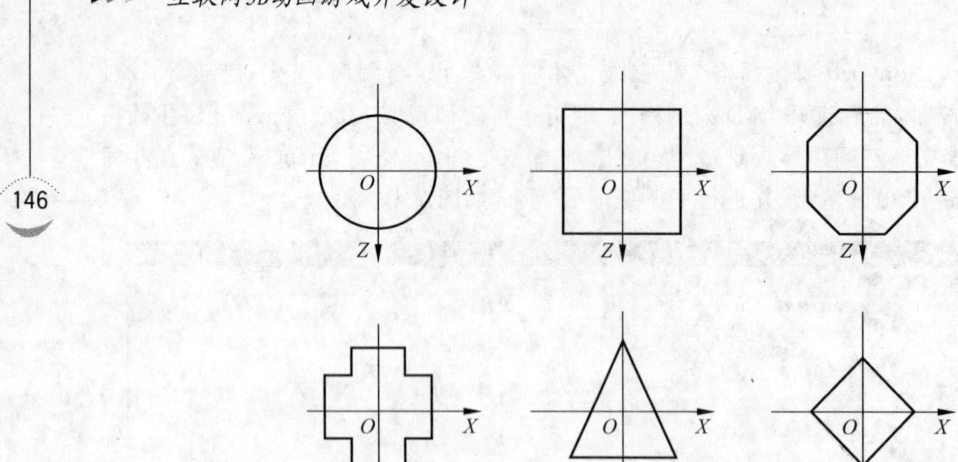

图 7-5　常见几种断面(X-Z)形状

spine 域定义了一系列的三维路径与 crossSection 域定义好的断面的几何中心沿着 spine 域路径创建造型。spine 域定义的路径可以是一条直线路径、曲线路径、螺旋线路径以及封闭路径等,如图 7-6 所示。

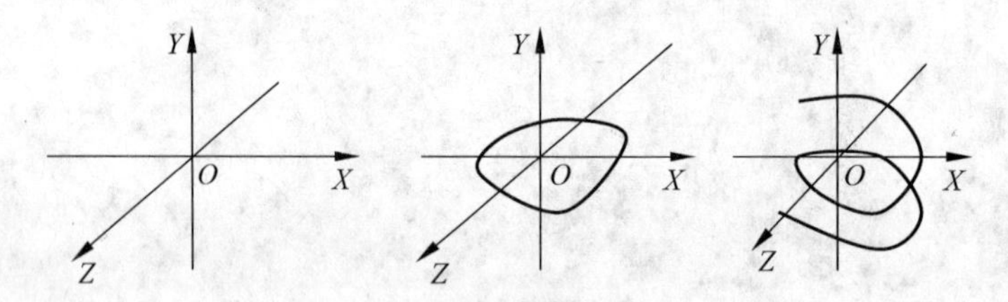

图 7-6　断面几何中心路径变化

Shape 模型节点可以包含 Appearance 子节点和 geometry 子节点,Extrusion 节点作为 Shape 模型节点下 geometry 几何节点域中的一个子节点。而 Appearance 外观和 Material 材料节点用于描述 Sphere 球体节点的纹理材质、颜色、发光效果、明暗、光的反射以及透明度等。Extrusion 节点是一个三维立体几何,该节点通过挤出过程创建了物体表面的几何形状,通常作为造型节点的 geometry 域的域值。

7.6.2　互联网 3D Extrusion 语法定义

互联网 3D Extrusion 节点语法定义了一个用于确定挤出造型的属性名和域值,利用 Extrusion 挤出造型节点的域名、域值、域的数据类型以及事件的存储访问权限的定义来创建一个效果更加理想的三维立体空间挤出造型场景。利用 Extrusion 挤出造型节点中的 spine、crossSection、scale、orientation、beginCap、endCap、ccw、convex、creaseAngle、solid 域等参数创建 X3D 三维立体空间挤出造型场景造型。Extrusion 挤出造型是一个几何节点,在局部坐标系统中,用指定的二维图形沿着一个三维线的路径,拉伸出一个三维物体。在缩放旋转路径上不同部分的截面将可以建立复杂的形体。在增加 geometry 或 Appearance 节点之前先插入一个 Shape 节点。Extrusion 挤出造型节点语法定义如下:

```
< Extrusion
DEF                    ID
```

```
USE                 IDREF
spine               [0 0 0, 0 1 0]       MFVec3f        initializeOnly
crossSection        [1 1, 1 -1, -1 -1,
                      -1 1, 1 1]         MFVec2f        initializeOnly
scale               [1 1]                MFVec2f        initializeOnly
orientation         0 0 1 0              MFRotation     initializeOnly
beginCap            true                 SFBool         initializeOnly
endCap              true                 SFBool         initializeOnly
ccw                 true                 SFBool         initializeOnly
convex              true                 SFBool         initializeOnly
creaseAngle         0.0                  SFFloat        initializeOnly
solid               true                 SFBool         initializeOnly
set_crossSection    ""                   MFVec2f        inputOnly
set_orientation     ""                   MFRotation     inputOnly
set_scale           ""                   MFVec2f        inputOnly
set_spine           ""                   MFVec3f        inputOnly
containerField      geometry
class
/>
```

Extrusion 挤出造型节点设计包含域名、域值、域数据类型以及存储/访问类型等，节点中数据内容(架构)包含在一对尖括号中，用"<、/>"表示。

域数据类型描述如下：

- SFBool 域——一个单值布尔量，取值范围为[true|false]。
- MFVec2f 域——一个包含任意数量的二维矢量的多值域。
- MFVec3f 域——一个包含任意数量的三维矢量的多值域。
- MFRotation 域——包含任意数量的旋转值。
- SFFloat 域——单值单精度浮点数。

事件的存储/访问类型描述：表示域(属性)的存储/访问类型，包括 inputOnly(输入类型)、outputOnly(输出类型)、initializeOnly(初始化类型)以及 inputOutput(输入/输出类型)等，用来描述该节点必须提供该属性值。Extrusion 挤出造型节点包含 DEF、USE、spine、crossSection、orientation、scale、beginCap、endCap、ccw、convex、creaseAngle、solid、set_crossSection、set_orientation、set_scale、set_spine、containerField 以及 class 域等。

- DEF 为节点定义一个名字，给该节点定义了唯一的 ID，在其他节点中就可以引用这个节点。用 DEF 为节点命名时，使用有意义的描述性的名称可以规范文件，以提高 X3D 文件可读性，该属性是可选项。
- USE 用来引用 DEF 定义的节点 ID，即引用 DEF 定义的节点名字，同时忽略其他的属性和子对象。使用 USE 来引用其他的节点对象而不是复制节点可以提高性能和编码效率。该属性是可选项。
- spine 域——定义了一系列的三维坐标，而这些坐标定义了一个封闭或开放的轨迹，造型是沿着这条轨迹被拉动的，从而创建了挤出过程。该域值的默认值为沿着 Y 轴指向正上方的直线轨迹。
- crossSection 域——定义了一系列的二维坐标，这些坐标定义了沿着挤出过程的脊线进行挤出的一个封闭或开放的轮廓。该值中的二维坐标第一个值为沿 X 轴方向上的距离，第二个值为沿着 Z 轴方向上的距离。该域的默认值为一个正方形。

- orientation 域——指定了沿脊线坐标的挤出孔的旋转情况。和 rotation 域一样，每一个域值都包括一个旋转轴和旋转角度。该域值的默认值为 0.0 0.0 1.0 0.0，即不产生旋转。
- scale 域——指定了一系列挤出孔的比例因数对。每一个比例因数对的第一个值为挤出孔指定了一个 X 方向上的缩放比例因数，第二个值为挤出孔指定了一个 Z 方向上的缩放比例因数。它们被使用在沿脊线的每一个坐标处。该域值必须大于或等于 0.0，其默认值为 1.0 1.0，表示缩放比例在 X 方向和 Z 方向上都为 1.0，即挤出孔的大小不变。
- beginCap 域和 endCap 域——指定了在挤出完成后，是否加顶盖和底盖。域值为 true 时，则利用 crossSection 域中的二维坐标创建了一个盖子表面，域值为 false 时，则不创建。其默认值为 true。
- ccw 域——指定了挤出孔是按顺时针方向的坐标来定义，还是按逆时针的坐标来定义的。当该域值为 true 时，则按逆时针方向定义；当该域值为 false 时，则按顺时针定义，其默认值为 true。
- convex 域——表示挤出孔是否都是凸面。当该域值为 true 时，X3D 浏览器不需要对这些面进行分隔；当该域值为 false 时，浏览器自动将这些凹陷的挤出孔面分隔为许多较小的凸面。该域值的默认值为 true，表示挤出孔都是凸面，而不必进行分隔。
- creaseAngle 域——指定了一个用弧度表示的折痕用的阈值。挤出造型中两个相邻面间的夹角大于所设定的阈值，那么这两个面的边界就会模糊，也就是进行了平滑绘制。如果两个相邻面间的夹角大于所设定的阈值，那么这两个面的边界就会保持原来的样子，不再进行平滑绘制。该域值必须大于或等于 0.0。其默认值为 0.0。
- solid 域——指定了一个布尔量，当该域值为 true 时，只会创建正面，反面不创建；当该域值为 false 时，正反两面均创建。该域值的默认值为 true。
- set_crossSection 域——指定了设置顺序性的二维点坐标线性分段曲线，由一系列连接的顶点组成一个平面，提供几何造型外表面的轮廓。
- set_orientation 域——指定了设置一系列的每个截面的平面的 4 值轴角方位。注释：spine 点、scale 值和 orientation 值的数量必须相同。
- set_scale 域——指定了设置一系列的二维比例参数，用来缩放每一段截面的平面。注释：spine 点、scale 值和 orientation 值的数量必须相同。该域值不允许为零或负值。
- set_spine 域——指定了设置一系列连接的顶点组成的开放或关闭一个三维点坐标线性分段曲线，沿着这个曲线用截面 crossSection 挤压出几何造型。注释：spine 点、scale 值和 orientation 值的数量必须相同。
- containerField 域——表示容器域是 field 域标签的前缀，表示了子节点和父节点的关系。该容器域名称为 geometry，包含几何节点。如 geometry Box、children Group、proxy Shape。containerField 属性只有在 X3D 场景用 XML 编码时才使用。
- class 域——用空格分开的类的列表，保留给 XML 样式表使用。只有 X3D 场景用 XML 编码时才支持 class 属性。

7.6.3 互联网 3D Extrusion 案例分析

互联网 3D Extrusion 挤出造型节点三维立体造型设计利用虚拟现实程序设计语言 X3D 进行设计、编码和调试。利用现代软件开发的极端编程思想，采用绝对编程、自动测试、简单设计以及先测试后设计开发理念。融合结构化、组件化和模块化的设计思想，使软件开发设计层次清晰、结构合理。利用虚拟现实语言的各种节点创建生动、逼真地挤出三维立体造型。使用 X3D 内核节点、背景节点以及复杂的挤出造型几何节点进行设计和开发。

【实例 7-5】 利用 Background 背景节点、Shape 空间物体造型模型节点、Appearance 外观子节点和 Material 外观材料节点、Extrusion 挤出造型几何节点在三维立体空间背景下，创建一个三维立体挤压造型。虚拟现实 Extrusion 挤出造型节点三维立体场景设计 X3D 文件源程序展示如下：

```
<Scene>
    <! -- Scene graph nodes are added here -->
    <Background skyColor = "1 1 1"/>
    <! -- First position and rotate viewpoint into positive - X - Y - Z octant using a Transform -->
    <Transform rotation = '0 1 0 0.758' translation = '4 2 4'>
      <Viewpoint description = 'Extruded pyramid' orientation = '1 0 0 - 0.3' position = '0 0 0'/>
    </Transform>
    <Shape>
      <Appearance>
        <Material diffuseColor = '0.3 0.8 0.9'/>
      </Appearance>
      <Extrusion crossSection = '1.00 0.00 0.92 - 0.38
        0.71 - 0.71 0.38 - 0.92
        0.00 - 1.00 - 0.38 - 0.92
        - 0.71 - 0.71 - 0.92 - 0.38
        - 1.00 - 0.00 - 0.92 0.38
        - 0.71 0.71 - 0.38 0.92
        0.00 1.00 0.38 0.92
        0.71 0.71 0.92 0.38
        1.00 0.00 '
  scale = '1 1 0.5 0.5' spine = '0 0 0 0 1 0'/>
    </Shape>
</Scene>
```

在 X3D 源文件中，在 Scene 场景根节点下添加 Background 背景节点和 Shape 模型节点，背景节点的颜色取白色以突出三维立体挤出造型的显示效果。利用三维立体挤出造型节点创建一个挤出造型，此外增加了 Appearance 外观节点和 Material 材料节点，对物体造型的外观颜色、物体发光颜色、外观材料的亮度以及透明度的设计，以提高空间三维立体造型的显示效果。

虚拟现实 Extrusion 挤出造型节点三维立体造型设计运行程序，首先，启动 X3D 浏览器，单击 Open 按钮，然后打开 X3D 案例程序，即可运行虚拟现实 Extrusion 挤出造型节点创建一个三维立体挤出造型。在立体背景空间下，使用 Shape 模型节点和挤出造型节点，创建一个挤出造型处理的效果，如图 7-7 所示。

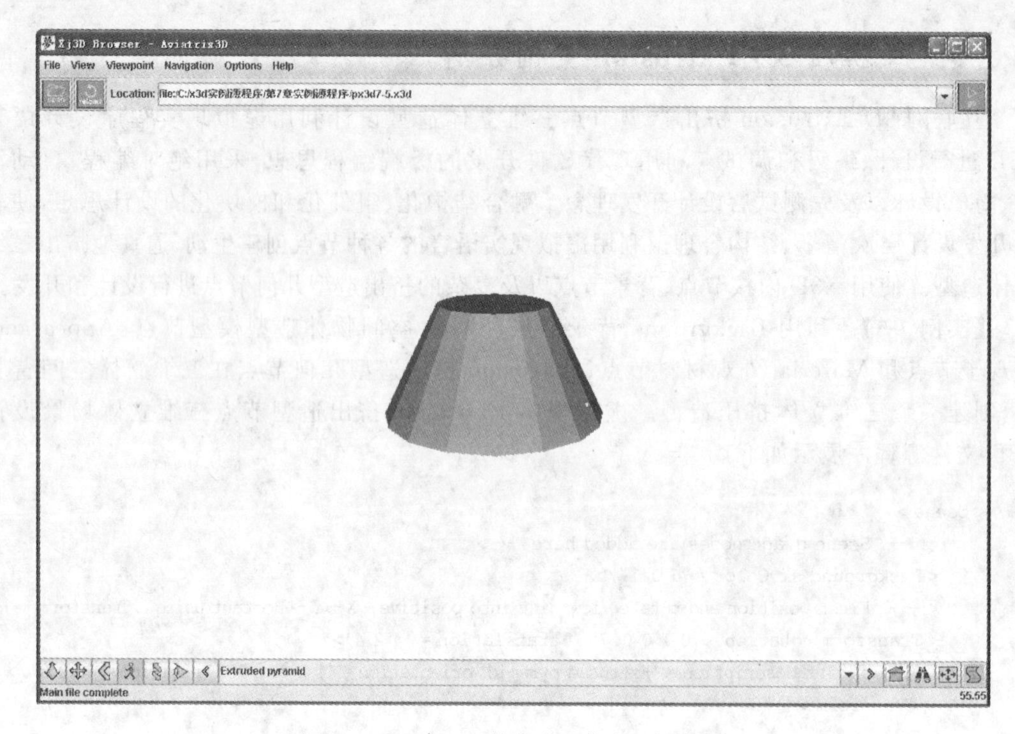

图 7-7　Extrusion 挤出造型节点运行效果

7.7　互联网 3D Color 设计

互联网 3D Color 颜色节点指定了一系列的 RGB 色彩值。Color 颜色节点通常在 ElevationGrid、IndexedFaceSet、IndexedLineSet、LineSet、PointSet 中使用，其中颜色经常是由 Material 节点决定。Color 颜色节点在 Shape 模型节点中的 Geometry 几何子节点的 ElevationGrid、IndexedFaceSet、IndexedLineSet、LineSet、PointSet 下使用，利用 Appearance 外观子节点和 Material 外观材料子节点描述空间物体造型的颜色、材料漫反射、环境光反射、外观材料的亮度以及透明度等，使三维立体空间场景和造型更加生动和鲜活。

互联网 3D Color 颜色节点定义一系列的 RGB 色彩值。Color 常在 ElevationGrid、IndexedFaceSet、IndexedLineSet、LineSet、PointSet 节点中使用。其中颜色经常是由 Material 节点决定。Color 颜色节点语法定义了一个几何颜色对象的属性名和域值，利用 Color 颜色节点的域名、域值、域的数据类型以及事件的存储访问权限的定义来创建一个效果更加理想的几何造型。利用 Color 颜色节点中提供的 Color 等各种域值创建 X3D 文件中的几何造型。Color 颜色节点语法定义如下：

```
<Color
DEF                 ID
USE                 IDREF
color                                   MFColor             inputOutput
containerField      color
class
/>
```

Color 颜色节点■■设计包含域名、域值、域数据类型以及存储/访问类型等，节点中数据内容(架构)包含在一对尖括号中，用"<、/>"表示。

域数据类型描述如下：

- MFColor 域——一个多值域，包含任意数量的 RGB 颜色值。

事件的存储/访问类型描述：表示域(属性)的存储/访问类型，包括 inputOnly(输入类型)、outputOnly(输出类型)、initializeOnly(初始化类型)以及 inputOutput(输入/输出类型)等，用来描述该节点必须提供该属性值。Color 颜色节点包含 DEF、USE、color、containerField 以及 class 域等。

- DEF 为节点定义一个名字，给该节点定义了唯一的 ID，在其他节点中就可以引用这个节点。用 DEF 为节点命名时，使用有意义的描述性的名称可以规范文件，以提高 X3D 文件可读性，该属性是可选项。
- USE 用来引用 DEF 定义的节点 ID，即引用 DEF 定义的节点名字，同时忽略其他的属性和子对象。使用 USE 来引用其他的节点对象而不是复制节点可以提高性能和编码效率。该属性是可选项。
- color 域——指定了立体空间点、线、面等几何造型中的 RGB 颜色值。它是一个多值域，定义了一系列的 RGB 色彩值。
- containerField 域——表示容器域是 field 域标签的前缀，表示子节点和父节点的关系。该容器域名称为 color，包含几何节点。如 geometry Box、children Group、proxy Shape。containerField 属性只有在 X3D 场景用 XML 编码时才使用。
- class 域——用空格分开的类的列表，保留给 XML 样式表使用。只有 X3D 场景用 XML 编码时才支持 class 属性。

7.8 互联网 3D ColorRGBA 设计

互联网 3D ColorRGBA 颜色节点语法定义了一个几何颜色对象的属性名和域值，利用 ColorRGBA 颜色节点的域名、域值、域的数据类型以及事件的存储访问权限的定义来创建一个效果更加理想的几何造型。利用 ColorRGBA 颜色节点中提供的 color 等各种域值创建 X3D 文件中的几何造型。

互联网 3D ColorRGBA 颜色节点指定了一系列的 RGBA 色彩值。ColorRGBA 颜色节点通常在 ElevationGrid、IndexedFaceSet、IndexedLineSet、LineSet、PointSet 节点中使用。其中颜色经常是由 Material 节点决定。ColorRGBA 颜色节点在 Shape 模型节点中的 Geometry 几何子节点的 ElevationGrid、IndexedFaceSet、IndexedLineSet、LineSet、PointSet 下使用，利用 Appearance 外观子节点和 Material 外观材料子节点描述空间物体造型的颜色、材料漫反射、环境光反射、外观材料的亮度以及透明度等，使三维立体空间场景和造型更加生动和鲜活。ColorRGBA 颜色节点语法定义如下：

```
< ColorRGBA
DEF                     ID
USE                     IDREF
color                                       MFColorRGBA       inputOutput
```

```
containerField        color
class
/>
```


ColorRGBA 颜色节点■■设计包含域名、域值、域数据类型以及存储/访问类型等，节点中数据内容(架构)包含在一对尖括号中，用“<、/>”表示。

域数据类型描述如下：

MFColorRGBA 指定了零个或更多的 RGBA 四分量，分别是红、绿、蓝及透明度。

事件的存储/访问类型描述：表示域(属性)的存储/访问类型，包括 inputOnly(输入类型)、outputOnly(输出类型)、initializeOnly(初始化类型)以及 inputOutput(输入/输出类型)等，用来描述该节点必须提供该属性值。ColorRGBA 颜色节点包含 DEF、USE、color、containerField 以及 class 域等。

- DEF 为节点定义一个名字，给该节点定义了唯一的 ID，在其他节点中就可以引用这个节点。用 DEF 为节点命名时，使用有意义的描述性的名称可以规范文件，以提高 X3D 文件可读性，该属性是可选项。
- USE 用来引用 DEF 定义的节点 ID，即引用 DEF 定义的节点名字，同时忽略其他的属性和子对象。使用 USE 来引用其他的节点对象而不是复制节点可以提高性能和编码效率。该属性是可选项。
- color 域——指定了立体空间点、线、面等几何造型中的 RGBA 颜色值。它是一个多值域，定义了一系列的 RGBA 色彩值。
- containerField 域——表示容器域是 field 域标签的前缀，表示子节点和父节点的关系。该容器域名称为 color，包含几何节点，如 geometry Box、children Group、proxy Shape。containerField 属性只有在 X3D 场景用 XML 编码时才使用。
- class 域——用空格分开的类的列表，保留给 XML 样式表使用。只有 X3D 场景用 XML 编码时才支持 class 属性。

7.9 互联网 3D Coordinate 设计

互联网 3D Coordinate 节点为建立几何对象提供的一系列的 3D 坐标。Coordinate 只由 IndexedFaceSet、IndexedLineSet、LineSet、PointSet 节点使用。Coordinate 节点通常可以作为 IndexedFaceSet、IndexedLineSet、LineSet、PointSet 节点的子节点。Coordinate 节点为 IndexedLineSet、LineSet、PointSet 节点提供一系列的 3D 坐标。而 IndexedLineSet、LineSet、PointSet 节点又可以作为 Shape 模型节点下 geometry 几何节点域中的一个子节点。

互联网 3D Coordinate 节点语法定义提供了建立几何对象使用的一系列的 3D 坐标的属性名和域值，利用 Coordinate 的域名、域值、域的数据类型以及事件的存储访问权限的定义来创建一个 IndexedLineSet、LineSet、PointSet 节点造型。利用 Coordinate 节点中的 point 提供一系列的 3D 坐标点创建 X3D 文件中的各种造型。Coordinate 节点语法定义如下：

```
<Coordinate
```

```
DEF                 ID
USE                 IDREF
point               []              MFVec3f         inputOutput
containerField      coord
class
/>
```

Coordinate 节点设计包含域名、域值、域数据类型以及存储/访问类型等，节点中数据内容(架构)包含在一对尖括号中，用“＜、/＞”表示。

域数据类型描述如下：

MFVec3f 域——一个包含任意数量的三维矢量的多值域，该域描述了单精度浮点值组成的数据。

事件的存储/访问类型描述：表示域(属性)的存储/访问类型，包括 inputOnly(输入类型)、outputOnly(输出类型)、initializeOnly(初始化类型)以及 inputOutput(输入/输出类型)等，用来描述该节点必须提供该属性值。Coordinate 节点包含 DEF、USE、point、containerField 以及 class 域等。

- DEF 为节点定义一个名字，给该节点定义了唯一的 ID，在其他节点中就可以引用这个节点。用 DEF 为节点命名时，使用有意义的描述性的名称可以规范文件，以提高 X3D 文件可读性，该属性是可选项。
- USE 用来引用 DEF 定义的节点 ID，即引用 DEF 定义的节点名字，同时忽略其他的属性和子对象。使用 USE 来引用其他的节点对象而不是复制节点可以提高性能和编码效率。该属性是可选项。
- point 域——指定了一系列的 3D 坐标点，由许多三维坐标点组成一个立体几何造型，如 IndexedLineSet、LineSet、PointSet 节点。定义每个点的三维坐标为单精度浮点值组成的数据，初始值为[]，取值范围$(-\infty,\infty)$。其中几何尺寸一旦初始化后就不可以再更改，可以使用 Transform 缩放尺寸。
- containerField 域——表示容器域是 field 域标签的前缀，表示子节点和父节点的关系。该容器域名称为 coord，包含几何节点。如 geometry Box、children Group、proxy Shape。containerField 属性只有在 X3D 场景用 XML 编码时才使用。
- class 域——用空格分开的类的列表，保留给 XML 样式表使用。只有 X3D 场景用 XML 编码时才支持 class 属性。

7.10 互联网 3D Normal 设计

互联网 3D Normal 法向量节点是一系列的三维表面法线向量，法线值是每个面或顶点的垂直方向，用来计算光照和阴影。Normal 法向量节点用来生成一个法向量列表，可作为基于坐标几何节点的子节点，即该节点在 IndexedFaceSet 和 ElevationGrid 节点中使用。

互联网 3D Normal 法向量节点表示一个面和海拔栅格的朝向。Normal 法向量节点定义了一组用于几何节点的 Normal 域中的三维表面法向量。Normal 法向量节点用来生成一个法向量列表，可作为基于坐标几何节点的子节点，如 IndexedFaceSet 面节点和 ElevationGrid 海拔栅格节点中的 Normal 域中的值，即为子节点。当法向量索引被几何节点使用时，Normal 法向量节点列表中的第一个法向量的索引为 0，第二个索引为 1，依次类推。

互联网 3D Normal 法向量节点语法定义了一个几何对象的属性名和域值，利用 Normal 法向量节点的域名、域值、域的数据类型以及事件的存储访问权限的定义来创建一个效果更加理想的几何造型。利用 Normal 法向量节点中提供的 vector 各种域值创建 X3D 文件中的几何造型。Normal 法向量节点语法定义如下：

```
<Normal
DEF                 ID
USE                 IDREF
vector                              MFVec3f        inputOutput
containerField      normal
class
/>
```

Normal 法向量节点区设计包含域名、域值、域数据类型以及存储/访问类型等，节点中数据内容(架构)包含在一对尖括号中，用“<、/>”表示。

域数据类型描述如下：

MFVec3f 域——一个包含任意数量的三维矢量的多值域。

事件的存储/访问类型描述：表示域(属性)的存储/访问类型，包括 inputOnly(输入类型)、outputOnly(输出类型)、initializeOnly(初始化类型)以及 inputOutput(输入/输出类型)等，用来描述该节点必须提供该属性值。Normal 法向量节点包含 DEF、USE、vector、containerField 以及 class 域等。

- DEF 为节点定义一个名字，给该节点定义了唯一的 ID，在其他节点中就可以引用这个节点。用 DEF 为节点命名时，使用有意义的描述性的名称可以规范文件，以提高 X3D 文件可读性，该属性是可选项。
- USE 用来引用 DEF 定义的节点 ID，即引用 DEF 定义的节点名字，同时忽略其他的属性和子对象。使用 USE 来引用其他的节点对象而不是复制节点可以提高性能和编码效率。该属性是可选项。
- vector 域——指定了一个法向量列表，用作立体空间造型法向量。该域值有三个浮点数，分别为 X、Y、Z 轴的分量。设置单位长度的法线向量，相应多边形或顶点的单位长度的法线向量。其默认值为空的法向量列表。
- containerField 域——表示容器域是 field 域标签的前缀，表示了子节点和父节点的关系。该容器域名称为 normal，包含几何节点。如 geometry Box、children Group、proxy Shape。containerField 属性只有在 X3D 场景用 XML 编码时才使用。
- class 域——用空格分开的类的列表，保留给 XML 样式表使用。只有 X3D 场景用 XML 编码时才支持 class 属性。

7.11 互联网 3D TextureCoordinate 设计

互联网 3D TextureCoordinate 纹理坐标节点创建一个三维立体纹理坐标图像绘制，使 X3D 文件三维立体场景和造型有更加逼真和生动的设计效果，该节点通常用作

IndexedFaceSet 节点和 ElevationGrid 节点中的子节点。在 X3D 虚拟现实空间中，提供了 TextureCoordinate 纹理坐标节点和 TextureTransform 纹理变换节点来控制纹理的坐标以及坐标变换，使纹理为空间造型达到更佳的效果。TextureCoordinate 节点定义了一组纹理坐标，是为基于顶点的几何体（如 ElevationGrid、IndexedFaceSet）指定二维的（s，t）纹理坐标点，以便在基于顶点的多边形片面上进行纹理贴图。提示：在添加 TextureCoordinate 节点前先添加 Shape 节点和基于多边形/平面的几何节点。

7.11.1 互联网 3D TextureCoordinate 语法定义

互联网 3D TextureCoordinate 纹理坐标节点语法定义了一个用于确定几何纹理坐标节点的属性名和域值，利用 TextureCoordinate 纹理坐标节点的域名、域值、域的数据类型以及事件的存储访问权限的定义来创建一个效果更加理想的三维立体坐标纹理图像场景。TextureCoordinate 纹理坐标节点语法定义如下：

```
< TextureCoordinate
DEF                 ID
USE                 IDREF
point                          MFVec2f          inputOutput
containerField      texCoord
class
/>
```

TextureCoordinate 纹理坐标节点设计包含域名、域值、域数据类型以及存储/访问类型等，节点中数据内容（架构）包含在一对尖括号中，用“<、/>”表示。

域数据类型描述如下：

MFVec2f 域——一个包含任意数量的二维向量的多值域。

事件的存储/访问类型描述：表示域（属性）的存储/访问类型，包括 inputOnly（输入类型）、outputOnly（输出类型）、initializeOnly（初始化类型）以及 inputOutput（输入/输出类型）等，用来描述该节点必须提供该属性值。TextureCoordinate 纹理坐标节点包含 DEF、USE、point、containerField 以及 class 域等。

- DEF 为节点定义一个名字，给该节点定义了唯一的 ID，在其他节点中就可以引用这个节点。用 DEF 为节点命名时，使用有意义的描述性的名称可以规范文件，以提高 X3D 文件可读性，该属性是可选项。
- USE 用来引用 DEF 定义的节点 ID，即引用 DEF 定义的节点名字，同时忽略其他的属性和子对象。使用 USE 来引用其他的节点对象而不是复制节点可以提高性能和编码效率。该属性是可选项。
- point 域——指定了纹理图像在纹理坐标系统中的位置。与造型坐标不同的是纹理坐标是由两个浮点数值来指定的，分别表示自坐标原点起 *S*（水平）和 *T*（垂直）方向距离的值。对二维（s，t）纹理坐标，其取值在[0..1]范围内或当重复贴图时用更高值，该域值的默认值为空。通过 TextureCoordinate 节点可以指定纹理图像中的一部分。
- containerField 域——表示容器域是 field 域标签的前缀，表示子节点和父节点的关系。该容器域名称为 texCoord，包含几何节点，如 geometry Box、children Group、proxy Shape。containerField 属性只有在 X3D 场景用 XML 编码时才使用。

- class 域——用空格分开的类的列表，保留给 XML 样式表使用。只有 X3D 场景用 XML 编码时才支持 class 属性。

7.11.2 互联网 3D TextureCoordinate 案例分析

互联网 3D TextureCoordinate 纹理坐标节点指定了一组纹理坐标进行绘制，它是一个基于几何体顶点的二维(s,t)纹理坐标图像绘制，以便在基于顶点的多边形片面上进行纹理贴图。

【实例 7-6】 利用 Viewpoint 视点节点、Shape 空间物体造型模型节点、Appearance 外观子节点和 Material 外观材料节点、Transform 空间坐标变换、TextureCoordinate 纹理坐标以及几何节点在三维立体空间背景下，创建一个三维立体纹理坐标图像绘制。虚拟现实 TextureCoordinate 纹理坐标节点三维立体纹理坐标图像场景设计 X3D 文件源程序展示如下：

```
<Scene>
    <!-- Scene graph nodes are added here -->
    <Background skyColor="1 1 1"/>
<Viewpoint description='Viewpoint-1' position='0 0 11'/>
    <Viewpoint description='Viewpoint-2' position='0 0 18'/>
    <Transform rotation="1 0 0 6.284">
      <Shape>
        <Appearance>
          <ImageTexture url="m3698.jpg"/>
        </Appearance>
        <IndexedFaceSet coordIndex="0,1,2,3" solid="false">
          <Coordinate point="4.0 4.5 0.0,4.0 -4.5 0.0,-4.0 -4.5 0.0,-4.0 4.5 0.0,"/>
          <TextureCoordinate point="-1 1,-1 -1,1 -1,1 1,"/>
        </IndexedFaceSet>
      </Shape>
    </Transform>
  </Scene>
```

在 X3D 源程序文件中，在 Scene 场景根节点下添加 Background 背景节点、Shape 模型节点以及 TextureCoordinate 纹理坐标节点，背景节点的颜色取白色以突出三维立体影像几何造型的显示效果。利用 TextureCoordinate 纹理坐标节点组合创建一个三维立体纹理坐标图像绘制，以提高空间三维立体纹理坐标的显示效果。虚拟现实 TextureCoordinate 纹理坐标节点三维立体纹理坐标绘制设计运行程序。首先，启动 X3D 浏览器，单击 Open 按钮，然后打开 X3D 案例程序运行虚拟现实 TextureCoordinate 纹理坐标节点创建一个三维立体纹理坐标绘制造型。TextureCoordinate 纹理坐标节点程序运行效果如图 7-8 所示。

图 7-8　TextureCoordinate 纹理坐标节点绘制的图像效果

7.12　TextureCoordinateGenerator 节点设计

TextureCoordinateGenerator 纹理坐标生成器节点自动创建一个二维的(s,t)水平和垂直纹理坐标图像造型，使 X3D 文件三维立体场景和造型有更加逼真和生动的设计效果，该节点通常用作 IndexedFaceSet 节点和 ElevationGrid 节点中的子节点。TextureCoordinateGenerator 纹理坐标生成器节点作为基于顶点的几何体(如 ElevationGrid，IndexedFaceSet)自动生成二维的(s,t)水平和垂直纹理坐标点。提示：在添加 TextureCoordinateGenerator 节点前先添加 Shape 节点和基于多边形/平面的几何节点。

TextureCoordinateGenerator 纹理坐标生成器节点语法定义了一个用于确定纹理坐标生成器节点的属性名和域值，利用 TextureCoordinateGenerator 纹理坐标生成器节点的域名、域值、域的数据类型以及事件的存储访问权限的定义来创建一个效果更加理想的二维的(s,t)水平和垂直纹理图像场景。TextureCoordinateGenerator 纹理坐标生成器节点语法定义如下：

```
<TextureCoordinateGenerator
DEF         ID
USE         IDREF
mode        "SPHERE"[SPHERE|                          inputOutput
            CAMERASPACENORMAL |
            CAMERASPACEPOSITION|
```

```
                 CAMERASPACEREFLECTIONVECTOR|
                 SPHERE - LOCAL|COORD|
                 COORD - EYE|NOISE|NOISE - EYE |
                 SPHERE - REFLECT |
                 SPHERE - REFLECT - LOCAL]
parameter                                       MFVec2f        inputOutput
containerField  texCoord
class
}
```

TextureCoordinateGenerator 纹理坐标生成器节点包含域名、域值、域数据类型以及存储/访问类型等，节点中数据内容(架构)包含在一对尖括号中，用“<、/>”表示。

域数据类型描述如下：

MFVec2f 域——一个包含任意数量的二维矢量的多值域。

事件的存储/访问类型描述：表示域(属性)的存储/访问类型，包括 inputOnly(输入类型)、outputOnly(输出类型)、initializeOnly(初始化类型)以及 inputOutput(输入/输出类型)等，用来描述该节点必须提供该属性值。TextureCoordinateGenerator 纹理坐标生成器节点包含 DEF、USE、mode、parameter、containerField 以及 class 域等。

- DEF 为节点定义一个名字，给该节点定义了唯一的 ID，在其他节点中就可以引用这个节点。用 DEF 为节点命名时，使用有意义的描述性的名称可以规范文件，以提高 X3D 文件可读性，该属性是可选项。
- USE 用来引用 DEF 定义的节点 ID，即引用 DEF 定义的节点名字，同时忽略其他的属性和子对象。使用 USE 来引用其他的节点对象而不是复制节点可以提高性能和编码效率。该属性是可选项。
- mode 域——指定了一个纹理坐标生成器的模式类型，包括[SPHERE|CAMERASPACENORMAL|CAMERASPACEPOSITION|CAMERASPACEREFLECTIONVECTOR | SPHERE-LOCAL | COORD | COORD -EYE | NOISE | NOISE-EYE | SPHERE-REFLECT|SPHERE-REFLECT-LOCAL]，默认值为 SPHERE。
- parameter 域——指定了一个参数，类型为 inputOutput 的二维矢量。
- containerField 域——表示容器域是 field 域标签的前缀，表示了子节点和父节点的关系。该容器域名称为 texCoord，包含几何节点。如 geometry Box、children Group、proxy Shape。containerField 属性只有在 X3D 场景用 XML 编码时才使用。
- class 域——用空格分开的类的列表，保留给 XML 样式表使用。只有 X3D 场景用 XML 编码时才支持 class 属性。

第8章 互联网3D灯光渲染设计

在互联网3D灯光渲染组件设计中，开发设计出更完美、更逼真的三维立体场景和造型，还需要对X3D场景进行渲染和升华。主要包括PointLight节点、DirectionLight节点、SpotLight节点、NavigationInfor节点、Background节点、TextureBackground节点、Fog节点设计等。X3D对现实世界中光源的模拟实质上是一种对光影的计算。现实世界的光源是指各种能发光的物体，但是，在X3D世界中，你看不到这样的光源。X3D是通过对物体表面的明暗分布的计算，使物体同环境产生明暗对比，这样物体看起来就像是在发光。光源的另一点区别在于阴影。在X3D中的光源系统中不会自动产生阴影，如果要对静态物体作阴影渲染，必须先人工计算出阴影的范围，模拟阴影。

光源是由不同的颜色组成的，光源颜色由一个RGB颜色控制，与材料设置的颜色相似。光源发出的光线的颜色跟光源的颜色相同，如一个红色的光源发出的光线是红色的。在现实中，一个白色的光源照射到一个有色的物体表面，将发生两种现象，而人所能看到的只是其中的反射现象，另一种现象就是吸收光线，它导致光强的衰减，反射光是红色的。这是因为白色的光线由多种颜色的光组成，物体吸收了其中除了红色光的所有光线，红色则被反射。但是如果物体表面是黑色的，它将不反射任何光线。

在X3D中，可使用Material、Color和纹理节点设置造型的颜色，来自顶灯的白光线射到有色造型上时，每个造型将反射光中的某些颜色，这一点跟现实生活中一样。顶灯是一个白色的光源，不能设置颜色。一个有色光源照射到一个有色的造型上时，情况比较复杂。例如一个蓝色物体只能反射蓝色的光线，而一束红色的光线中又含有蓝色的成分，当一束红色的光线照射到一个蓝色的造型上时，由于没有蓝色光线可以反射，它将显示黑色。

现实中物体表面的亮度由直接照射它的光源的强度和环境中各种物体所反射的光线的多少决定，处于真空的单个物体由于没有漫反射发生，它的亮度只由直接照射它的光线的强度决定；但是在一间没有直接光源照射的房间里，有时也可能看到其中的物体，这是因为各种物体的反射光线在物体之间发生了多次复杂的反射和吸收，产生了环境光，它的原色是白色的。在X3D中可以模拟直接光线和环境光线所产生的效果。为了控制环境光线的多少，对X3D提供的光源节点，可以设置一个环境亮度值，如果该值高，则表示X3D世界中产生的环境光线较多。

光源分为自然界光源和人造光源。人类能看到自然界的万物，主要是由于光线的作用，光线的产生需要光源。在自然界和人造光源中，光源又分为点光源、锥光源和平行光源三种。在X3D文件中，按光线的照射方位分为点光源、平行光源和聚光光源。X3D中的光源并不是真正存在的实体造型，而是根据其所发出的光线假想出来的空间中的一个点或面。只能观察到由光源所产生的实际的光照效果，而不能真正观察到光源的几何形状。

8.1 互联网 3D PointLight 设计

互联网 3D PointLight 点光源节点生成一个点光源，即生成的光线是向四面八方照射的。PointLight 既可作为独立节点，也可作为其他组节点的子节点。PointLight 节点是一个点光源，作用是往所有的方向发射光线，光线照亮所有的几何对象，并不限制于场景图的层级，光线自身没有可见的形状，也不会被几何形体阻挡而形成阴影。

HeadLight 头顶灯由 NavigationInfo 节点控制。PointLight 点光源节点通常作为 Group 编组节点中的子节点或与 Background 背景节点平行使用。

8.1.1 互联网 3D PointLight 语法定义

互联网 3D PointLight 点光源节点语法定义了一个用于确定点光源节点的属性名和域值，利用 PointLight 点光源节点的域名、域值、域的数据类型，以及事件的存储访问权限的定义来创建一个效果更加理想的三维立体空间自然景观场景光照效果。PointLight 点光源节点语法定义如下：

```
<PointLight
    DEF                     ID
    USE                     IDREF
    on                      true        SFBool        inputOutput
    color                   1 1 1       SFColor       inputOutput
    location                0 0 0       SFVec3f       inputOutput
    intensity               1           SFFloat       inputOutput
    ambientIntensity        0                         SFFloatinputOutput
    radius                  100         SFFloat       inputOutput
    attenuation             1 0 0       SFVec3f       inputOutput
    global                  false       SFBool        inputOutput
    containerField          children
    class
/>
```

PointLight 点光源节点 设计包含域名、域值、域数据类型以及存储/访问类型等，节点中数据内容(架构)包含在一对尖括号中，用“<、/>”表示。

域数据类型描述如下：

- SFBool 域——一个单值布尔量。
- SFFlot 域——单值单精度浮点数。
- SFColor 域——只有一个颜色的单值域。
- SFVec3f 域或事件——定义了一个三维矢量空间。

事件的存储/访问类型描述：表示域(属性)的存储/访问类型，包括 inputOnly(输入类型)、outputOnly(输出类型)、initializeOnly(初始化类型)以及 inputOutput(输入/输出类型)等，用来描述该节点必须提供该属性值。PointLight 点光源节点包含 DEF、USE、on、color、location、intensity、ambientIntensity、radius、attenuation、global、containerField 以及 class 域等。

- DEF 为节点定义一个名字，给该节点定义了唯一的 ID，在其他节点中就可以引用这个节点。用 DEF 为节点命名时，使用有意义的描述性的名称可以规范文件，以提高 X3D 文件可读性，该属性是可选项。
- USE 用来引用 DEF 定义的节点 ID，即引用 DEF 定义的节点名字，同时忽略其他的属性和子对象。使用 USE 来引用其他的节点对象而不是复制节点可以提高性能和编码效率。该属性是可选项。
- on 域——指定了一个布尔量，表示该点光源为打开状态，还是关闭状态。true 表示打开点光源；false 表示关闭点光源。其默认值为 true。
- color 域——指定了光源的 RGB 颜色。该域值的默认为 1.0 1.0 1.0，表示生成一个白色的光源。
- location 域——指定了局部坐标系中光源所在位置的三维坐标。该域值的默认值为 0.0 0.0 0.0。
- intensity 域——指定了光源的明亮程度。该域范围为 0.0～1.0，0.0 表示光源最弱，1.0 表示光源的明亮程度达到最大。该域值的默认值为 1.0。
- ambientIntensity 域——定义了点光源对在该光源照明球体中造型的环境光线的影响。0.0 表示该光源对环境光线没有影响，1.0 表示该光源对环境光线的影响很大。该域值的默认值为 0.0。
- radius 域——指定了一个半径值，这个半径值为该光源所能照亮的范围是以该光源为中心的照明球体的半径。该球体以外的范围不能被该光源照到，而在该球体以内的则能被该光源照亮。
- attenuation 域——指定了在光照范围内光线的衰减方式。该域值由三个控制参数组成。第一个值表示光线保持一定，不会衰减；第二个值控制光线按线性方式衰减，即随着距离的增加光线亮度逐渐减弱；第三个值的二次衰减方式是最接近现实世界的状况，也是浏览器最耗费内存的情况，最慢的一种方式。该域的默认值为 1.0 0.0 0.0，表示照明球体中亮度保持一致。
- global 域——指定了球面光照到所有物体上，在它们光线值范围内的影响。观察光照最好方式是光照到物体上应该在相同的坐标变换体系范围内。
- containerField 域——表示容器域是 field 域标签的前缀，表示子节点和父节点的关系。该容器域名称为 children，包含几何节点。如 geometry Box、children Group、proxy Shape。containerField 属性只有在 X3D 场景用 XML 编码时才使用。
- class 域——用空格分开的类的列表，保留给 XML 样式表使用。只有 X3D 场景用 XML 编码时才支持 class 属性。

8.1.2 互联网 3D PointLight 案例分析

互联网 3D PointLight 节点是一个点光源，是往所有的方向发射光线，光线照亮所有的几何对象，并不限制于场景图的层级，光线自身没有可见的形状，生成的光线是向四面八方照射的。

【实例 8-1】 利用 Background 背景、视点节点、NavigationInfo 视点导航节点、Inline 内联节点以及 PointLight 点光源节点创建一个三维立体空间点光源浏览效果。虚拟现实

PointLight 点光源节点三维立体场景设计 X3D 文件源程序展示如下：

```
<Scene>
    <!-- Scene graph nodes are added here -->
    <Viewpoint description="PointLight at center of spheres. Note that light rays pass
            through geometry." position="0 0 30"/>
    <NavigationInfo headlight="false" type='"EXAMINE" "ANY"'/>
  <Background skyColor="0 1 1"/>
    <Group>
      <PointLight radius="12"/>
      <Inline bboxSize="16 16 16" url="px3d8-1-1.x3d"/>
    <Inline bboxSize="16 16 16" url="px3d8-1-2.x3d"/>
    </Group>
  </Scene>
```

在 X3D 源文件 Scene 场景根节点下添加 Background 背景节点、Group 编组节点、Inline 内联节点、NavigationInfo 视点导航节点以及 PointLight 点光源节点。利用 PointLight 点光源节点创建一个三维立体空间点光源浏览效果。

虚拟现实 PointLight 点光源节点三维立体空间场景设计运行程序。首先，启动 X3D 浏览器，单击 Open 按钮，然后打开 X3D 案例程序，即可运行虚拟现实 PointLight 点光源节点创建一个三维立体点光源浏览的场景造型。PointLight 点光源节点源程序运行效果如图 8-1 所示。

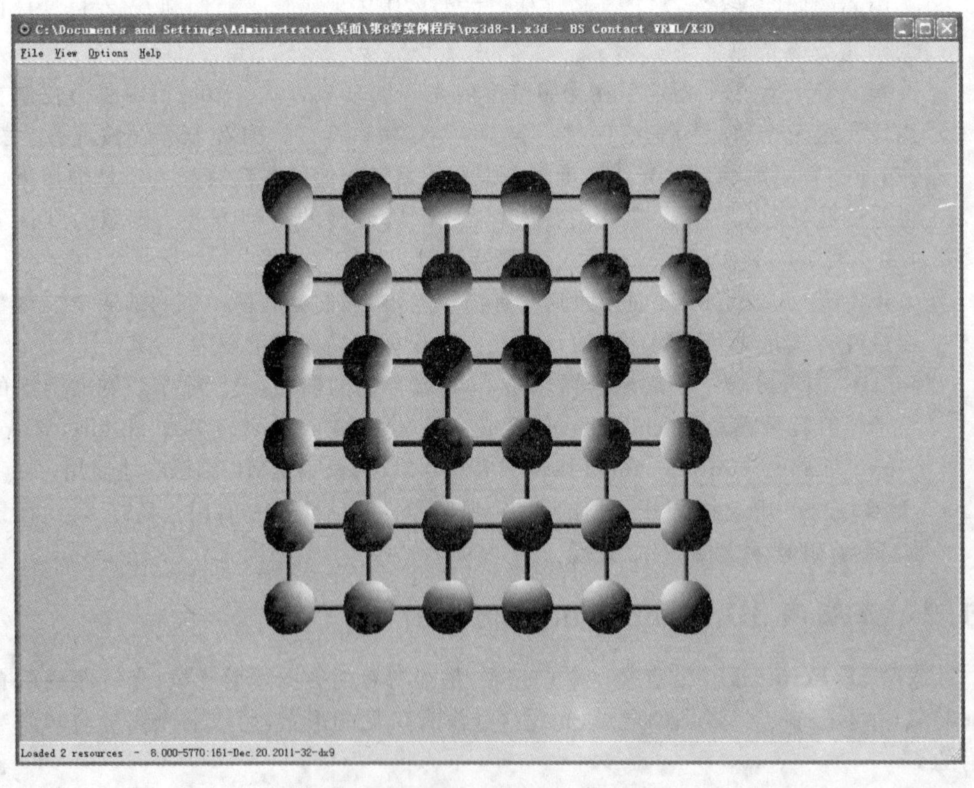

图 8-1 PointLight 点光源节点浏览效果

8.2 互联网 3D DirectionalLight 设计

互联网 3D DirectionalLight 定向光源节点生成一个平行光源，即生成的光线是平行向前发射的。DirectionalLight 既可作为独立节点，也可作为其他节点，也可作为其他组节点的子节点。DirectionalLight 定向光源节点通常作为 Group 编组节点中的子节点或与 Background 背景节点平行使用。DirectionalLight 定向光源节点可作为独立节点，也可作为其他节点的子节点。

8.2.1 互联网 3D DirectionalLight 语法定义

互联网 3D DirectionalLight 定向光源创建了一个平行光线来照亮几何体。光线只照亮同一组内所有节点以及当前组的深层子节点，它对同组以外的物体无影响。光线从无限远处平行照射，所以不需要考虑光源的位置。DirectionalLight 节点的光不随距离变化而衰减，光线自身没有可见的形状，也不会被几何形体阻挡而形成阴影。其中既可以动态改变方向，也可以模拟一天的太阳光线变化。

DirectionalLight 定向光源节点语法定义了一个用于确定平行光源节点的属性名和域值，利用 DirectionalLight 定向光源节点的域名、域值、域的数据类型，以及事件的存储访问权限的定义来创建一个效果更加理想的三维立体空间自然景观场景光照效果。DirectionalLight 定向光源节点语法定义如下：

```
<DirectionalLight
    DEF                 ID
    USE                 IDREF
    on                  true            SFBool      inputOutput
    color               1 1 1           SFColor     inputOutput
    direction           0 0 -1          SFVec3f     inputOutput
    intensity           1               SFFloat     inputOutput
    ambientIntensity    0                               SFFloatinputOutput
    global              false           SFBool      inputOutput
    containerField      children
    class
/>
```

DirectionalLight 定向光源节点设计包含域名、域值、域数据类型以及存储/访问类型等，节点中数据内容(架构)包含在一对尖括号中，用“<、/>”表示。

域数据类型描述如下：

- SFBool 域——一个单值布尔量。
- SFFlot 域——单值单精度浮点数。
- SFColor 域——只有一个颜色的单值域。
- SFVec3f 域或事件——定义了一个三维矢量空间。

事件的存储/访问类型描述：表示域(属性)的存储/访问类型，包括 inputOnly(输入类型)、outputOnly(输出类型)、initializeOnly(初始化类型)以及 inputOutput(输入/输出类型)等,用来描述该节点必须提供该属性值。DirectionalLight 定向光源节点包含 DEF、USE、on、color、direction、intensity、ambientIntensity、global、containerField 以及 class 域等。

- DEF 为节点定义一个名字,给该节点定义了唯一的 ID,在其他节点中就可以引用这个节点。用 DEF 为节点命名时,使用有意义的描述性的名称可以规范文件,以提高 X3D 文件可读性,该属性是可选项。
- USE 用来引用 DEF 定义的节点 ID,即引用 DEF 定义的节点名字,同时忽略其他的属性和子对象。使用 USE 来引用其他的节点对象而不是复制节点可以提高性能和编码效率。该属性是可选项。
- on 域——指定了一个布尔量,表示该点光源为打开状态,还是关闭状态。true 表示打开点光源; false 表示关闭点光源。其默认值为 true。
- color 域——定义了方向光源的 RGB 颜色。该域值的默认为 1.0 1.0 1.0,表示生成一个白色的光源。
- direction 域——定义了一个三维向量,表示方向光源的照射方向。该域值的三个向量分别表示 *X*、*Y*、*Z* 的坐标值,若为(1 0 0),表示平行光线朝向 *X* 轴正方向; 若为(−1 0 0),表示平行光线朝向 *X* 轴负方向。该域值的默认值为 0 0 −1,即方向光源的照射方向是沿 *Z* 轴的负方向的。
- intensity 域——定义了方向光源的光线强度。该域范围为 0.0~1.0,0.0 表示光源最弱,1.0 表示光源的明亮程度达到最大。该域值的默认值为 1.0。
- ambientIntensity 域——定义了方向光源对该光源照射物体中造型的环境光线的影响。0.0 表示该光源对环境光线没有影响,1.0 表示该光源对环境光线的影响很大。该域值的默认为 0.0。
- global 域——指定了球面光照到所有物体上,在它们光线值范围内的影响。观察光照最好方式是光照到物体上应该在相同的坐标变换体系范围内。
- containerField 域——表示容器域是 field 域标签的前缀,表示子节点和父节点的关系。该容器域名称为 children,包含几何节点。如 geometry Box、children Group、proxy Shape。containerField 属性只有在 X3D 场景用 XML 编码时才使用。
- class 域——用空格分开的类的列表,保留给 XML 样式表使用。只有 X3D 场景用 XML 编码时才支持 class 属性。

8.2.2 互联网 3D DirectionalLight 案例分析

互联网 3D DirectionalLight 定向光源生成一个平行光线来照亮几何体。光线从无限远处平行照射不需要考虑光源的位置。DirectionalLight 节点的光不随距离变化而衰减,光线自身没有可见的形状,可以动态改变方向,也可以模拟天空的太阳光线变化。

【实例 8-2】 利用 Background 背景、视点节点、NavigationInfo 视点导航节点、Inline 内联节点以及 DirectionalLight 定向光源节点创建一个三维立体空间定向光源浏览效果。虚拟现实 DirectionalLight 定向光源节点三维立体场景设计 X3D 文件源程序展示如下:

```
<Scene>
        <! -- Scene graph nodes are added here -->
```

```
    <Viewpoint description="DirectionalLight shining parallel rays to right. No location,
            light source is infinitely distant." position="0 0 30"/>
      <NavigationInfo headlight="false" type='"EXAMINE" "ANY"'/>
  <Background skyColor="1 0 0"/>
      <Group>
          <DirectionalLight direction="1 0 0"/>
          <Inline bboxSize="16 16 16" url="px3d8-1-1.x3d"/>
  <Inline bboxSize="16 16 16" url="px3d8-1-2.x3d"/>
      </Group>
  </Scene>
```

在 X3D 源文件 Scene 场景根节点下添加 Background 背景节点、Group 编组节点、Inline 内联节点、NavigationInfo 视点导航节点以及 DirectionalLight 定向光源节点。利用 DirectionalLight 定向光源节点创建一个三维立体空间定向光源浏览效果。

互联网 3D DirectionalLight 定向光源节点三维立体空间场景设计运行程序。首先，启动 X3D 浏览器，单击 Open 按钮，然后打开 X3D 案例程序 DirectionalLight 定向光源节点创建一个三维立体定向光源浏览的场景造型。DirectionalLight 定向光源节点源浏览效果如图 8-2 所示。

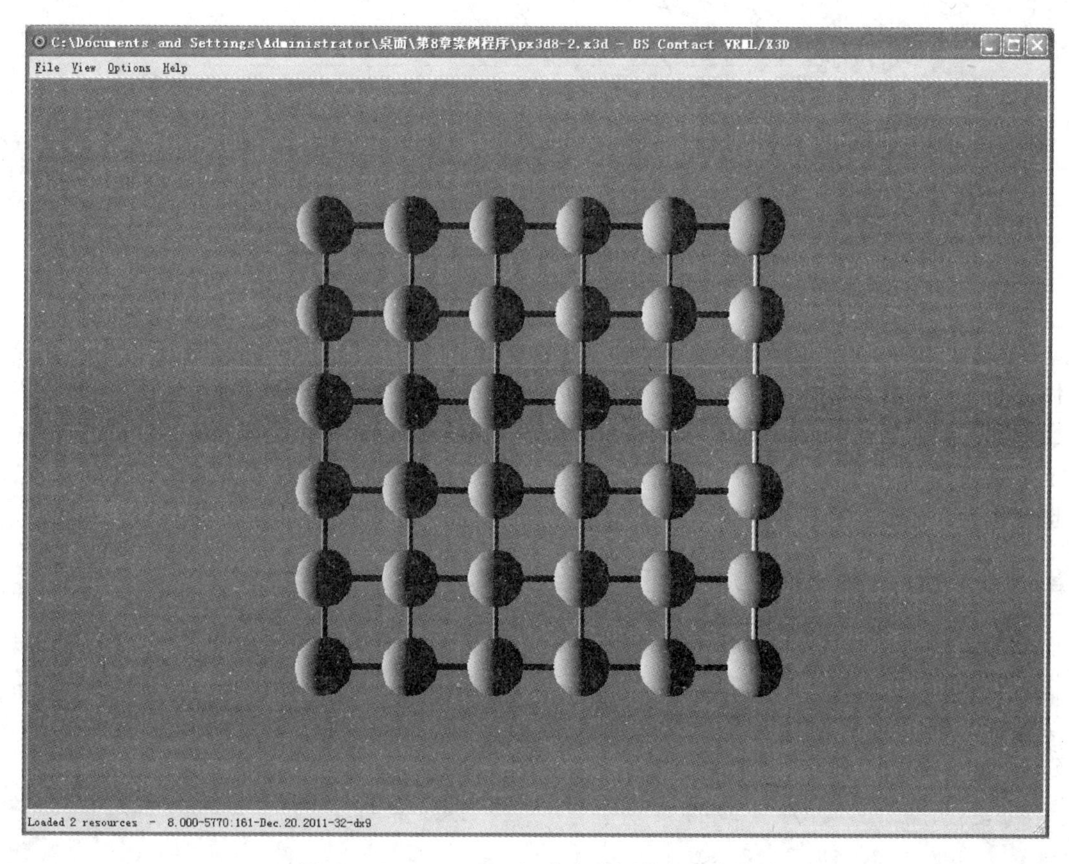

图 8-2　DirectionalLight 定向光源节点浏览效果

8.3 互联网 3D SpotLight 设计

互联网 3D SpotLight 聚光灯光源节点创建了一个锥光源，即从一个光点位置呈锥体状朝向一个特定的方向照射。圆锥体的顶点就是光源的位置，光线被限制在一个呈圆锥体状态的空间里，只有在此圆锥体空间内造型才会被照亮，其他部分不会被照亮。

8.3.1 聚光灯原理剖析

SpotLight 节点可作为独立节点，也可作为其他节点的子节点。使用聚光灯光源节点，可以在 X3D 虚拟现实立体空间创建一些具有特别光照特效的场景，如舞台灯光、艺术摄影以及其他一些特效虚拟场景等。

聚光(锥)光源照射的原理如图 8-3 所示。

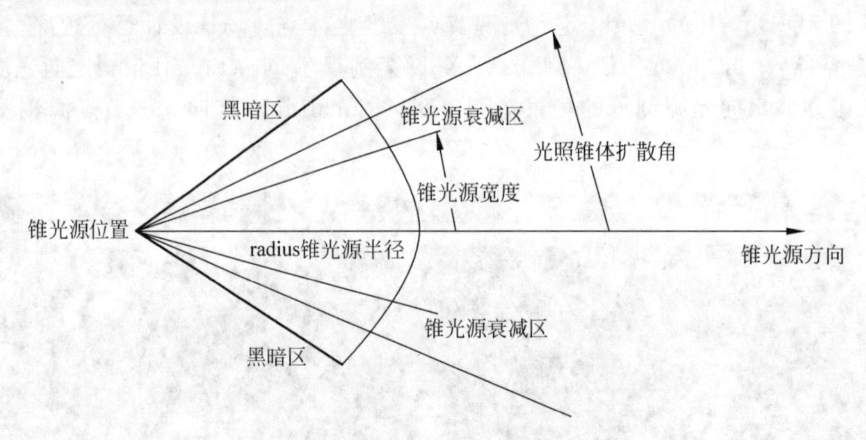

图 8-3 聚光(锥)光源照射的原理

互联网 3D SpotLight 聚光灯光源节点是一个圆锥光束，只照亮指定圆锥范围内的几何体。光线照亮所有的几何对象，并不限制于场景图的层级。光线自身没有可见的形状，也不会被几何形体阻挡而形成阴影。SpotLight 聚光灯光源节点通常作为 Group 编组节点中的子节点或与 Background 背景节点平行使用。SpotLight 聚光灯光源节点可作为独立节点，也可作为其他节点的子节点。

8.3.2 互联网 3D SpotLight 语法定义

互联网 3D SpotLight 聚光灯光源节点语法定义了一个用于确定聚光灯光源节点的属性名和域值，利用 SpotLight 聚光灯光源节点的域名、域值、域的数据类型，以及事件的存储访问权限的定义来创建一个效果更加理想的三维立体空间自然景观场景光照效果。SpotLight 聚光灯光源节点语法定义如下：

```
<SpotLight
    DEF              ID
    USE              IDREF
    on               true         SFBool       inputOutput
    color            1 1 1        SFColor      inputOutput
```

```
    location                0 0 0          SFVec3f        inputOutput
    direction               0 0 -1         SFVec3f        inputOutput
    intensity               1              SFFloat        inputOutput
    ambientIntensity        0                             SFFloatinputOutput
    radius                  100            SFFloat        inputOutput
    attenuation             1 0 0          SFVec3f        inputOutput
    beamWidth               1.570796       SFFloat        inputOutput
    cutOffAngle             0.785398       SFFloat        inputOutput
    global                  false          SFBool         inputOutput
    containerField          children
    class
/>
```

SpotLight 聚光灯节点设计包含域名、域值、域数据类型以及存储/访问类型等，节点中数据内容(架构)包含在一对尖括号中，用"<、/>"表示。

域数据类型描述如下：

- SFBool 域——是一个单值布尔量。
- SFFlot 域——是单值单精度浮点数。
- SFColor 域——只有一个颜色的单值域。
- SFVec3f 域——定义了一个三维矢量空间。

事件的存储/访问类型描述：表示域(属性)的存储/访问类型，包括 inputOnly(输入类型)、outputOnly(输出类型)、initializeOnly(初始化类型)以及 inputOutput(输入/输出类型)等，用来描述该节点必须提供该属性值。SpotLight 聚光灯光源节点包含 DEF、USE、on、color、location、direction、intensity、ambientIntensity、radius、attenuation、beamWidth、cutOffAngle、global、containerField 以及 class 域等。

- DEF 为节点定义一个名字，给该节点定义了唯一的 ID，在其他节点中就可以引用这个节点。用 DEF 为节点命名时，使用有意义的描述性的名称可以规范文件，以提高 X3D 文件可读性，该属性是可选项。
- USE 用来引用 DEF 定义的节点 ID，即引用 DEF 定义的节点名字，同时忽略其他的属性和子对象。使用 USE 来引用其他的节点对象而不是复制节点可以提高性能和编码效率。该属性是可选项。
- on 域——定义了一个布尔量，表示该锥光源为打开状态，还是关闭状态。true 表示打开锥光源；false 表示关闭锥光源。其默认值为 true。
- color 域——定义了锥光源的 RGB 颜色。该域值的默认为 1.0 1.0 1.0，表示生成一个白色的光源。
- location 域——定义了当前坐标系中光源所在位置的三维坐标。它是锥光源的起点，方向是由当前坐标系中光源点朝向特定点方向点构成。该域值的默认值为 0.0 0.0 0.0。
- direction 域——定义了一个三维向量，表示方向光源的照射方向。该域值的三个向量分别表示 X、Y、Z 的坐标值，若为(1 0 0)，表示平行光线朝向 X 轴正方向；若为(−1 0 0)，表示平行光线朝向 X 轴负方向。该域值的默认值为 0 0 −1，即方向光源的照射方向是沿 Z 轴的负方向的。

- intensity 域——指定了锥光源的光线强度。该域范围为 0.0～1.0，0.0 表示光源最弱，1.0 表示光源的明亮程度达到最大。该域值的默认值为 1.0。
- ambientIntensity 域——定义了锥光源对该光源照射物体中造型的环境光线的影响。0.0 表示该光源对环境光线没有影响，1.0 表示该光源对环境光线的影响很大。该域值的默认为 0.0。
- radius 域——指定了锥光源的照射半径值(距离)，这个半径值为该光源所能照亮的范围，是锥光源的照射距离。该锥光源以外的范围不能被该光源照到，而在该锥光源以内的则能被该光源照亮。
- attenuation 域——指定了在光照范围内光线的衰减方式。该域值由三个控制参数组成。第一个值表示光线保持一定，不会衰减；第二个值控制光线按线性方式衰减，即随着距离的增加光线亮度逐渐减弱；第三个值的二次衰减方式是最接近现实世界的状况，也是浏览器最耗费内存的情况。该域的默认值为 1.0 0.0 0.0，表示照明球体中亮度保持一致。
- beamWidth 域——定义了圆锥体的中心轴到圆锥体的边的角度，单位用弧度表示。在这个范围内部锥体中光照保持不变，而从内部锥体(该值)到外部锥体，光照将从内部锥体的表面开始逐渐减弱。该域值的范围在 0.0 ～1.571(0～π/2)变化，其默认值为 1.571(π/2)。
- cutOffAngle 域——表示聚光光源圆锥体中心轴到圆锥体的边的角度，即光照锥体的扩散角，用弧度单位计量。在 beamWidth～cutOffAngle 域值是光线的衰减区。该域值必须在 0.0～1.571 变化，其默认值为 0.785(π/4)。
- global 域——指定了球面光照到所有物体上，在它们光线值范围内的影响。观察光照最好方式是光照到物体上应该在相同的坐标变换体系范围内。
- containerField 域——表示容器域是 field 域标签的前缀，表示子节点和父节点的关系。该容器域名称为 children，包含几何节点。如 geometry Box、children Group、proxy Shape。containerField 属性只有在 X3D 场景用 XML 编码时才使用。
- class 域——用空格分开的类的列表，保留给 XML 样式表使用。只有 X3D 场景用 XML 编码时才支持 class 属性。

8.3.3 互联网 3D SpotLight 案例分析

互联网 3D SpotLight 聚光灯光源节点可以创建一个锥光源，圆锥体的顶点就是光源的位置，光线被限制在一个呈圆锥体状态的空间里，只有在此圆锥体空间内造型才会被照亮，其他部分不会被照亮。SpotLight 聚光灯光源节点从一个光点位置呈锥体状朝向一个特定的方向照射。

【实例 8-3】 利用 Background 背景、视点节点、NavigationInfo 视点导航节点、Inline 内联节点以及 SpotLight 聚光灯光源节点创建一个三维立体空间聚光灯光源浏览效果。虚拟现实 SpotLight 聚光灯光源节点三维立体场景设计 X3D 文件源程序展示如下：

```
<Scene>
  <!-- Scene graph nodes are added here -->
    <Viewpoint description="SpotLight shining a cone of light rays to right." position
```

```
= "0 0 30"/>
        <NavigationInfo headlight = "false" type = '"EXAMINE" "ANY"'/>
    <Background skyColor = "0.8 0.5 1"/>
        <Group>
            <SpotLight ambientIntensity = "0.5" cutOffAngle = "0.393" direction = "1 0 0"
                location = " - 9 0 0" radius = "16" beamWidth = "1.570796"/>
            <DirectionalLight intensity = "0.4"/>
            <Inline bboxSize = "16 16 16" url = "px3d8 - 1 - 1.x3d"/>
    <Inline bboxSize = "16 16 16" url = "px3d8 - 1 - 2.x3d"/>
        </Group>
    </Scene>
```

在 X3D 源文件 Scene 场景根节点下添加 Background 背景节点、Group 编组节点、Inline 内联节点、NavigationInfo 视点导航节点以及 SpotLight 聚光灯光源节点。利用 SpotLight 聚光灯光源节点创建一个三维立体空间聚光灯光源浏览效果。

互联网 3D SpotLight 聚光灯光源节点三维立体空间场景设计运行程序。首先，启动 X3D 浏览器，单击 Open 按钮，然后打开 X3D 案例程序，即可运行虚拟现实 SpotLight 聚光灯光源节点创建一个三维立体聚光灯光源浏览的场景造型。SpotLight 聚光灯光源节点源浏览效果如图 8-4 所示。

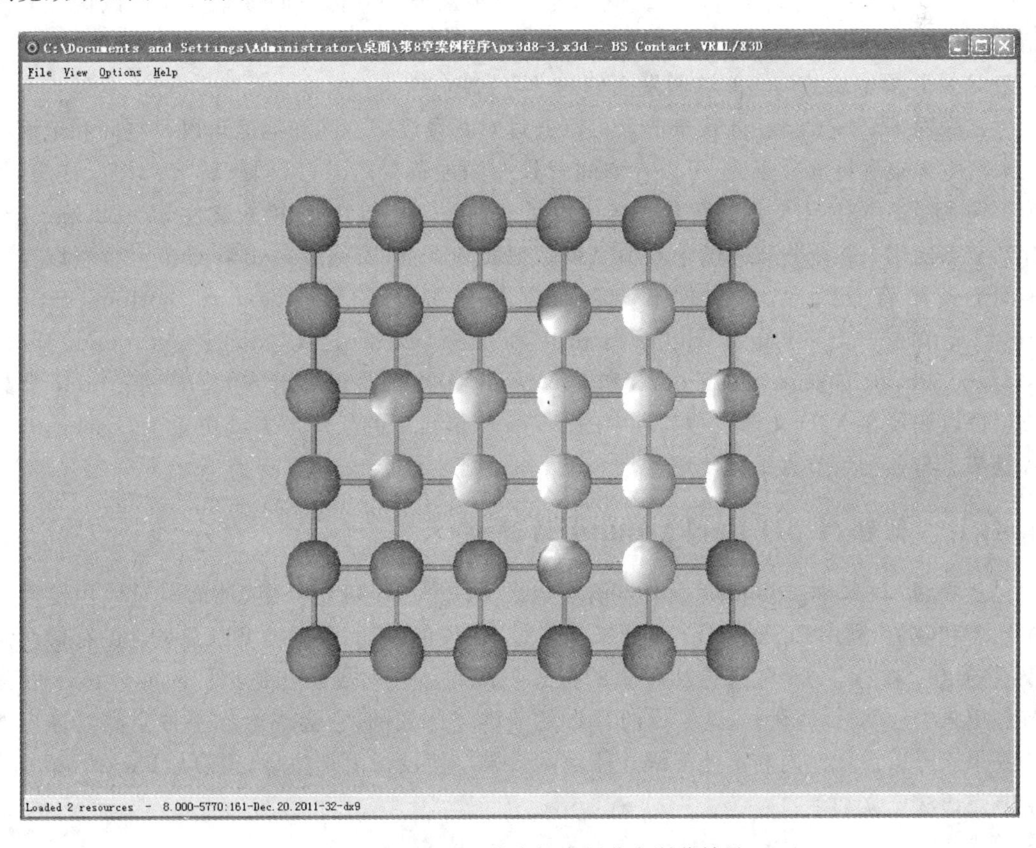

图 8-4 SpotLight 聚光灯光源节点浏览效果

8.4　互联网 3D Background 设计

互联网 3D Background 背景节点用于定义三维立体网页 X3D 世界中天空和地面颜色以及空间和地面角，在天空和地面之间，设定一幅立体空间全景图并可以放置立体空间造型。X3D 的空间背景分两类：一类是室内空间背景；另一类是室外空间背景。设计者根据实际需要进行相应设计和布局。室内空间背景设计包括室内背景设置包括六面体：frontUrl（前面）、backUrl（后面）、leftUrl（左面）、rightUrl（右面）、topUrl（顶部）和 bottomUrl(底部)。室内六面体(立方体)组成三维立体空间场景图；室外空间背景设计利用 X3D 三维立体空间室外空间背景：由室外六面体(立方体)组成三维立体空间场景图。

从不同的观测角度得到不同的观测结果。观测者从宇宙空间观测效果体现了天地浑然一体、天地合一的景象。在天地之间只有一个地平线或海平面，划分出天空和地面，体现了太极图的阴阳鱼辩证关系。在 X3D 虚拟现实三维立体世界里，开发人员可以根据设计场景的需要，采用相应背景。如果要设计室内立体空间场景，可选“室内空间背景”进行开发设计；如果要设计室外立体空间、宇宙空间场景，可选用“室外空间背景”场景设计；如果既有室内又有室外场景，可以结合两者共同开发设计所需要的立体空间场景。还可以设计开发相应的三维立体网站，编制立体空间的网页，具有动态、交互的感觉和身临其境的互动感。X3D 场景非常生动、感人，能够激发人们的学习兴趣。

互联网 3D Background 背景节点可以通过对背景设定空间和地面角以及空间和地面颜色来产生天空和地面效果，也可以在空间背景上添加背景图像，以创建城市、原野、楼房、山脉等场景。在 X3D 中使用的背景图像可以是 JPEF、GIF 和 PNG 格式文件等。Background 背景节点使用一组垂直排列的色彩值来模拟地面和天空，Background 背景节点也可以在六个面上使用背景纹理，子纹理节点的域名按照顺序有 backTexture、bottomTexture、frontTexture、leftTexture、rightTexture 和 topTexture。另外，Background、Fog、NavigationInfo、TextureBackground 和 Viewpoint 节点都是可绑定节点。Background 背景节点可以放置在 X3D 文件核心节点中的 Scene 根节点下的任何地方或位置上，Background 背景节点与各种组节点平行使用。

8.4.1　互联网 3D Background 语法定义

互联网 3D Background 背景节点语法定义了一个用于确定天空、地面以及应用纹理的属性名和域值，利用 Background 背景节点的域名、域值、域的数据类型以及事件的存储访问权限的定义来创建一个效果更加理想的背景三维立体空间场景和造型。Background 背景节点用来生成 X3D 的背景，其生成的背景是三维立体式的，它会带给你一种空间立体层次感效果。可以设计室内和室外三维立体空间效果。使设计更加生动、逼真。Background 背景节点语法定义如下：

```
< Background
    DEF                 ID
    USE                 IDREF
    skyColor            0 0 0          MFColor       inputOutput
```

```
    skyAngle                                   MFFloat        inputOutput
    groundColor           0 0 0                MFColor        inputOutput
    groundAngle                                MFFloat        inputOutput
    frontUrl                                   MFString       inputOutput
    backUrl                                    MFString       inputOutput
    leftUrl                                    MFString       inputOutput
    rightUrl                                   MFString       inputOutput
    topUrl                                     MFString       inputOutput
    bottomUrl                                  MFString       inputOutput
    set_bind              ""                   SFBool         inputOnly
    bindTime              ""                   SFTime         outputOnly
    isBound               ""                   SFBool         outputOnly
    containerField        children
    class
/>
```

Background 背景节点设计包含域名、域值、域数据类型以及存储/访问类型等，节点中数据内容(架构)包含在一对尖括号中，用“<、/>”表示。

域数据类型描述如下：

- MFFloat 域——是多值单精度浮点数。
- MFColor 域——是一个多值域，包含任意数量的 RGB 颜色值。
- SFBool 域——是一个单值布尔量。
- SFTime 域——含有一个单独的时间值。
- MFString 域——是一个含有零个或多个单值的多值域。

事件的存储/访问类型描述：表示域(属性)的存储/访问类型，包括 inputOnly(输入类型)、outputOnly(输出类型)、initializeOnly(初始化类型)以及 inputOutput(输入/输出类型)等，用来描述该节点必须提供该属性值。Background 背景节点包含 DEF、USE、skyAngle、skyColor、groundColor、groundAngle、frontUrl、backUrl、leftUrl、rightUrl、topUrl、bottomUrl、set_bind、bindTime、isBound、containerField 以及 class 域等。

- DEF 为节点定义一个名字，给该节点定义了唯一的 ID，在其他节点中就可以引用这个节点。用 DEF 为节点命名时，使用有意义的描述性的名称可以规范文件，以提高 X3D 文件可读性，该属性是可选项。
- USE 用来引用 DEF 定义的节点 ID，即引用 DEF 定义的节点名字，同时忽略其他的属性和子对象。使用 USE 来引用其他的节点对象而不是复制节点可以提高性能和编码效率。该属性是可选项。
- skyAngle 域——指定了空间背景上需要着色的位置的天空角。X3D 浏览器就是在这些空间角所指位置进行着色的。第一个天空颜色着色于天空背景的正上方，第二个天空颜色着色于第一个天空角所指定的位置，第三个天空颜色着色于第二个天空角所指定的位置，依次类推。这样使天空角之间的颜色慢慢过渡，这就形成了颜色梯度。该域值必须以升序的方式排列。默认值为空。
- skyColor 域——指定了对立体空间背景天空的颜色进行着色，该域值是由一系列 RGB 红绿蓝颜色组合而成。其默认值为 0.0 0.0 0.0。
- groundColor 域——指定了对地面背景颜色进行着色，该域值是由一系列 RGB 红绿蓝颜色组合而成。其默认值为空。

- groundAngle 域——指定地面背景上需要着色的位置的地面角。第一个地面颜色着色于地面背景的正下方,第二个地面颜色着色于第一个地面角所指定的位置,第三个地面颜色着色于第二个地面所指定的位置,依次类推。该域值中地面角必须以升序的方式排列。默认值为空。
- frontUrl、backUrl、leftUrl、rightUrl、topUrl 和 bottomUrl 共 6 个域——分别表示在 6 个不同的立体空间添加天空地面背景图像,形成室内、外三维立体空间场景。可以在 X3D 文件中使用的背景图像通常使用 JPEF、GIF 和 PNG 格式文件。
- set_bind 域——指定一个输入事件 set_bind 为 true 激活这个节点,输入事件 set_bind 为 false 禁止这个节点。就是说设置 bind 为 true/false 将在堆栈中弹出/推开(允许/禁止)这个节点。
- bindTime 域——指定一个当节点被激活/停止时发送事件。
- isBound 域——指定一个当节点激活时发送 true 事件,当节点转到另一个节点时发送 false 事件。
- containerField 域——表示容器域是 field 域标签的前缀,表示子节点和父节点的关系。该容器域名称为 children,包含几何节点。如 geometry Box、children Group、proxy Shape。containerField 属性只有在 X3D 场景用 XML 编码时才使用。
- class 域——是用空格分开的类的列表,保留给 XML 样式表使用。只有 X3D 场景用 XML 编码时才支持 class 属性。

8.4.2 互联网 3D Background 案例分析

利用互联网 3D Background 背景节点可以通过对三维立体背景空间颜色设计来创建蓝天、白云和红日效果,也可以在空间背景上添加背景图像,创建室内与室外场景效果,使 X3D 文件中的场景和造型更加逼真与生动,给 X3D 程序设计带来更大的方便。

【实例 8-4】 利用 Shape 空间物体造型模型节点、Appearance 外观子节点和 Material 外观材料节点、Transform 空间坐标变换、Background 背景以及几何节点在三维立体空间背景下,创建一个室内与室外三维立体空间场景效果。虚拟现实 Background 背景节点三维立体场景设计 X3D 文件源程序展示如下:

```
<Scene>
  <!-- Scene graph nodes are added here -->
  <Background backUrl="WALL1.jpg" frontUrl="WALL2.jpg"
        leftUrl="WALL2.jpg" rightUrl="WALL3.jpg" bottomUrl="FLOOR.jpg"
             topUrl="0105.jpg"/>
  <Transform rotation="0 0 1 0">
    <Shape>
      <Appearance>
        <Material diffuseColor="0 1.0 1.0"/>
      </Appearance>
      <Sphere radius="0.5"/>
    </Shape>
  </Transform>
</Scene>
```

在 X3D 源文件中，在 Scene 场景根节点下添加 Transform 坐标变换、Shape 模型节点以及 Background 背景节点。利用 Background 背景节点创建一个室内与室外三维立体空间场景显示效果。

互联网 3D Background 背景节点三维立体空间背景设计运行程序。首先，启动 X3D 浏览器，单击 Open 按钮，然后打开 X3D 案例程序，即可运行虚拟现实 Background 背景节点创建一个室内与室外三维立体场景造型。Background 背景节点源程序运行效果如图 8-5 所示。

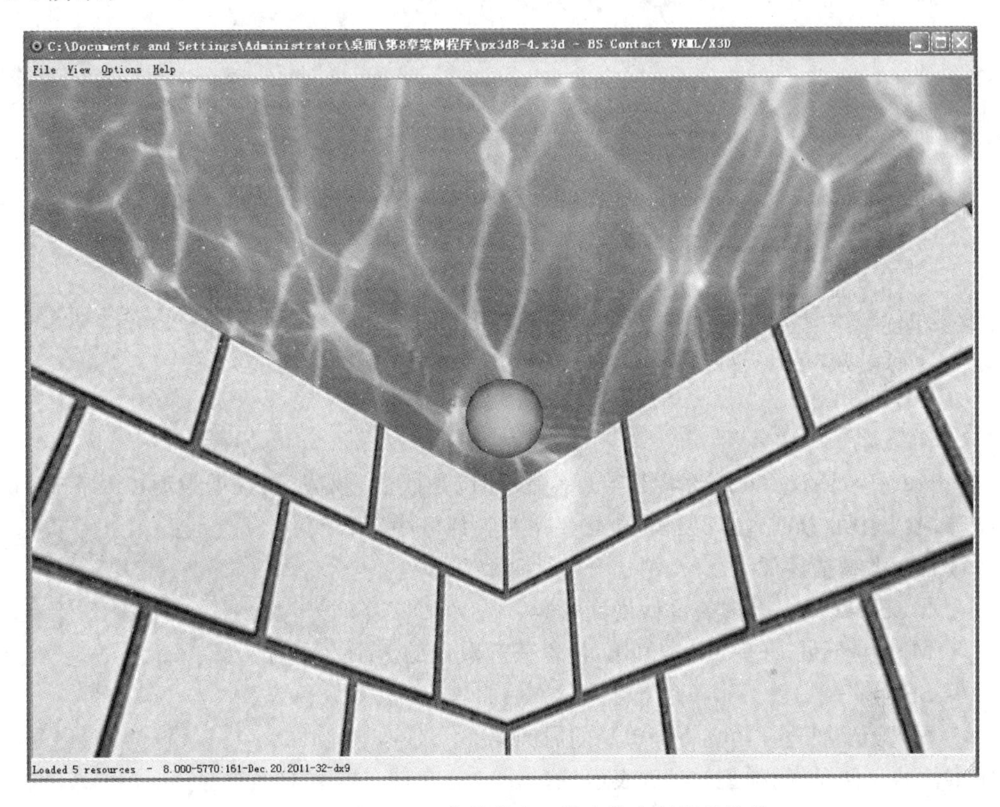

图 8-5　Background 背景节点三维立体空间场景效果

8.5　互联网 3D TextureBackground 设计

互联网 3D TextureBackground 纹理背景节点在天空和地面之间，设定一幅三维立体空间图像，并可以在其中放置各种三维立体造型和场景，可以定义 X3D 世界中天空和地面颜色以及空间和地面角，可以通过对背景设定空间和地面角以及空间和地面颜色来产生天空和地面效果。TextureBackground 纹理背景节点使用一组垂直排列的色彩值来模拟地面和天空，也可以在 Background 背景节点六个面上使用背景纹理，子纹理节点的域名按照字母顺序有 backTexture、bottomTexture、frontTexture、leftTexture、rightTexture、topTexture。Background、Fog、NavigationInfo、TextureBackground、Viewpoint 节点都是可绑定节点。TextureBackground 纹理背景节点可以放置在 X3D 文件核心节点中的 Scene 根节点下的任何地方或位置上，TextureBackground 纹理背景节点与各种组节点平行使用。

互联网 3D TextureBackground 纹理背景节点使用一组垂直排列的色彩值来模拟地面和天空，设置天空颜色、天空角，地面颜色、地面角，应用到纹理上的透明度以及各种事件的处理等。TextureBackground 纹理背景节点语法定义了一个用于确定天空、地面以及应用纹理的属性名和域值，利用 TextureBackground 纹理背景节点的域名、域值、域的数据类型以及事件的存储访问权限的定义来创建一个效果更加理想的背景纹理三维立体空间和造型。TextureBackground 纹理背景节点语法定义如下：

```
<TextureBackground
    DEF                 ID
    USE                 IDREF
    skyColor            0 0 0          MFColor        inputOutput
    skyAngle                           MFFloat        inputOutput
    groundColor         0 0 0          MFColor        inputOutput
    groundAngle                        MFFloat        inputOutput
    transparency        0              MFFloat        inputOutput
    set_bind            ""             SFBool         inputOnly
    bindTime            ""             SFTime         outputOnly
    isBound             ""             SFBool         outputOnly
    containerField      children
    class
/>
```

TextureBackground 纹理背景节点设计包含域名、域值、域数据类型以及存储/访问类型等，节点中的数据内容(架构)包含在一对尖括号中，用“<、/>”表示。

域数据类型描述如下：

- MFFloat 域——多值单精度浮点数。
- MFColor 域——一个多值域，包含任意数量的 RGB 颜色值。
- SFBool 域——一个单值布尔量。
- SFTime 域——含有一个单独的时间值。

事件的存储/访问类型描述：表示域(属性)的存储/访问类型，包括 inputOnly(输入类型)、outputOnly(输出类型)、initializeOnly(初始化类型)以及 inputOutput(输入/输出类型)等，用来描述该节点必须提供该属性值。TextureBackground 纹理背景节点包含 DEF、USE、skyColor、skyAngle、groundColor、groundAngle、transparency、set_bind、bindTime、isBound、containerField 以及 class 域等。

- DEF 为节点定义一个名字，给该节点定义了唯一的 ID，在其他节点中就可以引用这个节点。用 DEF 为节点命名时，使用有意义的描述性的名称可以规范文件，以提高 X3D 文件可读性，该属性是可选项。
- USE 用来引用 DEF 定义的节点 ID，即引用 DEF 定义的节点名字，同时忽略其他的属性和子对象。使用 USE 来引用其他的节点对象而不是复制节点可以提高性能和编码效率。该属性是可选项。
- skyColor 域——指定了对立体空间背景天空的颜色进行着色，该域值是一系列 RGB 红绿蓝颜色组合而成。其默认值为空。
- skyAngle 域——指定了空间背景上需要着色的位置的天空角。X3D 浏览器就是在这些空间角所指位置进行着色的。第一个天空颜色着色于天空背景的正上方，第二个天空颜色着色于第一个天空角所指定的位置，第三个天空颜色着色于第二个天空角所指定的位置，依次类推。这样使天空角之间的颜色慢慢过渡，这就形成了颜色梯度。该域值必须以升序的方式排列。默认值为空。

- groundColor 域——指定了对地面背景颜色进行着色，该域值是一系列 RGB 红绿蓝颜色组合而成。其默认值为空。
- groundAngle 域——指定地面背景上需要着色的位置的地面角。第一个地面颜色着色于地面背景的正下方，第二个地面颜色着色于第一个地面角所指定的位置，第三个地面颜色着色于第二个地面所指定的位置，依次类推。该域值中地面角必须以升序的方式排列。默认值为空。
- transparency 域——指定一个应用到纹理上的透明度，其默认值为 0。
- set_bind 域——指定一个输入事件 set_bind 为 true，激活这个节点；输入事件 set_bind 为 false，禁止这个节点。也就是说，设置 bind 为 true/false 将在堆栈中弹出/推开（允许/禁止）这个节点。
- bindTime 域——指定一个当节点被激活/停止时发送事件。
- isBound 域——指定一个当节点激活时发送 true 事件，当焦点转到另一个节点时发送 false 事件。
- containerField 域——表示容器域是 field 域标签的前缀，表示子节点和父节点的关系。该容器域名称为 children，包含几何节点。如 geometry Box、children Group、proxy Shape。containerField 属性只有在 X3D 场景用 XML 编码时才使用。
- class 域——用空格分开的类的列表，保留给 XML 样式表使用。只有 X3D 场景用 XML 编码时才支持 class 属性。

8.6　互联网 3D Fog 设计

使互联网 3D 场景渲染效果更加真实，在 X3D 场景中添加雾气，如清晨、雨后、山川、旷野等设计雾气的背景空间具有更好的效果，可使其具有朦胧之美。控制雾化效果有两个重要条件：一是雾的浓度，二是雾的颜色。雾的浓度与观察者的能见度相反，距离观察者越远的虚拟现实景物的能见度越低，即雾越浓；距离观察者越近的虚拟现实景物能见度越高，即雾越淡。当模拟烟雾时，需要改变雾的颜色，但通常情况下，雾是白色。空间大气效果就是通常所说的雾。在 X3D 世界里要真实地表现现实世界，就要把现实世界的雾化效果体现出来。还要体现雾的浓度效果，甚至要表现雾的颜色等。利用 Fog 雾化节点可以实现空间大气效果。

8.6.1　互联网 3D Fog 语法定义

在互联网 3D 中添加大气效果是通过 Fog 节点来实现的。Fog 节点定义可见度递减的区域来模拟雾或烟雾，还可以为雾着色。浏览器将雾的颜色与被绘制的物体的颜色相混合。Fog 雾节点通过混合远处的物体的颜色和雾的颜色来模拟大气效果。Background、Fog、NavigationInfo、TextureBackground、Viewpoint 节点都是可绑定节点。Fog 雾节点通常与

Transform 节点或 Group 编组节点中的子节点或与 Background 背景节点平行使用。

互联网 3D Fog 雾节点语法定义了一个用于确定大气空间雾及雾的颜色的属性名和域值，利用 Fog 雾节点的域名、域值、域的数据类型以及事件的存储访问权限的定义来创建一个效果更加理想的三维立体空间自然景观场景和造型。Fog 雾节点语法定义如下：

```
<Fog
    DEF                 ID
    USE                 IDREF
    color               1.0 1.0 1.0     SFColor      inputOutput
    fogType             "LINEAR"
            [LINEAR|EXPONENTIAL]        SFString     inputOutput
    visibilityRange     0.0             SFFloat      inputOutput
    set_bind            ""              SFBool       inputOnly
    bindTime            ""              SFTime       outputOnly
    isBound             ""              SFBool       outputOnly
    containerField      children
    class
/>
```

Fog 雾节点包含域名、域值、域数据类型以及存储/访问类型等，节点中数据内容（架构）包含在一对尖括号中，用“<、/>”表示。

域数据类型描述如下：

- SFBool 域——一个单值布尔量。
- SFFlot 域——单值单精度浮点数。
- SFString 域——包含一个字符串。
- SFColor 域——只有一个颜色的单值域。
- SFTime 域——含有一个单独的时间值。

事件的存储/访问类型描述：表示域（属性）的存储/访问类型，包括 inputOnly（输入类型）、outputOnly（输出类型）、initializeOnly（初始化类型）以及 inputOutput（输入/输出类型）等，用来描述该节点必须提供该属性值。Fog 雾节点包含 DEF、USE、fogType、color、visibilityRange、set_bind、bindTime、isBound、containerField 以及 class 域等。

- DEF 为节点定义一个名字，给该节点定义了唯一的 ID，在其他节点中就可以引用这个节点。用 DEF 为节点命名时，使用有意义的描述性的名称可以规范文件，以提高 X3D 文件可读性，该属性是可选项。
- USE 用来引用 DEF 定义的节点 ID，即引用 DEF 定义的节点名字，同时忽略其他的属性和子对象。使用 USE 来引用其他的节点对象而不是复制节点可以提高性能和编码效率。该属性是可选项。
- fogType 域——定义了雾的类型。当域值为 LINEAR 时，雾的浓度将随观察距离的增加而线性增大；当域值为 EXPONENTIAL 时，雾的浓度将随观察距离的增加而指数增大。该域值的默认值为 LINEAR。
- color 域——定义了雾的颜色，可以任意设定雾的颜色，以产生不同的视觉效果。该域值的默认值为 1.0 1.0 1.0。
- visibilityRange 域——设置在多远的距离外物体完全消失在雾中，使用局部坐标系统并以米为单位。在浏览者的距离超过可见度范围时造型完全被雾挡住，而看不见了。当该域值比较大时，雾是逐步变浓的，就会产生薄雾的效果；当该域值比较小时，雾是突然变浓的，就像浓雾。该域值的默认值为0，即没有烟雾的效果。

- set_bind 域——指定一个输入事件 set_bind 为 true，激活这个节点；输入事件 set_bind 为 false，禁止这个节点。也就是说，设置 bind 为 true/false 将在堆栈中弹出/推开（允许/禁止）这个节点。
- bindTime 域——指定一个当节点被激活/停止时发送事件。
- isBound 域——指定一个当节点激活时发送 true 事件，当节点转到另一个节点时发送 false 事件。
- containerField 域——表示容器域是 field 域标签的前缀，表示了子节点和父节点的关系。该容器域名称为 children，包含几何节点。如 geometry Box、children Group、proxy Shape。containerField 属性只有在 X3D 场景用 XML 编码时才使用。
- class 域——是用空格分开的类的列表，保留给 XML 样式表使用。只有 X3D 场景用 XML 编码时才支持 class 属性。

8.6.2 互联网 3D Fog 案例分析

在互联网3D场景中添加雾气，设计自然界雾气效果，使其具有朦胧之美。控制雾化效果有两个重要条件：一是雾的浓度，二是雾的颜色。雾的浓度与观察者的能见度相反，距离观察者越远的虚拟现实景物的能见度越低，即雾越浓；距离观察者越近的虚拟现实景物能见度越高，即雾越淡。当模拟烟雾时，需要改变雾的颜色，但通常情况下，雾是白色的。

【实例 8-5】 利用 Background 背景、Transform 空间坐标变换、Fog 雾节点以及 Inline 内联节点创建一个三维立体空间雾场景造型。虚拟现实 Fog 雾节点三维立体场景设计 X3D 文件源程序展示如下：

```
<Scene>
    <! -- Scene graph nodes are added here -->
    <Background skyColor="1 1 1"/>
    <Viewpoint description="viewpoint1" orientation="0 0 1 0" position="8 -1 50"/>
     <Fog fogType="LINEAR" visibilityRange="60" color="1 1 1"/>
    <Transform scale="2 2 2" translation="10 -5 -25" rotation="0 1 0 1.571">
      <Inline url="px3d8-5-1.x3d"/>
    </Transform>
    <Transform scale="2 2 2" translation="10 -5 0" rotation="0 1 0 1.571">
      <Inline url="px3d8-5-1.x3d"/>
    </Transform>
    <Transform scale="2 2 2" translation="10 -5 25" rotation="0 1 0 1.571">
      <Inline url="px3d8-5-1.x3d"/>
    </Transform>
    <Transform translation="10 15 0" rotation="0 0 1 0">
      <Shape>
        <Appearance>
          <Material diffuseColor="1 0 0"/>
        </Appearance>
        <Sphere radius="1.5"/>
```

```
      </Shape>
    </Transform>
  </Scene>
```

在 X3D 源文件中,在 Scene 场景根节点下添加 Background 背景节点、Transform 坐标变换、Inline 内联节点以及 Fog 雾节点等。利用 Fog 雾节点创建一个三维立体公路和路灯在大雾中的场景,突出三维立体空间场景雾的显示效果。

虚拟现实 Fog 雾节点三维立体空间背景设计运行程序。首先,启动 X3D 浏览器,单击 Open 按钮,然后打开 X3D 案例程序,即可运行虚拟现实 Fog 雾节点创建一个三维立体雾的场景造型。Fog 雾节点源程序运行效果如图 8-6 所示。

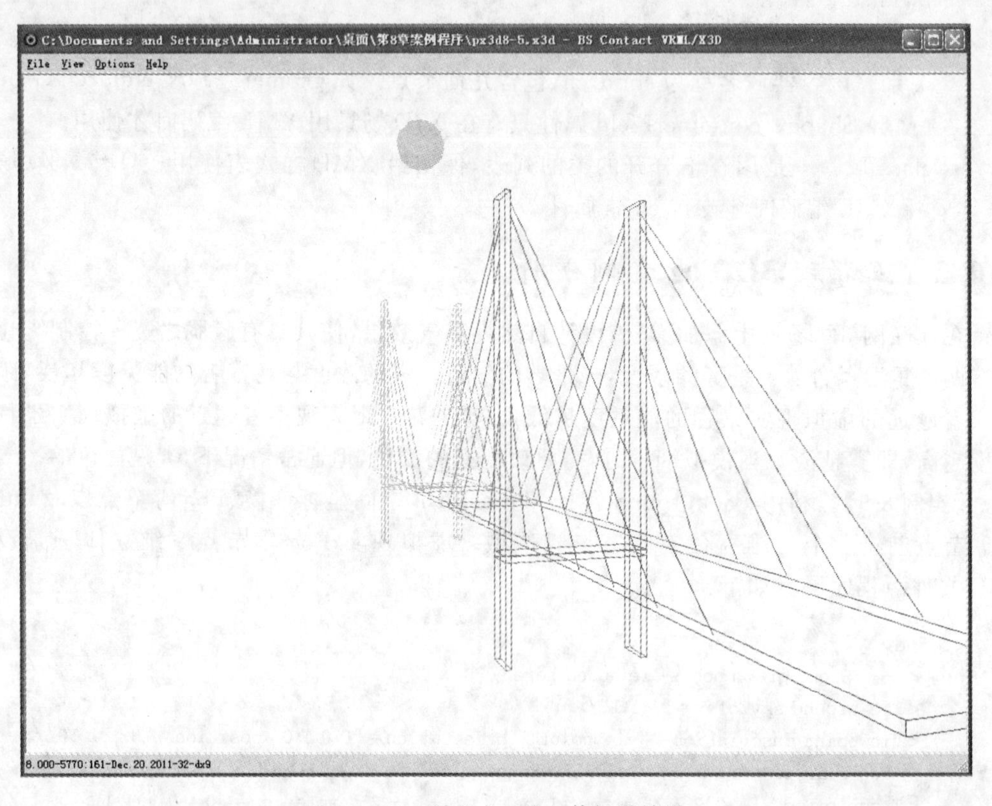

图 8-6 Fog 雾节点三维立体场景效果

第9章 互联网3D事件工具与脚本设计

互联网 3D 事件工具与脚本组件设计涵盖事件工具组件以及脚本节点设计等。事件工具组件节点设计，该组件的名称是 EventUtilities。当在 COMPONENT 语句中引用这个组件时需要使用这个名称——Event Utilities component（事件工具组件）。这其中包括触发器（trigger）和过滤器（sequencer）节点类型，通过这些节点，不需要使用 Script {} 节点就可以为一般的交互应用提供较多功能，如转换功能、序列化操作的功能。

互联网 3D 脚本组件涵盖 Script 脚本节点、IMPORT 引入外部文件节点、EXPORT 输出节点、ROUTE 路由节点等。X3D 与各种语言工具进行接口以实现软件开发通用性、兼容性以及平台无关性。X3D 主要通过 Script 脚本节点接口、IMPORT 引入外部文件节点、EXPORT 输出节点与外部程序发生联系。使软件项目开发更加方便、灵活、快捷，提高软件项目开发的效率。

9.1 互联网 3D BooleanFilter 设计

事件工具组件由三个部分构成：给定类型的 SF 单个域（Single Field）事件的变化（mutating），由其他类型事件导致的给定类型的 SF 单个域事件的触发（triggering），沿时间线产生 SF 单个域事件的序列化（sequencing）（作为离散值发生器）。这些节点结合 ROUTE 路由可以建立复杂交互行为，而不需要使用脚本节点。这在某些对交互有重要影响的 Profiles 概貌中很有用，如这些概貌中不一定支持 Script 节点。事件工具节点在变换层级中的位置不会影响其运作效果。如果一个 BooleanSequencer 节点为一个 Switch 节点的子节点，即使 whichChoice 设置为－1（忽略此子节点），BooleanSequencer 也会继续按指定的方式运作（接收和发送事件）。BooleanFilter 节点可以作为 Transform 空间坐标变换节点的子节点，或与其他节点平行使用。

BooleanFilter 节点过滤性地发送 boolean 事件，允许选择性的路由 true 值、false 值或相反值。当接收到 set_boolean 事件时，BooleanFilter 节点生成两个事件：基于接收到的 boolean 值输出 inputTrue 事件（接收 true 时）或 inputFalse 事件（接收到 false 时）事件；输出包含和接收值相反值的 inputNegate 事件。BooleanFilter 节点语法定义如下：

```
<BooleanFilter
    DEF            ID
    USE            IDREF
    set_boolean    ""        SFBool        inputOnly
    inputTrue      ""        SFBool        outputOnly
    inputFalse     ""        SFBool        outputOnly
    inputNegate    ""        SFBool        outputOnly
```

```
    containerField    children
    class
/>
```


BooleanFilter 节点的设计包含域名、域值、域数据类型以及存储/访问类型等，节点中数据内容包含在一对尖括号中，用"<、/>"表示。

域数据类型描述如下：

- SFFloat 域——单值单精度浮点数。
- SFBool 域——一个单值布尔量。
- MFVec3d 域——定义了一个多值多组三维矢量。

事件的存储/访问类型描述：表示域(属性)的存储/访问类型，包括 inputOnly(输入类型)、outputOnly(输出类型)、initializeOnly(初始化类型)以及 inputOutput(输入/输出类型)等，用来描述该节点必须提供该属性值。BooleanFilter 节点包含 DEF、USE、set_boolean、inputTrue、inputFalse、inputNegate、containerField 以及 class 域等。

BooleanFilter 节点包含 DEF、USE、set_boolean、inputTrue、inputFalse、inputNegate、containerField 以及 class 域等。

- DEF 为节点定义一个名字，给该节点定义了唯一的 ID，在其他节点中就可以引用这个节点。用 DEF 为节点命名时，使用有意义的描述性的名称可以规范文件，以提高 X3D 文件可读性。该属性是可选项。
- USE 用来引用 DEF 定义的节点 ID，即引用 DEF 定义的节点名字，同时忽略其他的属性和子对象。使用 USE 来引用其他的节点对象而不是复制节点可以提高性能和编码效率。该属性是可选项。
- set_boolean 域——定义一个 set_boolean 输入要过滤的值。
- inputTrue 域——指定了一个只当 set_boolean 输入 true 值时，inputTrue 传输 true 值。
- inputFalse 域——指定了一个只当 set_boolean 输入 false 值时，inputFalse 传输 false 值。
- inputNegate 域——指定了一个 inputNegate 输出和 set_boolean 输入值相反的值。
- containerField 域——表示容器域是 field 域标签的前缀，表示子节点和父节点的关系。该容器域名称为 children，包含几何节点。如 geometry Sphere、children Group、proxy Shape。containerField 属性只有在 X3D 场景用 XML 编码时才使用。
- class 域——用空格分开的类的列表，保留给 XML 样式表使用。只有 X3D 场景用 XML 编码时才支持 class 属性。

9.2 互联网 3D BooleanSequencer 设计

互联网 3D BooleanSequencer 节点周期性地产生离散的 Boolean 值，这个值可以路由到其他节点的 Boolean 属性。该节点生成由某个 TimeSensor 时钟驱动的序列化的 SFBool 事件。它可以控制其他的动作，例如可以激活/禁止灯光或传感器，或通过 set_bind 绑定/解除绑定 Viewpoints 或其他 X3DBindableNodes 可绑定子节点。keyValue 域由一个 false 值和 true 值的列表构成。对每个节点的单独激活或被绑定，BooleanSequencer 应为每个节点单独实例化。BooleanSequencer 节点典型输入为 ROUTE someTimeSensor. fraction_changed TO someInterpolator. set_fraction，典型输出为 ROUTE someInterpolator. value_changed TO destinationNode. set_attribute。BooleanSequencer 节点可以作为 Transform 空间坐标变换节点的子节点，或与其他节点平行使用。BooleanSequencer 节点语法定义如下：

```
<BooleanSequencer
    DEF                 ID
    USE                 IDREF
    key                              MFFloat        inputOutput
    keyValue                         MFBool         inputOutput
    set_fraction        ""           SFFloat        inputOnly
    value_changed       ""           SFBool         outputOnly
    previous            0            SFBool         inputOnly
    next                0            SFBool         inputOnly
    containerField      children
    class
/>
```

BooleanSequencer 节点设计包含域名、域值、域数据类型以及存储/访问类型等，节点中数据内容包含在一对尖括号中，用“<、/>”表示。

域数据类型描述如下：

- SFFloat 域——单值单精度浮点数。
- MFFloat 域——多值单精度浮点数。
- SFBool 域——一个单值布尔量。
- MFBool 域——一个多值布尔量。
- MFVec3d 域——定义了一个多值多组三维矢量。

事件的存储/访问类型描述：表示域（属性）的存储/访问类型，包括 inputOnly（输入类型）、outputOnly（输出类型）、initializeOnly（初始化类型）以及 inputOutput（输入/输出类型）等，用来描述该节点必须提供该属性值。BooleanSequencer 节点包含 DEF、USE、key、keyValue、set_fraction、value_changed、previous、next、containerField 以及 class 域等。

- DEF 为节点定义一个名字，给该节点定义了唯一的 ID，在其他节点中就可以引用这个节点。用 DEF 为节点命名时，使用有意义的描述性的名称可以规范文件，以提高 X3D 文件可读性。该属性是可选项。
- USE 用来引用 DEF 定义的节点 ID，即引用 DEF 定义的节点名字，同时忽略其他的属性和子对象。使用 USE 来引用其他的节点对象而不是复制节点可以提高性能和编码效率。该属性是可选项。
- key 域——定义一个线性插值的时间间隔（关键点），按照顺序增加，对应相应的 keyValue。其中 key 和 keyValue 的数量必须一致。
- keyValue 域——指定了一个对应 key 的相应关键值，用来进行相应时间段的线性插值。其中 key 和 keyValue 的数量必须一致。
- set_fraction 域——定义一个 set_fraction 输入一个 key 值，以进行相应的 keyValue 输出。
- value_changed 域——定义一个按照 key 和 keyValue 对输出一个相应的值。

- previous 域——定义一个触发输出 keyValue 数组中的上一个数值。如果需要可以从开始循环到末尾。
- next 域——定义一个触发输出 keyValue 数组中的下一个数值。如果需要可以从末尾循环到开始。
- containerField 域——表示容器域是 field 域标签的前缀,表示了子节点和父节点的关系。该容器域名称为 children,包含几何节点。如 geometry Sphere、children Group、proxy Shape。containerField 属性只有在 X3D 场景用 XML 编码时才使用。
- class 域——用空格分开的类的列表,保留给 XML 样式表使用。只有 X3D 场景用 XML 编码时才支持 class 属性。

9.3 互联网 3D BooleanToggle 设计

互联网 3D BooleanToggle 节点存储布尔值以触发开/关。当接收到一个 set_boolean true 事件时,BooleanToggle 反转 toggle 域的值并生成相应 toggle 域输出事件。set_boolean false 事件将被忽略。通过直接设置 inputOutput toggle 域的值,BooleanToggle 可以被复位到指定状态。BooleanToggle 节点可以作为 Transform 空间坐标变换节点的子节点,或与其他节点平行使用。BooleanToggle 节点存储 boolean 值以触发开/关,BooleanToggle 节点反转输出 Boolean 值,同时保存这个 Boolean 值。BooleanToggle 节点语法定义如下:

```
<BooleanToggle
    DEF                ID
    USE                IDREF
    set_boolean        ""          SFBool          inputOnly
    toggle             ""          SFBool          inputOutput
    containerField     children
    class
/>
```

BooleanToggle 节点的设计包含域名、域值、域数据类型以及存储/访问类型等,节点中数据内容包含在一对尖括号中,用“<、/>”表示。

域数据类型描述如下:

- SFFloat 域——单值单精度浮点数。
- SFBool 域——一个单值布尔量。
- MFVec3d 域——定义了一个多值多组三维矢量。

事件的存储/访问类型描述:表示域(属性)的存储/访问类型,包括 inputOnly(输入类型)、outputOnly(输出类型)、initializeOnly(初始化类型)以及 inputOutput(输入/输出类型)等,用来描述该节点必须提供该属性值。BooleanToggle 节点包含 DEF、USE、set_boolean、toggle、containerField 以及 class 域等。

- DEF 为节点定义一个名字,给该节点定义了唯一的 ID,在其他节点中就可以引用这个节点。用 DEF 为节点命名时,使用有意义的描述性的名称可以规范文件,以提高 X3D 文件可读性。该属性是可选项。

• USE 用来引用 DEF 定义的节点 ID，即引用 DEF 定义的节点名字，同时忽略其他的属性和子对象。使用 USE 来引用其他的节点对象而不是复制节点可以提高性能和编码效率。该属性是可选项。
• set_boolean 域——定义一个当 set_boolean 输入 true 值时，翻转状态。
• toggle 域——定义一个重设状态值或者回归状态值。
• containerField 域——表示容器域是 field 域标签的前缀，表示子节点和父节点的关系。该容器域名称为 children，包含几何节点。如 geometry Sphere、children Group、proxy Shape。containerField 属性只有在 X3D 场景用 XML 编码时才使用。
• class 域——是用空格分开的类的列表，保留给 XML 样式表使用。只有 X3D 场景用 XML 编码时才支持 class 属性。

9.4 互联网 3D BooleanTrigger 设计

互联网 3D BooleanTrigger 节点作用是转换时间事件为 boolean true 事件。该节点可以作为 Transform 空间坐标变换节点的子节点，或与其他节点平行使用。BooleanTrigger 节点是一个触发器节点，在接收到时间事件时生成 boolean 事件。当 BooleanTrigger 接收到一个 set_triggerTime 事件时，生成 triggerTrue 事件。triggerTrue 的值应总为 true。BooleanTrigger 节点语法定义如下：

```
<BooleanTrigger
    DEF                 ID
    USE                 IDREF
    set_triggerTime     ""          SFTime          inputOnly
    triggerTrue         ""          SFBool          outputOnly
    containerField      children
    class
/>
```

BooleanTrigger 节点中设计包含域名、域值、域数据类型以及存储/访问类型等，节点中数据内容包含在一对尖括号中，用“<、/>”表示。

域数据类型描述如下：

• SFFloat 域——单值单精度浮点数。
• SFBool 域——一个单值布尔量。
• SFTime 域——含有一个单独的时间值。

事件的存储/访问类型描述：表示域（属性）的存储/访问类型，包括 inputOnly（输入类型）、outputOnly（输出类型）、initializeOnly（初始化类型）以及 inputOutput（输入/输出类型）等，用来描述该节点必须提供该属性值。BooleanTrigger 节点包含 DEF、USE、set_triggerTime、triggerTrue、containerField 以及 class 域等。

• DEF 为节点定义一个名字，给该节点定义了唯一的 ID，在其他节点中就可以引用这个节点。用 DEF 为节点命名时，使用有意义的描述性的名称可以规范文件，以提高 X3D 文件可读性。该属性是可选项。
• USE 用来引用 DEF 定义的节点 ID，即引用 DEF 定义的节点名字，同时忽略其他的属性和子对象。使用 USE 来引用其他的节点对象而不是复制节点可以提高性能和编码效率。该属性是可选项。

- set_triggerTime 域——定义一个 set_triggerTime 提供一个时间事件输入。事件输入一般是由 TouchSensor touchTime 发送。
- triggerTrue 域——定义一个当接收到 triggerTime 事件时，triggerTrue 输出 true 值。
- containerField 域：表示容器域是 field 域标签的前缀，表示子节点和父节点的关系。该容器域名称为 children，包含几何节点。如 geometry Sphere、children Group、proxy Shape。containerField 属性只有在 X3D 场景用 XML 编码时才使用。
- class 域——是用空格分开的类的列表，保留给 XML 样式表使用。只有 X3D 场景用 XML 编码时才支持 class 属性。

9.5 互联网 3D IntegerSequencer 设计

互联网 3D IntegerSequencer 节点是一个离散值生成器，它根据单一 TimeSensor 时钟生成序列化的 SFInt32 事件。这可以用来驱动 Switch 节点的 set_whichChoice 域。IntegerSequencer 节点周期性地产生离散的整数值，这些整数值可以路由到其他的整数属性。典型输入为 ROUTE someTimeSensor. fraction_changed TO someInterpolator. set_fraction。典型输出为 ROUTE someInterpolator. value_changed TO destinationNode. set_attribute。IntegerSequencer 节点可以作为 Transform 空间坐标变换节点的子节点，或与其他节点平行使用。IntegerSequencer 节点语法定义如下：

```
<IntegerSequencer
    DEF             ID
    USE             IDREF
    key                         MFFloat         inputOutput
    keyValue                    MFInt32         inputOutput
    set_fraction    ""          SFFloat         inputOnly
    value_changed   ""          SFInt32         outputOnly
    previous        0           SFBool          inputOnly
    next            0           SFBool          inputOnly
    containerField  children
    class
/>
```

IntegerSequencer 节点的设计包含域名、域值、域数据类型以及存储/访问类型等，节点中数据内容包含在一对尖括号中，用“<、/>”表示。

域数据类型描述如下：

- SFFloat 域——单值单精度浮点数。
- MFFloat 域——多值单精度浮点数。
- SFBool 域——一个单值布尔量。
- SFInt32 域——一个单值含有 32 位的整数。
- MFInt32 域——一个多值域 32 位的整数。

事件的存储/访问类型描述：表示域(属性)的存储/访问类型，包括 inputOnly(输入类型)、outputOnly(输出类型)、initializeOnly(初始化类型)以及 inputOutput(输入/输出类型)等，用来描述该节点必须提供该属性值。IntegerSequencer 节点包含 DEF、USE、key、keyValue、set_fraction、value_changed、previous、next、containerField 以及 class 域等。

- DEF 为节点定义一个名字，给该节点定义了唯一的 ID，在其他节点中就可以引用这个节点。用 DEF 为节点命名时，使用有意义的描述性的名称可以规范文件，以提高 X3D 文件可读性。该属性是可选项。
- USE 用来引用 DEF 定义的节点 ID，即引用 DEF 定义的节点名字，同时忽略其他的属性和子对象。使用 USE 来引用其他的节点对象而不是复制节点可以提高性能和编码效率。该属性是可选项。
- key 域——定义一个线性插值的时间间隔，按照顺序增加，对应相应的 keyValue。其中 key 和 keyValue 的数量必须一致。
- keyValue 域——指定了一个对应 key 的相应关键值，用来进行相应时间段的线性插值。其中 key 和 keyValue 的数量必须一致。
- set_fraction 域——定义一个 set_fraction 输入一个 key 值，以进行相应的 keyValue 输出。
- value_changed 域——定义一个按照 key 和 keyValue 对输出一个相应的值。
- previous 域——定义一个触发输出 keyValue 数组中的上一个数值。如果需要，可以从开始循环到末尾。
- next 域——定义一个触发输出 keyValue 数组中的下一个数值。如果需要，可以从末尾循环到开始。
- containerField 域——表示容器域是 field 域标签的前缀，表示了子节点和父节点的关系。该容器域名称为 children，包含几何节点。如 geometry Sphere、children Group、proxy Shape。containerField 属性只有在 X3D 场景用 XML 编码时才使用。
- class 域——是用空格分开的类的列表，保留给 XML 样式表使用。只有 X3D 场景用 XML 编码时才支持 class 属性。

9.6 互联网 3D IntegerTrigger 设计

互联网 3D IntegerTrigger 节点定义了一个从 boolean true 或时间输入事件到整数值的转换，以适合 Switch 之类的节点。IntegerTrigger 节点指定了一个从布尔 true 或时间输入事件到整数值的转换。IntegerTrigger 节点可以作为 Transform 空间坐标变换节点的子节点或与其他节点平行使用。IntegerTrigger 节点语法定义如下：

```
< IntegerTrigger
    DEF              ID
    USE              IDREF
    set_boolean      ""           SFBool          inputOnly
    integerKey       -1           SFInt32         inputOutput
    triggerValue     ""           SFInt32         outputOnly
    containerField   children
```

```
    class
/>
```

IntegerTrigger 节点中设计包含域名、域值、域数据类型以及存储/访问类型等，节点中数据内容包含在一对尖括号中，用“<、/>”表示。

域数据类型描述如下：

- SFBool 域——是一个单值布尔量。
- SFInt32 域——是一个单值含有 32 位的整数。

事件的存储/访问类型描述：表示域(属性)的存储/访问类型，包括 inputOnly(输入类型)、outputOnly(输出类型)、initializeOnly(初始化类型)以及 inputOutput(输入/输出类型)等，用来描述该节点必须提供该属性值。IntegerTrigger 节点包含 DEF、USE、set_boolean、integerKey、triggerValue、containerField 以及 class 域等。

- DEF 为节点定义一个名字，给该节点定义了唯一的 ID，在其他节点中就可以引用这个节点。用 DEF 为节点命名时，使用有意义的描述性的名称可以规范文件，以提高 X3D 文件可读性。该属性是可选项。
- USE 用来引用 DEF 定义的节点 ID，即引用 DEF 定义的节点名字，同时忽略其他的属性和子对象。使用 USE 来引用其他的节点对象而不是复制节点可以提高性能和编码效率。该属性是可选项。
- set_boolean 域——定义一个输入 set_boolean true 值时，输出指定的 integerKey 值。
- integerKey 域——定义一个输入 set_boolean true 值时，输出指定的 integerKey 值。
- triggerValue 域——定义一个当接收到 true set_boolean 事件时，triggerValue 提供符合 integerKey 值的整数事件输出。
- containerField 域——表示容器域是 field 域标签的前缀，表示了子节点和父节点的关系。该容器域名称为 children，包含几何节点。如 geometry Sphere、children Group、proxy Shape。containerField 属性只有在 X3D 场景用 XML 编码时才使用。
- class 域——是用空格分开的类的列表，保留给 XML 样式表使用。只有 X3D 场景用 XML 编码时才支持 class 属性。

9.7 互联网 3D TimeTrigger 设计

互联网 3D TimeTrigger 节点将 boolean true 事件转换到时间事件。TimeTrigger 节点是一个触发器节点，在接收到 boolean 事件时生成时间事件。该节点可以作为 Transform 空间坐标变换节点的子节点，或与其他节点平行使用。当 TimeTrigger 接收到一个 set_boolean 事件时，生成 triggerTime 事件。triggerTime 的值应为 set_boolean 事件接收的时间。set_boolean 的值应被忽略。TimeTrigger 节点语法定义如下：

```
<TimeTrigger
    DEF                 ID
    USE                 IDREF
    set_boolean         ""              SFBool          inputOnly
    triggerTime         ""              SFTime          outputOnly
    containerField      children
```

```
    class
/>
```

TimeTrigger 节点设计包含域名、域值、域数据类型以及存储/访问类型等，节点中数据内容包含在一对尖括号中，用“<、/>”表示。

域数据类型描述如下：

- SFFloat 域——是单值单精度浮点数。
- SFBool 域——是一个单值布尔量。
- SFTime 域——含有一个单独的时间值。

事件的存储/访问类型描述：表示域(属性)的存储/访问类型，包括 inputOnly(输入类型)、outputOnly(输出类型)、initializeOnly(初始化类型)以及 inputOutput(输入/输出类型)等，用来描述该节点必须提供该属性值。TimeTrigger 节点包含 DEF、USE、set_boolean、triggerTime、containerField 以及 class 域等。

- DEF 为节点定义一个名字，给该节点定义了唯一的 ID，在其他节点中就可以引用这个节点。用 DEF 为节点命名时，使用有意义的描述性的名称可以规范文件，以提高 X3D 文件可读性。该属性是可选项。
- USE 用来引用 DEF 定义的节点 ID，即引用 DEF 定义的节点名字，同时忽略其他的属性和子对象。使用 USE 来引用其他的节点对象而不是复制节点可以提高性能和编码效率。该属性是可选项。
- set_boolean 域——定义一个当 set_boolean 输入 true 值时，引发事件输出时间值。
- triggerTime 域——定义一个当 set_boolean 输入 true 值时，引发事件输出时间值。
- containerField 域——表示容器域是 field 域标签的前缀，表示子节点和父节点的关系。该容器域名称为 children，包含几何节点。如 geometry Sphere、children Group、proxy Shape。containerField 属性只有在 X3D 场景用 XML 编码时才使用。
- class 域——是用空格分开的类的列表，保留给 XML 样式表使用。只有 X3D 场景用 XML 编码时才支持 class 属性。

9.8 互联网 3D Script 设计

互联网 3D Script 脚本节点设计描述一个由用户自定义制作的检测器和插补器，这些检测器和插补器需要一些有关域、事件出口和事件入口的列表以及处理这些操作时所必须做的事情。所以该节点有定义了一个包含程序脚本节点的域(注意不能定义 exposeField)、事件出口和事件入口及描述了用户自定义制作的检测器和插补器所做的事情。节点可以出现在文件的顶层，或者作为成组节点的子节点。在 Script 脚本节点中，可由用户定义一些域、入事件和出事件等，所以 Script 脚本节点的结构与前面介绍的 X3D 节点有所不同。Script 脚本节点让场景可以有程序化的行为，用 field(域)标签定义脚本的界面，脚本的代码使用一个子 CDATA 节点或使用一个 url field(不推荐)。可选脚本语言支持 ECMA Script/Java Script 或经由 url 到一个 myNode.class 类文件的 Java 语言。

9.8.1 互联网 3D Script 语法定义

互联网 3D Script 脚本节点语法定义如下：

```
<Script
    DEF                ID
    USE                IDREF
    url                            SFString        inputOutput
    directOutput       false       SFBool          initializeOnly
    mustEvaluate       false       SFBool          initializeOnly
    containerField     children
    class
/>
```

Script 脚本节点设计包含域名、域值、域数据类型以及存储/访问类型等，节点中数据内容包含在一对尖括号中，用"<、/>"表示。

域数据类型描述如下：

- SFBool 域——一个单值布尔量。
- SFString 域——一个单值的字符串。

事件的存储/访问类型描述：表示域（属性）的存储/访问类型，包括 inputOnly（输入类型）、outputOnly（输出类型）、initializeOnly（初始化类型）以及 inputOutput（输入/输出类型）等，用来描述该节点必须提供该属性值。Script 脚本节点包含 DEF、USE、url、directOutput、mustEvaluate、containerField 以及 class 域等。

- DEF 为节点定义一个名字，给该节点定义了唯一的 ID，在其他节点中就可以引用这个节点。用 DEF 为节点命名时，使用有意义的描述性的名称可以规范文件，以提高 X3D 文件可读性。该属性是可选项。
- USE 用来引用 DEF 定义的节点 ID，即引用 DEF 定义的节点名字，同时忽略其他的属性和子对象。使用 USE 来引用其他的节点对象而不是复制节点可以提高性能和编码效率。该属性是可选项。
- url 域——定义一个指向脚本或包含脚本的节点，首选的方法是把 url scripts：插入一个 CDATA 节点以整合到源代码中 CDATA 可以保护 < 和> 等字符格式以符合脚本的语法。其中 ECMAScript 和 JavaScript 相等。
- directOutput 域——定义一个如果脚本中涉及节点或使用节点属性的直接存取修改，那么设置 directOutput 值为 true。其中需要用脚本动态的建立或打断路由，设置 directOutput 值为 true，如果 directOutput 提示浏览器避免过优化引用的节点，因为脚本可以改变节点属性而不经过路由事件。directOutput 值为 false 意味着不能修改引用的节点或修改路由。
- mustEvaluate 域——定义一个如果 mustEvaluate 值为 false，浏览器可以延迟发送输入事件到脚本直到需要输出时。如果 mustEvaluate 值为 true，脚本直接接收输入事件而没有浏览器的延迟。设置 mustEvaluate：true/false 值表示经由网络发送/接收值。
- containerField 域——表示容器域是 field 域标签的前缀，表示了子节点和父节点的关系。该容器域名称为 children，包含几何节点。如 geometry Sphere、children Group、proxy Shape。containerField 属性只有在 X3D 场景用 XML 编码时才使用。
- class 域——用空格分开的类的列表，保留给 XML 样式表使用。只有 X3D 场景用 XML 编码时才支持 class 属性。

9.8.2 互联网 3D Script 案例分析

互联网 3D 程序设计利用 Script 脚本节点可以实现更加方便、灵活的软件项目开发与设计，使用 Script 脚本节点与其他程序设计语言进行接口，设计出更加生动、鲜活、逼真的 X3D 虚拟现实动画场景。在 Script 脚本节点中，可由用户定义一些域、入事件和出事件等，Script 脚本节点二维平面造型设计利用虚拟现实程序设计语言 X3D 进行设计、编码和调试。利用现代软件开发的极端编程思想，采用绝对编程、自动测试、简单设计以及先测试后设计开发理念。融合结构化、组件化和模块化的设计思想，使软件开发设计层次清晰、结构合理。利用虚拟现实语言的各种节点创建生动、逼真的三维立体动画 Script 脚本节点。使用 X3D 内核节点、背景节点以及 Script 脚本节点进行设计和开发。

【实例 9-1】 X3D 三维立体动画设计使用 Script 节点创建动画效果，将“空天飞机”起飞航行。当用户运行 X3D 立体空间的飞机场景和造型时，空天飞机将飞往太空。

在 X3D 三维立体空间场景环境下，利用内联节点将空天飞机造型连接到场景中，利用 Script 节点使空天飞机飞向太空。Script 脚本节点空天飞机场景设计 X3D 文件 px3d9-1.x3d“源程序”展示如下：

```
<Scene>
    <!-- Scene graph nodes are added here -->
    <Background skyColor="1 1 1"/>
    <Viewpoint description="fly-space" orientation="1 0 0 -0.2" position="0.5 0.5 1.5"/>
    <NavigationInfo type="EXAMINE ANY"/>
    <Group>
      <Transform rotation="0 0 1 0" translation="0.5 -0.2 0">
        <Shape>
          <Box size="1.5 0.01 0.5"/>
          <Appearance>
            <Material diffuseColor="0.6 1 0.5"/>
          </Appearance>
        </Shape>
      </Transform>
        <Transform DEF="flyTransform">
          <Transform translation="0 -0.1 0" scale="0.01 0.01 0.01" rotation="0 1 0 3.141">
          <Inline url="px3d10-1-1.x3d"/>
          </Transform>
      </Transform>
      <TimeSensor DEF="Clock" cycleInterval="4" loop="true"/>
      <Script DEF="MoverUsingExternalScriptFile" >
        <field accessType="inputOnly" name="set_fraction" type="SFFloat"/>
        <field accessType="outputOnly" name="value_changed" type="SFVec3f"/>
      </Script>
      <Script DEF="MoverUsingUrlScript">
        <field accessType="inputOnly" name="set_fraction" type="SFFloat"/>
        <field accessType="outputOnly" name="value_changed"
         type="SFVec3f"/><![CDATA[ecmascript:
// Move a shape in a straight path
function set_fraction( fraction, eventTime ) {
```

```
 value_changed[0] = fraction;                          // X component
 value_changed[1] = fraction;                          // Y component
 value_changed[2] = 0.0;                               // Z component
}]]></Script>
      <Script DEF="MoverUsingContainedScript">
        <field accessType="inputOnly" name="set_fraction" type="SFFloat"/>
<field accessType="outputOnly" name="value_changed"
        type="SFVec3f"/><![CDATA[ecmascript:
// Move a shape in a straight path
function set_fraction( fraction, eventTime ) {
 value_changed[0] = fraction;                          // X component
 value_changed[1] = fraction;                          // Y component
 value_changed[2] = 0.0;                               // Z component
}]]></Script>
    </Group><!-- Any one of the three Mover script alternatives can drive
      the ball - modify both ROUTEs to test --><ROUTE
      fromField="fraction_changed" fromNode="Clock"
      toField="set_fraction" toNode="MoverUsingContainedScript"/>
    <ROUTE fromField="value_changed"
      fromNode="MoverUsingContainedScript" toField="set_translation"
        toNode="flyTransform"/>
  </Scene>
```


在互联网3D文件中的Scene场景根节点下添加Background背景节点和Shape模型节点，背景节点的颜色取银白色以突出“空天飞机”造型飞行的显示效果。X3D虚拟现实Script脚本节点动画场景程序运行。首先，启动X3D浏览器，选择X3D案例程序运行虚拟现实Script脚本节点动画场景程序，运行后的场景效果如图9-1所示。

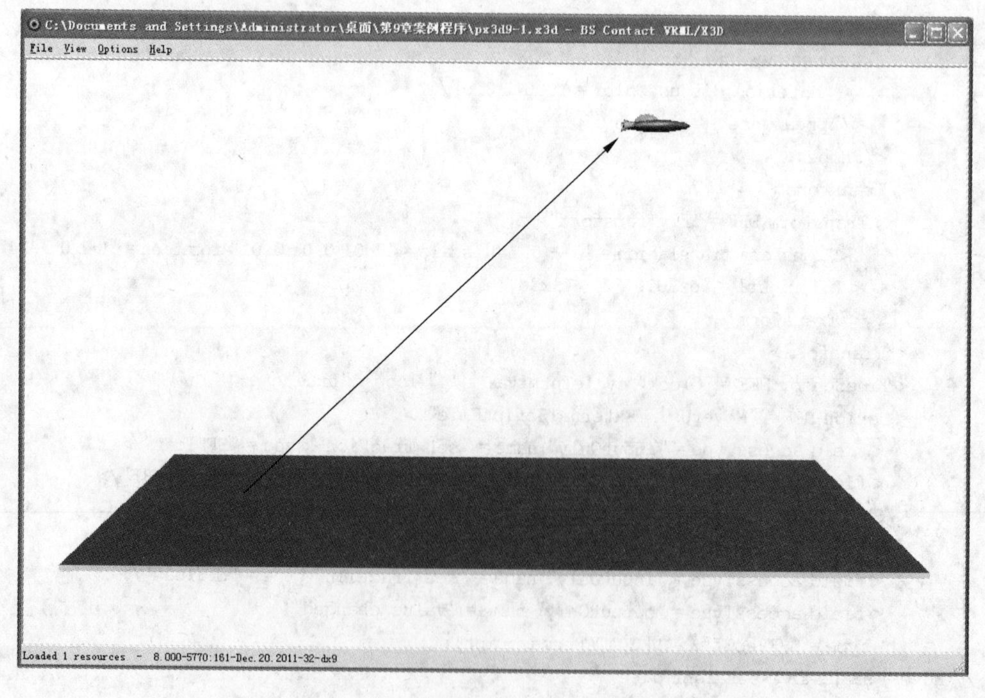

图9-1 Script脚本节点实现“空天飞机”飞行动画效果

9.9 互联网 3D 电子钟表案例分析

互联网 3D 电子钟表案例分析,通过电子钟表的场景和造型设计,实现一个具有动画效果的电子钟表的设计过程。

【实例 9-2】 在互联网 3D 动画设计使用 Script 节点创建动画效果,创建一个电子表动画效果。当用户运行该程序时,一个三维立体动画钟表显示在屏幕上。

在 X3D 三维立体空间场景环境下,利用内联节点将钟表造型连接到场景中,利用 Script 节点使电子表运行。Script 脚本节点电子表动画场景造型设计 X3D 文件源程序展示如下:

```
<Scene>
    <Background skyColor="1 1 1"/>
    <TimeSensor DEF='refresh' cycleInterval='0.1' loop='true'/>

    <Script DEF='writing'>
      <field accessType='inputOnly' name='set_float' type='SFTime'/>
      <field accessType='outputOnly' name='string_changed' type='MFString'/>
      <field accessType='initializeOnly' name='g' type='SFFloat' value='0'/>
      <![CDATA[ecmascript:
    function set_float () {
            var today = new Date();
            var date = today.toLocaleString();
            string_changed[0] = date;
    }]]>
    </Script>
    <Transform translation='0 -3 0.3'>
      <Shape>
        <Appearance>
          <Material diffuseColor='0 0 1'/>
        </Appearance>
        <Text DEF='text'>
          <FontStyle justify='MIDDLE' size='1'/>
        </Text>
      </Shape>
    </Transform>
<Transform translation="0 1 0" scale="0.8 0.8 0.8 " rotation="0 1 0 0">
        <Inline url="Clock-1m.x3d"/>
      </Transform>
  <ROUTE fromField='cycleTime_changed' fromNode='refresh' toField='set_float'
        toNode='writing'/>
  <ROUTE fromField='string_changed' fromNode='writing' toField='set_string' toNode='text'
/>
```

在互联网 3D 动画钟表文件中的 Scene 场景根节点下添加 Background 背景节点和 Shape 模型节点,背景节点的颜色取银白色以突出“电子钟表”造型的显示效果。互联网 3D

Script 脚本节点动画场景程序设计。首先,启动 X3D 浏览器,选择 X3D 案例程序,运行虚拟现实 Script 脚本节点电子钟表动画场景程序,运行后的场景效果如图 9-2 所示。

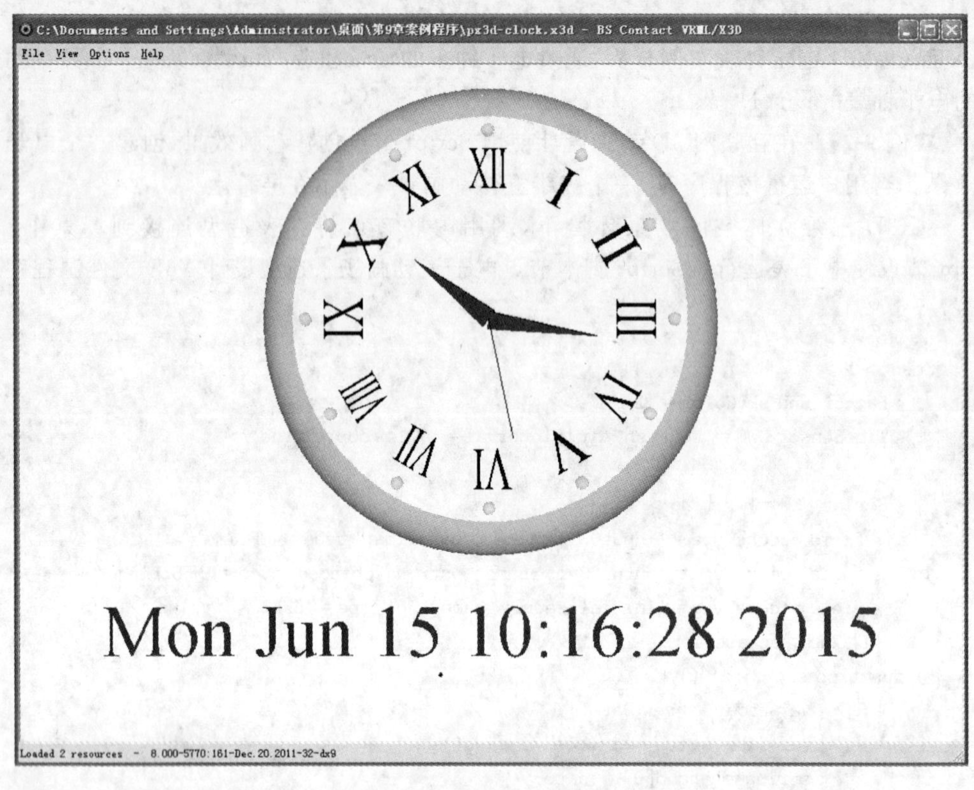

图 9-2 开发设计“电子表”动画效果

第10章 互联网3D动画设计

互联网3D动画节点设计是实现X3D三维立体空间动画设计效果，在现实世界中万物都是在变化着的，如太阳的升落、树叶由绿变黄等，这些都归属为动画。同样，在X3D中也可以实现动画设计效果，使X3D世界更加生动、真实、鲜活。X3D提供了多个用来控制动画的插补器。在X3D虚拟现实三维立体程序设计中，控制动画的插补器(interpolator)节点是为线性关键帧动画而设计的。其中采用一组关键数值，且每个关键值对应一种状态。这个状态允许以各种形式表示，如SFVec3f或SFColor浏览器会根据这些状态生成连续的动画。一般来说，浏览器在两个相邻关键帧之间生成的连续帧是线性的。插补器节点是根据其所插值的类型不同而分为几种：ColorInterpolator节点、coordiateInterpolator节点、NormaiInterpolator节点、OrientationInterpolator节点、PositionInterpolator节点、ScalarInterpolator节点、PositionInterpolator2D节点、CoordinateInterpolator2D节点以及ROUTE节点设计等。

10.1 互联网3D TimeSensor设计

在互联网3D动画程序设计中，世界万物的变化往往是自动的，而且是有一定规律的，即不是随人的意志而改变的，这就需要在X3D虚拟世界中，创建出能自动变化不需要人的干预来实现。可以通过设定时间按某种规律变化来控制造型变化。控制时间按某种规律变化最常见的就是TimeSenor时间传感器。

互联网3D TimeSenor时间传感器节点的作用就是创建一个虚拟时钟，并对其他节点发送时间值。控制X3D立体空间的动态对象的开始、变化和结果过程的时间，实现空间物体造型的移动、变色、变形等自动变化。TimeSensor时间传感器又包含绝对时间(absolute time)和部分时间(fractional time)两个概念。绝对时间是以秒为单位计算。在绝对时间内，1秒发生在绝对日期的时间经过1秒之后，如2008年6月16日08点58分59秒，经过1秒钟变为2008年6月16日08点59分。部分时间又称相对时间，是空间物体运动从某一时刻0.0开始运动一直到1.0为止。从0.0～1.0时刻称为相对时间，相对时间的差可以是绝对时间的30秒、10分钟或1小时等。这段时间差也称为动态对象的运动周期。

互联网3D TimeSenor时间传感器节点在X3D中并不产生任何造型和可视效果。其作用只是向各插补器节点输出事件，以使插补器节点产生所需要的动画效果。该节点可以包含在任何组节点中作为子节点，但独立于所选用的坐标系。TimeSensor时间传感器节点定义了一个当时间流逝时，TimeSensor不断地产生事件，如ROUTE thisTimeSensor. fraction_changed TO someInterpolator. set_fraction。提示：如果cycleInterval < 0.01秒，TimeSensor可能

被忽视。该节点可以包含在任何组节点中作为子节点。TimeSenor时间传感器节点语法定义如下：

```
<TimeSenor
  DEF                 ID
  USE                 IDREF
  enabled             true       SFBool      inputOutput
  cycleInterval       1.0        SFTime      inputOutput
  loop                false      SFBool      inputOutput
  startTime           0          SFTime      inputOutput
  stopTime            0          SFTime      inputOutput
  pauseTime           0          SFTime      inputOutput
  resumeTime          0          SFTime      inputOutput
  cycleTime           ""         SFTime      outputOnly
  isActive            ""         SFBool      outputOnly
  isPaused            ""         SFBool      outputOnly
  fraction_changed    ""         SFFloat     outputOnly
  time                ""         SFTime      outputOnly
  containerField      children
  class
/>
```

TimeSenor时间传感器节点设计包含域名、域值、域数据类型以及存储/访问类型等，节点中数据内容包含在一对尖括号中，用“<、/>”表示。

域数据类型描述如下：

- SFFloat域——单值单精度浮点数。
- SFBool域——一个单值布尔量。
- SFTime域——含有一个单独的时间值。
- MFVec3d域——定义了一个多值多组三维矢量。

事件的存储/访问类型描述：表示域(属性)的存储/访问类型，包括inputOnly(输入类型)、outputOnly(输出类型)、initializeOnly(初始化类型)以及inputOutput(输入/输出类型)等，用来描述该节点必须提供该属性值。TimeSenor时间传感器节点包含DEF、USE、enabled、cycleInterval、loop、startTime、stopTime、pauseTime、resumeTime、cycleTime、isActive、isPaused、fraction_changed、time、containerField以及class域等。

- DEF为节点定义一个名字，给该节点定义了唯一的ID，在其他节点中就可以引用这个节点。用DEF为节点命名时，使用有意义的描述性的名称可以规范文件，以提高X3D文件可读性。该属性是可选项。
- USE用来引用DEF定义的节点ID，即引用DEF定义的节点名字，同时忽略其他的属性和子对象。使用USE来引用其他的节点对象而不是复制节点可以提高性能和编码效率。该属性是可选项。
- enabled域——定义了一个设置传感器节点是否有效。
- cycleInterval域——定义了一个时间长度，用来设置循环的时间。说明这个时间传感器从0.0～1.0时刻的周期间隔，单位为秒。该域值必须大于0.0，其默认值为

1.0 秒。如果 cycleInterval < 0.01 秒，TimeSensor 可能被忽视。

- loop 域——定义了一个时间传感器是否循环输出。该域值为布尔量，如果为 true，则时间传感器会自动循环，一直到停止时间为止；如果为 false，时间传感器不循环，只经过一个周期后，就会自动停止。其默认值为 false。
- startTime 域——定义了当现在时间 time now >= startTime，isActive 变为 true 值激活 TimeSensor。绝对时间：从 1970 年 1 月 1 日，00:00:00 GMT 经过的秒数。一般通过路由接收一个时间值。
- stopTime 域——定义了当 stopTime <= time now(现在时间)，isActive 变为 false 值禁止 TimeSensor。绝对时间：从 1970 年 1 月 1 日，00:00:00 GMT 经过的秒数。一般通过路由接收一个时间值。
- pauseTime 域——定义了当现在时间 time now >= pauseTime，isPaused 值变为 true 暂停 TimeSensor。绝对时间：从 1970 年 1 月 1 日，00:00:00 GMT 经过的秒数。一般通过路由接收一个时间值。注释：不支持 VRML97。
- resumeTime 域——定义了当 resumeTime <= time now 现在时间，isPaused 值变为 false 再次激活 TimeSensor。绝对时间：从 1970 年 1 月 1 日，00:00:00 GMT 经过的秒数。一般通过路由接收一个时间值。注释：不支持 VRML97。
- cycleTime 域——定义了当开始时 cycleTime 发送时间输出事件 outputOnly，当每次新循环开始的时候也发送，用来同步其他基于时间的对象。
- isActive 域——定义了一个当回放开始/结束的时候发送 isActive true/false 事件。
- isPaused 域——定义了一个当回放暂停/继续的时候发送 isPaused true/false 事件。注释：不支持 VRML 97。
- fraction_changed 域——定义了一个 fraction_changed 持续发送[0,1]范围内的值以提供当前循环的进程。
- time 域——定义了一个 Time 持续发送绝对时间，从 1970 年 1 月 1 日，00:00:00 GMT 经过的秒数以提供一个计时模拟。
- containerField 域——表示容器域是 field 域标签的前缀，表示子节点和父节点的关系。该容器域名称为 children，包含几何节点。如 geometry Sphere、children Group、proxy Shape。containerField 属性只有在 X3D 场景用 XML 编码时才使用。
- class 域——用空格分开的类的列表，保留给 XML 样式表使用。只有 X3D 场景用 XML 编码时才支持 class 属性。

10.2 互联网 3D PositionInterpolator 设计

互联网 3D PositionInterpolator 位置插补器节点是空间造型位置移动节点，用来描述一系列用于动画的关键值，使物体移动形成动画。该节点不创建任何造型，在一组 SFVec3f 值之间进行线性插值。适合对于平移进行插值。PositionInterpolator 位置插补器节点产生指定范围内的一系列三维值。其结果可以被路由到一个 Transform 节点的 translation 属性或另一个 Vector3Float 属性。典型输入为 ROUTE someTimeSensor. fraction_changed

TO someInterpolator. set_fraction。典型输出为 ROUTE someInterpolator. value_changed TO destinationNode. set_attribute。

10.2.1 互联网 3D PositionInterpolator 语法定义

互联网 3D PositionInterpolator 位置插补器节点包含域名、域值、域数据类型以及存储/访问类型等，节点中数据内容包含在一对尖括号中，用“<、/>”表示。

域数据类型描述如下：

- SFFloat 域——单值单精度浮点数。
- MFFloat 域——多值单精度浮点数。
- SFBool 域——一个单值布尔量。
- SFVec3f 域——定义了一个单值单精度三维矢量。
- MFVec3f 域——定义了一个多值单精度多组三维矢量。

事件的存储/访问类型描述：表示域(属性)的存储/访问类型，包括 inputOnly(输入类型)、outputOnly(输出类型)、initializeOnly(初始化类型)以及 inputOutput(输入/输出类型)等，用来描述该节点必须提供该属性值。

```
<PositionInterpolator
  DEF               ID
  USE               IDREF
  key                           MFFloat        inputOutput
  keyValue                      MFVec3f        inputOutput
  set_fraction      ""          SFFloat        inputOnly
  value_changed     ""          SFVec3f        outputOnly
  containerField    children
  class
/>
```

PositionInterpolator 位置插补器节点包含 DEF、USE、key、keyValue、set_fraction、value_changed、containerField 以及 class 域等。

- DEF 为节点定义一个名字，给该节点定义了唯一的 ID，在其他节点中就可以引用这个节点。用 DEF 为节点命名时，使用有意义的描述性的名称可以规范文件，以提高 X3D 文件可读性。该属性是可选项。
- USE 用来引用 DEF 定义的节点 ID，即引用 DEF 定义的节点名字，同时忽略其他的属性和子对象。使用 USE 来引用其他的节点对象而不是复制节点可以提高性能和编码效率。该属性是可选项。
- key 域——定义了一个线性插值器的时间间隔，按照顺序增加，对应相应的 keyValue。其中 key 和 keyValue 的数量必须一致。
- keyValue 域——定义了一个对应 key 的相应关键值，用来进行相应时间段的线性插值。其中 key 和 keyValue 的数量必须一致。
- set_fraction 域——定义了一个 set_fraction 输入一个 key 值，以进行相应的 keyValue 输出。
- value_changed 域——定义了一个按照相应的 key 和 keyValue 对，输出相应时间段的线性插值。

- containerField 域——表示容器域是 field 域标签的前缀，表示了子节点和父节点的关系。该容器域名称为 children，包含几何节点。如 geometry Sphere、children Group、proxy Shape。containerField 属性只有在 X3D 场景用 XML 编码时才使用。
- class 域——用空格分开的类的列表，保留给 XML 样式表使用。只有 X3D 场景用 XML 编码时才支持 class 属性。

10.2.2 互联网 3D PositionInterpolator 案例分析

利用互联网 3D PositionInterpolator 位置插补器节点可以通过空间物体进行插值三维立体动画设计，使 X3D 三维立体程序设计中的场景和造型更加逼真、生动和鲜活，给 X3D 程序设计带来更大的方便。

【实例 10-1】 使用 PositionInterpolator 位置插补器节点，引入 X3D 飞船空间造型。在时间传感器与位置插补器的共同作用下，驾驶员使飞船在三维立体空间中飞行，循环往复地变化。互联网 3D PositionInterpolator 位置插补器节点三维立体场景设计 X3D 文件源程序展示如下：

```
<Scene>
    <!-- Scene graph nodes are added here -->
    <Background skyColor="1 1 1"/>
    <Group>
      <Transform DEF="fly" rotation="0 1 0 1.571" scale="1 1 1" translation="0 0 0">
        <Inline url="px3d10-1-1.x3d"/>
        <TimeSensor DEF="time1" cycleInterval="8.0" loop="true"/>
        <PositionInterpolator DEF="flyinter"
          key="0.0,0.2,0.4,0.5,0.6,0.8,0.9,1.0," keyValue="0 0 0, 0 0 -20,8 5 -20,8 -5
                -20, -8 -5 -20, -8 5 -20,0 0 -200,0 0 0,"/>
      </Transform>
    </Group>
    <ROUTE fromField="fraction_changed" fromNode="time1"
      toField="set_fraction" toNode="flyinter"/>
    <ROUTE fromField="value_changed" fromNode="flyinter"
      toField="set_translation" toNode="fly"/>
  </Scene>
```

在 X3D 三维立体程序文件中添加 Background 背景节点、Group 编组节点、Transform 坐标变换、Inline 内联节点以及 PositionInterpolator 位置插补器节点。利用 PositionInterpolator 位置插补器节点创建一个三维立体空间动画设计效果。虚拟现实 PositionInterpolator 位置插补器节点三维立体空间动画设计运行程序。首先，启动 X3D 浏览器，单击 Open 按钮，然后打开 X3D 案例程序，即可运行虚拟现实 PositionInterpolator 位置插补器节点创建一个三维立体飞船的动画效果场景。PositionInterpolator 位置插补器节点源程序运行效果如图 10-1 所示。

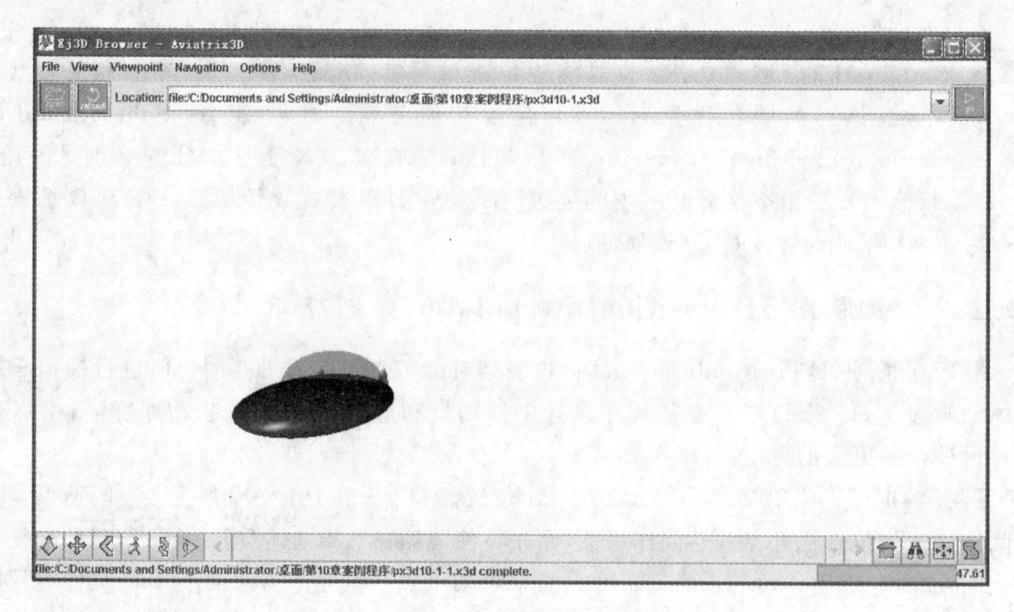

图 10-1　飞船三维立体场景动画设计效果

10.3　互联网 3D OrientationInterpolator 设计

互联网 3D OrientationInterpolator 朝向插补器节点设计是方位变换节点，用来描述一系列在动画中使用的旋转值。该节点不创建任何造型，可以在不同时刻旋转到所对应的方位（朝向）。通过使用该节点，可以使造型旋转。OrientationInterpolator 朝向插补器产生指定范围内的一系列方向值，其结果可以被路由到 Transform 节点的 rotation 属性或另一个 Rotations 属性中。典型输入为 ROUTE someTimeSensor. fraction_changed TO someInterpolator. set_fraction。典型输出为 ROUTE someInterpolator. value_changed TO destinationNode. set_attribute。该节点不创建任何造型，可以进行各种动画设计。该节点中的一系列方向值，其结果可以被路由器传送到 Transform 节点的 rotation 属性或另一个 Rotations 属性中。

10.3.1　互联网 3D OrientationInterpolator 语法定义

互联网 3D OrientationInterpolator 朝向插补器节点包含域名、域值、域数据类型以及存储/访问类型等，节点中数据内容包含在一对尖括号中，用“＜、/＞”表示。

域数据类型描述如下：

- SFFloat 域——单值单精度浮点数。
- MFFloat 域——多值单精度浮点数。
- SFRotation 域——指定了一个任意的单值旋转。
- MFRotation 域——指定了一个任意的多值旋转。

事件的存储/访问类型描述：表示域（属性）的存储/访问类型，包括 inputOnly（输入类型）、outputOnly（输出类型）、initializeOnly（初始化类型）以及 inputOutput（输入/输出类型）等，用来描述该节点必须提供该属性值。OrientationInterpolator 朝向插补器节点语法定义如下：

```
<OrientationInterpolator
  DEF                 ID
  USE                 IDREF
  key                                 MFFloat        inputOutput
  keyValue                            MFRotation     inputOutput
  set_fraction        ""              SFFloat        inputOnly
  value_changed       ""              SFRotation     outputOnly
  containerField      children
  class
/>
```

OrientationInterpolator 朝向插补器节点包含 DEF、USE、key、keyValue、set_fraction、value_changed、containerField 以及 class 域等。

10.3.2 互联网 3D OrientationInterpolator 案例分析

互联网 3D 动画设计利用 OrientationInterpolator 朝向插补器节点可以通过空间物体进行插值动画设计，使 X3D 文件中的场景和造型更加逼真、生动和鲜活，给 X3D 程序设计带来更大的方便。

【实例 10-2】 互联网 3D 动画设计使用 OrientationInterpolator 朝向插补器节点，引入 X3D 齿轮造型。在时间传感器与朝向插补器共同作用下，使齿轮造型旋转。虚拟现实 OrientationInterpolator 朝向插补器节点三维立体场景设计 X3D 文件源程序展示如下：

```
<Scene>
    <! -- Scene graph nodes are added here -->
    <Background skyColor="1 1 1"/>
<Viewpoint description='Viewpoint-1' position='0 0 40'/>
    <Group>
      <Transform DEF="fly" rotation="0 0 1 0" scale="1 1 1" translation="0 0 8">
        <Inline url="px3d10-2-1.x3d"/>
        <TimeSensor DEF="time1" cycleInterval="8.0" loop="true"/>
        <OrientationInterpolator DEF="flyinter"
          key="0.0,0.1,0.2,0.3,0.4,0.5,0.6,0.7,0.8,0.9," keyValue="0 1 0 0.0,
              0 1 0 0.524,0 1 0 0.785,0 1 0 1.047,0 1 0 1.571,0 1 0 2.094,0 1 0 2.356,
              0 1 0 2.618,0 1 0 3.141,0 1 0 6.282"/>
      </Transform>
    </Group>
    <ROUTE fromField="fraction_changed" fromNode="time1"
      toField="set_fraction" toNode="flyinter"/>
    <ROUTE fromField="value_changed" fromNode="flyinter"
      toField="set_rotation" toNode="fly"/>
</Scene>
```

在 Scene 场景根节点下编写 Viewpoint 视点节点、Background 背景节点、Group 编组节点、Transform 坐标变换、Inline 内联节点以及 OrientationInterpolator 朝向插补器节点。利用 OrientationInterpolator 朝向插补器节点创建一个三维立体空间动画设计效果。虚拟现实 OrientationInterpolator 朝向插补器节点三维立体空间动画设计运行程序。首先，启动X3D浏览器，单击 Open 按钮，然后打开 X3D 案例程序，即可运行虚拟现实 OrientationInterpolator 朝向插补器节点创建一个三维立体旋转齿轮动画效果场景。OrientationInterpolator 朝向插补器节点源程序运行效果如图 10-2 所示。

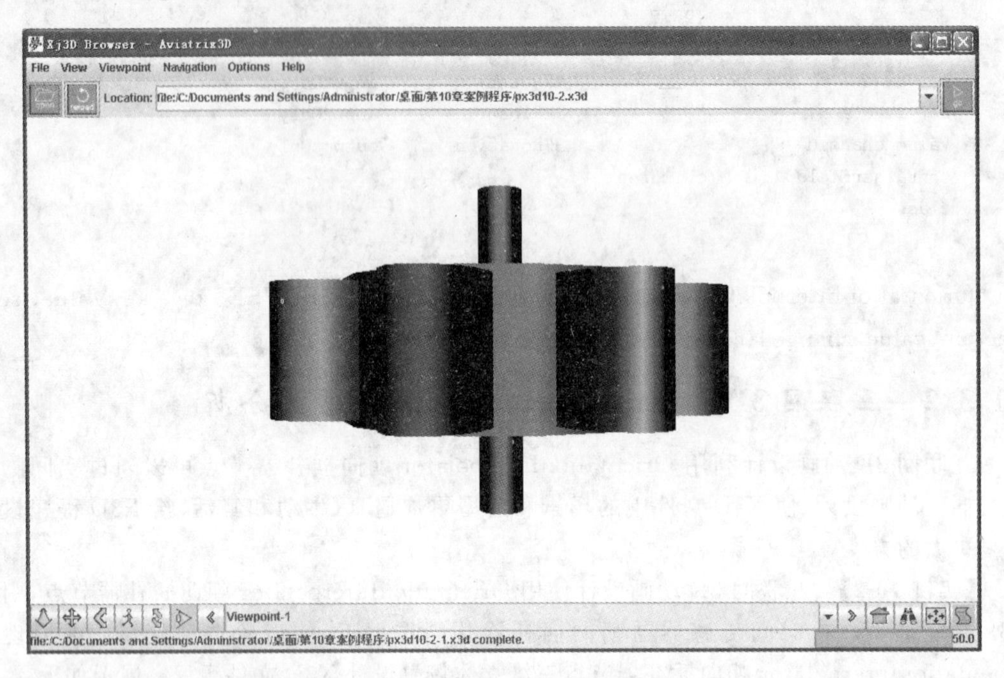

图 10-2　三维立体旋转齿轮三维立体动画设计效果

10.4　互联网 3D ScalarInterpolator 节点设计

互联网 3D ScalarInterpolator 标量插补器节点设计产生指定范围内的一系列线性 values 可以被路由到其他的 Float 属性。使用 ScalarInterpolator 标量插补器节点和 TimeSensor 时间传感器节点来改变光线节点中的 Intensity 域的域值(光线强度)，使光线强度随时间的改变而变化，实现动态效果。ScalarInterpolator 标量插补器节点是强度变换动态节点，描述的是在动画设计中使用的一系列关键值。该节点不创建任何造型，在一组 SFFloat 值之间进行线性插值，这个插值适合用简单的浮点值定义的任何参数。使用 ScalarInterpolator 标量插补器节点和 TimeSensor 时间传感器节点来改变光线节点中的 Intensity 域的域值(光线强度)，使光线强度随时间的改变而变化，实现动态效果。典型输入为 ROUTE someTimeSensor. fraction_changed TO someInterpolator. set_fraction。典型输出为 ROUTE someInterpolator. value_changed TO destinationNode. set_attribute。

互联网 3D ScalarInterpolator 语法定义

ScalarInterpolator 标量插补器节点包含域名、域值、域数据类型以及存储/访问类型等，节点中数据内容包含在一对尖括号中，用"<、/>"表示。

域数据类型描述如下：

- SFFloat 域——单值单精度浮点数。

- MFFloat 域——多值单精度浮点数。
- SFBool 域——一个单值布尔量。
- SFRotation 域——指定了一个任意的旋转。

事件的存储/访问类型描述：表示域(属性)的存储/访问类型，包括 inputOnly(输入类型)、outputOnly(输出类型)、initializeOnly(初始化类型)以及 inputOutput(输入/输出类型)等，用来描述该节点必须提供该属性值。ScalarInterpolator 标量插补器节点语法定义如下：

```
<ScalarInterpolator
  DEF                 ID
  USE                 IDREF
  key                                  MFFloat        inputOutput
  keyValue                             MFFloat        inputOutput
  set_fraction        ""               SFFloat        inputOnly
  value_changed       ""               SFFloat        outputOnly
  containerField      children
  class
/>
```

ScalarInterpolator 标量插补器节点𠆤包含 DEF、USE、key、keyValue、set_fraction、value_changed、containerField 以及 class 域等。

10.5 互联网 3D ColorInterpolator 设计

互联网 3D ColorInterpolator 颜色插补器产生指定范围内的一系列色彩值 可以被路由器传送到 Color 节点的色彩属性。ColorInterpolator 颜色插补器节点是用来表示颜色间插值的节点，使立体空间场景与造型颜色发生变化。ColorInterpolator 颜色插补器节点是用来表示颜色间插值的节点，使立体空间场景与造型颜色发生变化。该节点并不创建造型，在 X3D 场景中是看不见的。该节点可以作为任何编组节点的子节点，但又独立于所使用的坐标系，即不受坐标系的限制。

10.5.1 互联网 3D ColorInterpolator 语法定义

互联网 3D ColorInterpolator 颜色插补器节点节点可以作为任何编组节点的子节点。但又独立于所使用的坐标系，即不受坐标系的限制。典型输入为 ROUTE someTimeSensor. fraction_changed TO someInterpolator. set_fraction。典型输出为 ROUTE someInterpolator. value_changed TO destinationNode. set_attribute。ColorInterpolator 颜色插补器节点语法定义如下：

```
<ColorInterpolator
  DEF                 ID
  USE                 IDREF
  key                                  MFFloat        inputOutput
  keyValue                             MFColor        inputOutput
  set_fraction        ""               SFFloat        inputOnly
  value_changed       ""               SFColor        outputOnly
```

```
  containerField       children
  class
/>
```


ColorInterpolator 颜色插补器节点设计包含域名、域值、域数据类型以及存储/访问类型等，节点中数据内容包含在一对尖括号中，用“<、/>”表示。

域数据类型描述如下：

- SFFloat 域——是单值单精度浮点数。
- MFFloat 域——是多值单精度浮点数。
- SFBool 域——是一个单值布尔量。
- SFColor 域——只有一个颜色的单值域。
- MFColor 域——是一个多值颜色域值。

事件的存储/访问类型描述：表示域(属性)的存储/访问类型，包括 inputOnly(输入类型)、outputOnly(输出类型)、initializeOnly(初始化类型)以及 inputOutput(输入/输出类型)等，用来描述该节点必须提供该属性值。ColorInterpolator 颜色插补器节点包含 DEF、USE、key、keyValue、set_fraction、value_changed、containerField 以及 class 域等。

10.5.2 互联网 3D ColorInterpolator 案例分析

互联网 3D 动画设计利用 ColorInterpolator 颜色插补器节点可以通过空间物体进行插值动画设计，使 X3D 文件中的场景和造型更加逼真、生动和鲜活，给 X3D 程序设计带来更大的方便。

【实例 10-3】 使用 ColorInterpolator 颜色插补器节点，在时间传感器与颜色插补器共同作用下，使彩灯的颜色发生变化。虚拟现实 ColorInterpolator 颜色插补器节点三维立体场景设计 X3D 文件源程序展示如下：

```
<Scene>
    <!-- Scene graph nodes are added here -->
    <Background skyColor="1 1 1"/>
<ColorInterpolator DEF='myColor' key='0.0 0.333 0.666 1.0' keyValue=
'1 0 0 0 1 0 0 0 1 1 0 0'/>
    <TimeSensor DEF='myClock' cycleInterval='10.0' loop='true'/>
     <Transform rotation="0 0 1 0" scale="0.8 1 0.8" translation="0 0 0">
     <Shape>
       <Appearance>
         <Material DEF='myMaterial'/>
       </Appearance>
         <Sphere radius='2'/>
     </Shape >
</Transform>
<Transform translation="0 0 0" >
      <Shape>
        <Appearance>
          <Material ambientIntensity="0.4" diffuseColor="0.5 0.5 0.7"
             shininess="0.2" specularColor="0.8 0.8 0.9"/>
        </Appearance>
```

```
      <Cylinder bottom = "true" height = "4" radius = "0.5" side = "true" top = "true"/>
    </Shape>
  </Transform>
  <Transform translation = "0 0 0" >
    <Shape>
      <Appearance>
        <Material ambientIntensity = "0.4" diffuseColor = "0.5 0.5 0.7"
          shininess = "0.2" specularColor = "0.8 0.8 0.9"/>
      </Appearance>
      <Cylinder bottom = "true" height = "5.5" radius = "0.05" side = "true" top = "true"/>
    </Shape>
  </Transform>
<ROUTE fromNode = 'myClock' fromField = 'fraction_changed' toNode = 'myColor'
toField = 'set_fraction'/>
<ROUTE fromNode = 'myColor' fromField = 'value_changed' toNode = 'myMaterial'
toField = 'diffuseColor'/>
 </Scene>
```

互联网 3D 动画设计利用 Background 背景节点、Transform 坐标变换、几何节点、ColOrInterpolator 颜色插补器节点以及路由等创建一个三维立体空间颜色动画设计效果。虚拟现实 ColorInterpolator 颜色插补器节点三维立体空间动画设计运行程序。首先，启动 X3D 浏览器，单击 Open 按钮，然后打开 X3D 案例程序，即可运行虚拟现实 ColorInterpolator 颜色插补器节点创建一个变换各种颜色的三维立体变色彩灯动画效果场景。ColorInterpolator 颜色插补器节点源程序运行效果如图 10-3 所示。

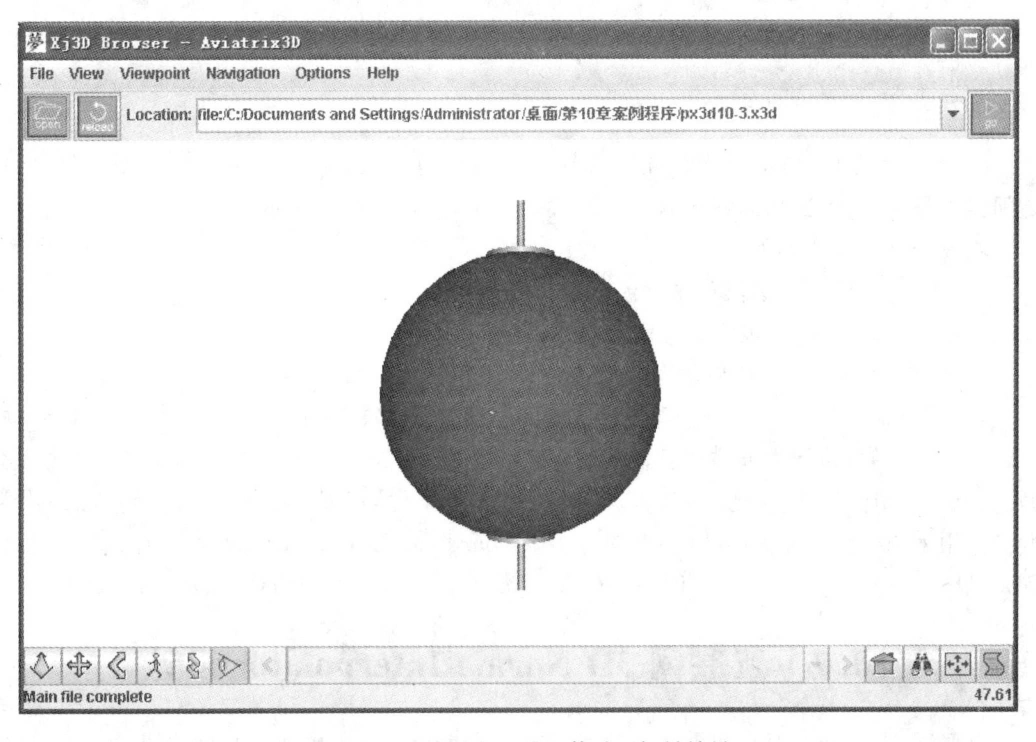

图 10-3 变色彩灯三维立体动画场景效果

10.6 互联网 3D CoordinateInterpolator 设计

互联网 3D CoordinateInterpolator 坐标插补器节点在一组 MFVec3f 值之间进行线性插值,通过使用该节点,使一个造型的组成坐标发生变化。同 ColorInterpolator 节点一样,CoordinateInterpolator 节点也不创建任何造型,在 X3D 场景中也是不可见的。坐标插补器的作用是利用坐标点的移动实现动画,通过使用 CoordinateInterpolator 节点,可使 X3D 中的物体造型上的各个坐标点形成独自的运动轨迹,可以使物体造型改变运动方向。

互联网 3D CoordinateInterpolator 坐标插补器产生指定范围内的一系列坐标值,可以被路由器传送到 Coordinate 节点的 point 属性或 Vector3FloatArray 属性。典型输入为 ROUTE someTimeSensor. fraction_changed TO someInterpolator. set_fraction。典型输出为 ROUTE someInterpolator. value_changed TO destinationNode. set_attribute。

CoordinateInterpolator 坐标插补器节点是表示坐标插值的节点,坐标插补器节点产生指定范围内的一系列坐标值可以被路由器传送到 Coordinate 节点的 point 属性或 Vector3FloatArray 属性。CoordinateInterpolator 坐标插补器节点语法定义如下:

```
<CoordinateInterpolator
  DEF                 ID
  USE                 IDREF
  key                             MFFloat          inputOutput
  keyValue                        MFVec3f          inputOutput
  set_fraction        ""          SFFloat          inputOnly
  value_changed       ""          MFVec3f          outputOnly
  containerField      children
  class
/>
```

CoordinateInterpolator 坐标插补器节点的设计包含域名、域值、域数据类型以及存储/访问类型等,节点中数据内容包含在一对尖括号中,用“＜、/＞”表示。

域数据类型描述如下:

- SFFloat 域——单值单精度浮点数。
- MFFloat 域——多值单精度浮点数。
- SFBool 域——一个单值布尔量。
- MFVec3f 域——一个包含任意数量的三维矢量的多值域。

事件的存储/访问类型描述:表示域(属性)的存储/访问类型,包括 inputOnly(输入类型)、outputOnly(输出类型)、initializeOnly(初始化类型)以及 inputOutput(输入/输出类型)等,用来描述该节点必须提供该属性值。CoordinateInterpolator 坐标插补器节点包含 DEF、USE、key、keyValue、set_fraction、value_changed、containerField 以及 class 域等。

10.7 互联网 3D NormalInterpolator 设计

互联网 3D NormalInterpolator 法线插补器产生指定范围内的一系列法线(垂直)向量,是沿着每个表面的单位球面的值可以路由器传送到一个 Normal 节点的向量属性,或到另一个 Vector3FloatArray 属性中 attribute。典型输入为 ROUTE someTimeSensor. fraction_changed TO someInterpolator. set_fraction。典型输出为 ROUTE someInterpolator. value_changed TO destinationNode. set_attribute。NormalInterpolator 法线插补器节点，改变法向量 Normal 节点中 vector 域的域值，vector 域的域值定义了一个法向量列表(X,Y,Z)，法向量 Normal 节点是面节点和海拔栅格节点中的一个节点。NormalInterpolator 法线插补器节点在时间传感器的配合下，产生虚拟世界的各种逼真动感效果。NormalInterpolator 法线插补器节点语法定义如下：

```
<NormalInterpolator
  DEF               ID
  USE               IDREF
  key                           MFFloat      inputOutput
  keyValue                      MFVec3f      inputOutput
  set_fraction      ""          SFFloat      inputOnly
  value_changed     ""          MFVec3f      outputOnly
  containerField    children
  class
/>
```

NormalInterpolator 法线插补器节点设计包含域名、域值、域数据类型以及存储/访问类型等，节点中数据内容包含在一对尖括号中，用“<、/>”表示。

域数据类型描述如下：

- SFFloat 域——单值单精度浮点数。
- MFFloat 域——多值单精度浮点数。
- SFBool 域——一个单值布尔量。
- MFVec3f 域——一个包含任意数量的三维矢量的多值域。

事件的存储/访问类型描述：表示域(属性)的存储/访问类型，包括 inputOnly(输入类型)、outputOnly(输出类型)、initializeOnly(初始化类型)以及 inputOutput(输入/输出类型)等，用来描述该节点必须提供该属性值。NormalInterpolator 法线插补器节点包含 DEF、USE、key、keyValue、set_fraction、value_changed、containerField 以及 class 域等。

10.8 互联网 3D PositionInterpolator2D 设计

互联网 3D PositionInterpolator2D 插补器节点设计产生指定范围内的一系列 Vector2Float values 可以被路由到一个 Vector2Float 属性，该节点不创建任何造型，可以进行动画设计。典型输入为 ROUTE someTimeSensor. fraction_changed TO someInterpolator. set_fraction。典型输出为 ROUTE someInterpolator. value_changed TO destinationNode. set_attribute。PositionInterpolator2D 插补器节点语法定义如下：

```
<PositionInterpolator2D
  DEF               ID
  USE               IDREF
  key                           MFFloat      inputOutput
  keyValue                      MFVec3f      inputOutput
```

```
  set_fraction          ""          SFFloat        inputOnly
  value_changed         ""          SFVec2f        outputOnly
  containerField        children
  class
/>
```


PositionInterpolator2D 插补器节点设计包含域名、域值、域数据类型以及存储/访问类型等，节点中数据内容包含在一对尖括号中，用“<、/>”表示。

域数据类型描述如下：

- SFFloat 域——单值单精度浮点数。
- MFFloat 域——多值单精度浮点数。
- SFBool 域——一个单值布尔量。
- SFVec2f 域——定义了一个单值单精度二维矢量。
- MFVec3f 域——定义了一个多值单精度多组三维矢量。

事件的存储/访问类型描述：表示域（属性）的存储/访问类型，包括 inputOnly（输入类型）、outputOnly（输出类型）、initializeOnly（初始化类型）以及 inputOutput（输入/输出类型）等，用来描述该节点必须提供该属性值。PositionInterpolator2D 插补器节点包含 DEF、USE、key、keyValue、set_fraction、value_changed、containerField 以及 class 域等。

10.9 互联网 3D CoordinateInterpolator2D 设计

互联网 3D CoordinateInterpolator2D 插补器设计指定范围内的一系列二维向量数组值，能被路由器传送到一个二维向量数组属性。该节点可以作为任可编组节点的子节点。该节点也不创建任何造型，只作为动画设计使用。CoordinateInterpolator2D 插补器产生指定范围内的一系列 Vector2FloatArray 值，能被路由器传送到一个 Vector2FloatArray 属性。典型输入为 ROUTE someTimeSensor. fraction_changed TO someInterpolator. set_fraction。典型输出为 ROUTE someInterpolator. value_changed TO destinationNode. set_attribute。CoordinateInterpolator2D 插补器节点语法定义如下：

```
<CoordinateInterpolator2D
  DEF                   ID
  USE                   IDREF
  key                               MFFloat        inputOutput
  keyValue                          MFVec3f        inputOutput
  set_fraction          ""          SFFloat        inputOnly
  value_changed         ""          MFVec2f        outputOnly
  containerField        children
  class
/>
```

CoordinateInterpolator2D 插补器节点设计包含域名、域值、域数据类型以及存储/访问类型等，节点中数据内容包含在一对尖括号中，用“<、/>”表示。

域数据类型描述如下：

- SFFloat 域——单值单精度浮点数。

- MFFloat 域——多值单精度浮点数。
- SFBool 域——一个单值布尔量。
- MFVec2f 域——一个包含任意数量的二维矢量的多值域。
- MFVec3f 域——一个包含任意数量的三维矢量的多值域。

事件的存储/访问类型描述：表示域(属性)的存储/访问类型，包括 inputOnly(输入类型)、outputOnly(输出类型)、initializeOnly(初始化类型)以及 inputOutput(输入/输出类型)等，用来描述该节点必须提供该属性值。CoordinateInterpolator2D 插补器节点包含 DEF、USE、key、keyValue、set_fraction、value_changed、containerField 以及 class 域等。

10.10 互联网 3D ROUTE 设计

互联网 3D ROUTE 路由节点设计连接节点之间的域以传递事件。使 X3D 场景设计更加生动和鲜活，通过 ROUTE 路由节点实现 X3D 节点之间的信息传递，进行复杂的动画开发与设计。ROUTE 路由节点定义了一个连接节点之间的域以传递事件，对各个节点和域值进行传递、修改和控制等处理，使 X3D 场景的开发与设计更加快捷、方便、灵活。ROUTE 路由节点语法定义如下：

```
< ROUTE
    fromNode            IDREF
    fromField
    toNode              IDREF
    toField
/>
```

ROUTE 路由节点设计包含域名、域值、域数据类型以及存储/访问类型等，节点中数据内容包含在一对尖括号中，用“<、/>”表示。

ROUTE 路由节点包含 fromNode、fromField、toNode、toField 域等。

第11章　互联网3D动画游戏设计

互联网 3D 用户交互动画组件设计由 Touch Sensor 触摸传感器节点、PlaneSensor 平面检测器节点、CylinderSensor 圆柱检测器节点和 SphereSensor 球面检测器节点构成，还包括 KeySensor 按键传感器节点、StringSensor 按键字符串传感器节点设计等。触摸节点和动画插补器节点联合使用，在路由的作用下能产生更加生动、逼真的动态交互效果，使观测者有身临其境的感觉。在 X3D 交互动画设计中的交互功能，需要设计触动检测器或传感器。在 X3D 虚拟世界中，用户与虚拟现实世界之间的交互是通过一系列检测器来实现的，通过使用这些检测器节点，使浏览器感知用户的各种操作，例如开门、运动、旋转、移动和飞行等。这样用户就可以和 X3D 虚拟世界中的三维对象直接进行动态交互。

11.1　互联网 3D TouchSensor 设计

互联网 3D TouchSensor 触摸传感器节点可以跟踪指点设备的位置和状态，检测用户指点几何对象的时间。传感器影响同一级的节点及其子节点。TouchSensor 触摸传感器节点是浏览者与虚拟对象之间相接触型传感器节点。TouchSensor 触摸传感器节点创建了一个检测用户动作，并将其转化后输出，以触发一个动画的检测器。它用来测试用户触摸事件的检测器。该节点可以为任何组节点的子节点，并感知用户对该组节点的动作。

11.1.1　互联网 3D TouchSensor 语法定义

互联网 3D TouchSensor 触摸传感器节点包含域名、域值、域数据类型以及存储/访问类型等，节点中数据内容包含在一对尖括号中，用“<、/>”表示。

域数据类型描述如下：

- SFFloat 域——单值单精度浮点数。
- SFBool 域——一个单值布尔量。
- SFTime 域——含有一个单独的时间值。
- SFVec2f 域——一个包含任意数量的二维矢量的单值域。
- SFVec3f 域——一个包含任意数量的三维矢量的单值域。

事件的存储/访问类型描述：表示域(属性)的存储/访问类型，包括 inputOnly(输入类型)、outputOnly(输出类型)、initializeOnly(初始化类型)以及 inputOutput(输入/输出类型)等，用来描述该节点必须提供该属性值。TouchSensor 触摸传感器节点语法定义如下：

```
<TouchSensor
  DEF                   ID
  USE                   IDREF
  description                                             inputOutput
```

```
    enabled                  true        SFBool           inputOutput
    isActive                 ""          SFBool           outputOnly
    isOver                   ""          SFBool           outputOnly
    hitPoint_changed         ""          SFVec3f          outputOnly
    hitNormal_changed        ""          SFVec3f          outputOnly
    hitTexCoord_changed      ""          SFVec2f          outputOnly
    touchTime                0           SFTime           outputOnly
    containerField           children
    class
/>
```

TouchSensor 触摸传感器节点包含 DEF、USE、description、enabled、isActive、isOver、hitPoint_changed、hitNormal_changed、hitTexCoord_changed、touchTime、containerField 以及 class 域等。

- DEF 为节点定义一个名字，给该节点定义了唯一的 ID，在其他节点中就可以引用这个节点。用 DEF 为节点命名时，使用有意义的描述性的名称可以规范文件，以提高 X3D 文件可读性。该属性是可选项。
- USE 用来引用 DEF 定义的节点 ID，即引用 DEF 定义的节点名字，同时忽略其他的属性和子对象。使用 USE 来引用其他的节点对象而不是复制节点可以提高性能和编码效率。该属性是可选项。
- description 域——指定了该节点功能的文字提示，使用空格使描述更清晰易读。
- enabled 域——定义了一个设置传感器节点是否有效。
- isActive 域——定义了一个当单击或移动鼠标（指点设备）时发送事件 isActive true/false；按下鼠标主键时 isActive=true，放开时 isActive=false。
- isOver 域——定义了一个当指点设备移动过传感器表面时发送的事件。
- hitPoint_changed 域——定义了一个事件输出在子节点局部坐标系统单击点的定位。
- hitNormal_changed 域——定义了一个事件输出了单击点的表面的法线向量。
- hitTexCoord_changed 域——定义了一个事件输出了单击点的表面的纹理坐标。
- touchTime 域——定义了一个当传感器被指点设备点击时产生时间事件。
- containerField 域——表示容器域是 field 域标签的前缀，表示子节点和父节点的关系。该容器域名称为 children，包含几何节点。如 geometry Sphere、children Group、proxy Shape。containerField 属性只有在 X3D 场景用 XML 编码时才使用。
- class 域——用空格分开的类的列表，保留给 XML 样式表使用。只有 X3D 场景用 XML 编码时才支持 class 属性。

11.1.2 互联网 3D TouchSensor 案例分析

互联网 3D 交互动画设计利用 TouchSensor 触摸传感器节点通过空间物体的触摸实现动画设计，使 X3D 文件中的场景和造型更加逼真、生动和鲜活，给 X3D 程序设计带来更大的方便。

【实例 11-1】 使用互联网 3D TouchSensor 触摸传感器节点，通过检测一个用户动作、并将其转化后输出，以触发一个动画的检测器实现动画效果。虚拟现实 TouchSensor 触摸传感器节点三维立体场景设计 X3D 文件源程序展示如下：

```
<Scene>
```

```
<! -- Scene graph nodes are added here -->
<Group>
  <Background groundAngle='1.309 1.571' groundColor='0.1 0.1 0 0.4 0.25 0.2 0.6 0.6
    0.6' skyAngle='1.309 1.571' skyColor='0 0.2 0.7 0 0.5 1 1 1 1'/>
  <Background DEF='AlternateBackground1' groundAngle='1.309 1.571'
    groundColor='0.1 0.1 0 0.5 0.25 0.2 0.6 0.6 0.2' skyAngle='1.309 1.571' skyColor=
         '1 0 0 1 0.4 0 1 1 0'/>
</Group>
<! -- Shapes to act as buttons -->
<Transform translation='0 0 0'>
  <Shape>
    <Appearance>
      <Material diffuseColor='1 0 0'/>
    </Appearance>
    <Sphere/>
  </Shape>
  <TouchSensor DEF='TouchSphere' description='Alternate reddish-orange
      background'/>
</Transform>
<ROUTE fromField='isActive' fromNode='TouchSphere' toField='set_bind'
      toNode='AlternateBackground1'/>
</Scene>
```

在互联网3D触摸动画文件中，在Scene场景根节点下添加Background背景节点、Group编组节点、Transform坐标变换、Inline内联节点以及TouchSensor触摸传感器节点。利用TouchSensor触摸传感器节点创建一个三维立体空间动画设计效果。X3D虚拟现实TouchSensor触摸传感器节点三维立体空间动画设计运行程序。首先，启动X3D浏览器，单击Open按钮，然后打开X3D案例程序运行虚拟现实TouchSensor触摸传感器节点创建一个三维立触摸动画效果场景。互联网3D TouchSensor触摸传感器节点程序运行效果如图11-1所示。

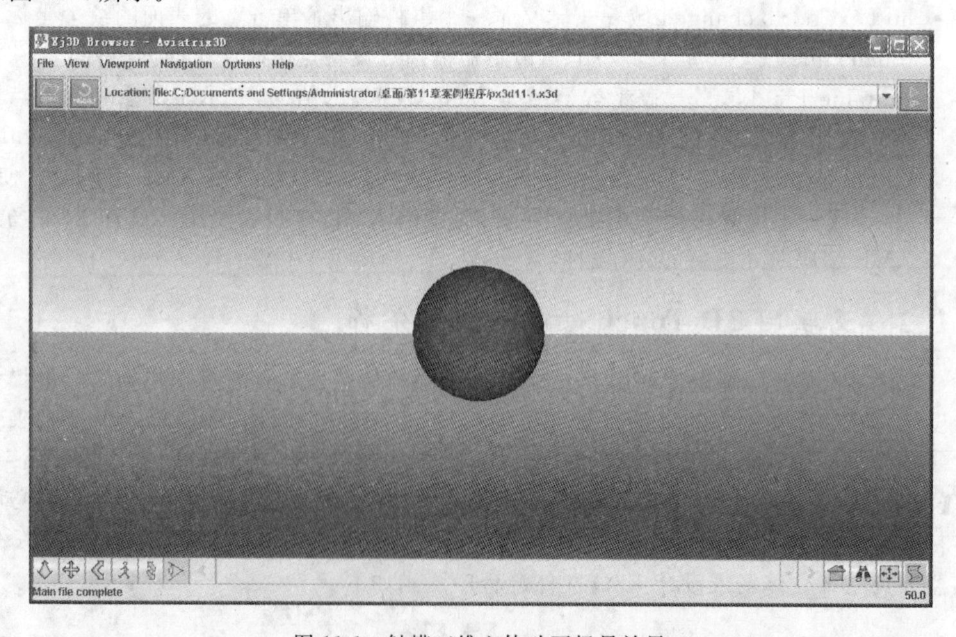

图11-1　触摸三维立体动画场景效果

11.2 互联网 3D PlaneSensor 设计

互联网 3D PlaneSensor 平面检测器节点设计创建了一个可将浏览者的动作转换成适合操作造型的输出的检测器。该节点可以为任何组节点的子节点，用于感知用户对该组节点的动作，使造型按用户的动作而平移。PlaneSensor 平面检测器节点是使虚拟对象在 *X-Y* 平面移动型传感器节点。PlaneSensor 平面检测器节点能感应到观察者的拖动行为，进而改变虚拟现实对象的位置，但是不能改变方位，而且只限定于 *X-Y* 平面。当观察者拖动虚拟造型时，光标会出现在一个平面状的光标图上。PlaneSensor 平面检测器节点将指点设备在平行于 *Z*=0 平面上的动作转换到 2D translation 值。其中 minPosition. x=maxPosition. x 或 minPosition. y=maxPosition. y 可以设置约束效果到一个轴的 LineSensor。传感器影响同一级的节点及其子节点。在增加透明的几何对象以便于查看传感器的影响。

11.2.1 互联网 3D PlaneSensor 语法定义

互联网 3D PlaneSensor 平面检测器节点包含域名、域值、域数据类型以及存储/访问类型等，节点中数据内容包含在一对尖括号中，用“<、/>”表示。

域数据类型描述如下：

- SFFloat 域——单值单精度浮点数。
- SFBool 域——一个单值布尔量。
- SFVec2f 域——一个包含任意数量的二维矢量的单值域。
- SFVec3f 域——一个包含任意数量的三维矢量的单值域。

事件的存储/访问类型描述：表示域(属性)的存储/访问类型，包括 inputOnly(输入类型)、outputOnly(输出类型)、initializeOnly(初始化类型)以及 inputOutput(输入/输出类型)等，用来描述该节点必须提供该属性值。PlaneSensor 平面检测器节点语法定义如下：

```
<PlaneSensor
  DEF                   ID
  USE                   IDREF
  description                                         inputOutput
  enabled               true          SFBool          inputOutput
  minPosition           0 0           SFVec2f         inputOutput
  maxPosition           -1 -1         SFVec2f         inputOutput
  autoOffset            true          SFBool          inputOutput
  offset                0 0 0         SFVec3f         inputOutput
  trackPoint_changed    ""            SFVec3f         outputOnly
  translation_changed   ""            SFVec3f         outputOnly
  isActive              ""            SFBool          outputOnly
  isOver                ""            SFBool          outputOnly
  containerField        children
  class
/>
```

PlaneSensor 平面检测器节点包含 DEF、USE、description、enabled、minPosition、maxPosition、autoOffset、offset、trackPoint_changed、translation_changed、isActive、isOver、 containerField 以及 class 域等。

- DEF 为节点定义一个名字,给该节点定义了唯一的 ID,在其他节点中就可以引用这个节点。用 DEF 为节点命名时,使用有意义的描述性的名称可以规范文件,以提高 X3D 文件可读性。该属性是可选项。
- USE 用来引用 DEF 定义的节点 ID,即引用 DEF 定义的节点名字,同时忽略其他的属性和子对象。使用 USE 来引用其他的节点对象而不是复制节点可以提高性能和编码效率。该属性是可选项。
- description 域——指定了该节点功能的文字提示,使用空格使描述更清晰易读。
- enabled 域——定义了一个设置传感器节点是否有效。
- minPosition 域——定义了一个限制在 minPosition/maxPosition 坐标范围内移动,值在 $Z=0$ 平面的坐标原点测量,默认值 maxPosition < minPosition 移位将不限制范围。设置 minPosition. x＝maxPosition. x 或 minPosition. y＝maxPosition. y,以约束一个轴,创建一个线性传感器。
- maxPosition 域——定义了一个限制在 minPosition/maxPosition 坐标范围内移动,值在 $Z=0$ 平面的坐标原点测量,默认值 maxPosition < minPosition 移位将不限制范围。设置 minPosition. x＝maxPosition. x 或 minPosition. y＝maxPosition. y,以约束一个轴,创建一个线性传感器。
- autoOffset 域——指定了一个决定是否累积计算上一次的偏移值。
- offset 域——指定了一个发送事件并存储上一次感应到的值的改变。
- trackPoint_changed 域——指定了一个 trackPoint_changed 事件给出了虚拟几何体上感应的交点。
- translation_changed 域——指定了一个 translation_changed 事件是相对位移加上 offset 偏移值的和。
- isActive 域——定义了一个当单击或移动鼠标(指点设备)时发送事件 isActive true/false; 按下鼠标主键时 isActive＝true,放开时 isActive＝false。
- isOver 域——定义了一个当指点设备移动过传感器表面时发送事件。
- containerField 域——表示容器域是 field 域标签的前缀,表示子节点和父节点的关系。该容器域名称为 children,包含几何节点,如 geometry Sphere、children Group、proxy Shape。containerField 属性只有在 X3D 场景用 XML 编码时才使用。
- class 域——用空格分开的类的列表,保留给 XML 样式表使用。只有 X3D 场景用 XML 编码时才支持 class 属性。

11.2.2 互联网 3D PlaneSensor 案例分析

互联网 3D 动画设计利用 PlaneSensor 平面检测器节点通过空间物体进行插值动画设计,使 X3D 文件中的场景和造型更加逼真、生动和鲜活,给 X3D 交互动画游戏程序设计带来更大的方便。

【实例 11-2】 利用 PlaneSensor 平面检测器节点,引入 X3D 窗户造型。利用平面检测器节点使窗户造型移动的交互动画效果。虚拟现实 PlaneSensor 平面检测器节点三维立体场景设计 X3D 文件源程序展示如下:

```
<Scene>
    <Background skyColor="0.98 0.98 0.98"/>
     <Transform DEF="shu-1" scale="1 1 1" translation="0.23 0 0">
       <Shape>
         <Appearance>
           <Material ambientIntensity="0.4" diffuseColor="1.4 0.2 0.2"
              shininess="0.2"/>
         </Appearance>
         <Box size="0.1 2.3 0.15"/>
       </Shape>
     </Transform>
     <Transform scale="1 1 1" translation="2.95 0 0">
     <Transform USE="shu-1"/>
</Transform>
<Transform DEF="hen-1" scale="1 1 1" translation="1.705 1.12 0">
       <Shape>
         <Appearance>
           <Material ambientIntensity="0.4" diffuseColor="1.42 0.2 0.2"
              shininess="0.2"/>
         </Appearance>
         <Box size="3.05 0.1 0.15"/>
       </Shape>
     </Transform>
<Transform scale="1 1 1" translation="0 -2.24 0">
    <Transform USE="hen-1"/>
</Transform>
    <Transform DEF="window1" rotation="0 0 1 0" scale="1 1 1" translation="0 0 0">
       <Inline url="1.x3d"/>
    <PlaneSensor DEF="Planes1" autoOffset="true" enabled="true"
       maxPosition="1.4 0" minPosition="0 0" offset="1"/>
    </Transform>
<Transform DEF="window2" rotation="0 0 1 0" scale="1 1 1" translation="1.4 0 0.05">
       <Inline url="1.x3d"/>
    <PlaneSensor DEF="Planes2" autoOffset="true" enabled="true"
       maxPosition="1.4 0" minPosition="0 0" offset="1.4 0 0.05"/>
    </Transform>
<ROUTE fromField="translation_changed" fromNode="Planes1"
    toField="set_translation" toNode="window1"/>
<ROUTE fromField="translation_changed" fromNode="Planes2"
     toField="set_translation" toNode="window2"/>
</Scene>
```

在互联网3D程序设计中，在Scene场景根节点下添加Background背景节点、Group编组节点、Transform坐标变换、Inline内联节点以及PlaneSensor平面检测器节点。利用PlaneSensor平面检测器节点创建一个三维立体空间动画设计效果。互联网3D PlaneSensor平面检测器节点三维立体空间动画设计运行程序。首先，启动X3D浏览器，单击Open按钮，然后打开X3D案例程序，即可运行虚拟现实PlaneSensor平面检测器节点创建一个三维立体可以拉动的窗户动画效果场景。PlaneSensor平面检测器节点程序运行效果如图11-2所示。

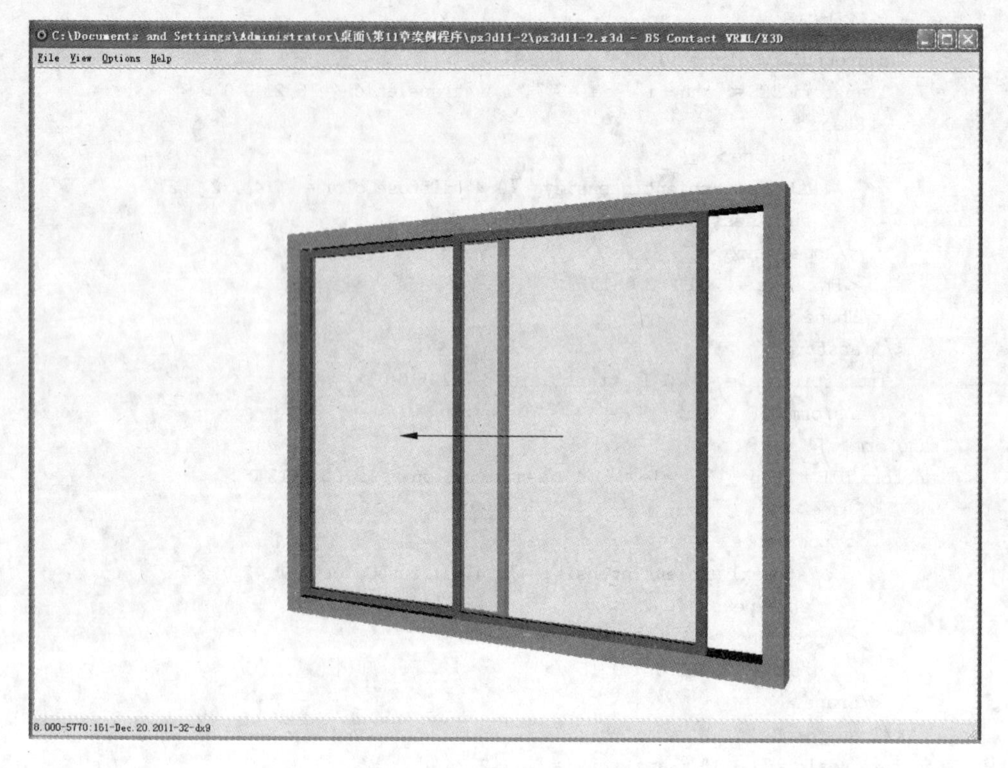

图 11-2 拉动的窗户动画效果

11.3 互联网 3D CylinderSensor 设计

互联网 3D CylinderSensor 圆柱检测器节点转换指点设备的运动为旋转值,参考一个不可见的圆柱的 Y 轴坐标。传感器影响同一级的节点及其子节点,并可增加透明的几何对象以便于查看传感器的影响。其中指点设备的最初值决定采用哪种相关行为,即像一个圆柱或像磁盘那样绕 Y 轴旋转。CylinderSensor 圆柱检测器节点是虚拟造型按圆柱体的中心轴旋转型传感器。CylinderSensor 圆柱检测器节点用来创建一个将用户动作转换成造型围绕 Y 轴旋转动画的检测器,该节点可以作为任何组节点的子节点。此节点能够感应到用户的拖动动作,让被拖动的虚拟对象造型沿着 Y 轴旋转,虚拟对象就绕着圆柱体的中心轴被拖动旋转。

11.3.1 互联网 3D CylinderSensor 语法定义

互联网 3D CylinderSensor 圆柱检测器节点包含域名、域值、域数据类型以及存储/访问类型等,节点中数据内容包含在一对尖括号中,用“<、/>”表示。

域数据类型描述如下:

- SFFloat 域——单值单精度浮点数。
- SFBool 域——一个单值布尔量。
- SFVec3f 域——一个包含任意数量的三维矢量的单值域。
- SFRotation 域——指定了一个任意的旋转。

事件的存储/访问类型描述：表示域(属性)的存储/访问类型，包括 inputOnly(输入类型)、outputOnly(输出类型)、initializeOnly(初始化类型)以及 inputOutput(输入/输出类型)等，用来描述该节点必须提供该属性值。CylinderSensor 圆柱检测器节点语法定义如下：

```
<CylinderSensor
  DEF                  ID
  USE                  IDREF
  description                                       inputOutput
  enabled              true       SFBool            inputOutput
  minAngle             0          SFFloat           inputOutput
  maxAngle             0          SFFloat           inputOutput
  diskAngle            0.262      SFFloat           inputOutput
  autoOffset           true       SFBool            inputOutput
  offset               0          SFFloat           inputOutput
  isActive             ""         SFBool            outputOnly
  isOver               ""         SFBool            outputOnly
  rotation_changed     ""         SFRotation        outputOnly
  trackPoint_changed   ""         SFVec3f           outputOnly
  containerField       children
  class
/>
```

CylinderSensor 圆柱检测器节点包含 DEF、USE、description、enabled、minAngle、maxAngle、diskAngle、autoOffset、offset、isActive、isOver、rotation_changed、trackPoint_changed、containerField 以及 class 域等。

- DEF 为节点定义一个名字，给该节点定义了唯一的 ID，在其他节点中就可以引用这个节点。用 DEF 为节点命名时，使用有意义的描述性的名称可以规范文件，以提高 X3D 文件可读性。该属性是可选项。
- USE 用来引用 DEF 定义的节点 ID，即引用 DEF 定义的节点名字，同时忽略其他的属性和子对象。使用 USE 来引用其他的节点对象而不是复制节点可以提高性能和编码效率。该属性是可选项。
- description 域——指定了该节点功能的文字提示，使用空格使描述更清晰易读。
- enabled 域——定义了一个设置传感器节点是否有效。
- minAngle 域——指定了限制 rotation_changed 事件的旋转值在 min/max 值范围内，如果 minAngle > maxAngle，将不限制旋转范围。
- maxAngle 域——指定了限制 rotation_changed 事件的旋转值在 min/max 值范围内，如果 minAngle > maxAngle，将不限制旋转范围。
- diskAngle 域——指定了帮助设置相对指点设备的拖动关系的相关动作模式，即 diskAngle 值设为 0 时像旋转磁盘的动作，diskAngle 值设为 1.57(90°)时，即旋转圆柱的动作。
- autoOffset 域——定义了一个决定是否累积计算上一次的偏移值。
- offset 域——定义了一个发送事件并存储上一次感应到的值的改变。
- isActive 域——定义了一个当单击或移动鼠标(指点设备)时发送事件 isActive

true/false；按下鼠标主键时 isActive=true，放开时 isActive=false。

- isOver 域——定义了一个当指点设备移动过传感器表面时的发送事件。
- rotation_changed 域——定义了一个 rotation_changed 事件是相对位移加上 offset 偏移值的和，在以局部坐标系统以 Y 轴为轴。
- trackPoint_changed 域——定义了一个 trackPoint_changed 事件给出了虚拟几何体上感应的交点。
- containerField 域——表示容器域是 field 域标签的前缀，表示子节点和父节点的关系。该容器域名称为 children，包含几何节点，如 geometry Sphere、children Group、proxy Shape。containerField 属性只有在 X3D 场景用 XML 编码时才使用。
- class 域——用空格分开的类的列表，保留给 XML 样式表使用。只有 X3D 场景用 XML 编码时才支持 class 属性。

11.3.2 互联网 3D CylinderSensor 案例分析

互联网 3D 动画程序设计利用 CylinderSensor 圆柱检测器节点创建一个将用户动作转换成围绕 Y 轴旋转的检测器动画设计，使 X3D 文件中的场景和造型更加逼真、生动和鲜活，给 X3D 程序设计带来更大的方便。

【实例 11-3】 使用互联网 3D CylinderSensor 圆柱检测器节点，引入 X3D 造型。利用 CylinderSensor 圆柱检测器节点设计一个打开的大门动画游戏效果。虚拟现实 CylinderSensor 圆柱检测器节点三维立体场景设计 X3D 文件源程序展示如下：

```
<Scene>
    <Background skyColor="0.98 0.98 0.98"/>
<Transform DEF="shu-11" scale="1 1 1" translation="-1.08 0 0">
        <Shape>
          <Appearance>
            <Material ambientIntensity="0.4" diffuseColor="0.4 0.2 1.2"
              shininess="0.2"/>
          </Appearance>
          <Box size="0.1 3.3 0.1"/>
          </Shape>
      </Transform>
      <Transform scale="1 1 1" translation="2.95 0 0">
      <Transform USE="shu-11"/>
</Transform>
<Transform DEF="hen-11" scale="1 1 1" translation="0.4 1.6 0">
        <Shape>
          <Appearance>
            <Material ambientIntensity="0.4" diffuseColor="0.42 0.2 1.2"
              shininess="0.2"/>
          </Appearance>
          <Box size="2.98 0.1 0.1"/>
        </Shape>
      </Transform>
<Transform scale="1 1 1" translation="0 -3.2 0">
   <Transform USE="hen-11"/>
```

```
</Transform>
<Transform DEF="door1" rotation="0 0 1 0" scale="1 1 1" translation="-1 0 0">
        <Inline url="1.x3d"/>
     <CylinderSensor DEF="cylins1" autoOffset="true"
        diskAngle="0.26179167" enabled="true" maxAngle="0"
        minAngle="-2.881" offset="-1.832"/>
     </Transform>
   <Transform DEF="door2" rotation="0 0 1 0" scale="1 1 1" translation="1.8 0 0">
        <Inline url="2.x3d"/>
     <CylinderSensor DEF="cylins2" autoOffset="true"
        diskAngle="0.26179167" enabled="true" maxAngle="2.881"
        minAngle="0" offset="1.832"/>
     </Transform>
<ROUTE fromField="rotation_changed" fromNode="cylins1"
     toField="set_rotation" toNode="door1"/>
   <ROUTE fromField="rotation_changed" fromNode="cylins2"
     toField="set_rotation" toNode="door2"/>
</Scene>
```

在X3D程序设计中，在Scene场景根节点下添加Background背景节点、Group编组节点、Transform坐标变换、Inline内联节点以及CylinderSensor圆柱检测器节点。利用CylinderSensor圆柱检测器节点创建一个三维立体动画设计效果。虚拟现实CylinderSensor圆柱检测器节点三维立体空间动画设计运行程序。首先，启动X3D浏览器，单击Open按钮，然后打开X3D案例程序运行虚拟现实CylinderSensor圆柱检测器节点创建一个三维立体打开旋转门动画效果场景。CylinderSensor圆柱检测器节点程序运行效果如图11-3所示。

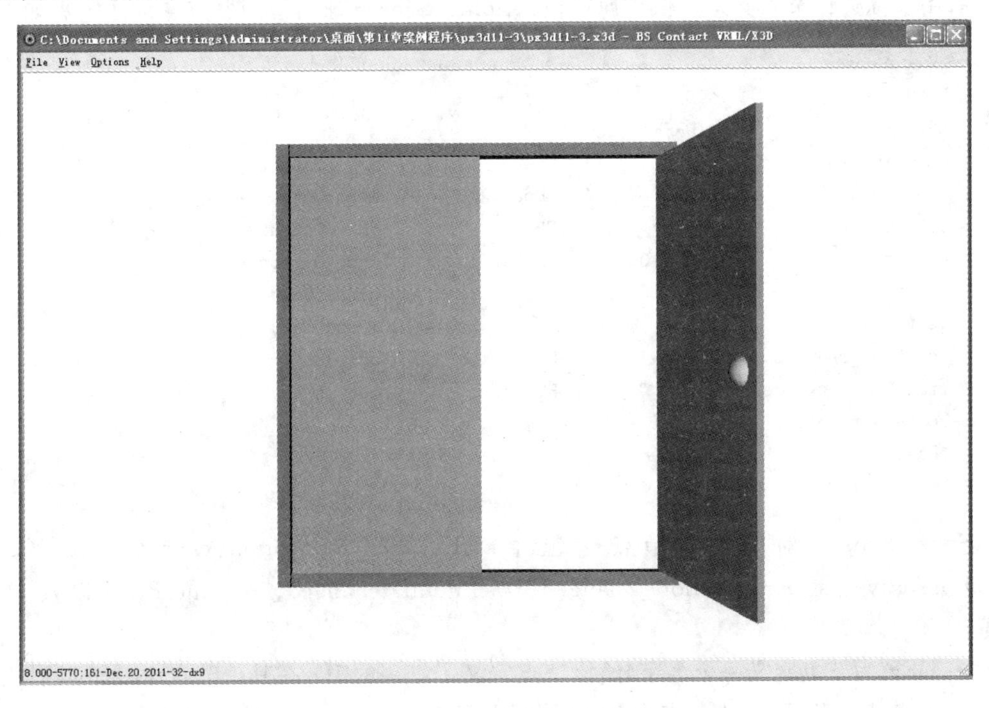

图11-3　打开旋转门动画效果

11.4 互联网 3D SphereSensor 设计

互联网 3D SphereSensor 球面检测器节点将指点设备相对于原始局部坐标的球形动作转换到一个旋转值。传感器影响同一级的节点及其子节点，并可增加透明的几何对象以便于查看传感器的影响。SphereSensor 球面检测器节点是使虚拟对象按任意轴方向旋转型传感器。SphereSensor 球面检测器节点创建了一个将用户动作转换成造型绕某一点旋转的动画的检测器。该节点可作为其他组节点的子节点。它能感受到用户使用鼠标的拖动行为，使造型在没有固定旋转轴的情况下，被任意拖动旋转，可以改变方位，但不能移动位置。空间造型可在一个以球体为中心的任意轴旋转。

11.4.1 互联网 3D SphereSensor 语法定义

互联网 3D SphereSensor 球面检测器节点包含域名、域值、域数据类型以及存储/访问类型等，节点中数据内容包含在一对尖括号中，用“<、/>”表示。

域数据类型描述如下：

- SFFloat 域——单值单精度浮点数。
- SFBool 域——一个单值布尔量。
- SFVec3f 域——一个包含任意数量的三维矢量的单值域。
- SFRotation 域——指定了一个任意的旋转。

事件的存储/访问类型描述：表示域(属性)的存储/访问类型，包括 inputOnly(输入类型)、outputOnly(输出类型)、initializeOnly(初始化类型)以及 inputOutput(输入/输出类型)等，用来描述该节点必须提供该属性值。SphereSensor 球面检测器节点语法定义如下：

```
<SphereSensor
  DEF                   ID
  USE                   IDREF
  description                                        inputOutput
  enabled               true          SFBool         inputOutput
  autoOffset            true          SFBool         inputOutput
  offset                0 1 0 0       SFRotation     inputOutput
  isActive              ""            SFBool         outputOnly
  isOver                ""            SFBool         outputOnly
  rotation_changed      ""            SFRotation     outputOnly
  trackPoint_changed    ""            SFVec3f        outputOnly
  containerField        children
  class
/>
```

SphereSensor 球面检测器节点包含 DEF、USE、description、enabled、autoOffset、offset、isActive、isOver、rotation_changed、trackPoint_changed、containerField 以及 class 域等。

- DEF 为节点定义一个名字，给该节点定义了唯一的 ID，在其他节点中就可以引用这个节点。用 DEF 为节点命名时，使用有意义的描述性的名称可以规范文件，以提高

X3D 文件可读性。该属性是可选项。

- USE 用来引用 DEF 定义的节点 ID，即引用 DEF 定义的节点名字，同时忽略其他的属性和子对象。使用 USE 来引用其他的节点对象而不是复制节点可以提高性能和编码效率。该属性是可选项。
- description 域——指定了该节点功能的文字提示，使用空格使描述更清晰易读。
- enabled 域——定义了一个设置传感器节点是否有效。
- autoOffset 域——定义了一个决定是否累积计算上一次的偏移值。
- offset 域——定义了一个发送事件并存储上一次感应到的值的改变。
- isActive 域——定义了一个当单击或移动鼠标（指点设备）时的发送事件 isActive true/false；按下鼠标主键时 isActive=true，放开时 isActive=false。
- isOver 域——定义了一个当指点设备移动过传感器表面时的发送事件。
- rotation_changed 域——定义了一个 rotation_changed 事件是相对位移加上 offset 偏移值的和。
- trackPoint_changed 域——定义了一个 trackPoint_changed 事件，给出了虚拟几何体上感应的交点。
- containerField 域——表示容器域是 field 域标签的前缀，表示子节点和父节点的关系。该容器域名称为 children，包含几何节点。如 geometry Sphere、children Group、proxy Shape。containerField 属性只有在 X3D 场景用 XML 编码时才使用。
- class 域——用空格分开的类的列表，保留给 XML 样式表使用。只有 X3D 场景用 XML 编码时才支持 class 属性。

11.4.2 互联网 3D SphereSensor 案例分析

互联网 3D 程序设计利用 SphereSensor 球面检测器节点创建一个将用户动作转换成围绕任意轴旋转的检测器动画设计，使 X3D 文件中的场景和造型更加逼真、生动和鲜活，给 X3D 程序设计带来更大的方便。

【实例 11-4】 互联网 3D 程序设计使用 SphereSensor 球面检测器节点，引入 X3D 几何造型。利用 SphereSensor 球面检测器节点使几何造型沿任意轴旋转的效果。虚拟现实 SphereSensor 球面检测器节点三维立体场景设计 X3D 文件源程序展示如下：

```
<Scene>
    <!-- Scene graph nodes are added here -->
    <Background skyColor="1 1 1"/>
    <Group>
      <Transform DEF="fan" scale="1 1 1" translation="0 0 0 ">
        <Inline url="px3d9-4-1.x3d"/>
        <SphereSensor DEF="Spheres" autoOffset="true" enabled="true" offset="0 1 0
            0.785"/>
      </Transform>
    </Group>
    <ROUTE fromField="rotation_changed" fromNode="Spheres"
      toField="set_rotation" toNode="fan"/>
  </Scene>
```

在 X3D 程序设计 Scene 场景根节点下添加 Background 背景节点、Group 编组节点、Transform 坐标变换、Inline 内联节点以及 SphereSensor 球面检测器节点。利用 SphereSensor 球面检测器节点创建一个三维立体空间几何动画设计效果。虚拟现实 SphereSensor 球面检测器节点三维立体空间动画设计运行程序。首先，启动 X3D 浏览器，单击 Open 按钮，然后打开 X3D 案例程序，即可运行虚拟现实 SphereSensor 球面检测器节点创建一个三维立体任意旋转动画效果场景。SphereSensor 球面检测器节点源程序运行效果如图 11-4 所示。

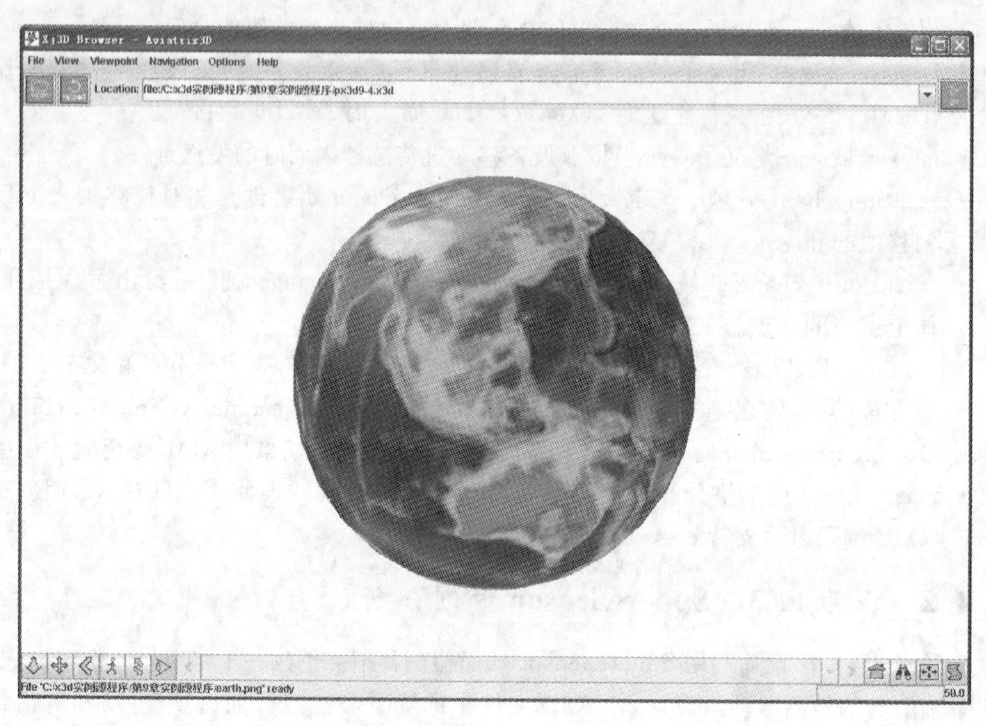

图 11-4 沿任意轴旋转的立体场景动画效果

11.5 互联网 3D KeySensor 设计

互联网 3D 按键传感器节点涵盖 KeySensor 按键传感器节点和 StringSensor 按键字符串传感器节点。KeySensor 按键传感器节点使用户在键盘上按键的时候产生一个事件，支持“keyboard focus”的概念。StringSensor 按键字符串传感器节点的作用是当用户在键盘上按下键时，StringSensor 产生事件。

互联网 3D KeySensor 按键传感器节点设计支持 keyboard focus 的节点，用户在键盘上按键的时候产生一个事件。KeySensor 按键传感器节点可以作为 Transform 空间坐标变换节点的子节点，或与其他节点平行使用。KeySensor 按键传感器节点语法定义如下：

```
< KeySensor
    DEF             ID
    USE             IDREF
    enabled         true          SFBool          inputOutput
```

```
  keyPress                           SFString      outputOnly
  keyRelease                         SFString      outputOnly
  actionKeyPress                     SFInt32       outputOnly
  actionKeyRelease                   SFInt32       outputOnly
  shiftKey                           SFBool        outputOnly
  controlKey                         SFBool        outputOnly
  altKey                             SFBool        outputOnly
  isActive                ""         SFBool        outputOnly
  containerField          children
  class
/>
```

KeySensor 按键传感器节点设计包含域名、域值、域数据类型以及存储/访问类型等，节点中数据内容包含在一对尖括号中，用“<、/>”表示。

域数据类型描述如下：

- SFInt32 域——一个单值含有 32 位的整数。
- SFFloat 域——单值单精度浮点数。
- SFBool 域——一个单值布尔量。
- SFString 域——指定了单值字符串。

事件的存储/访问类型描述：表示域(属性)的存储/访问类型，包括 inputOnly(输入类型)、outputOnly(输出类型)、initializeOnly(初始化类型)以及 inputOutput(输入/输出类型)等，用来描述该节点必须提供该属性值。KeySensor 按键传感器节点包含 DEF、USE、enabled、keyPress、keyRelease、actionKeyPress、actionKeyRelease、shiftKey、controlKey、altKey、isActive、containerField 以及 class 域等。

- DEF 为节点定义一个名字，给该节点定义了唯一的 ID，在其他节点中就可以引用这个节点。用 DEF 为节点命名时，使用有意义的描述性的名称可以规范文件，以提高 X3D 文件可读性。该属性是可选项。
- USE 用来引用 DEF 定义的节点 ID，即引用 DEF 定义的节点名字，同时忽略其他的属性和子对象。使用 USE 来引用其他的节点对象而不是复制节点可以提高性能和编码效率。该属性是可选项。
- enabled 域——定义一个设置传感器节点是否有效。
- keyPress 域——定义一个当用户按下键盘上的字符键时产生一个事件，以产生一个整数 UTF-8 character 值。
- keyRelease 域——定义一个当用户松开键盘上的字符键时产生一个事件，以产生一个整数 UTF-8 character 值。
- actionKeyPress 域——定义一个功能键按下后给出如下值：HOME=000，END=1001，PGUP = 1002，PGDN = 1003，UP = 1004，DOWN = 1005，LEFT = 1006，RIGHT=1007，F1..F12 = 1008..1019。
- actionKeyRelease 域——定义一个功能键松开后给出如下值：HOME=000，END=1001，PGUP = 1002，PGDN = 1003，UP = 1004，DOWN = 1005，LEFT = 1006，RIGHT=1007，F1..F12 = 1008..1019。
- shiftKey 域——定义一个当按下 Shift 键时产生 true 事件，当松开 Shift 键时产生

false 事件。

- controlKey 域——定义一个当按下 Ctrl 键时产生 true 事件，当松开 Ctrl 键时产生 false 事件。
- altKey 域——定义一个当按下 Alt 键时产生 true 事件，当松开 Alt 键时产生 false 事件。
- isActive 域——定义一个当传感器的状态改变时，isActive true/false 发送事件；按下鼠标主键时 isActive=true，放开鼠标主键时 isActive=false。
- containerField 域——表示容器域是 field 域标签的前缀，表示子节点和父节点的关系。该容器域名称为 children，包含几何节点。如 geometry Sphere、children Group、proxy Shape。containerField 属性只有在 X3D 场景用 XML 编码时才使用。
- class 域——是用空格分开的类的列表，保留给 XML 样式表使用。只有 X3D 场景用 XML 编码时才支持 class 属性。

11.6 互联网 3D StringSensor 设计

互联网 3D StringSensor 按键字符串传感器节点作用是当用户在键盘上按下键时，StringSensor 产生事件。StringSensor 按键字符串传感器节点可以作为 Transform 空间坐标变换节点的子节点，或与其他节点平行使用。

互联网 3D StringSensor 按键字符串传感器节点定义了当用户在键盘上按下键时，StringSensor 节点会产生一个事件。通过该节点的域名、域值、域数据类型以及存储/访问类型来确定按键字符串传感器的作用。StringSensor 按键字符串传感器节点语法定义如下：

```
<StringSensor
  DEF               ID
  USE               IDREF
  enabled           true        SFBool       inputOutput
  deletionAllowed   true        SFBool       inputOutput
  isActive          ""          SFBool       outputOnly
  enteredText       ""          SFString     outputOnly
  finalText         ""          SFString     outputOnly
  containerField    children
  class
/>
```

StringSensor 按键字符串传感器节点 设计包含域名、域值、域数据类型以及存储/访问类型等，节点中数据内容包含在一对尖括号中，用“<、/>”表示。

域数据类型描述如下：

- SFBool 域——一个单值布尔量。
- SFString 域——指定了单值字符串。

事件的存储/访问类型描述：表示域(属性)的存储/访问类型，包括 inputOnly(输入类型)、outputOnly(输出类型)、initializeOnly(初始化类型)以及 inputOutput(输入/输出类型)等,用来描述该节点必须提供该属性值。StringSensor 按键字符串传感器节点包含 DEF、USE、enabled、deletionAllowed、isActive、enteredText、finalText、containerField 以及 class 域等。

- DEF 为节点定义一个名字,给该节点定义了唯一的 ID,在其他节点中就可以引用这个节点。用 DEF 为节点命名时,使用有意义的描述性的名称可以规范文件,以提高 X3D 文件的可读性。该属性是可选项。
- USE 用来引用 DEF 定义的节点 ID,即引用 DEF 定义的节点名字,同时忽略其他的属性和子对象。使用 USE 来引用其他的节点对象而不是复制节点可以提高性能和编码效率。该属性是可选项。
- enabled 域——定义了一个设置传感器节点是否有效。
- deletionAllowed 域——定义了如果 deletionAllowed 为 true 值,在输入文字的时候可以删除字符;如果 deletionAllowed 为 false 值,就只可以往输入字符串中加值。其中删除键一般就是局部系统中定义的删除键。
- isActive 域——定义一个当传感器的状态改变时,isActive true/false 发送事件;按下鼠标主键时 isActive=true,放开鼠标主键时 isActive=false。
- enteredText 域——定义了一个当按下字符键的时候产生事件。
- finalText 域——定义了一个当击键值符合 terminationText 字符串时产生事件,此时,enteredText 值移动到 finalText 值的同时,enteredText 设置为空字符串。其中结束键一般就是局部系统中定义的结束键。
- containerField 域——表示容器域是 field 域标签的前缀,表示子节点和父节点的关系。该容器域名称为 children,包含几何节点,如 geometry Sphere、children Group、proxy Shape。containerField 属性只有在 X3D 场景用 XML 编码时才使用。
- class 域——用空格分开的类的列表,保留给 XML 样式表使用。只有 X3D 场景用 XML 编码时才支持 class 属性。

11.7 互联网 3D LoadSensor 设计

互联网 3D LoadSensor 通信感知检测器节点当查看列表 watchlist 子节点在读取或读取失败时,LoadSensor 产生事件,改变 watchlist 子节点将重启 LoadSensor。使用多个 LoadSensor 节点可以独立监视多个节点的读取过程。其中 Background 节点含有不明确的多个图像,所以对 LoadSensor 无效。注释:watchList 子节点不被渲染,所以一般使用 USE 引用其他节点以监测读取状态。使用 Inline 节点的 load 域可以监视或推迟读取。

互联网 3D LoadSensor 通信感知检测器节点表示了一个查看列表 watchlist 子节点在读取或读取失败时,LoadSensor 产生事件,改变 watchlist 子节点将重启 LoadSensor。使用多个 LoadSensor 节点可以独立监视多个节点的读取过程。

LoadSensor 通信感知检测器节点语法定义如下:

```
< LoadSensor
  DEF                    ID
  USE                    IDREF
```

```
enabled             true            SFBool      inputOutput
timeOut             0               SFTime      inputOutput
isActive            ""              SFBool      outputOnly
isLoaded            ""              SFBool      outputOnly
loadTime            ""              SFTime      outputOnly
progress            [0.0 ..1.0]     SFFloat     outputOnly
containerField      children
class
/>
```

LoadSensor 通信感知检测器节点包含 DEF、USE、enabled、timeOut、isActive、isLoaded、loadTime、progress、containerField 以及 class 域等。

域数据类型描述如下：

- SFFloat 域——单值单精度浮点数。
- SFBool 域——一个单值布尔量。
- SFTime 域——含有一个单独的时间值。

事件的存储/访问类型描述表示域(属性)的存储/访问类型，包括 inputOnly(输入类型)、outputOnly(输出类型)、initializeOnly(初始化类型)以及 inputOutput(输入/输出类型)等，用来描述该节点必须提供该属性值。

- DEF 为节点定义一个名字，给该节点定义了唯一的 ID，在其他节点中就可以引用这个节点。用 DEF 为节点命名时，使用有意义的描述性的名称可以规范文件，以提高 X3D 文件的可读性。该属性是可选项。
- USE 用来引用 DEF 定义的节点 ID，即引用 DEF 定义的节点名字，同时忽略其他的属性和子对象。使用 USE 来引用其他的节点对象而不是复制节点可以提高性能和编码效率。该属性是可选项。
- enabled 域是定义了一个设置传感器节点是否有效。
- timeOut 域——定义了一个以秒计算的读取时间，超过这个时间被认为读取失败。采用默认值 0 时使用浏览器的设置。
- isActive 域——定义了一个当读取传感器开始/停止的时候发送 isActive true/false 事件。
- isLoaded 域——定义了一个通知是否所有的子节点读取或至少有一个子节点读取失败，所有的子节点读取成功后发送 true 事件。任何子节点读取失败或读取超时都会发送 false 事件，没有本地副本或没有网络连接时也发送 false 事件。使用多个 LoadSensor 节点监视多个节点的读取。
- loadTime 域——定义了一个完成读取时发送时间事件，读取失败时不发送。
- progress 域——定义了一个开始时发送 0.0，结束时发送 1.0 的事件。中间值基于浏览器一直增长，可以指出接收的字节、将要下载的时间和其他下载进度。其中只产生 0～1 的事件。
- containerField 域——表示容器域是 field 域标签的前缀，表示子节点和父节点的关系。该容器域名称为 children，包含几何节点。如 geometry Sphere、children Group、proxy Shape。containerField 属性只有在 X3D 场景用 XML 编码时才使用。

- class 域——是用空格分开的类的列表，保留给 XML 样式表使用。只有 X3D 场景用 XML 编码时才支持 class 属性。

11.8 互联网 3D VisibilitySensor 设计

互联网 3D VisibilitySensor 能见度传感器节点也称为可见性感知检测器节点。VisibilitySensor 能见度传感器节点用来从观察者的方向和位置感知一个长方体区域在当前的坐标系中何时才是可视的。该节点可作为任意组节点的子节点。

互联网 3D VisibilitySensor 能见度传感器节点检测用户是否可以看见指定的对象或指定范围，这依赖场景的漫游，指定的范围依靠边界盒判断。可以用来吸引用户的注意或改进性能，传感器影响同一级的节点及其子节点，该节点可作为任意组节点的子节点。

VisibilitySensor 能见度传感器节点语法定义如下：

```
<VisibilitySensor
  DEF               ID
  USE               IDREF
  enabled           true        SFBool       inputOutput
  center            0 0 0       SFVec3f      inputOutput
  size              0 0 0       SFVec3f      inputOutput
  isActive          ""          SFBool       outputOnly
  enterTime         ""          SFTime       outputOnly
  exitTime          ""          SFTime       outputOnly
  containerField    children
  class
/>
```

VisibilitySensor 能见度传感器节点包含 DEF、USE、enabled、center、size、isActive、enterTime、exitTime、containerField 以及 class 域等。

域数据类型描述如下：

- SFFloat 域——单值单精度浮点数。
- SFBool 域——一个单值布尔量。
- SFVec3f 域——一个包含任意数量的三维矢量的单值域。
- SFTime 域——含有一个单独的时间值。

事件的存储/访问类型描述表示域(属性)的存储/访问类型，包括 inputOnly(输入类型)、outputOnly(输出类型)、initializeOnly(初始化类型)以及 inputOutput(输入/输出类型)等，用来描述该节点必须提供该属性值。

- DEF 为节点定义一个名字，给该节点定义了唯一的 ID，在其他节点中就可以引用这个节点。用 DEF 为节点命名时，使用有意义的描述性的名称可以规范文件，以提高 X3D 文件可读性。该属性是可选项。
- USE 用来引用 DEF 定义的节点 ID，即引用 DEF 定义的节点名字，同时忽略其他的属性和子对象。使用 USE 来引用其他的节点对象而不是复制节点可以提高性能和编码效率。该属性是可选项。
- enabled 域——定义了一个设置传感器节点是否有效。

- center 域——定义了一个从局部坐标系原点的位置偏移。
- size 域——定义了一个从 center 中心以米测量的可视盒的尺寸。
- isActive 域——定义了一个当触发传感器时发送 isActive true/false 事件。当用户视点进入传感器的可见范围时 isActive 值为 true,当用户视点离开传感器的可见范围时 isActive 值为 false。
- enterTime 域——定义了一个当用户视点进入传感器的可见范围时产生事件时间。
- exitTime 域——定义了一个当用户视点离开传感器的可见范围时产生事件时间。
- containerField 域——表示容器域是 field 域标签的前缀,表示子节点和父节点的关系。该容器域名称为 children,包含几何节点,如 geometry Sphere、children Group、proxy Shape。containerField 属性只有在 X3D 场景用 XML 编码时才使用。
- class 域——用空格分开的类的列表,保留给 XML 样式表使用。只有 X3D 场景用 XML 编码时才支持 class 属性。

11.9 互联网 3D ProximitySensor 设计

互联网 3D ProximitySensor 亲近度传感器节点也称为接近感知器节点。用来感知用户何时进入、退出和移动于坐标系内的一个长方体区域。该节点能够感应观测者进入和移动 X3D 虚拟现实场景中的长方体感知区域,当观测者穿越这个长方体感知区域,可以使亲近度传感器启动某个动态对象;当观测者离开这个长方体感知区域,将停止某个动态对象。例如,亲近度传感器节点控制一个自动门,当观测者通过自动门时,门被打开;然后自动关闭。

ProximitySensor 亲近度传感器节点当用户摄像机走进或离开的监测区域或在监测区域中移动时,ProximitySensor 发送事件。用一个盒子来定义的这个区域的大小,其中使用 USE 实例化引用的效果是相加的,但不重叠。可以先使用 Transform 来改变监测区域的位置。一旦场景载入,监测就开始工作。

ProximitySensor 亲近度传感器节点用来感知浏览者何时进入、退出和移动于坐标系内的一个长方体区域。该节点能够感应观测者进入和移动 X3D 虚拟现实场景中的长方体感知区域。

ProximitySensor 亲近度传感器节点语法定义如下:

```
<ProximitySensor
  DEF                  ID
  USE                  IDREF
  enabled              true         SFBool        inputOutput
  center               0 0 0        SFVec3f       inputOutput
  size                 0 0 0        SFVec3f       inputOutput
  isActive             ""           SFBool        outputOnly
  position_changed     ""           SFVec3f       outputOnly
  orientation_changed  ""           SFRotation    outputOnly
  enterTime            ""           SFTime        outputOnly
  exitTime             ""           SFTime        outputOnly
  containerField       children
```

```
  class
/>
```

ProximitySensor 亲近度传感器节点包含 DEF、USE、enabled、center、size、isActive、position_changed、orientation_changed、enterTime、exitTime、containerField 以及 class 域等。

域数据类型描述如下：

- SFFloat 域——单值单精度浮点数。
- SFBool 域——一个单值布尔量。
- SFVec3f 域——一个包含任意数量的三维矢量的单值域。
- SFTime 域——含有一个单独的时间值。
- SFRotation 域——规定某一个绕任意轴的任意角度的旋转。

事件的存储/访问类型描述表示域(属性)的存储/访问类型，包括 inputOnly(输入类型)、outputOnly(输出类型)、initializeOnly(初始化类型)以及 inputOutput(输入/输出类型)等，用来描述该节点必须提供该属性值。

- DEF 为节点定义一个名字，给该节点定义了唯一的 ID，在其他节点中就可以引用这个节点。用 DEF 为节点命名时，使用有意义的描述性的名称可以规范文件，以提高 X3D 文件的可读性。该属性是可选项。
- USE 用来引用 DEF 定义的节点 ID，即引用 DEF 定义的节点名字，同时忽略其他的属性和子对象。使用 USE 来引用其他的节点对象而不是复制节点可以提高性能和编码效率。该属性是可选项。
- enabled 域——定义了一个设置传感器节点是否有效。
- center 域——定义了一个从局部坐标系原点的位置偏移。
- size 域——定义了一个代理传感器盒的尺寸。注释：size 0 0 0 值将使传感器失效。
- isActive 域——定义了当用户摄像机走进或离开的监测区域时，发送 isActive true/false 事件。
- position_changed 域——定义了当用户摄像机在监测区域中移动时，发送相对于中心的 translation 事件。
- orientation_changed 域——定义了当用户摄像机在监测区域中转动时，发送相对于中心的 rotation 事件。
- enterTime 域——定义了一个当用户摄像机走进监测区域时发送的时间事件。
- exitTime 域——定义了一个当用户摄像机走进或离开的监测区域时发送的时间事件。
- containerField 域——表示容器域是 field 域标签的前缀，表示了子节点和父节点的关系。该容器域名称为 children，包含几何节点，如 geometry Sphere、children Group、proxy Shape。containerField 属性只有在 X3D 场景用 XML 编码时才使用。
- class 域——是用空格分开的类的列表，保留给 XML 样式表使用。只有 X3D 场景用 XML 编码时才支持 class 属性。

第12章 互联网3D几何2D设计

互联网 3D 几何 2D 组件设计由 Shape 模型节点、二维几何造型节点以及相关基本节点组成。利用 X3D 几何 2D 节点创建二维几何造型，还可以对其进行着色。X3D 三维立体网页几何 2D 节点设计包含在 Shape 模型节点下，Shape 模型节点由 Appearance 外观节点和几何节点构成。Appearance 外观子节点定义了物体造型的外观，包括纹理映像、纹理坐标变换以及外观的材料等；Geometry 几何造型子节点定义了立体空间物体的几何造型，如二维平面基本几何节点 Arc2D、ArcClose2D、Circle2D 和 Disk2D 节点等分别用来绘制圆弧、封闭圆弧、圆和环等二维空间平面造型等基本的几何模型。在 X3D 三维立体几何 2D 节点组件中，使用模型组件中定义的 Shape(模型)中的几何属性(Geometry properties)和外观节点。2D 几何(Geometry2D)节点可以看作一些平面对象(planar objects)。在 X3D 中所有的二维空间节点造型是由二维坐标系指定的在当前三维坐标系中($x,y,0$)相一致的二维平面，二维坐标系的原点与三维坐标系的原点重合。在 X3D 文件中的二维平面几何组件是由 X、Y 轴形成的平面构成的各种几何图形，如圆弧、圆、圆盘、圆环等；还包括 Polypoint2D 点节点、Polyline2D 线节点、TriangleSet2D 三角形 2D 节点等。利用 X3D 三维立体几何 2D 节点创建的造型编程简洁、快速、方便，有利于浏览器的快速浏览，提高软件编程和运行的效率。本章重点介绍 2D 节点的语法结构和节点的语法定义，并结合实例源程序进一步理解软件开发与设计的过程。

12.1 互联网 3D Arc2D 设计

互联网 3D Arc2D 是一个几何 2D 节点。Arc2D 指定一个圆弧的半径，起始角度和扫过的角度。其中，在增加 Geometry 或 Appearance 节点之前先插入一个 Shape 节点。此节点指定了圆心在(0,0)角度为从正 X 轴开始向正 Y 轴扫描(sweep)的线性的圆弧。radius 域指定了那一部分圆弧的半径。圆弧从 startAngle 开始逆时针扩展到 endAngle。radius 的值应当大于 0。startAngle 与 endAngle 的取值范围是(0～6.242)弧度。如果 startAngle 与 endAgle 有同样的值，那么就形成了一个圆。Arc2D 弧节点定义了一个圆弧平面几何造型，是 X3D 平面几何 2D 造型节点，一般作为 Shape 节点中 Geometry 子节点。根据弧节点的圆弧半径大小、开始圆弧到结束圆弧的弧度数形成圆弧轨迹，可以调整圆弧半径大小和起始与终止弧度数使圆弧发生改变。利用 Shape 节点中 Appearance 外观和 Material 材料子节点用于描述 Arc2D 弧节点的纹理材质、颜色、发光效果、明暗、光的反射以及透明度等。提高开发与设计的效果。

12.1.1 互联网 3D Arc2D 语法定义

互联网 3D Arc2D 节点是一个平面几何 2D 节点，指定一个圆弧的半径，以圆点为圆心

(0,0),起始角度和结束角度形成了轨迹圆弧。该节点位于 Shape 模型节点的 geometry 或 Appearance 节点范围内使用。

Arc2D 弧节点语法定义了一个二维立体空间圆弧的属性名和域值,利用 Arc2D 弧节点的域名、域值、域的数据类型以及事件的存储访问权限的定义来创建一个效果更加理想的二维立体空间圆弧造型。主要利用 Arc2D 弧节点中的 radius(圆弧半径)、startAngle(起始弧度)、endAngle(终止弧度)等参数设置创建 X3D 二维立体平面圆弧造型。Arc2D 弧节点语法定义如下:

```
<Arc2D
  DEF              ID
  USE              IDREF
  radius           1.0        SFFloat        initializeOnly
  startAngle       0.0        SFFloat        initializeOnly
  endAngle         1.570796   SFFloat        initializeOnly
  containerField   geometry
  class
/>
```

Arc2D 弧节点设计包含域名、域值、域数据类型以及存储/访问类型等,节点中数据内容(架构)包含在一对尖括号中,用“<、/>”表示。

域数据类型描述如下:

- SFFloat 域——单值单精度浮点数。
- SFBool 域——一个单值布尔量,取值范围是[true|false]。

事件的存储/访问类型描述:表示域(属性)的存储/访问类型,包括 inputOnly(输入类型)、outputOnly(输出类型)、initializeOnly(初始化类型)以及 inputOutput(输入/输出类型)等,用来描述该节点必须提供该属性值。Arc2D 弧节点包含 DEF、USE、radius、startAngle、endAngle、containerField 以及 class 域等。

- DEF 为节点定义一个名字,给该节点定义了唯一的 ID,在其他节点中就可以引用这个节点。用 DEF 为节点命名时,使用有意义的描述性的名称可以规范文件,以提高 X3D 文件可读性,该属性是可选项。
- USE 用来引用 DEF 定义的节点 ID,即引用 DEF 定义的节点名字,同时忽略其他的属性和子对象。使用 USE 来引用其他的节点对象而不是复制节点可以提高性能和编码效率,该属性是可选项。
- radius 域——指定了那一部分的圆弧的半径,radius 的值应当大于 0,其中 radius 的默认值为 1。其中,该域值几何尺寸一旦初始化后就不可以再更改,可以使用 Transform 缩放尺寸。
- startAngle 域——指定了圆弧的起始弧度,初始值为 0,取值范围是[0～2π],圆弧从 startAngle 逆时针旋转到 endAngle,值用弧度值表示。其中,该域值的几何尺寸一旦初始化后就不可以再更改,可以使用 Transform 缩放。
- endAngle 域——指定了圆弧的起始弧度,初始值为 1.570796,取值范围是[0 ～2π],圆弧从 startAngle 逆时针旋转到 endAngle,值用弧度值表示。其中该域值的几何尺寸一旦初始化就不可以再更改,可以使用 Transform 缩放。

startAngle 与 endAngle 域值完成从开始圆弧 startAngle 按逆时针扩展到结束弧 endAngle。startAngle 与 endAngle 的取值范围是(0～2π),其中,startAngle 默认值为 0,endAngle 默认值为 1.570796,弧度单位为 π/2。如果 startAngle 与 endAngle 有同样的值,那么就形成了一个圆。

- containerField 域——表示容器域是 field 域标签的前缀,表示子节点和父节点的关系。该容器域名称为 geometry,包含几何节点。如 geometry Box、children Group、proxy Shape。containerField 属性只有在 X3D 场景用 XML 编码时才使用。
- class 域——用空格分开的类的列表,保留给 XML 样式表使用。只有 X3D 场景用 XML 编码时才支持 class 属性。

12.1.2 互联网 3D Arc2D 案例分析

互联网 3D Arc2D 弧节点是在 Shape 模型节点中的 Geometry 几何子节点下创建二维圆弧平面造型,使用 Appearance 外观子节点和 Material 外观材料子节点描述空间物体造型的颜色、材料漫反射、环境光反射、物体镜面反射、物体发光颜色、外观材料的亮度以及透明度等,使二维空间场景和造型更具真实感。

互联网 3D Arc2D 弧节点二维平面造型设计利用虚拟现实程序设计语言 X3D 进行设计、编码和调试。利用现代软件开发的思想,融合结构化、组件化和模块化的设计思想,使软件开发设计层次清晰、结构合理。利用虚拟现实语言的各种节点创建生动、逼真的 Arc2D 弧节点二维平面造型。使用 X3D 节点、背景节点以及 Arc2D 弧节点进行设计和开发。

【实例 12-1】 在 X3D 三维立体空间场景环境下,利用 Shape 空间物体造型模型节点、Appearance 外观子节点和 Material 外观材料节点以及 Arc2D 弧节点在三维立体空间背景下,创建一个二维几何圆弧的 X3D 源程序。Arc2D 弧节点几何场景设计 X3D 文件源程序展示如下:

```
<Scene>
    <ExternProtoDeclare name = "Arc2D" url = '"Geometry2dComponentPrototypes.wrl#Arc2D"'>
        <field accessType = "initializeOnly" name = "startAngle" type = "SFFloat"/>
        <field accessType = "initializeOnly" name = "endAngle" type = "SFFloat"/>
        <field accessType = "initializeOnly" name = "radius" type = "SFFloat"/>
        <field accessType = "inputOutput" name = "metadata" type = "SFNode"/>
    </ExternProtoDeclare>
    <NavigationInfo DEF = "_1" type = '"EXAMINE","ANY"'>
    </NavigationInfo>
    <Viewpoint DEF = "view1" position = '0 0 10' description = "View1">
    </Viewpoint>
    <Viewpoint DEF = "view2" position = '0 0 20' description = "View2">
    </Viewpoint>
    <Background DEF = "_2" skyColor = '0.98 0.98 0.98'>
    </Background>
    <Shape>
        <Appearance>
            <Material diffuseColor = '0 0 1'>
            </Material>
        </Appearance>
```

```
            <Arc2D containerField="geometry" startAngle='0' endAngle='3.141' radius='2'>
            </Arc2D>
        </Shape>
    </Scene>
```

在 X3D 源文件中添加 Background 背景节点、Shape 模型节点以及 Arc2D 节点，背景节点的颜色取银白色以突出二维立体几何造型的显示效果。在 Shape 模型节点下增加 Appearance 外观节点和 Material 材料节点，对物体造型的外观颜色、物体发光颜色、外观材料的亮度以及透明度的设计，以提高空间二维几何圆弧的显示效果。

互联网 3D 二维 Arc2D 弧按钮节点造型程序运行。首先，启动 X3D 浏览器，然后在 X3D 浏览器中单击 Open 按钮，打开 X3D 案例程序，即可运行虚拟现实二维空间圆弧场景造型。

在三维立体空间背景下，圆弧的半径为 2，圆弧的圆心为(0,0)，起始弧为 0.0，终止弧为 3.141，颜色为蓝色半圆弧，Arc2D 弧节点运行后的场景效果如图 12-1 所示。

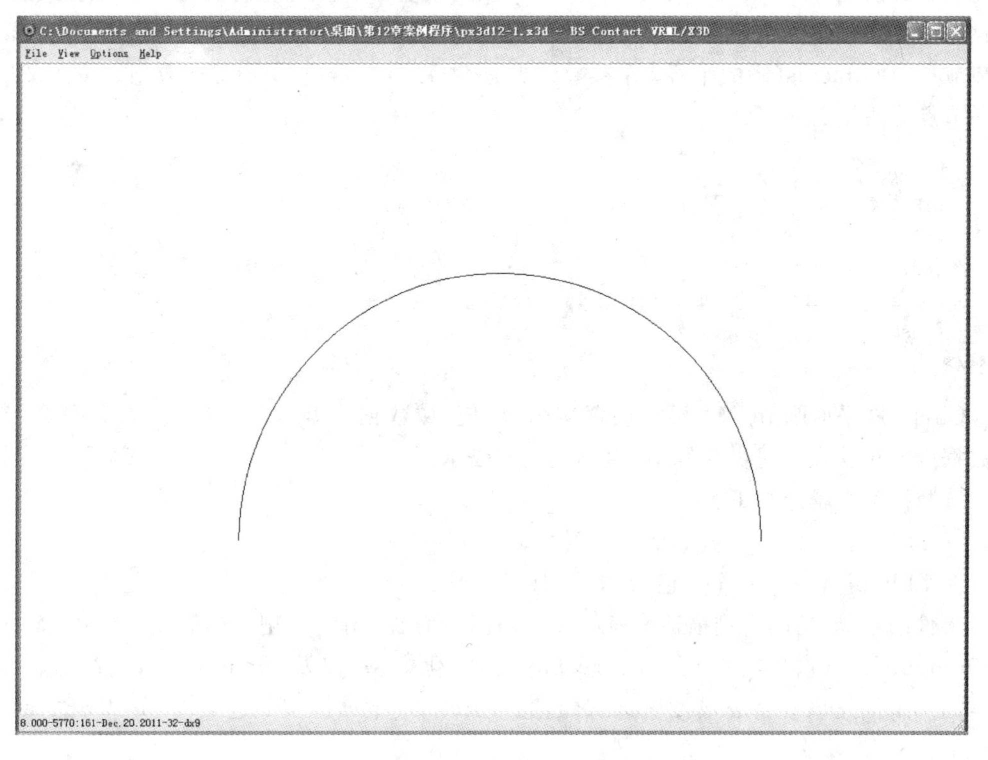

图 12-1　Arc2D 弧节点运行效果

12.2　互联网 3D Circle2D 节点设计

在互联网 3D 文件中的二维平面几何组件是由 X、Y 轴形成的平面构成的各种几何图形，如圆弧、圆、圆盘和圆环等。利用 X3D 基本二维几何节点创建的造型编程简洁、快速、方便，有利于浏览器的快速浏览，提高软件编程和运行的效率。Circle2D 平面圆节点作为模型组件内定义的 Shape(模型)中几何节点的子节点，而外观节点用于描述几何造型的外观和材料的颜色和透明度等。二维平面几何(Geometry2D)节点可以看作一些平面对象(planar objects)。在X3D中所有的二维空间节点造型是由二维坐标系指定的在当前三维坐标系$(x,y,0)$中的二维平面,二维坐标系的原点与三维坐标系的原点重合。Circle2D平面圆节点定义了一个封闭圆2D几何造型,是X3D基本平面几何造型节点,一般作为Shape节点中geometry子节点。利用Shape节点中的Appearance外观和Material材料子节点用于描述Circle2D平面圆节点的纹理材质、颜色、发光效果、明暗、光的反射以及透明度等。提高开发与设计的效果。

12.2.1 互联网3D Circle2D语法定义

互联网3D Circle2D平面圆节点是一个平面几何节点,指定一个封闭平面圆,以圆点为圆心(0,0),以圆的半径大小形成封闭平面圆图形。该节点位于Shape模型节点的Geometry节点内使用。Circle2D平面圆节点语法定义了一个二维立体空间封闭平面圆的属性名和域值,利用Circle2D平面圆节点的域名、域值、域的数据类型以及事件的存储访问权限的定义来创建一个效果更加理想的二维立体空间封闭平面圆造型。利用Circle2D平面圆节点中的radius(圆的半径)等参数设置创建X3D二维立体平面圆造型。Circle2D平面圆节点语法定义如下:

```
<Circle2D
  DEF              ID
  USE              IDREF
  radius           1.0        SFFloat        initializeOnly
  containerField   geometry
  class
/>
```

Circle2D平面圆节点设计包含域名、域值、域数据类型以及存储/访问类型等,节点中数据内容包含在一对尖括号中,用"<、/>"表示。

域数据类型描述如下:

- SFFloat域——单值单精度浮点数。
- SFBool域——一个单值布尔量,取值范围是[true|false]。

事件的存储/访问类型描述:表示域(属性)的存储/访问类型,包括inputOnly(输入类型)、outputOnly(输出类型)、initializeOnly(初始化类型)以及inputOutput(输入/输出类型)等,用来描述该节点必须提供该属性值。Circle2D平面圆节点包含DEF、USE、radius、containerField以及class域等。

- DEF为节点定义一个名字,给该节点定义了唯一的ID,在其他节点中就可以引用这个节点。用DEF为节点命名时,使用有意义的描述性的名称可以规范文件,以提高X3D文件可读性。该属性是可选项。
- USE用来引用DEF定义的节点ID,即引用DEF定义的节点名字,同时忽略其他的属性和子对象。使用USE来引用其他的节点对象而不是复制节点可以提高性能和编码效率。该属性是可选项。
- radius域——指定了封闭平面圆的半径,radius的值应当大于0,其中radius的默认值为1,取值范围[0,∞)。其中,该域值几何尺寸一旦初始化后就不可以再更改,可以使用Transform缩放尺寸。

- containerField 域——表示容器域是 field 域标签的前缀，表示子节点和父节点的关系。该容器域名称为 geometry，包含几何节点，如 geometry Box、children Group、proxy Shape。containerField 属性只有在 X3D 场景用 XML 编码时才使用。
- class 域——用空格分开的类的列表，保留给 XML 样式表使用。只有 X3D 场景用 XML 编码时才支持 class 属性。

12.2.2 互联网 3D Circle2D 案例分析

互联网 3D Circle2D 平面圆节点是在 Shape 模型节点中的 Geometry 几何子节点下创建二维封闭平面圆造型，使用 Appearance 外观子节点和 Material 外观材料子节点描述空间物体造型的颜色、材料漫反射、环境光反射、物体镜面反射、物体发光颜色、外观材料的亮度以及透明度等，使二维空间场景和造型更具真实感。

Circle2D 平面圆节点二维平面造型设计利用虚拟现实程序设计语言 X3D/VRML 进行设计、编码和调试。利用现代软件开发的极端编程思想，采用绝对编程、自动测试、简单设计以及先测试后设计开发理念。融合结构化、组件化和模块化的设计思想，使软件开发设计层次清晰、结构合理。利用虚拟现实语言的各种节点创建生动、逼真的 Circle2D 平面圆节点二维平面圆造型。使用 X3D/VRML 节点、背景节点以及 Circle2D 平面圆节点进行设计和开发。

【实例 12-2】 在互联网 3D 三维立体空间场景环境下，利用 Shape 空间物体造型模型节点、Appearance 外观子节点和 Material 外观材料节点以及 Circle2D 平面圆节点在三维立体空间背景下，创建一个红色 2D 封闭平面圆的 X3D/VRML 源程序。Circle2D 平面圆节点几何场景设计 X3D 文件源程序展示如下：

```
<Scene>
        <ExternProtoDeclare name="Circle2D" url='"Geometry2dComponentPrototypes.wrl#
Circle2D"'>
            <field accessType="initializeOnly" name="radius" type="SFFloat"/>
            <field accessType="initializeOnly" name="solid" type="SFBool"/>
            <field accessType="inputOutput" name="metadata" type="SFNode"/>
        </ExternProtoDeclare>
        <NavigationInfo DEF="_1" type='"EXAMINE","ANY"'>
        </NavigationInfo>
        <Viewpoint DEF="view1" position='0 0 10' description="View1">
        </Viewpoint>
        <Viewpoint DEF="view2" position='0 0 20' description="View2">
        </Viewpoint>
        <Background DEF="_2" skyColor='0.98 0.98 0.98'>
        </Background>
        <Shape>
            <Appearance>
                <Material diffuseColor='1 0 0'>
                </Material>
            </Appearance>
            <Circle2D containerField="geometry" radius='2'>
            </Circle2D>
        </Shape>
    </Scene>
```

在 X3D 源文件中的 Scene 场景根节点下添加 Background 背景节点和 Shape 模型节点，背景节点的颜色取银白色以突出 2D 几何造型的显示效果。在 Shape 模型节点下增加 Appearance 外观节点和 Material 材料节点，对物体造型的外观颜色、物体发光颜色、外观材料的亮度以及透明度的设计，以提高空间二维几何平面圆的显示效果。在几何节点中创建 Circle2D 平面圆节点，根据设计需求设置封闭平面圆节点半径的尺寸大小，改变平面圆的大小和尺寸。

互联网 3D 二维 Circle2D 平面圆节点造型程序运行。首先，启动 X3D 浏览器，然后在 X3D 浏览器中单击 Open 按钮，选择 X3D 案例程序，即可运行虚拟现实二维空间平面圆场景造型，在三维立体空间背景下，平面圆的半径为 2，平面圆的圆心为(0,0)，Circle2D 平面圆节点运行后的场景效果如图 12-2 所示。

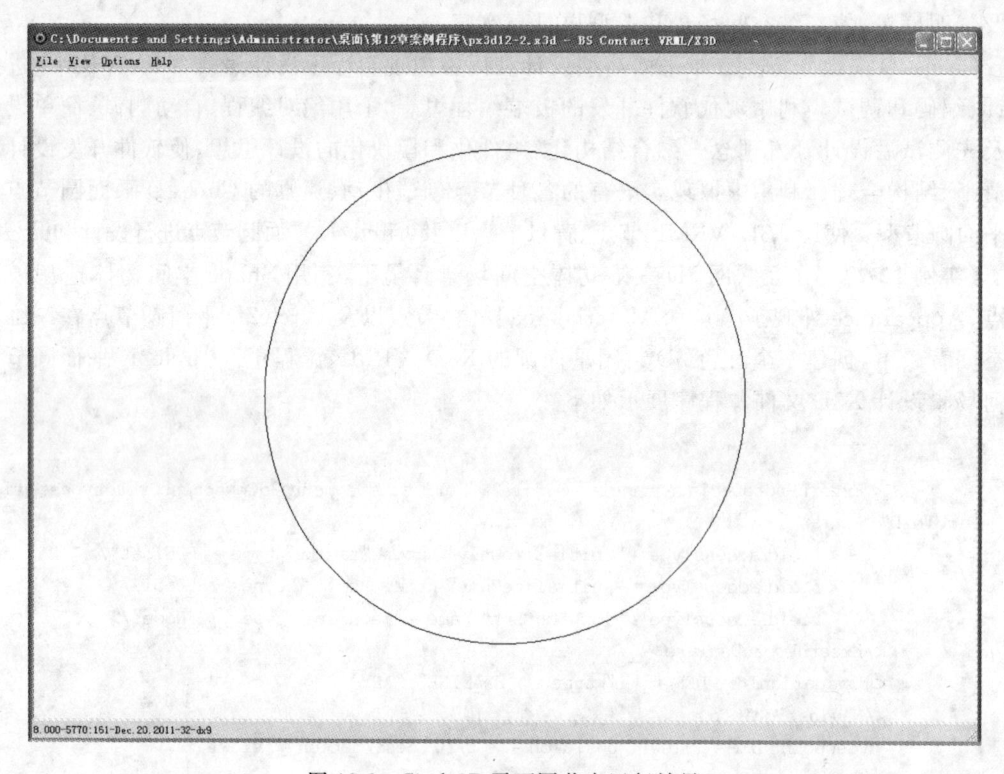

图 12-2 Circle2D 平面圆节点运行效果

12.3 互联网 3D ArcClose2D 设计

在互联网 3D 文件中的 2D 平面几何(Geometry2d)节点是由 X、Y 轴形成的平面构成的各种几何图形，如圆弧、圆、圆盘和圆环等。利用 X3D 二维几何节点创建的造型编程简洁、快速、方便，有利于浏览器的快速浏览，提高软件编程和运行的效率。ArcClose2D 封闭圆弧节点作为模型组件内定义的 Shape(模型)中几何节点的子节点，而外观节点用于描述几何造型的外观和材料的颜色和透明度等。

2D 平面几何节点可以看作一些平面对象(planar objects)。在 X3D 中所有的二维空间节点造型是由二维坐标系指定的在当前三维坐标系$(x,y,0)$中的二维平面，二维坐标系的原点与三维坐标系的原点重合。

互联网 3D ArcClose2D 封闭圆弧是一个基本平面几何节点。ArcClose2D 封闭圆弧节点指定一个封闭圆弧的半径，起始角度和扫过的角度以及圆弧的封闭类型等。该节点指定了圆心在(0,0)角度为从正 X 轴开始向正 Y 轴扫描(sweep)的线性的封闭圆弧。radius 域指定了那一部分的封闭圆弧的半径。封闭圆弧从 startAngle 开始逆时针扩展到 endAngle。radius 的值应当大于 0。startAngle 与 endAngle 的取值范围是(0～2π)。封闭圆弧的类型决定了封闭圆弧是从弧的两端连接到圆心，还是直接连接圆弧的两个端点。

12.3.1 互联网 3D ArcClose2D 语法定义

互联网 3D ArcClose2D 封闭圆弧节点是一个平面几何节点，指定一个封闭圆弧的半径，以圆点为圆心(0,0)，起始角度和结束角度以及封闭类型所形成封闭圆弧图形。该节点是 Shape 模型节点的 Geometry 子节点。ArcClose2D 封闭圆弧节点指定了圆心在(0,0)点的角度从 startAngle 开始逆时针扩展到 endAngle 以及封闭类型形成的线性的封闭圆弧的一部分。该节点位于 Shape 模型节点的 geometry 或 Appearance 节点内使用。

ArcClose2D 封闭圆弧节点语法定义了一个二维立体空间封闭圆弧的属性名和域值，利用 ArcClose2D 封闭圆弧节点的域名、域值、域的数据类型以及事件的存储访问权限的定义来创建一个效果更加理想的二维立体空间封闭圆弧造型。主要利用 ArcClose2D 封闭圆弧节点中的 radius(封闭圆弧半径)、startAngle(起始弧度)、endAngle(终止弧度)、closureType(封闭类型)、solid 等参数设置创建 X3D 二维立体平面封闭圆弧造型。ArcClose2D 封闭圆弧节点语法定义如下：

```
<ArcClose2D
  DEF              ID
  USE              IDREF
  radius           1.0         SFFloat      initializeOnly
  startAngle       0.0         SFFloat      initializeOnly
  endAngle         1.570796    SFFloat      initializeOnly
  closureType      PIE                      initializeOnly
  solid            true        SFBool       initializeOnly
  containerField   geometry
  class
/>
```

ArcClose2D 封闭圆弧节点设计包含域名、域值、域数据类型以及存储/访问类型等，节点中数据内容(架构)包含在一对尖括号中，用“<、/>”表示。

域数据类型描述如下：

- SFFloat 域——单值单精度浮点数。
- SFBool 域——一个单值布尔量，取值范围是[true|false]。

事件的存储/访问类型描述：表示域(属性)的存储/访问类型，包括 inputOnly(输入类型)、outputOnly(输出类型)、initializeOnly(初始化类型)以及 inputOutput(输入/输出类型)等，用来描述该节点必须提供该属性值。ArcClose2D 封闭圆弧节点包含 DEF、USE、radius、startAngle、endAngle、closureType、solid、containerField 以及 class 域等。

- DEF 为节点定义一个名字，给该节点定义了唯一的 ID，在其他节点中就可以引用这个节点。用 DEF 为节点命名时，使用有意义的描述性的名称可以规范文件，以提高 X3D 文件可读性，该属性是可选项。
- USE 用来引用 DEF 定义的节点 ID，即引用 DEF 定义的节点名字，同时忽略其他的属性和子对象。使用 USE 来引用其他的节点对象而不是复制节点可以提高性能和编码效率，该属性是可选项。
- radius 域——指定了那一部分的封闭圆弧的半径，radius 的值应当大于 0，其中，radius 的默认值为 1。其中，该域值几何尺寸一旦初始化就不可以再更改，可以使用 Transform 缩放尺寸。
- startAngle 域——指定了封闭圆弧的起始弧度，初始值为 0，取值范围是[0 ～2π]，圆弧从 startAngle 逆时针旋转到 endAngle，值用弧度值表示。其中该域值的几何尺寸一旦初始化就不可以再更改，可以使用 Transform 缩放。
- endAngle 域——指定了封闭圆弧的起始弧度，初始值为 1. 570796，取值范围是[0 ～2π]，圆弧从 startAngle 逆时针旋转到 endAngle，值用弧度值表示。其中，该域值的几何尺寸一旦初始化就不可以再更改，可以使用 Transform 缩放。

startAngle 与 endAngle 域值完成从开始封闭圆弧 startAngle 按逆时针扩展到结束封闭圆弧 endAngle。startAngle 与 endAngle 的取值范围是(0～2π)，其中，startAngle 默认值为 0，endAngle 默认值为 1. 570796。

- closureType 域——指定了圆弧的封闭类型，该域值有两种封闭连接方式：

  (1) PIE 方式是指从弧的两端连接到圆心，即通过定义两条线段先从终点到圆心，然后又从圆心到起点，来连接起点与终点。

  (2) CHORD 方式是指直接连接圆弧的两个端点，即通过定义一条从终点到起点的直线来连接起点和终点。即从圆弧的两端连接到圆心(PIE)，或直接连接圆弧的两个端点(CHORD)，其中，该几何参数一旦初始化就不可以再更改。
- solid 域——定义了一个封闭圆弧几何造型表面和背面绘制的布尔量，当该域值 true 时，表示只构建封闭圆弧几何造型对象的表面，不构建背面；当该域值 false 时，表示封闭圆弧几何造型对象的正面和背面均构建。该域值的取值范围是[true|false]，其默认值为 true。
- containerField 域——表示容器域是 field 域标签的前缀，表示了子节点和父节点的关系。该容器域名称为 geometry，包含几何节点。如 geometry Box、children Group、proxy Shape。containerField 属性只有在 X3D 场景用 XML 编码时才使用。
- class 域——用空格分开的类的列表，保留给 XML 样式表使用。只有 X3D 场景用 XML 编码时才支持 class 属性。

12.3.2 互联网 3D ArcClose2D 案例分析

互联网 3D ArcClose2D 封闭圆弧节点是在 Shape 模型节点中的 Geometry 几何子节点下创建二维封闭圆弧平面造型，使用 Appearance 外观子节点和 Material 外观材料子节点描述空间物体造型的颜色、材料漫反射、环境光反射、物体镜面反射、物体发光颜色、外观材料的亮度以及透明度等，使二维空间场景和造型更具真实感。

ArcClose2D 封闭圆弧节点二维平面造型设计利用虚拟现实程序设计语言 X3D/VRML 进行设计、编码和调试。利用现代软件开发的极端编程思想，采用绝对编程、自动测试、简单设计以及先测试后设计开发理念。融合结构化、组件化和模块化的设计思想，使软件开发设计层次清晰、结构合理。利用虚拟现实语言的各种节点创建生动、逼真的 ArcClose2D 封闭圆弧节点二维平面造型。使用 X3D/VRML 节点、背景节点以及 ArcClose2D 封闭圆弧节点进行设计和开发。

【实例 12-3】 在互联网 3D 三维立体空间场景环境下，利用 Shape 空间物体造型模型节点、Appearance 外观子节点和 Material 外观材料节点，以及 ArcClose2D 封闭圆弧节点在三维立体空间背景下，创建一个绿色、120°二维几何封闭圆弧的 X3D/VRML 源程序。ArcClose2D 封闭圆弧节点几何场景设计 X3D 文件源程序展示如下：

```
<Scene>
    <ExternProtoDeclare name="ArcClose2D"
url='"Geometry2dComponentPrototypes.wrl#ArcClose2D"'>
        <field accessType="initializeOnly" name="startAngle" type="SFFloat"/>
        <field accessType="initializeOnly" name="endAngle" type="SFFloat"/>
        <field accessType="initializeOnly" name="radius" type="SFFloat"/>
        <field accessType="initializeOnly" name="closureType"
type="SFString"/>
        <field accessType="initializeOnly" name="solid" type="SFBool"/>
        <field accessType="inputOutput" name="metadata" type="SFNode"/>
    </ExternProtoDeclare>
    <NavigationInfo DEF="_1" type='"EXAMINE","ANY"'>
    </NavigationInfo>
    <Viewpoint DEF="view1" position='0 1.5 8' description="View1">
    </Viewpoint>
    <Viewpoint DEF="view2" position='0 1.5 20' description="View2">
    </Viewpoint>
    <Background DEF="_2" skyColor='0.98 0.98 0.98'>
    </Background>
    <Shape>
        <Appearance>
            <Material diffuseColor='0 0.8 0'>
            </Material>
        </Appearance>
        <ArcClose2D containerField="geometry" startAngle='0.524'
endAngle='2.618' radius='3' solid='true'>
        </ArcClose2D>
    </Shape>
</Scene>
```

在互联网 3D 文件中添加 Background 背景节点和 Shape 模型节点，背景节点的颜色取银白色以突出 2D 立体几何造型的显示效果。在 Shape 模型节点下增加 Appearance 外观节点和 Material 材料节点，对物体造型的外观颜色、物体发光颜色、外观材料的亮度以及透明度的设计，以提高空间二维几何圆弧的显示效果。在几何节点中创建 ArcClose2D 封闭圆弧节点，根据设计需求设置封闭圆弧节点半径的尺寸大小、起始与终止弧度以及封闭类型，改变封闭圆弧的大小和尺寸。

互联网 3D 二维 ArcClose2D 封闭圆弧节点造型程序运行。首先，启动 X3D 浏览器，单击 Open 按钮，然后打开 X3D 案例程序运行虚拟现实 2D 空间封闭圆弧场景造型。

在三维立体空间背景下，圆弧的半径为 2，圆弧的圆心为(0,0)，起始弧为 0.524，终止弧为 2.618，填充封闭圆弧的颜色为绿色，ArcClose2D 封闭圆弧节点运行后的场景效果如图 12-3 所示。

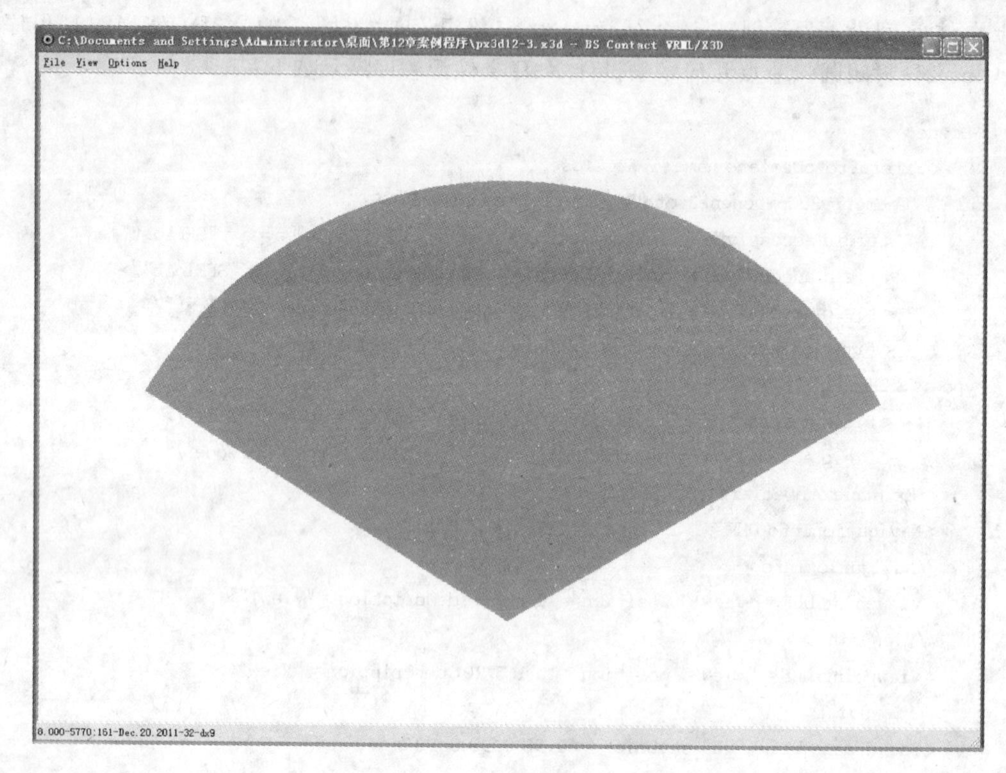

图 12-3 ArcClose2D 封闭圆弧节点运行效果

12.4 互联网 3D Rectangle2D 节点设计

在互联网 3D 文件中的 2D 平面几何组件是利用 X3D 基本 2D 几何节点创建的造型编程简洁、快速、方便，有利于浏览器的快速浏览，提高软件编程和运行的效率。

Rectangle2D 平面矩形节点作为模型组件内定义的 Shape(模型)中几何节点的子节点，而外观节点用于描述几何造型的外观和材料的颜色和透明度等。在 X、Y 轴形成的平面构成的各种几何图形，如圆弧、圆、圆盘、圆环和矩形等。

二维平面几何(Geometry2D)节点可以看作一些平面对象(planar objects)。在 X3D 中，所有的二维空间节点造型均基于由二维坐标系指定的在当前三维坐标系$(x,y,0)$中的二维平面，二维坐标系的原点与三维坐标系的原点重合。

12.4.1 互联网 3D Rectangle2D 语法定义

互联网 3D Rectangle2D 平面矩形节点是一个平面几何节点，指定一个平面矩形图形，根据矩形长和宽生成一个平面矩形，该节点是 Shape 模型节点的 Geometry 子节点。Rectangle2D 平面矩形节点语法定义了一个二维立体空间平面矩形的属性名和域值，利用 Rectangle2D 平面矩形节点的域名、域值、域的数据类型以及事件的存储访问权限的定义来创建一个效果更加理想的二维立体空间平面矩形造型。利用 Rectangle2D 平面矩形节点中的 size(尺寸)、solid 等参数设置创建 X3D 二维立体平面矩形造型。Rectangle2D 平面矩形节点语法定义如下：

```
<Rectangle2D
  DEF              ID
  USE              IDREF
  size             2 2        SFVec2f      initializeOnly
  solid            true       SFBool       initializeOnly
  containerField   geometry
  class
/>
```

Rectangle2D 平面矩形节点设计包含域名、域值、域数据类型以及存储/访问类型等，节点中数据内容(架构)包含在一对尖括号中，用"<、/>"表示。

域数据类型描述如下：

- SFFloat 域——单值单精度浮点数。
- SFBool 域——一个单值布尔量，取值范围是[true|false]。
- SFVec2f 域——定义了一个二维矢量。

事件的存储/访问类型描述：表示域(属性)的存储/访问类型，包括 inputOnly(输入类型)、outputOnly(输出类型)、initializeOnly(初始化类型)以及 inputOutput(输入/输出类型)等，用来描述该节点必须提供该属性值。Rectangle2D 平面矩形节点包含 DEF、USE、size、solid、containerField 以及 class 域等。

- DEF 为节点定义一个名字，给该节点定义了唯一的 ID，在其他节点中就可以引用这个节点。用 DEF 为节点命名时，使用有意义的描述性的名称可以规范文件，以提高 X3D 文件可读性，该属性是可选项。
- USE 用来引用 DEF 定义的节点 ID，即引用 DEF 定义的节点名字，同时忽略其他的属性和子对象。使用 USE 来引用其他的节点对象而不是复制节点可以提高性能和编码效率。该属性是可选项。
- size 域——指定了一个以原点为中心的空间二维矩形的长和宽的尺寸大小。该域值在当前的本地 2d 坐标系内指定了一个中心在(0,0)与本地坐标系相对齐的矩形。size 与指定了矩形在 X 轴和 Y 轴分别的扩展，每个值都需大于 0，初值为 2 2，取值范围是(0,∞)。
- solid 域——定义了一个平面矩形几何造型表面和背面绘制的布尔量，当该域值为 true 时，表示只构建平面矩形几何造对象的表面，不构建背面；当该域值为 false 时，表示平面矩形几何造对象的正面和背面均构建。该域值的取值范围是

[true|false],其默认值为 true。

- containerField 域——表示容器域是 field 域标签的前缀,表示了子节点和父节点的关系。该容器域名称为 geometry,包含几何节点,如 geometry Box、children Group、proxy Shape。containerField 属性只有在 X3D 场景用 XML 编码时才使用。
- class 域——用空格分开的类的列表,保留给 XML 样式表使用。只有 X3D 场景用 XML 编码时才支持 class 属性。

12.4.2 互联网 3D Rectangle2D 案例分析

互联网 3D Rectangle2D 平面矩形节点是在 Shape 模型节点中的 Geometry 几何子节点下创建二维平面矩形造型,使用 Appearance 外观子节点和 Material 外观材料子节点描述空间物体造型的颜色、材料漫反射、环境光反射、物体镜面反射、物体发光颜色、外观材料的亮度以及透明度等,使二维空间场景和造型更具真实感。

Rectangle2D 平面矩形节点二维平面造型设计利用虚拟现实程序设计语言 X3D 进行设计、编码和调试。利用现代软件开发的极端编程思想,采用结构化、组件化和模块化的设计思想,使软件开发设计层次清晰、结构合理。利用虚拟现实语言的各种节点创建生动、逼真的 Rectangle2D 平面矩形节点二维平面矩形造型。使用 X3D/VRML 节点、背景节点以及 Rectangle2D 平面矩形节点进行设计和开发。

【实例 12-4】 在互联网 3D 场景环境下,利用 Shape 空间物体造型模型节点、Appearance 外观子节点和 Material 外观材料节点以及 Rectangle2D 平面矩形节点在三维立体空间背景下,创建一个苹果绿色几何平面矩形的 X3D/VRML 源程序。Rectangle2D 平面矩形节点几何场景设计 X3D 文件源程序展示如下:

```
<Scene>
        <ExternProtoDeclare name="Rectangle2D" url='"Geometry2dComponentPrototypes.wrl#
Rectangle2D"'>
            <field accessType="initializeOnly" name="size" type="SFVec2f"/>
            <field accessType="initializeOnly" name="solid" type="SFBool"/>
            <field accessType="inputOutput" name="metadata" type="SFNode"/>
        </ExternProtoDeclare>
        <NavigationInfo DEF="_1" type='"EXAMINE","ANY"'>
        </NavigationInfo>
        <Viewpoint DEF="view1" position='0 0 8' description="View1">
        </Viewpoint>
        <Viewpoint DEF="view2" position='0 0 20' description="View2">
        </Viewpoint>
        <Background DEF="_2" skyColor='0.98 0.98 0.98'>
        </Background>
        <Shape>
            <Appearance>
                <Material diffuseColor='0 1 1'>
                </Material>
            </Appearance>
            <Rectangle2D containerField="geometry" size='5 3' solid='true'>
            </Rectangle2D>
        </Shape>
</Scene>
```

在X3D文件中的Scene场景根节点下添加Background背景节点和Shape模型节点，背景节点的颜色取银白色以突出二维立体几何造型的显示效果。在Shape模型节点下增加Appearance外观节点和Material材料节点，对物体造型的外观颜色、物体发光颜色、外观材料的亮度以及透明度的设计，以提高空间二维几何平面圆矩形的显示效果。在几何节点中创建Rectangle2D平面矩形节点，根据设计需求设置平面矩形节点长和宽的尺寸大小，改变平面矩形的大小和尺寸。

互联网3D二维Rectangle2D平面矩形节点造型程序运行。首先，启动X3D浏览器，然后在X3D浏览器中单击Open按钮，打开X3D案例程序，即可运行虚拟现实二维空间平面矩形场景造型。

在三维立体空间背景下，平面矩形的长为5，宽为3，平面矩形的颜色为苹果绿，Rectangle2D平面矩形节点运行后的场景效果如图12-4所示。

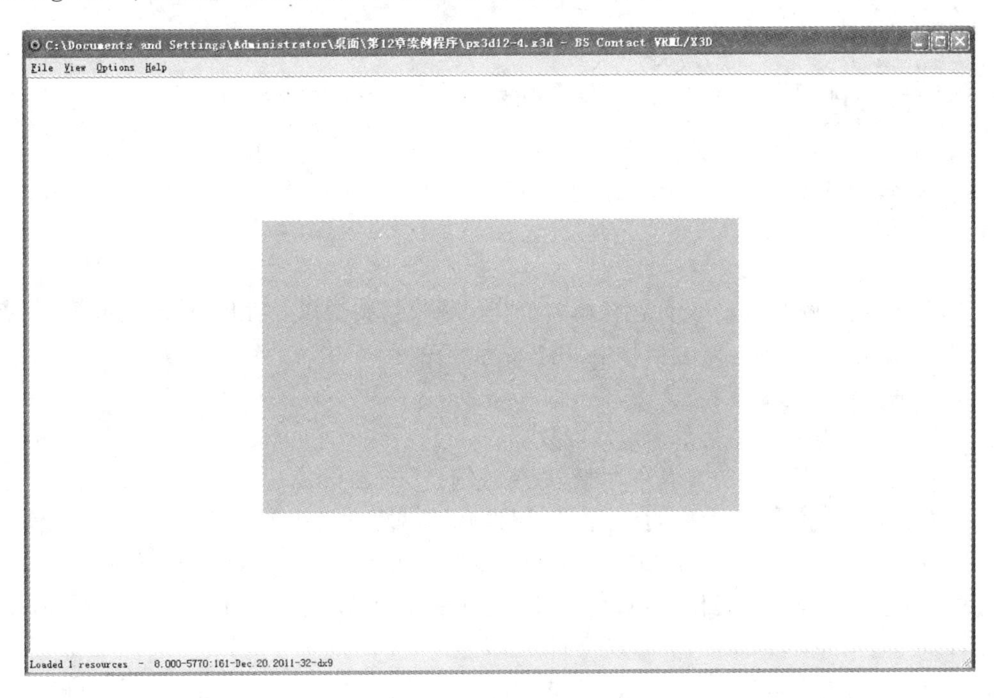

图12-4 Rectangle2D平面矩形节点运行效果

12.5 互联网3D Disk2D设计

互联网3D二维平面几何(Geometry2D)节点可以看作一平面对象(planar objects)。在X3D中所有的二维空间节点造型是由二维坐标系指定的在当前三维坐标系$(x,y,0)$中的二维平面，二维坐标系的原点与三维坐标系的原点重合。

Disk2D填充圆节点作为模型组件内定义的Shape模型节点中几何节点的子节点，而外观节点用于描述几何造型的外观和材料的颜色和透明度等。

Disk2D填充圆节点是一个基本平面几何节点，该节点在X、Y坐标系内指定了一个2D平面填充范围的圆形。Disk2D填充圆节点通过填充圆节点的内径和外径尺寸指定一个平面填充圆。通过调整填充圆的内径和外径大小改变填充圆图形的大小和尺寸。

12.5.1 互联网 3D Disk2D 语法定义

互联网 3D Disk2D 填充圆节点是一个平面几何节点，在 2D 坐标系中指定了一个中心为(0,0)的一个填充范围的圆形。根据填充圆内径和外径的大小生成一个填充圆形。该节点是 Shape 模型节点的 Geometry 子节点。

Disk2D 填充圆节点语法定义了一个二维立体空间填充圆的属性名和域值，利用 Disk2D 填充圆节点的域名、域值、域的数据类型以及事件的存储访问权限的定义来创建一个效果更加理想的二维立体空间填充圆造型。利用 Disk2D 填充圆节点中的 innerRadius(内半径)、outerRadius(外半径)、solid 等参数设置创建 X3D 二维立体填充圆造型。Disk2D 填充圆节点语法定义如下：

```
<Disk2D
  DEF              ID
  USE              IDREF
  innerRadius      0.0         SFFloat        initializeOnly
  outerRadius      1.0         SFFloat        initializeOnly
  solid            true        SFBool         initializeOnly
  containerField   geometry
  class
/>
```

Disk2D 填充圆节点设计包含域名、域值、域数据类型以及存储/访问类型等，节点中数据内容(架构)包含在一对尖括号中，用“<、/>”表示。

域数据类型描述如下：

- SFFloat 域——单值单精度浮点数。
- SFBool 域——一个单值布尔量，取值范围是[true|false]。

事件的存储/访问类型描述：表示域(属性)的存储/访问类型，包括 inputOnly(输入类型)、outputOnly(输出类型)、initializeOnly(初始化类型)以及 inputOutput(输入/输出类型)等，用来描述该节点必须提供该属性值。Disk2D 填充圆节点包含 DEF、USE、innerRadius、outerRadius、solid、containerField 以及 class 域等。

- DEF 为节点定义一个名字，给该节点定义了唯一的 ID，在其他节点中就可以引用这个节点。用 DEF 为节点命名时，使用有意义的描述性的名称可以规范文件，以提高 X3D 文件可读性，该属性是可选项。
- USE 用来引用 DEF 定义的节点 ID，即引用 DEF 定义的节点名字，同时忽略其他的属性和子对象。使用 USE 来引用其他的节点对象而不是复制节点可以提高性能和编码效率。该属性是可选项。
- innerRadius 域——指定了圆盘的内部尺寸，默认值为 0，取值范围是(0,∞)。其中几何尺寸一旦初始化就不可以再更改，可以使用 Transform 缩放尺寸。
- outerRadius 域——指定了圆盘的外部尺寸。outerRadius 应该大于或等于 0，如果 innerRadius 为 0，Disk2D 就形成一个完全被填充的圆盘，否则 Disk2D 是有一定宽度的圆环。其默认值为 1，取值范围是(0,∞)。
- solid 域——定义了一个填充圆几何造型表面和背面绘制的布尔量，当该域值为 true

时，表示只构建填充圆几何造型对象的表面，不构建背面；当该域值为 false 时，表示填充圆几何造型对象的正面和背面均构建。该域值的取值范围为[true|false]，其默认值为 true。

- containerField 域——表示容器域是 field 域标签的前缀，表示子节点和父节点的关系。该容器域名称为 geometry，包含几何节点。如 geometry Box、children Group、proxy Shape。containerField 属性只有在 X3D 场景用 XML 编码时才使用。
- class 域——用空格分开的类的列表，保留给 XML 样式表使用。只有 X3D 场景用 XML 编码时才支持 class 属性。

12.5.2 互联网 3D Disk2D 案例分析

互联网 3D Disk2D 填充圆节点是在 Shape 模型节点中的 Geometry 几何子节点下创建二维填充圆造型，使用 Appearance 外观子节点和 Material 外观材料子节点描述空间物体造型的颜色、材料漫反射、环境光反射、物体镜面反射、物体发光颜色、外观材料的亮度以及透明度等，使二维空间场景和造型更具真实感。

Disk2D 填充圆节点 2D 平面造型设计利用虚拟现实程序设计语言 X3D/VRML 进行设计、编码和调试。利用现代软件开发的极端编程思想，采用绝对编程、自动测试、简单设计以及先测试后设计开发理念。利用虚拟现实语言的各种节点创建生动、逼真的 Disk2D 填充圆节点二维填充圆造型。使用 X3D 节点、背景节点以及 Disk2D 填充圆节点进行设计和开发。

【实例 12-5】 在 X3D 三维立体空间场景环境下，利用 Shape 空间物体造型模型节点、Appearance 外观子节点和 Material 外观材料节点，以及 Disk2D 填充圆节点在三维立体空间背景下，创建一个红颜色几何填充圆的 X3D 源程序。Disk2D 填充圆节点几何场景设计 X3D 文件源程序展示如下：

```
<Scene>
        <ExternProtoDeclare name="Disk2D" url='"Geometry2dComponentPrototypes.wrl#
Disk2D"'>
            <field accessType="initializeOnly" name="innerRadius" type="SFFloat"/>
            <field accessType="initializeOnly" name="outerRadius" type="SFFloat"/>
            <field accessType="initializeOnly" name="solid" type="SFBool"/>
            <field accessType="inputOutput" name="metadata" type="SFNode"/>
        </ExternProtoDeclare>
        <NavigationInfo DEF="_1" type='"EXAMINE","ANY"'>
        </NavigationInfo>
        <Viewpoint DEF="view1" position='0 0 10' description="View1">
        </Viewpoint>
        <Viewpoint DEF="view2" position='0 0 20' description="View2">
        </Viewpoint>
        <Background DEF="_2" skyColor='0.98 0.98 0.98'>
        </Background>
        <Shape>
            <Appearance>
                <Material diffuseColor='1 0 0'>
                </Material>
            </Appearance>
```

```
            <Disk2D containerField="geometry" innerRadius='1' outerRadius='2' solid='true'>
            </Disk2D>
        </Shape>
    </Scene>
```


在互联网 3D 文件中的 Scene 场景根节点下添加 Background 背景节点和 Shape 模型节点，背景节点的颜色取银白色以突出二维立体几何造型的显示效果。在 Shape 模型节点下增加 Appearance 外观节点和 Material 材料节点，对物体造型的外观颜色、物体发光颜色、外观材料的亮度以及透明度的设计，以提高空间 2D 几何平面圆的显示效果。在几何节点中创建 Disk2D 填充圆节点，根据设计需求设置填充圆节点的内径和外径的尺寸大小，改变填充圆图形的大小和尺寸。

互联网 3D 二维 Disk2D 填充圆节点造型程序运行。首先，启动 X3D 浏览器，然后在 X3D 浏览器中单击 Open 按钮，打开 X3D 案例程序，即可运行虚拟现实二维空间填充圆场景造型，在三维立体空间背景下，填充圆节点的内径为 1 和外径为 2，填充圆的颜色为红绿色，Disk2D 填充圆节点运行后的场景效果如图 12-5 所示。

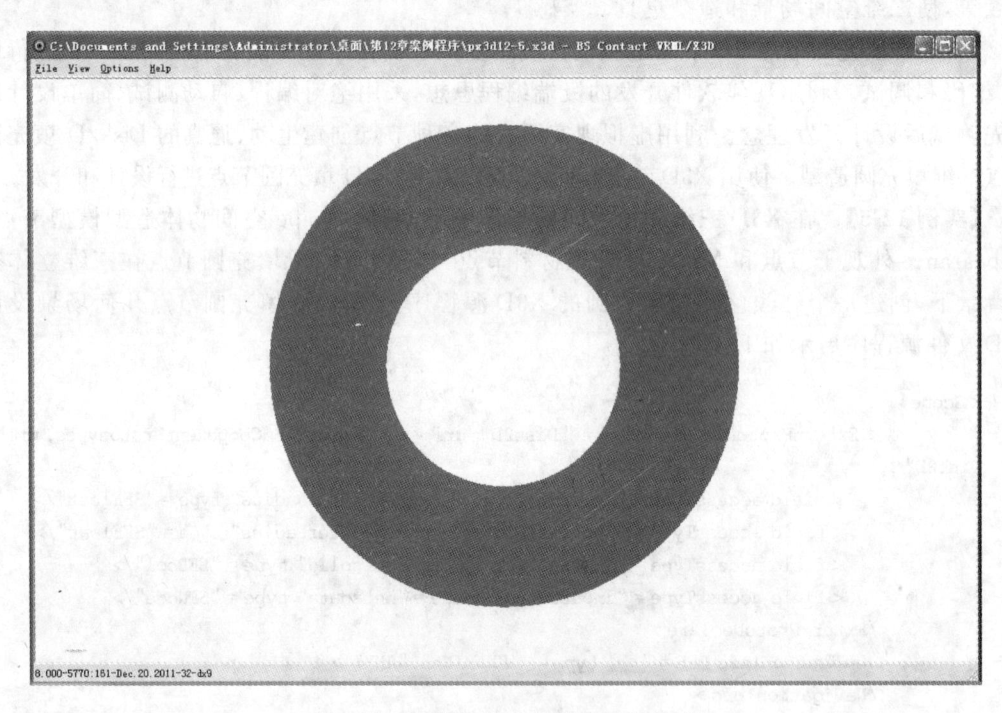

图 12-5　Disk2D 填充圆节点运行效果

12.6　互联网 3D Polypoint2D 设计

互联网 3D Polypoint2D 点节点是使用点来构造空间 2D 几何造型。该节点由一系列的二维坐标点组成一个二维几何图形。Polypoint2D 点节点是一个几何节点，它指定了一系列的二维坐标点。由许多二维坐标点组成一个二维几何图形。Shape 模型节点可以包含 Appearance 子节点和 Geometry 子节点，Polypoint2D 点节点作为 Shape 模型节点下 Geometry 几何节点域中的一个子节点。而 Appearance 外观和 Material 材料节点用于描述

Polypoint2D 点节点的纹理材质、颜色、发光效果、明暗、光的反射以及透明度等。

Polypoint2D 点节点是一个几何节点，它指定了一系列的二维坐标点。由许多二维坐标点组成一个 2D 几何图形。Polypoint2D 点节点作为 Shape 模型节点下 Geometry 几何节点域中的一个子节点。Polypoint2D 点节点语法定义了一个二维图形的多点的属性名和域值，利用 Polypoint2D 点节点的域名、域值、域的数据类型以及事件的存储访问权限的定义来创建一个效果更加理想的多点 2D 图形。利用 Polypoint2D 点节点中的 point 多个点等参数设置创建 X3D 二维平面几何造型。Polypoint2D 点节点语法定义如下：

```
<Polypoint2D
  DEF               ID
  USE               IDREF
  point             []          MFVec2f          initializeOnly
  containerField    geometry
  class
/>
```

Polypoint2D 点节点设计包含域名、域值、域数据类型以及存储/访问类型等，节点中数据内容(架构)包含在一对尖括号中，用“<、/>”表示。

域数据类型描述如下：

MFVec2f 域——一个包含任意数量的二维矢量的多值域。

事件的存储/访问类型描述：表示域(属性)的存储/访问类型，包括 inputOnly(输入类型)、outputOnly(输出类型)、initializeOnly(初始化类型)以及 inputOutput(输入/输出类型)等，用来描述该节点必须提供该属性值。Polypoint2D 点节点包含 DEF、USE、point、containerField 以及 class 域等。

- DEF 为节点定义一个名字，给该节点定义了唯一的 ID，在其他节点中就可以引用这个节点。用 DEF 为节点命名时，使用有意义的描述性的名称可以规范文件，以提高 X3D 文件可读性，该属性是可选项。
- USE 用来引用 DEF 定义的节点 ID，即引用 DEF 定义的节点名字，同时忽略其他的属性和子对象。使用 USE 来引用其他的节点对象而不是复制节点可以提高性能和编码效率。该属性是可选项。
- point 域——指定了一系列的 2D 坐标点，由许多二维坐标点组成一个 2D 几何图形。定义了每个顶点的二维坐标，初始值为[]，取值范围为$(-\infty,\infty)$。其中几何尺寸一旦初始化就不可以再更改，可以使用 Transform 缩放尺寸。
- containerField 域——表示容器域是 field 域标签的前缀，表示子节点和父节点的关系。该容器域名称为 geometry，包含几何节点。如 geometry Box、children Group、proxy Shape。containerField 属性只有在 X3D 场景用 XML 编码时才使用。
- class 域——是用空格分开的类的列表，保留给 XML 样式表使用。只有 X3D 场景用 XML 编码时才支持 class 属性。

12.7 互联网 3D Polyline2D 设计

互联网 3D Polyline2D 线节点是使用端点来构造空间 2D 几何线段造型。该节点由一系列的二维坐标点组成一个二维几何线段图形。Polyline2D 线节点是一个 2D 平面几何节点。Polyline2D 由一系列的端点连接组成一个二维几何线形。Shape 模型节点可以包含 Appearance 子节点和 Geometry 子节点，Polyline2D 线节点作为 Shape 模型节点下 Geometry 几何节点域中的一个子节点。而 Appearance 外观和 Material 材料节点用于描述 Polyline2D 线节点的纹理材质、颜色、发光效果、明暗、光的反射以及透明度等。

Polyline2D 线节点是一个几何节点，它指定了一系列的二维坐标端点，由多个二维坐标端点连接成一个 2D 几何线段图形。Polyline2D 线节点作为 Shape 模型节点下 Geometry 几何节点域中的一个子节点。

Polyline2D 线节点语法定义了一个二维图形的多点的属性名和域值，利用 Polyline2D 线节点的域名、域值、域的数据类型以及事件的存储访问权限的定义来创建一个效果更加理想的 2D 几何线段图形。利用 Polyline2D 线节点中的 lineSegments 多个端点等参数创建 X3D 二维平面几何线段造型。Polyline2D 线节点语法定义如下：

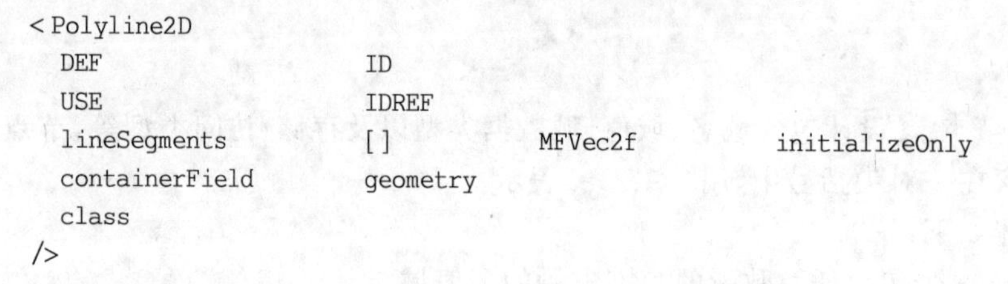

```
<Polyline2D
  DEF                ID
  USE                IDREF
  lineSegments       []        MFVec2f        initializeOnly
  containerField     geometry
  class
/>
```

Polyline2D 线节点设计包含域名、域值、域数据类型以及存储/访问类型等，节点中数据内容(架构)包含在一对尖括号中，用“<、/>”表示。

域数据类型描述如下：

MFVec2f 域——一个包含任意数量的二维矢量的多值域。

事件的存储/访问类型描述：表示域(属性)的存储/访问类型，包括 inputOnly(输入类型)、outputOnly(输出类型)、initializeOnly(初始化类型)以及 inputOutput(输入/输出类型)等，用来描述该节点必须提供该属性值。Polyline2D 线节点包含 DEF、USE、lineSegments、containerField 以及 class 域等。

- DEF 为节点定义一个名字，给该节点定义了唯一的 ID，在其他节点中就可以引用这个节点。用 DEF 为节点命名时，使用有意义的描述性的名称可以规范文件，以提高 X3D 文件可读性，该属性是可选项。
- USE 用来引用 DEF 定义的节点 ID，即引用 DEF 定义的节点名字，同时忽略其他的属性和子对象。使用 USE 来引用其他的节点对象而不是复制节点可以提高性能和编码效率。该属性是可选项。
- lineSegments 域——指定了一系列线段的 2D 坐标点，用于连接 Polyline2D 的每个顶点的坐标，由多个二维坐标端点组成一个 2D 几何线段图形。定义了每个端点的二维坐标，制定了要连接的指定点，初始值为[]，取值范围为(−∞,∞)。在设计和开发的过程中，几何尺寸一旦初始化就不可以再更改，可以使用 Transform 缩放尺寸。
- containerField 域——表示容器域是 field 域标签的前缀，表示子节点和父节点的关系。该容器域名称为 geometry，包含几何节点。如 geometry Box、children Group、proxy Shape。containerField 属性只有在 X3D 场景用 XML 编码时才使用。
- class 域——是用空格分开的类的列表，保留给 XML 样式表使用。只有 X3D 场景用 XML 编码时才支持 class 属性。

12.8 互联网 3D TriangleSet2D 节点设计

互联网 3D TriangleSet2D 三角形节点是使用三角形端点来构造空间 2D 几何三角形造型。该节点由一系列的二维坐标顶点组成一个二维几何平面三角形图形。Shape 模型节点可以包含 Appearance 子节点和 Geometry 子节点，TriangleSet2D 三角形节点作为 Shape 模型节点下 Geometry 几何节点域中的一个子节点。而 Appearance 外观和 Material 材料节点用于描述 TriangleSet2D 三角形节点的纹理材质、颜色、发光效果、明暗、光的反射以及透明度等。TriangleSet2D 三角形节点是一个 2D 平面几何节点，TriangleSet2D 三角形节点指定一系列的平面三角形。

12.8.1 互联网 3D TriangleSet2D 语法定义

互联网 3D TriangleSet2D 三角形节点是一个平面几何节点，通过顶点设定产生一系列的平面三角形。TriangleSet2D 三角形节点作为 Shape 模型节点下 Geometry 几何节点域中的一个子节点。TriangleSet2D 三角形节点语法定义了平面三角形的属性名和域值，利用 TriangleSet2D 三角形节点的域名、域值、域的数据类型，以及事件的存储访问权限的定义来创建一个效果更加理想的一系列平面三角形。利用 TriangleSet2D 三角形节点中的 lineSegments 多个端点等参数创建 X3D 一系列二维平面三角形造型。TriangleSet2D 三角形节点语法定义如下：

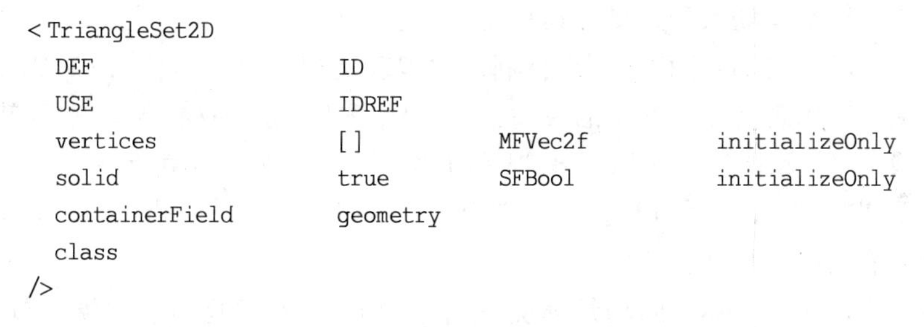

```
<TriangleSet2D
  DEF                ID
  USE                IDREF
  vertices           []          MFVec2f        initializeOnly
  solid              true        SFBool         initializeOnly
  containerField     geometry
  class
/>
```

TriangleSet2D 三角形节点设计包含域名、域值、域数据类型以及存储/访问类型等，节点中数据内容(架构)包含在一对尖括号中，用“<、/>”表示。

域数据类型描述如下：

- SFBool 域——一个单值布尔量，取值范围是[true|false]。
- MFVec2f 域——一个包含任意数量的二维矢量的多值域。

事件的存储/访问类型描述：表示域(属性)的存储/访问类型，包括 inputOnly(输入类型)、outputOnly(输出类型)、initializeOnly(初始化类型)以及 inputOutput(输入/输出类型)等，用来描述该节点必须提供该属性值。TriangleSet2D 三角形节点包含 DEF、USE、vertices、solid、containerField 以及 class 域等。

- DEF 为节点定义一个名字，给该节点定义了唯一的 ID，在其他节点中就可以引用这个节点。用 DEF 为节点命名时，使用有意义的描述性的名称可以规范文件，以提高 X3D 文件可读性，该属性是可选项。
- USE 用来引用 DEF 定义的节点 ID，即引用 DEF 定义的节点名字，同时忽略其他的

属性和子对象。使用USE来引用其他的节点对象而不是复制节点可以提高性能和编码效率。该属性是可选项。

- vertices域——指定了一系列TriangleSet2D顶点的二维坐标,实现多个平面三角形造型。该域值的初始值为[NULL],取值范围是(−∞,∞)。在设计和开发的过程中,几何尺寸一旦初始化就不可以再更改,可以使用Transform缩放尺寸。
- solid域——定义了一个平面三角形造型表面和背面绘制的布尔量,当该域值为true时,表示只构建平面三角形对象的表面,不构建背面;当该域值为false时,表示平面三角形对象的正面和背面均构建。该域值的取值范围是[true|false],其默认值为true。
- containerField域——表示容器域是field域标签的前缀,表示了子节点和父节点的关系。该容器域名称为geometry,包含几何节点,如geometry Box、children Group、proxy Shape。containerField属性只有在X3D场景用XML编码时才使用。
- class域——是用空格分开的类的列表,保留给XML样式表使用。只有X3D场景用XML编码时才支持class属性。

12.8.2 互联网3D TriangleSet2D案例分析

互联网3D TriangleSet2D三角形2D节点是在Shape模型节点中的Geometry几何子节点下创建二维三角形造型,使用Appearance外观子节点和Material外观材料子节点描述空间物体造型的颜色、材料漫反射、环境光反射、物体镜面反射、物体发光颜色、外观材料的亮度以及透明度等,使二维空间场景和造型更具真实感。

TriangleSet2D三角形节点2D平面造型设计利用虚拟现实程序设计语言X3D/VRML进行设计、编码和调试。利用现代软件开发的极端编程思想,采用绝对编程、自动测试、简单设计以及先测试后设计开发理念。利用虚拟现实语言的各种节点创建生动、逼真的TriangleSet2D三角形节点二维三角形造型。使用X3D/VRML节点、背景节点以及TriangleSet2D三角形节点进行设计和开发。

【实例12-6】 在X3D三维立体空间场景环境下,利用Shape空间物体造型模型节点、Appearance外观子节点和Material外观材料节点,以及TriangleSet2D三角形节点在三维立体空间背景下,创建多个蓝颜色2D几何三角形的X3D源程序。TriangleSet2D三角形节点几何场景设计X3D文件源程序展示如下:

```
<Scene>
    <ExternProtoDeclare name = "TriangleSet2D" url = '"Geometry2dComponentPrototypes.wrl#
TriangleSet2D"'>
        <field accessType = "initializeOnly" name = "vertices" type = "MFVec2f"/>
        <field accessType = "initializeOnly" name = "solid" type = "SFBool"/>
        <field accessType = "inputOutput" name = "metadata" type = "SFNode"/>
    </ExternProtoDeclare>
    <Background DEF = "_1" groundColor = '0.98 0.98 0.98' skyColor = '0.98 0.98 0.98'>
    </Background>
    <Viewpoint DEF = "view1" position = '0 0 6' description = "View1">
    </Viewpoint>
    <Viewpoint DEF = "view2" position = '0 0 20' description = "View2">
```

```
    </Viewpoint>
    <Transform translation='0 0 0'>
        <Shape>
            <Appearance>
                <Material diffuseColor='0 0 1'>
                </Material>
            </Appearance>
            <TriangleSet2D containerField="geometry" vertices='0 0,1 2,-1 1,0 0,1 -1,
0.5 -2,0 0,-1 -2,-2 -1' solid='true'>
            </TriangleSet2D>
        </Shape>
    </Transform>
</Scene>
```

在X3D文件中的Scene场景根节点下添加Background背景节点和Shape模型节点，背景节点的颜色取银白色以突出二维立体几何造型的显示效果。在Shape模型节点下增加Appearance外观节点和Material材料节点，对物体造型的外观颜色、物体发光颜色、外观材料的亮度以及透明度的设计，以提高空间2D几何TriangleSet2D三角形节点的显示效果。在几何节点中创建TriangleSet2D三角形节点，根据设计需求设置三角形相应的点以显示三角，改变三角形点的位置改变三角形的形状、大小和尺寸。

互联网3D二维TriangleSet2D三角形节点造型程序运行。首先，启动X3D浏览器，然后在X3D浏览器中单击Open按钮，打开X3D案例程序运行虚拟现实二维空间TriangleSet2D三角形节点场景造型如图12-6所示。

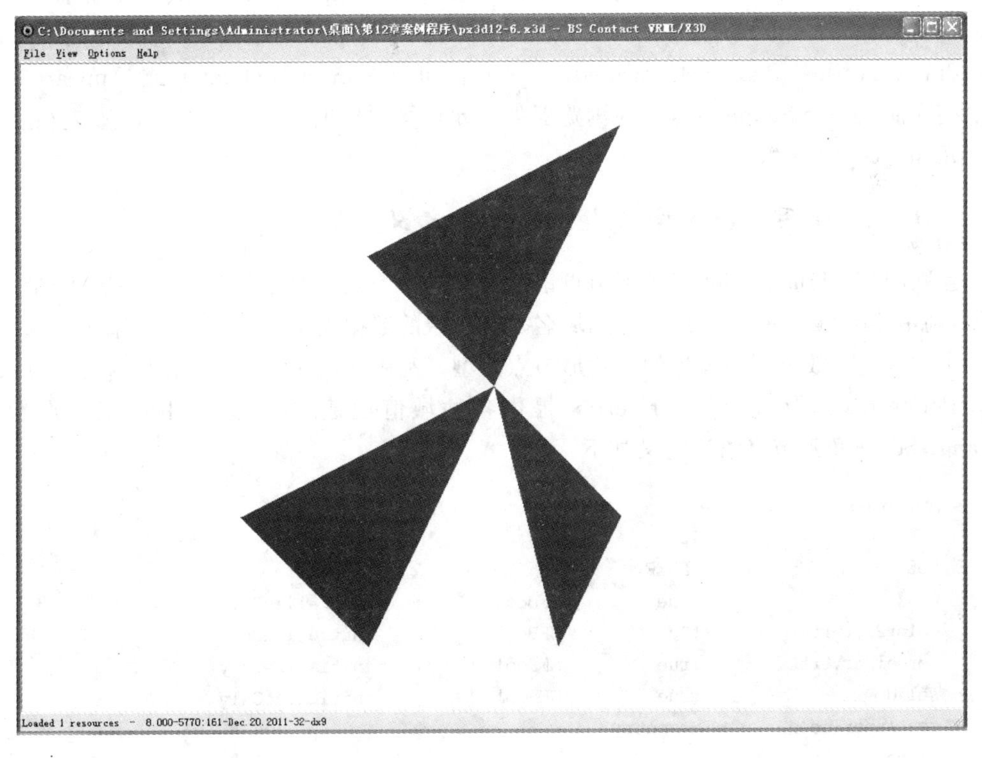

图12-6 TriangleSet2D三角形节点运行效果

第13章　互联网3D多边形设计

互联网3D多边形设计涵盖三角形、四边形几何组件TriangleSet节点、TriangleStripSet节点、TriangleFanSet节点、QuadSet节点、IndexedTriangleSet节点、IndexedTriangleFanSet节点、IndexedTriangleStripSet节点、IndexedQuadSet节点等。利用X3D三维立体三角形、四边形几何组件创建的造型和场景，使开发设计和编程更加简洁、快速、方便，有利于浏览器的快速浏览，提高软件编程和运行的效率。本章重点介绍X3D三角形、四边形几何组件节点的语法结构和节点的语法定义，并结合实例程序进一步理解软件开发与设计的过程。

13.1　互联网3D TriangleSet设计

互联网3D TriangleSet三角形节点是一个几何节点，节点可以作为Shape模型节点下Geometry几何节点域中的一个子节点。该节点又可以包含Color、Coordinate、Normal、TextureCoordinate子节点。可以在增加Geometry或Appearance节点之前先插入一个Shape节点。TriangleSet三角形节点是一个几何节点，这个节点可以包含Color、Coordinate、Normal、TextureCoordinate子节点。可以在增加Geometry或Appearance节点之前先插入一个Shape节点。在浏览器处理此场景内容时，可以用符合类型定义的原型ProtoInstance来替代。

13.1.1　互联网3D TriangleSet语法定义

互联网3D TriangleSet三角形节点语法定义了一个几何对象的三角形节点的属性名和域值，利用TriangleSet三角形节点的域名、域值、域的数据类型以及事件的存储访问权限的定义来创建一个效果更加理想的三角形节点造型。利用TriangleSet三角形节点中的ccw、colorPerVertex以及normalPerVertex提供各种域值创建X3D文件中的三角形造型。TriangleSet三角形节点语法定义如下：

```
< TriangleSet
  DEF              ID
  USE              IDREF
  ccw              true        SFBool       initializeOnly
  colorPerVertex   true        SFBool       initializeOnly
  normalPerVertex  true        SFBool       initializeOnly
  solid            true        SFBool       initializeOnly
  containerField   geometry
  class
/>
```

TriangleSet 三角形节点设计包含域名、域值、域数据类型以及存储/访问类型等，节点中数据内容(架构)包含在一对尖括号中，用“＜、/＞”表示。

域数据类型描述如下：

SFBool 域——一个单值布尔量，取值范围为[true|false]。

事件的存储/访问类型描述：表示域(属性)的存储/访问类型，包括 inputOnly(输入类型)、outputOnly(输出类型)、initializeOnly(初始化类型)以及 inputOutput(输入/输出类型)等，用来描述该节点必须提供该属性值。TriangleSet 三角形节点包含 DEF、USE、ccw、colorPerVertex、normalPerVertex、solid、containerField 以及 class 域等。

- DEF 为节点定义一个名字，给该节点定义了唯一的 ID，在其他节点中就可以引用这个节点。用 DEF 为节点命名时，使用有意义的描述性的名称可以规范文件，以提高 X3D 文件可读性，该属性是可选项。
- USE 用来引用 DEF 定义的节点 ID，即引用 DEF 定义的节点名字，同时忽略其他的属性和子对象。使用 USE 来引用其他的节点对象而不是复制节点可以提高性能和编码效率。该属性是可选项。
- ccw 域——指定了三角面是按顺时针方向索引，还是逆时针索引。当该域值为 true 时，指定为逆时针，按顶点坐标方位的顺序；当 ccw 值为 false 时，可以翻转 solid(背面裁切)及法线方向，默认值为 true。
- colorPerVertex 域——指定了每个顶点的颜色。当该域值为 true 时，Color 节点被应用于每顶点上；该域值为 false 时，Color 节点被应用于每多边形上，即 Color 节点被应用于每顶点上(true)还是每多边形上(false)，默认值为 true。
- normalPerVertex 域——指定了每个顶点的法线。Normal 节点被应用于每顶点上为(true)，还是每多边形上为(false)，默认值为 true。
- solid 域——定义了一个三角形造型表面和背面绘制的布尔量，当该域值 true 时，表示只构建三角形对象的表面，不构建背面；当该域值为 false 时，表示三角形对象的正面和背面均构建。该域值的取值范围为[true|false]，默认值为 true。
- containerField 域——表示容器域是 field 域标签的前缀，表示子节点和父节点的关系。该容器域名称为 geometry，包含几何节点。如 geometry Box、children Group、proxy Shape。containerField 属性只有在 X3D 场景用 XML 编码时才使用。
- class 域——是用空格分开的类的列表，保留给 XML 样式表使用。只有 X3D 场景用 XML 编码时才支持 class 属性。

13.1.2 互联网 3D TriangleSet 案例分析

互联网 3D TriangleSet 节点利用现代软件开发的极端编程思想，采用绝对编程、自动测试、简单设计以及先测试后设计开发理念。利用虚拟现实技术的各种节点创建生动、逼真的三角面三维立体造型。使用 X3D 节点、背景节点以及几何三角面节点进行设计和开发。

【实例 13-1】 利用背景节点、坐标变换节点、Shape 空间物体造型模型节点、Appearance 外观子节点和 Material 外观材料节点、TriangleSet 三角面几何节点在三维立体空间背景下，创建一个三角面三维立体造型。虚拟现实 TriangleSet 三角面节点三维立体场景设计 X3D 文件源程序展示如下：

```
<Scene>
    <!-- Scene graph nodes are added here -->
  <Background skyColor="1 1 1"/>
      <Transform rotation='0 0 1 0' scale='1 1 1' translation='0 0 1'>
    <Shape>
            <Appearance>
              <Material diffuseColor='0.2 0.8 0.2' shininess='0.15' transparency='0' />
            </Appearance>
            <TriangleSet containerField='geometry'>
                <Coordinate point='2 -2 0, 2 2 0, -2 0 0'/>
              <Color color='0 1 1 1 0 0 0 0 1'/>
            </TriangleSet>
        </Shape>
    </Transform>
      </Scene>
```

互联网 3D TriangleSet 三角面节点三维立体造型设计运行程序，首先，启动 X3D 浏览器，单击 Open 按钮，然后打开 X3D 案例程序，即可运行虚拟现实 TriangleSet 节点创建一个三角面的三维立体空间场景造型。TriangleSet 三角面节点源程序运行效果如图 13-1 所示。

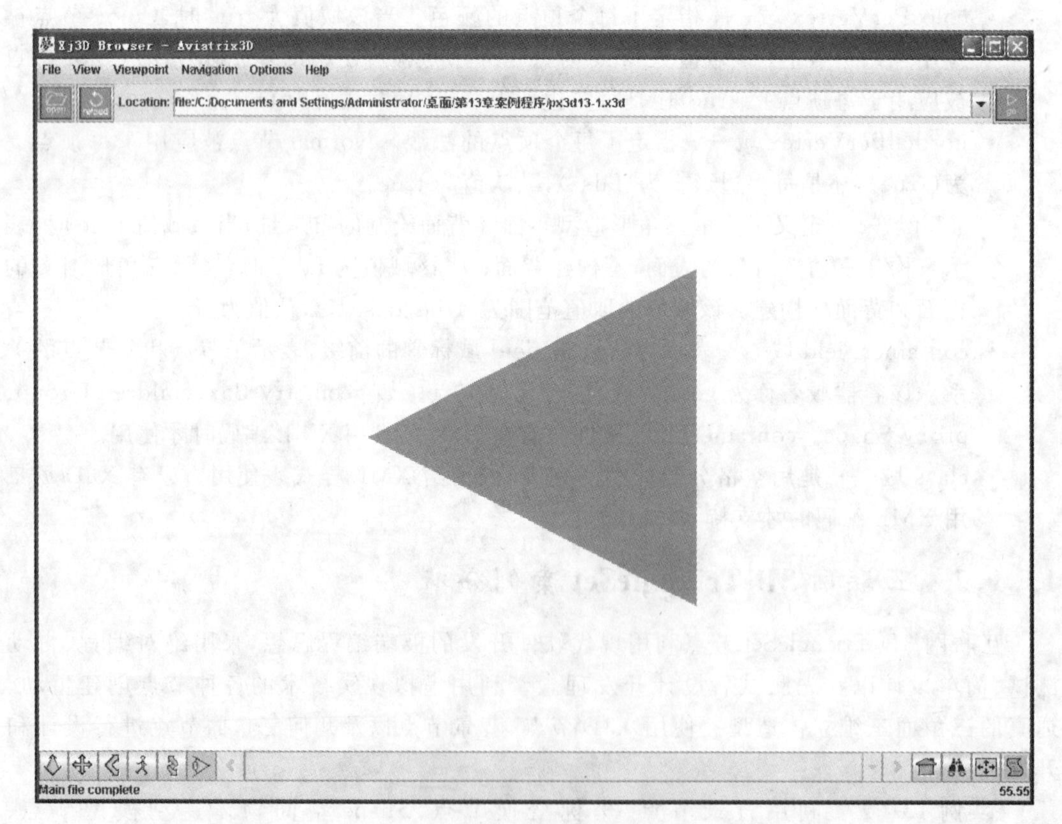

图 13-1　TriangleSet 三角面节点运行效果

13.2 互联网 3D TriangleFanSet 设计

互联网 3D TriangleFanSet 三角形扇面节点是 X3D 文件中一个几何节点，节点可以作为 Shape 模型节点下 geometry 几何节点域中的一个子节点。该节点又可以包含 Color、Coordinate、Normal、TextureCoordinate 子节点。可以在增加 Geometry 或 Appearance 节点之前先插入一个 Shape 节点。在浏览器处理此场景内容时，可以用符合类型定义的原型 ProtoInstance 来替代。TriangleFanSet 三角形扇面节点是 X3D 文件中的一个几何节点，该节点可以在 Shape 模型节点中的 Geometry 几何子节点下三角形造型，使用 Appearance 外观子节点和 Material 外观材料子节点描述空间物体造型的颜色、材料漫反射、环境光反射、物体镜面反射、物体发光颜色、外观材料的亮度以及透明度等，使二维空间场景和造型更具真实感。

13.2.1 互联网 3D TriangleFanSet 语法定义

互联网 3D TriangleFanSet 三角形扇面节点语法定义了一个几何对象的三角形节点的属性名和域值，利用 TriangleFanSet 三角形扇面节点的域名、域值、域的数据类型，以及事件的存储访问权限的定义来创建一个效果更加理想的三角形造型。利用 TriangleFanSet 三角形扇面节点中的 ccw、colorPerVertex、normalPerVertex、solid 以及 fanCount 提供各种域值创建 X3D 文件中的三角形造型。TriangleFanSet 三角形扇面节点语法定义如下：

```
<TriangleFanSet
  DEF                 ID
  USE                 IDREF
  ccw                 true          SFBool           initializeOnly
  colorPerVertex      true          SFBool           initializeOnly
  normalPerVertex     true          SFBool           initializeOnly
  solid               true          SFBool           initializeOnly
  fanCount                          MFInt32          initializeOnly
  containerField      geometry
  class
/>
```

TriangleFanSet 三角形扇面节点▲设计包含域名、域值、域数据类型以及存储/访问类型等，节点中数据内容(架构)包含在一对尖括号中，用“<、/>”表示。

域数据类型描述如下：

- MFInt32 域——一个多值含有 32 位的整数。
- SFBool 域——一个单值布尔量，取值范围为[true|false]。

事件的存储/访问类型描述：表示域(属性)的存储/访问类型，包括 inputOnly(输入类型)、outputOnly(输出类型)、initializeOnly(初始化类型)以及 inputOutput(输入/输出类型)等，用来描述该节点必须提供该属性值。TriangleFanSet 三角形扇面节点包含 DEF、USE、ccw、colorPerVertex、normalPerVertex、solid、fanCount、containerField 以及 class

域等。

- DEF 为节点定义一个名字，给该节点定义了唯一的 ID，在其他节点中就可以引用这个节点。用 DEF 为节点命名时，使用有意义的描述性的名称可以规范文件，以提高 X3D 文件可读性，该属性是可选项。
- USE 用来引用 DEF 定义的节点 ID，即引用 DEF 定义的节点名字，同时忽略其他的属性和子对象。使用 USE 来引用其他的节点对象而不是复制节点可以提高性能和编码效率。该属性是可选项。
- ccw 域——指定了三角面是按顺时针方向索引，还是逆时针索引。当该域值为 true 时，指定为逆时针，按顶点坐标方位的顺序；当 ccw 值为 false 时，可以翻转 solid(背面裁切)及法线方向，默认值为 true。
- colorPerVertex 域——指定了每个顶点的颜色。当该域值为 true 时，Color 节点被应用于每顶点上；该域值为 false 时，Color 节点被应用于每多边形上，即 Color 节点被应用于每顶点上(true)还是每多边形上(false)，默认值为 true。
- normalPerVertex 域——指定了每个顶点的法线。Normal 节点被应用于每顶点上为(true)，还是每多边形上为(false)，默认值为 true。
- solid 域——定义了一个三角形造型表面和背面绘制的布尔量，当该域值为 true 时，表示只构建三角形对象的表面，不构建背面；当该域值为 false 时，表示三角形对象的正面和背面均构建。该域值的取值范围是[true|false]，默认值为 true。
- fanCount 域——指定了三角形扇面数组提供了每个扇集的顶点数。取值范围在(3～+∞)。
- containerField 域——表示容器域是 field 域标签的前缀，表示了子节点和父节点的关系。该容器域名称为 geometry，包含几何节点。如 geometry Box、children Group、proxy Shape。containerField 属性只有在 X3D 场景用 XML 编码时才使用。
- class 域——是用空格分开的类的列表，保留给 XML 样式表使用。只有 X3D 场景用 XML 编码时才支持 class 属性。

13.2.2 互联网 3D TriangleFanSet 案例分析

互联网 3D TriangleFanSet 节点利用虚拟现实技术的各种节点创建生动、逼真的三角扇面三维立体造型。使用 X3D 节点、视点节点、背景节点以及几何三角扇面节点进行设计和开发。

【实例 13-2】 利用 Shape 空间物体造型模型节点、Appearance 外观子节点和 Material 外观材料节点、TriangleFanSet 三角扇面几何节点在三维立体空间背景下，创建一个三角扇面三维立体造型。虚拟现实 TriangleFanSet 三角扇面节点三维立体场景设计 X3D 文件源程序展示如下：

```
<Scene>
   <!-- Scene graph nodes are added here -->
  <Background skyColor="1 1 1"/>
   <Viewpoint description="Viewpoint-1" orientation="1 0 0 0" position="0 0.8 2.8"/>
```

```
        <Shape>
            <Appearance>
                <Material diffuseColor='0.2 0.8 0.2' shininess='0.15' transparency='0' />
            </Appearance>
            <TriangleFanSet containerField='geometry' fanCount='3'>
                <Coordinate point='1 1 0,  -1 1 0, 0 0 0 '/>
            </TriangleFanSet>
        </Shape>
    </Scene>
```

互联网 3D TriangleFanSet 三角扇面节点三维立体造型设计运行程序，首先启动 X3D 浏览器，单击 Open 按钮，然后打开 X3D 案例程序，即可运行虚拟现实 TriangleFanSet 节点创建一个三角扇面的三维立体空间场景造型。TriangleFanSet 三角扇面节点程序运行效果如图 13-2 所示。

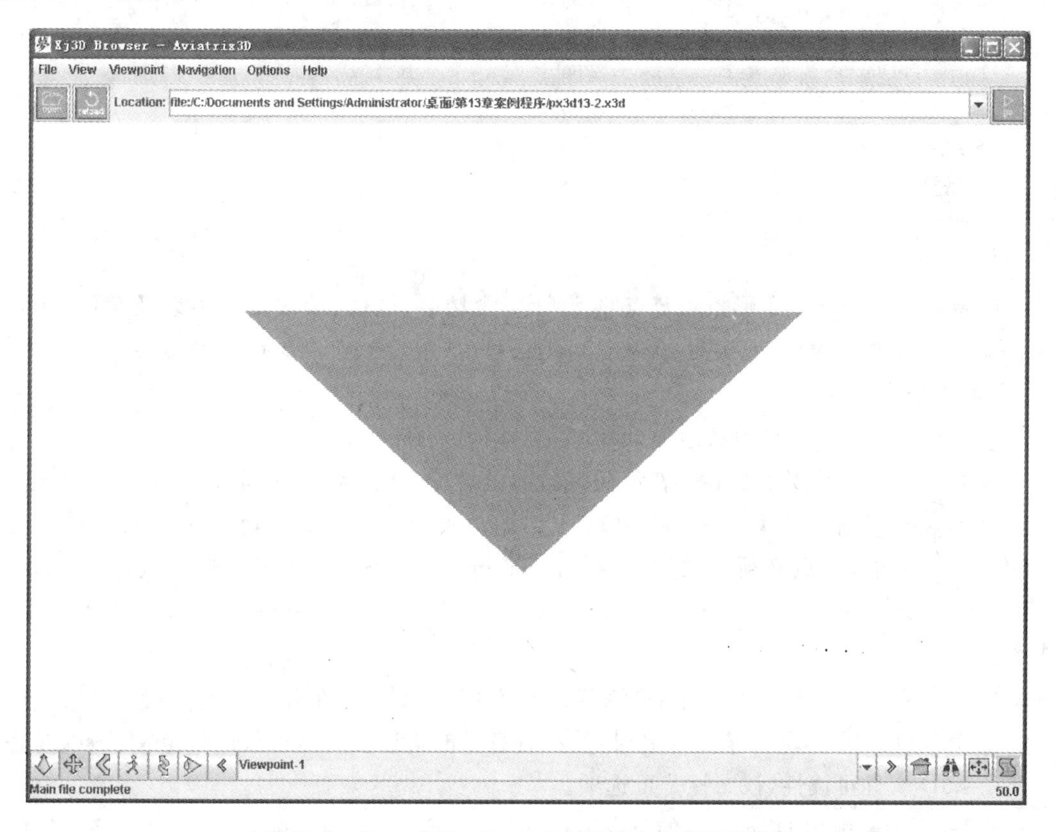

图 13-2　TriangleFanSet 三角扇面节点程序运行效果

13.3　互联网 3D TriangleStripSet 设计

互联网 3D TriangleStripSet 三角形条带节点语法定义了一个几何对象的三角形节点的属性名和域值，利用 TriangleStripSet 三角形条带节点的域名、域值、域的数据类型，以及事件的存储访问权限的定义来创建一个效果更加理想的三角形造型。利用 TriangleStripSet 三角形条带节点中的 ccw、colorPerVertex、normalPerVertex、solid 以及

stripCount 提供各种域值创建 X3D 文件中的三角形造型。

13.3.1 互联网 3D TriangleStripSet 语法定义

互联网 3D TriangleStripSet 三角形条带节点是 X3D 文件中的一个几何节点，这个节点里可以包含 Color、Coordinate、Normal、TextureCoordinate 节点。在增加 Geometry 或 Appearance 节点之前先插入一个 Shape 节点。在浏览器处理此场景内容时，可以用符合类型定义的原型 ProtoInstance 来替代。TriangleStripSet 三角形条带节点语法定义如下：

```
<TriangleStripSet
  DEF               ID
  USE               IDREF
  ccw               true          SFBool          initializeOnly
  colorPerVertex    true          SFBool          initializeOnly
  normalPerVertex   true          SFBool          initializeOnly
  solid             true          SFBool          initializeOnly
  stripCount                      MFInt32         initializeOnly
  containerField    geometry
  class
/>
```

TriangleStripSet 三角形条带节点设计包含域名、域值、域数据类型以及存储/访问类型等，节点中数据内容(架构)包含在一对尖括号中，用"＜、/＞"表示。

域数据类型描述如下：

SFBool 域——一个单值布尔量，取值范围为[true|false]。

事件的存储/访问类型描述：表示域(属性)的存储/访问类型，包括 inputOnly(输入类型)、outputOnly(输出类型)、initializeOnly(初始化类型)以及 inputOutput(输入/输出类型)等，用来描述该节点必须提供该属性值。TriangleStripSet 三角形条带节点包含 DEF、USE、ccw、colorPerVertex、normalPerVertex、solid、stripCount、containerField 以及 class 域等。

- DEF 为节点定义一个名字，给该节点定义了唯一的 ID，在其他节点中就可以引用这个节点。用 DEF 为节点命名时，使用有意义的描述性的名称可以规范文件，以提高 X3D 文件可读性，该属性是可选项。
- USE 用来引用 DEF 定义的节点 ID，即引用 DEF 定义的节点名字，同时忽略其他的属性和子对象。使用 USE 来引用其他的节点对象而不是复制节点可以提高性能和编码效率。该属性是可选项。
- ccw 域——指定了三角面是按顺时针方向索引，还是逆时针索引。当该域值为 true 时，指定为逆时针，按顶点坐标方位的顺序；当 ccw 值为 false 时，可以翻转 solid(背面裁切)及法线方向，默认值为 true。
- colorPerVertex 域——指定了每个顶点的颜色。当该域值为 true 时，Color 节点被应用于每顶点上；该域值为 false 时，Color 节点被应用于每多边形上，即 Color 节点被应用于每顶点上(true)还是每多边形上(false),默认值为 true。

- normalPerVertex 域——指定了每个顶点的法线。Normal 节点被应用于每顶点上为(true),还是每多边形上为(false),默认值为 true。
- solid 域——定义了一个三角形造型表面和背面绘制的布尔量,当该域值为 true 时,表示只构建三角形对象的表面,不构建背面;当该域值为 false 时,表示三角形对象的正面和背面均构建。该域值的取值范围是[true|false],默认值为 true。
- stripCount 域——指定了三角形条带数组提供了每个条带的顶点数。取值范围在(3~+∞)。
- containerField 域——表示容器域是 field 域标签的前缀,表示了子节点和父节点的关系。该容器域名称为 geometry,包含几何节点。如 geometry Box、children Group、proxy Shape。containerField 属性只有在 X3D 场景用 XML 编码时才使用。
- class 域——是用空格分开的类的列表,保留给 XML 样式表使用。只有 X3D 场景用 XML 编码时才支持 class 属性。

13.3.2 互联网 3D TriangleStripSet 案例分析

互联网 3D TriangleStripSet 节点三维立体造型设计利用虚拟现实语言的各种节点创建生动、逼真的三角面三维立体造型。使用 X3D 节点、视点节点、背景节点以及几何三角面节点进行设计和开发。

【实例 13-3】 利用视点节点、背景节点、Shape 空间物体造型模型节点、TriangleStripSet 三角条带几何节点在三维立体空间背景下,创建一个三角面三维立体造型。TriangleStripSet 三角条带节点三维立体场景设计 X3D 文件源程序展示如下:

```
<Scene>
    <!-- Scene graph nodes are added here -->
    <Viewpoint description="Viewpoint-1" orientation="1 0 0 0" position="0 0.8 5"/>
    <Background skyColor="1 1 1"/>
        <Shape>
            <Appearance>
                <Material diffuseColor='0.0 0.8 0.8' shininess='0.15' transparency='0' />
            </Appearance>
            <TriangleStripSet containerField='geometry' stripCount='4'>
                <Coordinate point='0 0 0, 1 1 0, -1 1 0 0 2 0'/>
            </TriangleStripSet>
        </Shape>
    </Scene>
```

互联网 3D TriangleStripSet 节点三维立体造型设计运行程序,首先启动 X3D 浏览器,单击 Open 按钮,然后打开 X3D 案例程序,即可运行虚拟现实 TriangleStripSet 节点创建一个三角面的三维立体空间场景造型。TriangleStripSet 三角条带节点源程序运行效果如图 13-3 所示。

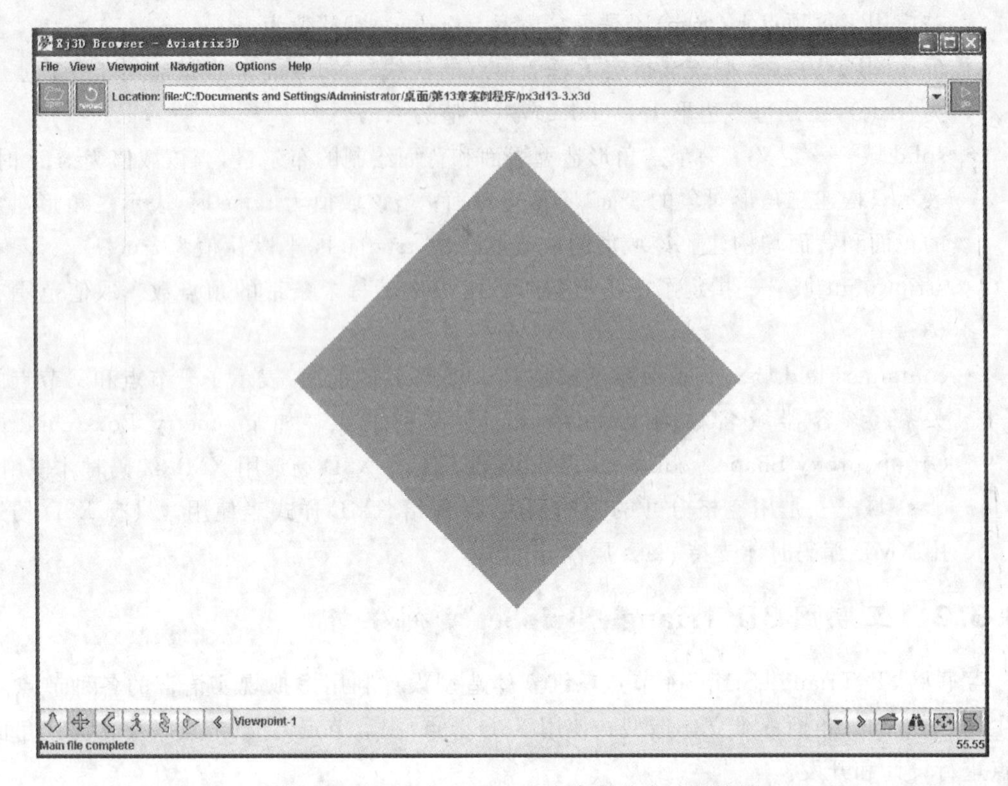

图 13-3 TriangleStripSet 三角条带节点运行效果

13.4 互联网 3D QuadSet 设计

互联网 3D QuadSet 节点是一个几何节点，QuadSet 节点包含颜色、坐标、法线以及纹理坐标节点等。QuadSet 节点是一个四边形几何节点，表示一个由一组顶点构建的一系列四边形多角面多边形形成的 3D 立体造型，该节点可以包含 Color、Coordinate、Normal、TextureCoordinate 节点。QuadSet 是一个几何节点，该节点可以包含 Color、Coordinate、Normal 以及 TextureCoordinate 节点。在增加 geometry 或 Appearance 节点之前先插入一个 Shape 节点。在浏览器处理此场景内容时，可以用符合类型定义的原型 ProtoInstance 来替代。

QuadSet 节点语法定义了一个用于确定多角形的属性名和域值，利用 QuadSet 节点的域名、域值、域的数据类型以及事件的存储访问权限的定义来创建一个效果更加理想的三维立体空间多角面造型。利用 QuadSet 节点中的 index、ccw、colorPerVertex、normalPerVertex、solid 域等参数创建 X3D 三维立体空间多角面造型。QuadSet 节点语法定义如下：

```
<QuadSet
  DEF                 ID
  USE                 IDREF
  ccw                 true          SFBool          initializeOnly
  colorPerVertex      true          SFBool          initializeOnly
```

```
normalPerVertex      true        SFBool          initializeOnly
solid                true        SFBool          initializeOnly
containerField       geometry
class
/>
```

QuadSet 节点设计包含域名、域值、域数据类型以及存储/访问类型等，节点中数据内容(架构)包含在一对尖括号中，用"<、/>"表示。

域数据类型描述如下：

- MFInt32 域——一个多值含有 32 位的整数。
- SFBool 域——一个单值布尔量，取值范围是[true|false]。
- SFNode 域——含有一个单节点。

事件的存储/访问类型描述：表示域(属性)的存储/访问类型，包括 inputOnly(输入类型)、outputOnly(输出类型)、initializeOnly(初始化类型)以及 inputOutput(输入/输出类型)等，用来描述该节点必须提供该属性值。QuadSet 节点包含 DEF、USE、index、ccw、colorPerVertex、normalPerVertex、solid、Color、Coordinate、containerField 以及 class 域等。

13.5 互联网 3D IndexedTriangleSet 设计

互联网 3D IndexedTriangleSet 节点是一个三维立体几何索引三角面节点，表示一个由一组顶点构建的一系列三角面多边形形成的 3D 立体造型，该节点可以包含 Color、Coordinate、Normal、TextureCoordinate 节点。IndexedTriangleSet 节点创建一个由三角面组成的立体几何造型，该节点也常作为 Shape 模型节点中 geometry 子节点。IndexedTriangleSet 是一个几何三角面节点，该节点可以包含 Color、Coordinate、Normal、TextureCoordinate 节点。在增加 geometry 或 Appearance 节点之前先插入一个 Shape 节点。在浏览器处理此场景内容时，可以用符合类型定义的原型 ProtoInstance 来替代。

13.5.1 互联网 3D IndexedTriangleSet 语法定义

互联网 3D IndexedTriangleSet 节点定义了一个几何索引三角面节点，用于创建一个三维立体空间三角面造型，根据开发与设计需求设置空间物体三角面的点坐标和线的颜色来确定空间的三角面。还可以利用 Appearance 外观和 Material 材料节点来描述 IndexedTriangleSet 节点的纹理材质、颜色、发光效果、明暗以及透明度等。

IndexedTriangleSet 节点语法定义了一个用于确定三角面的属性名和域值，利用 IndexedTriangleSet 节点的域名、域值、域的数据类型以及事件的存储访问权限的定义来创建一个效果更加理想的三维立体空间三角面造型。利用 IndexedTriangleSet 节点中的 index、ccw、colorPerVertex、normalPerVertex、solid 域等参数创建 X3D 三维立体空间三角面造型。IndexedTriangleSet 节点语法定义如下：

```
<IndexedTriangleSet
  DEF                  ID
  USE                  IDREF
  index                              MFInt32         initializeOnly
```

```
ccw                  true        SFBool      initializeOnly
colorPerVertex       true        SFBool      initializeOnly
normalPerVertex      true        SFBool      initializeOnly
solid                true        SFBool      initializeOnly
containerField       geometry
 * Color             NULL        SFNode      子节点
 * Coordinate        NULL        SFNode      子节点
 * Normal            NULL        SFNode      子节点
 * TextureCoordinate NULL        SFNode      子节点
class
/>
```

IndexedTriangleSet 节点▲设计包含域名、域值、域数据类型以及存储/访问类型等，节点中数据内容(架构)包含在一对尖括号中，用“<、/>”表示。

域数据类型描述如下：

- MFInt32 域——一个多值含有 32 位的整数。
- SFBool 域——一个单值布尔量，取值范围是[true|false]。
- SFNode 域——含有一个单节点。

事件的存储/访问类型描述：表示域(属性)的存储/访问类型，包括 inputOnly(输入类型)、outputOnly(输出类型)、initializeOnly(初始化类型)以及 inputOutput(输入/输出类型)等，用来描述该节点必须提供该属性值。IndexedTriangleSet 节点包含 DEF、USE、index、ccw、colorPerVertex、normalPerVertex、solid、containerField 以及 class 域等。其中 * 表示子节点。

- DEF 为节点定义一个名字，给该节点定义了唯一的 ID，在其他节点中就可以引用这个节点。用 DEF 为节点命名时，使用有意义的描述性的名称可以规范文件，以提高 X3D 文件可读性，该属性是可选项。
- USE 用来引用 DEF 定义的节点 ID，即引用 DEF 定义的节点名字，同时忽略其他的属性和子对象。使用 USE 来引用其他的节点对象而不是复制节点可以提高性能和编码效率。该属性是可选项。
- index 域——指定了一个(−1～+∞)用索引连接 Coordinate 中的坐标顶点以指定三角形。
- ccw 域——指定了一个面是按顺时针方向索引，还是逆时针索引。当该域值为 true 时，指定为逆时针，按顶点坐标方位的顺序；当 ccw 值为 false 时，可以翻转 solid(背面裁切)及法线方向，默认值为 true。
- colorPerVertex——指定了一个 Color 节点被应用于每顶点上(true)，还是每多边形上(false)。默认值为 true。
- normalPerVertex 域——指定了一个 Normal 节点被应用于每顶点上(true)，还是每多边形上(false)，默认值为 true。
- solid 域——定义了一个布尔量，当该域值 true 时，表示只构建“面”对象的表面，不构建背面；当该域值 false 时，表示“面”对象的正面和背面均构建。该域值的取值范围为[true|false]，其默认值为 true。
- containerField 域——表示容器域是 field 域标签的前缀，表示了子节点和父节点的关系。该容器域名称为 geometry，包含几何节点，如 geometry Box、children Group、proxy Shape。containerField 属性只有在 X3D 场景用 XML 编码时才使用。

- class 域——用空格分开的类的列表，保留给 XML 样式表使用。只有 X3D 场景用 XML 编码时才支持 class 属性。

13.5.2 互联网 3D IndexedTriangleSet 案例分析

互联网 3D IndexedTriangleSet 节点三维立体造型设计利用 X3D 节点、视点节点、背景节点以及几何三角面节点进行设计和开发。

【实例 13-4】 利用视点节点、Shape 空间物体造型模型节点、Appearance 外观子节点和 Material 外观材料节点、IndexedTriangleSet 三角面几何节点在三维立体空间背景下，创建一个索引三角面三维立体造型。X3D 虚拟现实 IndexedTriangleSet 索引三角面节点三维立体场景设计 X3D 文件源程序展示如下：

```
<Scene>
    <!-- Scene graph nodes are added here -->
    <Background skyColor="1 1 1"/>
<Viewpoint position="0 2 8"/>
    <Shape>
      <Appearance>
        <Material diffuseColor="1.0 0.1 0.0"/>
      </Appearance>
      <IndexedTriangleSet index="0,1,2,0,-1,">
        <Coordinate point="-3 0 0,3 0 0,-3 4 0"/>
      </IndexedTriangleSet>
    </Shape>
<Transform translation="-3 1 0">
<Shape>
      <Appearance>
        <Material ambientIntensity="0.1" diffuseColor="1.0 1.0 0.0"
          shininess="0.15" specularColor="0.8 0.8 0.8" transparency="0"/>
      </Appearance>
      <Cylinder height="6" radius="0.1"/>
    </Shape>
</Transform>
    <Transform translation="-3 4 0">
<Shape>
      <Appearance>
        <Material ambientIntensity="0.4" diffuseColor="1.0 1.0 0.0"
          shininess="0.2" specularColor="1.0 1.0 0.0" transparency="0"/>
      </Appearance>
      <Sphere radius="0.2"/>
    </Shape>
</Transform>
  </Scene>
```

在互联网 3D 文件中，在 Scene 场景根节点下添加 Background 背景节点和 Shape 模型节点，背景节点的颜色取白色以突出三维立体几何三角面造型的显示效果。利用三维立体几何索引三角面节点创建一个三角面的三维立体造型，此外增加了 Appearance 外观节点和 Material 材料节点，对物体造型的外观颜色、物体发光颜色、外观材料的亮度以及透明度的设计，以提高空间索引三维立体三角面造型的显示效果。

虚拟现实 IndexedTriangleSet 索引三角面节点三维立体造型设计运行程序，首先，启动 X3D 浏览器，单击 Open 按钮，然后打开 X3D 案例程序，即可运行虚拟现实 IndexedTriangleSet 节点，创建一个索引三角面的三维立体空间场景造型。IndexedTriangleSet 索引三角面节点源程序运行效果如图 13-4 所示。

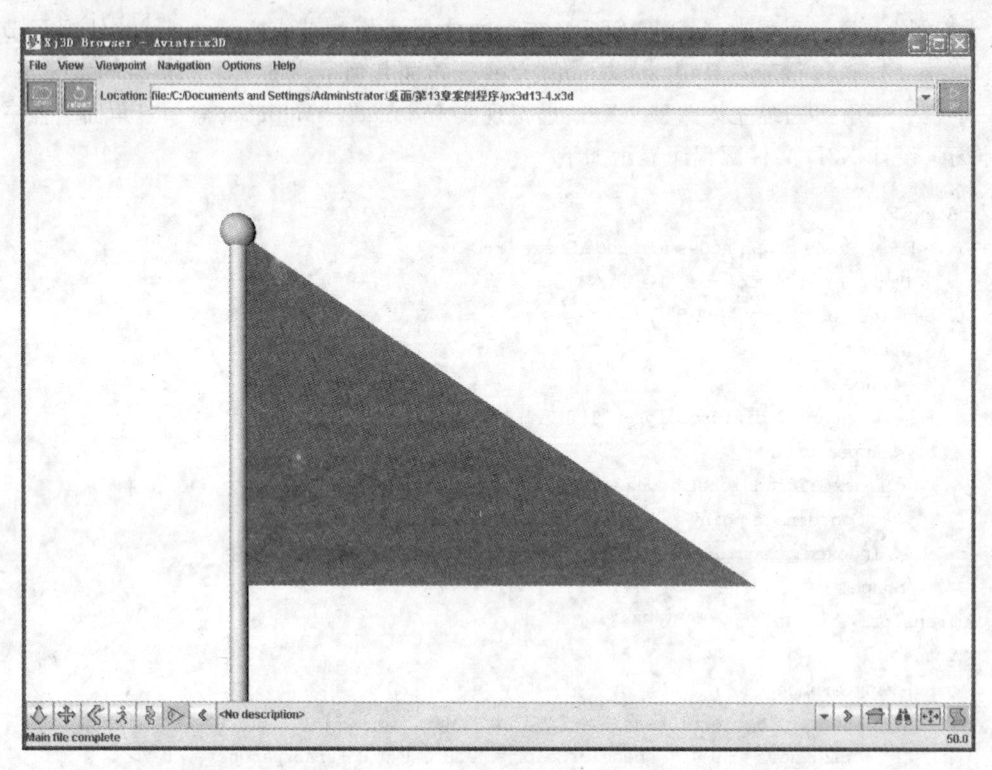

图 13-4　IndexedTriangleSet 索引三角面节点源程序运行效果

13.6　互联网 3D IndexedTriangleFanSet 设计

互联网 3D IndexedTriangleFanSet 节点设计是一个三维立体几何索引三角扇面节点，表示一个由一组顶点构建的一系列三角面多边形形成的 3D 立体造型，该节点可以包含 Color、Coordinate、Normal、TextureCoordinate 节点。IndexedTriangleFanSet 节点创建一个由索引三角扇面组成的立体几何造型，该节点也常作为 Shape 模型节点中 Geometry 子节点。IndexedTriangleFanSet 是一个几何三角扇面节点，该节点可以包含 Color、Coordinate、Normal、TextureCoordinate 节点。在增加 geometry 或 Appearance 节点之前先插入一个 Shape 节点。在浏览器处理此场景内容时，可以用符合类型定义的原型 ProtoInstance 来替代。

13.6.1 互联网 3D IndexedTriangleFanSet 语法定义

互联网 3D IndexedTriangleFanSet 节点定义了一个几何索引三角扇面节点，用于创建一个三维立体空间三角扇面造型，根据开发与设计需求设置空间物体索引三角扇面的点坐标和线的颜色来确定空间的三角扇面。还可以利用 Appearance 外观和 Material 材料节点来描述 IndexedTriangleFanSet 节点的纹理材质、颜色、发光效果、明暗以及透明度等。

IndexedTriangleFanSet 节点语法定义了一个用于确定三角扇面的属性名和域值，利用 IndexedTriangleFanSet 节点的域名、域值、域的数据类型，以及事件的存储访问权限的定义来创建一个效果更加理想的三维立体空间索引三角扇面造型。利用 IndexedTriangleFanSet 节点中的 index、ccw、colorPerVertex、normalPerVertex、solid 域等参数创建 X3D 三维立体空间索引三角扇面造型。IndexedTriangleFanSet 节点语法定义如下：

```
< IndexedTriangleFanSet
  DEF                    ID
  USE                    IDREF
  index                  MFInt32      initializeOnly
  ccw                    true         SFBool          initializeOnly
  colorPerVertex         true         SFBool          initializeOnly
  normalPerVertex        true         SFBool          initializeOnly
  solid                  true         SFBool          initializeOnly
  containerField         geometry
   * Color               NULL         SFNode          子节点
   * Coordinate          NULL         SFNode          子节点
   * Normal              NULL         SFNode          子节点
   * TextureCoordinate   NULL         SFNode          子节点
  class
/>
```

IndexedTriangleFanSet 节点设计包含域名、域值、域数据类型以及存储/访问类型等，节点中数据内容(架构)包含在一对尖括号中，用“<、/>”表示。

域数据类型描述如下：

- MFInt32 域——一个多值含有 32 位的整数。
- SFBool 域——一个单值布尔量，取值范围为[true|false]。
- SFNode 域——含有一个单节点。

事件的存储/访问类型描述：表示域(属性)的存储/访问类型，包括 inputOnly(输入类型)、outputOnly(输出类型)、initializeOnly(初始化类型)以及 inputOutput(输入/输出类型)等，用来描述该节点必须提供该属性值。IndexedTriangleFanSet 节点包含 DEF、USE、index、ccw、colorPerVertex、normalPerVertex、solid、containerField 以及 class 域等，其中 * 表示子节点。

- DEF 为节点定义一个名字，给该节点定义了唯一的 ID，在其他节点中就可以引用这个节点。用 DEF 为节点命名时，使用有意义的描述性的名称可以规范文件，以提高 X3D 文件可读性，该属性是可选项。
- USE 用来引用 DEF 定义的节点 ID，即引用 DEF 定义的节点名字，同时忽略其他的

属性和子对象。使用USE来引用其他的节点对象而不是复制节点可以提高性能和编码效率。该属性是可选项。

- index 域——指定了一个(－1～＋∞)用索引连接Coordinate中的坐标顶点以指定三角形。
- ccw 域——指定了一个面是按顺时针方向索引,还是逆时针索引。当该域值为true时,指定为逆时针,按顶点坐标方位的顺序;当ccw值为false时,可以翻转solid(背面裁切)及法线方向,默认值为true。
- colorPerVertex——指定了一个Color节点被应用于每顶点上(true),还是每多边形上(false)。默认值为true。
- normalPerVertex 域——指定了一个Normal节点被应用于每顶点上(true),还是每多边形上(false),默认值为true。
- solid 域——定义了一个布尔量,当该域值true时,表示只构建"面"对象的表面,不构建背面;当该域值false时,表示"面"对象的正面和背面均构建。该域值的取值范围为[true|false],其默认值为true。
- containerField 域——表示容器域是field域标签的前缀,表示子节点和父节点的关系。该容器域名称为geometry,包含几何节点,如geometry Box、children Group、proxy Shape。containerField属性只有在X3D场景用XML编码时才使用。
- class 域——是用空格分开的类的列表,保留给XML样式表使用。只有X3D场景用XML编码时才支持class属性。

13.6.2 互联网 3D IndexedTriangleFanSet 案例分析

互联网3D IndexedTriangleFanSet节点三维立体造型设计利用现代软件开发的极端编程思想,采用绝对编程、自动测试、简单设计以及先测试后设计开发理念。融合结构化、组件化和模块化的设计思想,使软件开发设计层次清晰、结构合理。利用虚拟现实语言的各种节点创建生动、逼真的三角扇面三维立体造型。使用X3D节点、背景节点以及几何索引三角扇面节点进行设计和开发。

【实例 13-5】 利用Shape空间物体造型模型节点、Appearance外观子节点和Material外观材料节点、IndexedTriangleFanSet索引三角扇面几何节点在三维立体空间背景下,创建一个三角扇面三维立体造型。虚拟现实IndexedTriangleFanSet索引三角扇面节点三维立体场景设计X3D文件源程序展示如下:

```
<Scene>
  <!-- Scene graph nodes are added here -->
  <Background skyColor="1 1 1"/>
  <Shape>
    <Appearance>
      <Material diffuseColor="0.1 1.0 0.1"/>
    </Appearance>
    <IndexedTriangleFanSet ccw="true" colorPerVertex="true"
      index="0,1,2,0,-1,3,4,5,3,-1,6,7,8,6,-1,"
      normalPerVertex="true" solid="false">
      <Coordinate point="0 3 0,3 0 0,0 0 3,0 -3 0,3 0 0,0 0 3,0 0
```

```
                    -3,3 0 0,0 3 0,"/>
        </IndexedTriangleFanSet>
      </Shape>
    </Scene>
```

在 Scene 场景根节点下添加背景节点、视点节点和 Shape 模型节点，背景节点的颜色取白色以突出三维立体几何三角扇面造型的显示效果。利用三维立体几何三角扇面节点创建一个索引三角扇面的三维立体造型，此外增加了 Appearance 外观节点和 Material 材料节点，对物体造型的外观颜色、物体发光颜色、外观材料的亮度以及透明度的设计，以提高空间三维立体索引三角扇面造型的显示效果。

互联网 3D IndexedTriangleFanSet 索引三角扇面节点三维立体造型设计运行程序，首先，启动 X3D 浏览器，单击 Open 按钮，然后打开 X3D 案例程序运行虚拟现实 IndexedTriangleFanSet 节点，创建一个索引三角扇面的三维立体空间场景造型。IndexedTriangleFanSet 索引三角扇面节点源程序运行效果如图 13-5 所示。

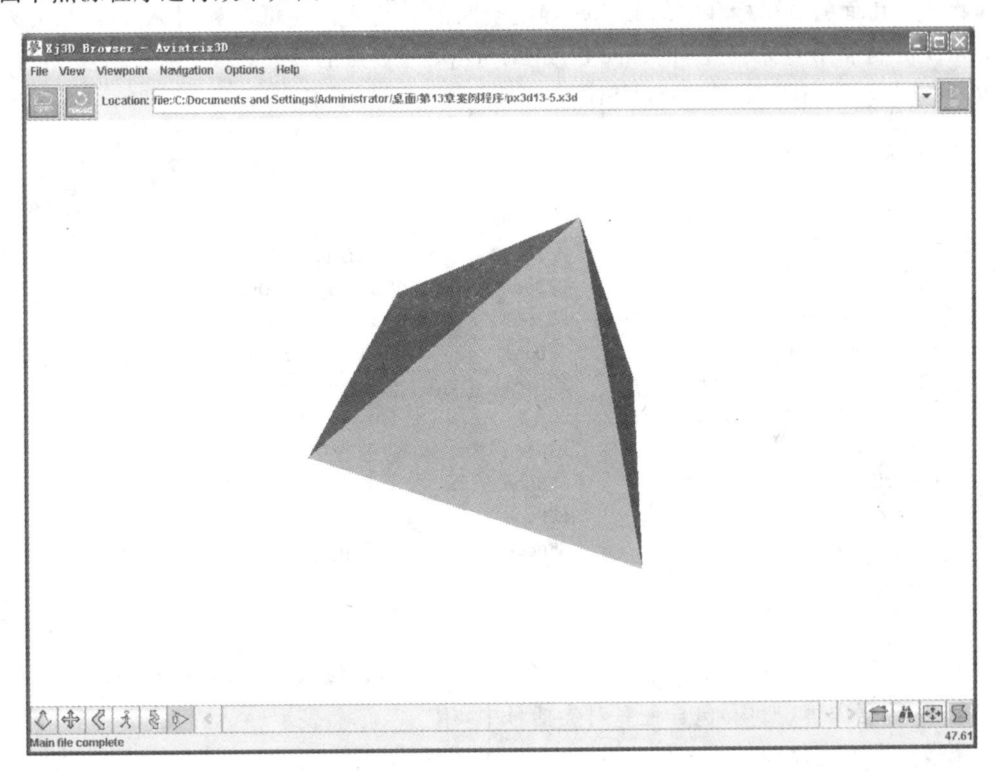

图 13-5 IndexedTriangleFanSet 索引三角扇面节点源程序运行效果

13.7 互联网 3D IndexedTriangleStripSet 节点

互联网 3D IndexedTriangleStripSet 节点是一个三维立体几何索引三角条带节点，表示一个由一组顶点构建的一系列三角面多边形形成的 3D 立体造型，该节点可以包含 Color、Coordinate、Normal、TextureCoordinate 节点。IndexedTriangleStripSet 节点创建一个由三角条带组成的立体几何造型，该节点也常作为 Shape 模型节点中 Geometry 子节点。

IndexedTriangleStripSet 是一个几何索引三角条带节点，该节点可以包含 Color、Coordinate、Normal、TextureCoordinate 节点。在增加 Geometry 或 Appearance 节点之前先插入一个 Shape 节点。在浏览器处理此场景内容时，可以用符合类型定义的原型 ProtoInstance 来替代。

13.7.1 互联网 3D IndexedTriangleStripSet 语法定义

互联网 3D IndexedTriangleStripSet 节点语法定义了一个用于确定索引三角条带的属性名和域值，利用 IndexedTriangleStripSet 节点的域名、域值、域数据类型以及事件的存储访问权限的定义来创建一个效果更加理想的三维立体空间三角面造型。利用 IndexedTriangleStripSet 节点中的 index、ccw、colorPerVertex、normalPerVertex、solid 域等参数创建 X3D 三维立体空间索引三角面造型。IndexedTriangleStripSet 节点定义了一个几何三角条带节点，用于创建一个三维立体空间索引三角面造型，根据开发与设计需求设置空间物体三角面的点坐标和线的颜色来确定空间的三角面。还可以利用 Appearance 外观和 Material 材料节点来描述 IndexedTriangleStripSet 节点的纹理材质、颜色、发光效果、明暗以及透明度等。IndexedTriangleStripSet 节点语法定义如下：

```
<IndexedTriangleStripSet
  DEF                   ID
  USE                   IDREF
  index                                 MFInt32      initializeOnly
  ccw                   true            SFBool       initializeOnly
  colorPerVertex        true            SFBool       initializeOnly
  normalPerVertex       true            SFBool       initializeOnly
  solid                 true            SFBool       initializeOnly
  containerField        geometry
   * Color              NULL            SFNode       子节点
   * Coordinate         NULL            SFNode       子节点
   * Normal             NULL            SFNode       子节点
   * TextureCoordinate  NULL            SFNode       子节点
  class
/>
```

IndexedTriangleStripSet 节点▲设计包含域名、域值、域数据类型以及存储/访问类型等，节点中数据内容(架构)包含在一对尖括号中，用“<、/>”表示。

域数据类型描述如下：

- MFInt32 域——一个多值含有 32 位的整数。
- SFBool 域——一个单值布尔量，取值范围为[true|false]。
- SFNode 域——含有一个单节点。

事件的存储/访问类型描述：表示域(属性)的存储/访问类型，包括 inputOnly(输入类型)、outputOnly(输出类型)、initializeOnly(初始化类型)以及 inputOutput(输入/输出类型)等，用来描述该节点必须提供该属性值。IndexedTriangleStripSet 节点包含 DEF、USE、index、ccw、colorPerVertex、normalPerVertex、solid、containerField 以及 class 域等。其中 * 表示子节点。

- DEF 为节点定义一个名字，给该节点定义了唯一的 ID，在其他节点中就可以引用这个节点。用 DEF 为节点命名时，使用有意义的描述性的名称可以规范文件，以提高 X3D 文件可读性，该属性是可选项。
- USE 用来引用 DEF 定义的节点 ID，即引用 DEF 定义的节点名字，同时忽略其他的属性和子对象。使用 USE 来引用其他的节点对象而不是复制节点可以提高性能和编码效率。该属性是可选项。
- index 域——指定了一个(−1～+∞)用索引连接 Coordinate 中的坐标顶点以指定三角形。
- ccw 域——指定了一个面是按顺时针方向索引，还是逆时针索引。当该域值为 true 时，指定为逆时针，按顶点坐标方位的顺序；当 ccw 值为 false 时，可以翻转 solid(背面裁切)及法线方向，默认值为 true。
- colorPerVertex——指定了一个 Color 节点被应用于每顶点上(true)，还是每多边形上(false)。默认值为 true。
- normalPerVertex 域——指定了一个 Normal 节点被应用于每顶点上(true)，还是每多边形上(false)，默认值为 true。
- solid 域——定义了一个布尔量，当该域值 true 时，表示只构建"面"对象的表面，不构建背面；当该域值为 false 时，表示"面"对象的正面和背面均构建。该域值的取值范围为[true|false]，其默认值为 true。
- containerField 域——表示容器域是 field 域标签的前缀，表示了子节点和父节点的关系。该容器域名称为 geometry，包含几何节点。如 geometry Box、children Group、proxy Shape。containerField 属性只有在 X3D 场景用 XML 编码时才使用。
- class 域——是用空格分开的类的列表，保留给 XML 样式表使用。只有 X3D 场景用 XML 编码时才支持 class 属性。

13.7.2 互联网 3D IndexedTriangleStripSet 案例分析

互联网 3D IndexedTriangleStripSet 节点利用虚拟现实技术的各种节点创建生动、逼真的三角面三维立体造型。使用 X3D 节点、背景节点以及几何索引三角面节点进行设计和开发。

【实例 13-6】 利用 Shape 空间物体造型模型节点、Appearance 外观子节点和 Material 外观材料节点、IndexedTriangleStripSet 索引三角条带几何节点在三维立体空间背景下，创建一个索引三角面三维立体造型。虚拟现实 IndexedTriangleStripSet 索引三角条带节点三维立体场景设计 X3D 文件源程序展示如下：

```
<Scene>
    <!-- Scene graph nodes are added here -->
    <Background skyColor="1 1 1"/>
<Viewpoint position="2 2 8"/>
    <Shape>
      <Appearance>
        <Material diffuseColor="0.0 1.0 1.0"/>
      </Appearance>
```

```
    <IndexedTriangleStripSet ccw="true" colorPerVertex="true"
      index="0,1,2,-1,3,4,5,6,-1" normalPerVertex="true" solid="false">
      <Coordinate point="-1 0 0,1 0 0,0 2 0,2 0 0,4 0 0,2 2 0,4 4 0"/>
    </IndexedTriangleStripSet>
  </Shape>
</Scene>
```


虚拟现实 IndexedTriangleStripSet 三角条带节点三维立体造型设计运行程序，首先，启动 X3D 浏览器，单击 Open 按钮，然后打开 X3D 案例程序，即可运行虚拟现实 IndexedTriangleStripSet 节点，创建一个索引三角面的三维立体空间场景造型。IndexedTriangleStripSet 索引三角条带节点源程序运行效果如图 13-6 所示。

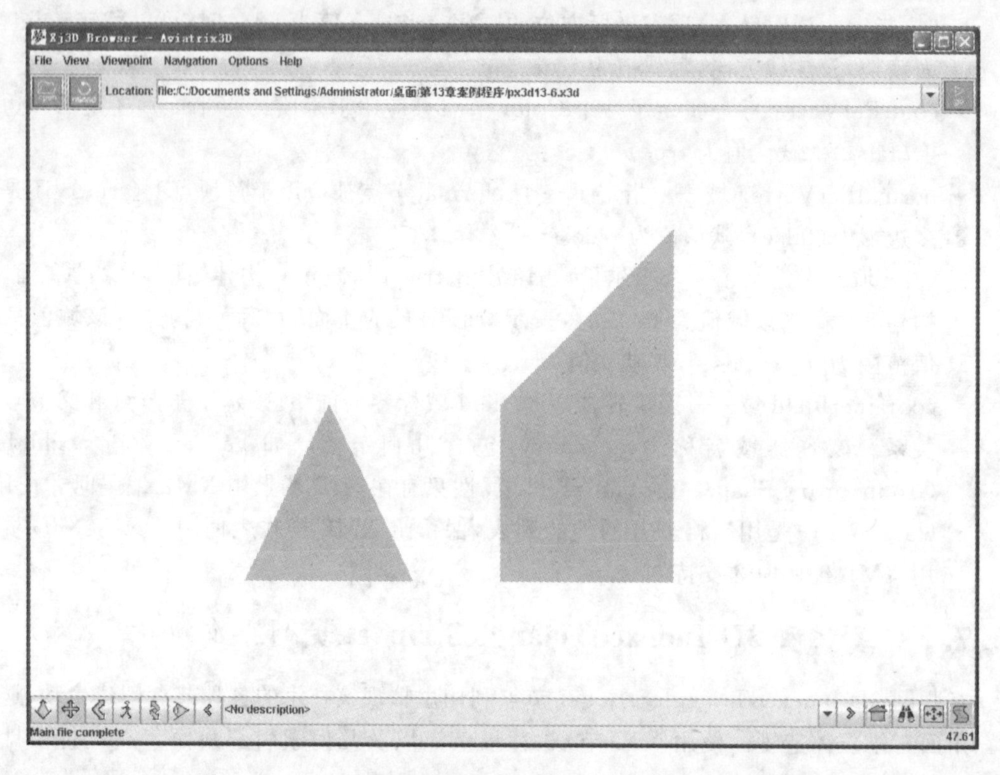

图 13-6　IndexedTriangleStripSet 索引三角条带节点运行效果

13.8　互联网 3D IndexedQuadSet 设计

互联网 3D IndexedQuadSet 节点是一个索引四边形多角形几何节点，表示一个由一组顶点构建的一系列多角面多边形形成的 3D 立体造型，该节点可以包含 Color、Coordinate、Normal、TextureCoordinate 节点。IndexedQuadSet 是一个几何节点，该节点可以包含 Color、Coordinate、Normal 以及 TextureCoordinate 节点。在增加 Geometry 或 Appearance 节点之前先插入一个 Shape 节点。在浏览器处理此场景内容时，可以用符合类型定义的原型 ProtoInstance 来替代。

IndexedQuadSet 节点定义了一个几何索引四边形多角形节点，用于创建一个三维立体空间多角面造型，根据开发与设计需求设置空间物体多角面的点坐标和线的颜色来确定空间的多角面。还可以利用 Appearance 外观和 Material 材料节点来描述 IndexedQuadSet 节点的纹理材质、颜色、发光效果、明暗以及透明度等。IndexedQuadSet 节点语法定义了一个用于确定多角形的属性名和域值，利用 IndexedQuadSet 节点的域名、域值、域的数据类型以及事件的存储访问权限的定义来创建一个效果更加理想的三维立体空间多角面造型。利用 IndexedQuadSet 节点中的 index、ccw、colorPerVertex、normalPerVertex、solid 域等参数创建 X3D 三维立体空间索引四边形多角面造型。IndexedQuadSet 节点语法定义如下：

```
< IndexedQuadSet
  DEF                   ID
  USE                   IDREF
  index                              MFInt32       initializeOnly
  ccw                   true         SFBool        initializeOnly
  colorPerVertex        true         SFBool        initializeOnly
  normalPerVertex       true         SFBool        initializeOnly
  solid                 true         SFBool        initializeOnly
  containerField        geometry
   * Color              NULL         SFNode        子节点
   * Coordinate         NULL         SFNode        子节点
   * Normal             NULL         SFNode        子节点
   * TextureCoordinate  NULL         SFNode        子节点
  class
/>
```

IndexedQuadSet 节点 设计包含域名、域值、域数据类型以及存储/访问类型等，节点中数据内容（架构）包含在一对尖括号中，用"<、/>"表示。

域数据类型描述如下：

- MFInt32 域——一个多值含有 32 位的整数。
- SFBool 域——一个单值布尔量，取值范围是[true|false]。
- SFNode 域——含有一个单节点。

事件的存储/访问类型描述：表示域（属性）的存储/访问类型，包括 inputOnly（输入类型）、outputOnly（输出类型）、initializeOnly（初始化类型）以及 inputOutput（输入/输出类型）等，用来描述该节点必须提供该属性值。IndexedQuadSet 节点包含 DEF、USE、index、ccw、colorPerVertex、normalPerVertex、solid、containerField 以及 class 域等。其中 * 表示子节点。

- DEF 为节点定义一个名字，给该节点定义了唯一的 ID，在其他节点中就可以引用这个节点。用 DEF 为节点命名时，使用有意义的描述性的名称可以规范文件，以提高 X3D 文件可读性，该属性是可选项。
- USE 用来引用 DEF 定义的节点 ID，即引用 DEF 定义的节点名字，同时忽略其他的属性和子对象。使用 USE 来引用其他的节点对象而不是复制节点可以提高性能和编码效率。该属性是可选项。
- index 域——指定了一个（−1～+∞）用索引连接 Coordinate 中的坐标顶点以指定多角形。
- ccw 域——指定了一个面是按顺时针方向索引，还是逆时针索引。当该域值为 true

时，指定为逆时针，按顶点坐标方位的顺序；当 ccw 值为 false 时，可以翻转 solid(背面裁切)及法线方向，默认值为 true。

- colorPerVertex——指定了一个 Color 节点被应用于每顶点上(true)，还是每多边形上(false)。默认值为 true。
- normalPerVertex 域——指定了一个 Normal 节点被应用于每顶点上(true)，还是每多边形上(false)，默认值为 true。
- solid 域——定义了一个布尔量，当该域值 true 时，表示只构建"面"对象的表面，不构建背面；当该域值 false 时，表示"面"对象的正面和背面均构建。该域值的取值范围是[true|false]，其默认值为 true。
- containerField 域——表示容器域是 field 域标签的前缀，表示了子节点和父节点的关系。该容器域名称为 geometry，包含几何节点，如 geometry Box、children Group、proxy Shape。containerField 属性只有在 X3D 场景用 XML 编码时才使用。
- class 域——是用空格分开的类的列表，保留给 XML 样式表使用。只有 X3D 场景用 XML 编码时才支持 class 属性。

第14章 互联网3D自定义与粒子烟火

在某些情况下，由于系统提供的节点不能满足开发和设计的需求，需要开发设计自己专用的节点，根据实际要求设计自定义X3D节点，为虚拟现实软件项目开发提供极大的便利。用户还可以根据软件项目开发的需要创建自己的新的节点，利用这些新节点创建所需要的各种复杂的场景和造型。我们常用X3D提供的几何造型节点来设计立体空间造型，主要利用模型节点Shape、组节点Group以及群节点等，创建简单的三维立体模型。还可以使用DEF来定义自己想要重复使用的节点，然后用USE来使用该节点。然而X3D是一个丰富多彩的世界，如果想创建更加逼真、生动的场景和造型，通过自定义节点组件实现更加复杂的设计。

14.1 互联网3D ProtoDeclare设计

互联网3D ProtoDeclare节点是Prototype的声明，定义了一个由其他节点构成的新节点。在场景中使用先前使用field标签，定义field界面。其中ProtoDeclare body中的初始场景节点决定了这个Prototype的节点类型。ProtoDeclare节点语法定义如下：

```
<ProtoDeclare
  name
  appinfo             SFString
  documentation       SFString
/>
```

ProtoDeclare节点设计包含域名、域值、域数据类型以及存储/访问类型等，节点中的数据内容包含在一对尖括号中，用“<、/>”表示。

域数据类型描述如下：

- SFString域——指定了单个字符串。
- SFVec3f域——定义了一个单值三维矢量。

事件的存储/访问类型描述：表示域（属性）的存储/访问类型，包括inputOnly（输入类型）、outputOnly（输出类型）、initializeOnly（初始化类型）以及inputOutput（输入/输出类型）等，用来描述该节点必须提供该属性值。ProtoDeclare节点包含name、appinfo、documentation域等。

- name域——定义一个名字。
- appinfo域——定义一个提供诸如工具提示一类的应用程序信息的简单描述与XML Schema appinfo标签相似。
- documentation域——定义一个文档url以便将来提供更多信息，与XML Schema documentation标签相似。

14.2 互联网 3D ProtoInterface 设计

互联网 3D ProtoInterface 节点收集 ProtoDeclare 的 field 定义。ProtoInterface 节点节点语法定义结构如下：

ProtoInterface 节点数据结构： P 图标

域名(属性名)	域值(属性值)	域数据类型	存储/访问类型	XML 属性类型

14.3 互联网 3D ProtoBody 设计

互联网 3D ProtoBody 节点收集 ProtoDeclare body 的节点。只有第一个定层节点及其子节点将被渲染，后面的节点(如 Scripts 和 ROUTE)将被激活但不会被渲染。ProtoBody 节点语法定义结构如下：

ProtoBody 节点： P 图标

域名(属性名)	域值(属性值)	域数据类型	存储/访问类型	XML 属性类型

14.4 互联网 3D connect 设计

互联网 3D connect 连接节点标签定义 ProtoDeclare 中的每个 Prototype field 连接。其中 IS/connect 标签只在 ProtoDeclare body 定义中使用。connect 连接节点语法定义如下：

```
<connect
  nodeField
  protoField
/>
```

connect 连接节点 P 设计包含域名、域值、域数据类型以及存储/访问类型等，节点中数据内容包含在一对尖括号中，用"<、/>"表示。connect 连接节点包含 nodeField 和 protoField 域等。

- nodeField 域——定义了连接到父 ProtoDeclare 域定义的域的名称。其中使用多连接时可以使用多标签，以便扇入/扇出。
- protoField 域——定义了连接到此节点的父 ProtoDeclare 域定义的名称。其中使用多连接时可以使用多标签，以便扇入/扇出。

14.5 互联网 3D ProtoInstance 设计

互联网 3D ProtoInstance 节点创建一个实例，引用场景图内或外部文件中 PROTOtype 定义的节点。其中使用 fieldValue 标签可以改变默认的初始 field 值。匹配上下文中的 PROTO 节点类型。ProtoInstance 节点语法定义如下：

```
< ProtoInstance
  name
  DEF                 ID
  USE                 IDREF
  containerField      children
  class
/>
```

ProtoInstance 节点 设计包含域名、域值、域数据类型以及存储/访问类型等，节点中数据内容包含在一对尖括号中，用“＜、/＞”表示。ProtoInstance 节点包含 name、DEF、USE、containerField 以及 class 域等。

- name 域——定义一个名字。
- DEF 为节点定义一个名字，给该节点定义了唯一的 ID，在其他节点中就可以引用这个节点。用 DEF 为节点命名时，使用有意义的描述性的名称可以规范文件，以提高 X3D 文件可读性。该属性是可选项。
- USE 用来引用 DEF 定义的节点 ID，即引用 DEF 定义的节点名字，同时忽略其他的属性和子对象。使用 USE 来引用其他的节点对象而不是复制节点可以提高性能和编码效率。该属性是可选项。
- containerField 域——表示容器域是 field 域标签的前缀，表示了子节点和父节点的关系。该容器域名称为 children，包含几何节点。如 geometry Sphere、children Group、proxy Shape。containerField 属性只有在 X3D 场景用 XML 编码时才使用。
- class 域——用空格分开的类的列表，保留给 XML 样式表使用。只有 X3D 场景用 XML 编码时才支持 class 属性。

14.6 互联网 3D ExternProtoDeclare 设计

互联网 3D ExternProtoDeclare 节点指向外部文件中 ProtoDeclare 节点的定义。ExternProtoDeclare 界面使用 field 标签定义，不使用 IS 属性。其中 ExternProto 只是一个定义，使用 ProtoInstance 创建一个新的实例引用。ExternProtoDeclare 节点语法定义如下：

```
< ExternProtoDeclare
  name
  url                 MFString
  appinfo             SFString
  documentation       SFString
/>
```

ExternProtoDeclare 连接节点 EP 设计包含域名、域值、域数据类型以及存储/访问类型等，节点中数据内容包含在一对尖括号中，用“＜、/＞”表示。

域数据类型描述如下：

- SFString 域——指定了单个字符串。
- MFString 域——指定了多值字符串。
- ExternProtoDeclare 节点包含 name、url、appinfo 以及 documentation 域等。
- name 域——定义一个 EXTERNPROTO 节点声明的名称。
- url 域——指明了一个 ProtoDeclare 源的位置和文件名。多个定位更加可靠，网络定位使 E-mail 附件有效。其中字符串可以是多值，用引号分隔每个字符串。
- appinfo 域——定义一个提供诸如工具提示一类的应用程序信息的简单描述和 XML Schema appinfo 标签相似。
- documentation 域——定义一个文档 url 以便将来提供更多信息和 XML Schema documentation 标签相似。

14.7 互联网 3D IS 设计

互联网 3D IS 标签节点连接了 Prototype 界面 fields 到 ProtoDeclare 定义中节点 fields，添加一个或多个 connect 标签以定义每个 Prototype field 连接对。其中 IS/connect 标签只在 ProtoDeclare body 定义中使用。IS 标签先于任何 Metadata 标签，Metadata 标签先于其他子标签。IS 标签节点语法定义结构如下：

IS 节点数据结构： 图标

域名(属性名)	域值(属性值)	域数据类型	存储/访问类型	XML 属性类型

14.8 互联网 3D field 设计

互联网 3D field 节点定义了界面属性或节点，即 field 既可以是“域”变量，也可以是“节点”，具有双重身份。在节点包含内容中先放置初始节点或域值，使用 field 前，先添加 Script、ProtoDeclare 或 ExternProtoDeclare。field 节点语法定义如下：

```
<field
    name
    accessType          [inputOnly|
                        outputOnly|
                        initializeOnly|
                        inputOutput]                Event - model
    type                                            select from
    types list
```

```
    value                                               outputOnly
    appinfo                                             SFString
    documentation                                       SFString
/>
```

field 节点设计包含 name(域变量名字)、accessType(存储/访问类型)、type(类型)、value(域值)、appinfo(信息)、documentation(文档)等域。

- name 域——域变量名字,用字符串表述,是必须提供的属性值。
- accessType 域——表示存储/访问类型,包括 inputOnly、outputOnly、initializeOnly 以及 inputOutput 等,用来描述该节点必须提供该属性值。accessType inputOutput,=inputOutput 在 VRML97 Script 节点中允许使用,使用 use initializeOnly=field 保持向后兼容。
- type 域——是域变量的基本类型,用来描述该节点必须提供该属性值。
- value 域——是为域变量提供默认的初始值,可能以后用到 ProtoInstance fieldValue 重新设置。可以利用 Script 和 ProtoDeclare 需要使用,不允许 ExternProtoDeclare 使用。存储/访问类型为 inputOnly 或 outputOnly 变量不允许使用。
- appinfo 域——提供如工具提示一类的应用程序信息的简单描述,是字符串类型用来描述该节点的某个属性是可选的。
- documentation 域——表示文档 url,以便将来提供更多信息。

14.9 互联网 3D fieldValue 设计

互联网 3D fieldValue 节点用来改变 ProtoInstances 中的初始 field 值,Field 名必须是 ProtoDeclare 或 ExternProtoDeclare 中已经定义过的。在节点包含内容中先放置初始节点。fieldValue 节点语法定义如下:

```
<fieldValue
    name                SFString
    value                           outputOnly
/>
```

fieldValue 节点设计包含 name(域的名字)和 value(域值)两个域。

- name 域——域的名字,已经在 ProtoDeclare 或 ExternProtoDeclare 中定义过,用字符串表述,是必须提供的属性值。
- value 域——域变量的初始值,覆盖 ProtoDeclare 或 ExternProtoDeclare 中的初始值。

14.10 互联网 3D 自定义案例分析

利用 X3D 自定义节点组件可以实现更加方便、灵活的软件项目开发与设计,使用自定义节点开发设计需要节点程序,设计出更加生动、鲜活、逼真的 X3D 虚拟现实动画场景。在自定义节点中,可由用户定义一些域、入事件和出事件等,创建生动、逼真的三维立体动画自定义节点。使用X3D节点、背景节点以及自定义节点进行设计和开发。

【实例14-1】 互联网3D自定义脚本设计使用自定义节点创建动画效果。当用户运行X3D立体空间的场景和造型时，造型根据设计需要产生动画效果。自定义节点场景设计X3D文件源程序展示如下：

```
<Scene>
  <! -- Scene graph nodes are added here -->
  <Background skyColor="1 1 1"/>  <ProtoDeclare name="SpinGroup">
    <ProtoInterface>
      <field accessType="inputOutput" name="children" type="MFNode"/>
      <field accessType="inputOutput" name="cycleInterval"
        type="SFTime" value="1"/>
      <field accessType="inputOutput" name="loop" type="SFBool" value="false"/>
      <field accessType="inputOutput" name="startTime" type="SFTime" value="0"/>
      <field accessType="inputOutput" name="stopTime" type="SFTime" value="0"/>
    </ProtoInterface>
    <ProtoBody>
      <Transform DEF="SpinGroupTransform">
        <IS>
          <connect nodeField="children" protoField="children"/>
        </IS>
      </Transform>
      <TimeSensor DEF="SpinGroupClock">
        <IS>
          <connect nodeField="cycleInterval" protoField="cycleInterval"/>
          <connect nodeField="loop" protoField="loop"/>
          <connect nodeField="startTime" protoField="startTime"/>
          <connect nodeField="stopTime" protoField="stopTime"/>
        </IS>
      </TimeSensor>
       <OrientationInterpolator DEF="Spinner" key="0, 0.5, 1" keyValue="0 1 0 0,
0 1 0 3.14, 0 1 0 6.28"/>
      <ROUTE fromField="fraction_changed" fromNode="SpinGroupClock"
        toField="set_fraction" toNode="Spinner"/>
      <ROUTE fromField="value_changed" fromNode="Spinner"
        toField="set_rotation" toNode="SpinGroupTransform"/>
    </ProtoBody>
  </ProtoDeclare>
  <Viewpoint
    description="Click on blue crossbar to activate second SpinGroup"
    orientation="1 0 0 -0.52" position="0 18 30"/>
  <NavigationInfo
    type="&quot;EXAMINE&quot; &quot;ANY&quot;"/><! -- Create an
    instance --><ProtoInstance name="SpinGroup">
    <fieldValue name="cycleInterval" value="8"/>
    <fieldValue name="loop" value="true"/>
    <fieldValue name="children">
      <Transform rotation="0 0 1 0" translation="0 0 0" scale="1 1 1">
        <Inline url="px3d14-1-1.x3d"/>
    </Transform>
```

```
    <ProtoInstance DEF = "SecondSpinGroup" name = "SpinGroup">
      <fieldValue name = "cycleInterval" value = "4"/>
      <fieldValue name = "loop" value = "true"/><! -- stopTime > startTime
        ensures that initial state is stopped -- ><fieldValue
        name = "stopTime" value = "1"/>
      <fieldValue name = "children">
          < TouchSensor DEF = " ActivateSecondSpinGroup" description = " Activate second
SpinGroup by clicking blue bar"/>
        <Transform rotation = "0 0 1 0" translation = "12 0 0" scale = "0.5 0.5 0.5">
          <Inline url = "px3d14 - 1 - 2.x3d"/>
      </Transform>
      </fieldValue>
    </ProtoInstance>
  </fieldValue>
 </ProtoInstance>
 <ROUTE fromField = "touchTime" fromNode = "ActivateSecondSpinGroup"
   toField = "startTime" toNode = "SecondSpinGroup"/>
</Scene>
```

在 X3D 自定义节点源文件中的 Scene 场景根节点下添加 Background 背景节点和 Shape 模型节点，背景节点的颜色取银白色以突出造型的显示动画效果。X3D 虚拟现实自定义节点动画场景程序运行。首先，启动 X3D 浏览器，然后在 X3D 浏览器中单击 Open 按钮，选择 X3D 案例程序，即可运行虚拟现实自定义节点动画场景程序，运行后的场景效果如图 14-1 所示。

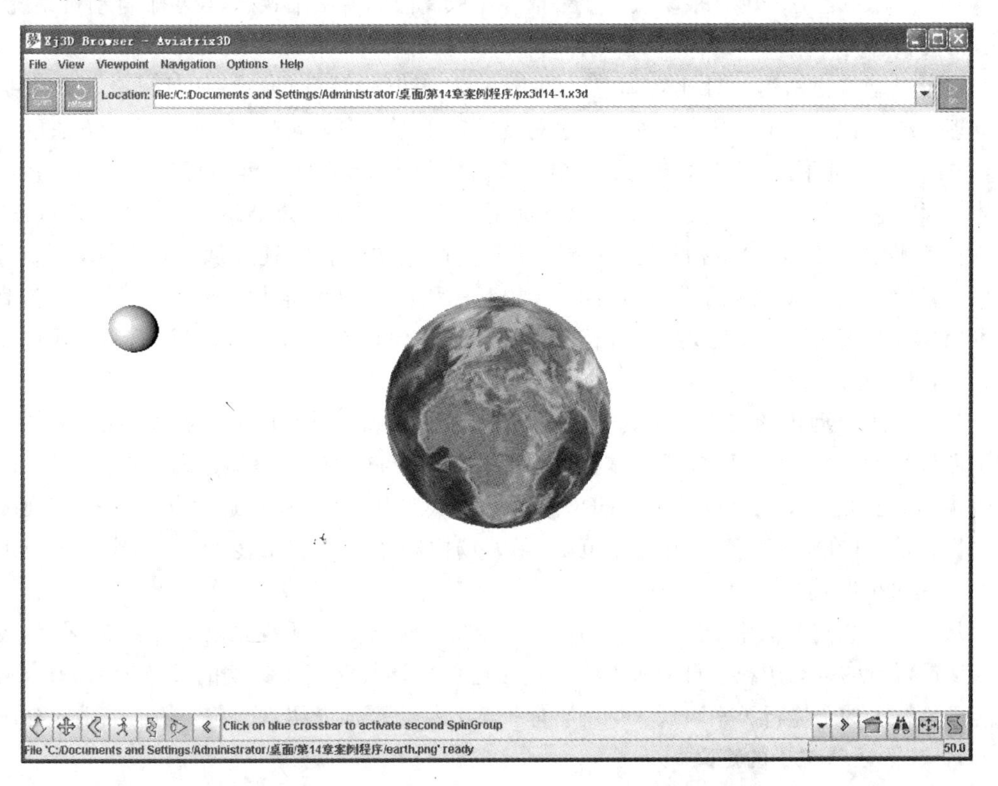

图 14-1 使用自定义节点组件实现的动画效果

14.11 互联网3D粒子烟火系统设计

互联网3D虚拟现实粒子系统设计是利用粒子自动机的方法描述粒子的运动，通过气体涡旋运动体现气流场的实现粒子火焰运动与其构成粒子的随机流运动引起的局部气流的火团扩散现象的可视化结果。虚拟现实粒子系统设计是通过粒子自动机的方法描述粒子的运动，从而体现气流场的整体扩散特性，粒子自动机模型被引入到火焰现象的仿真中，基于自动机的火焰生成算法。粒子系统能用大量个体的行为表现气流场整体的扩散效果，而涡旋运动则能体现气流场的火团扩散现象，并对火焰的火团扩散现象进行了深入细致的研究，在综合了粒子系统和涡旋场各自优点的基础上，提出了粒子系统和涡旋场相结合的火团生成算法，用粒子在涡旋场中的扩散行为以及涡旋的运动来表现火焰的火团扩散效果，同时结合实例给出了火焰效果源程序。

14.12 互联网3D粒子火焰运动算法设计

互联网3D粒子火焰运动算法利用了粒子自动机，是一种能够实现机械运动过程的机械的数学模型，其中之一是有限自动机。有限自动机内部设有有限个状态，当有外部输入时，根据输入值和当前状态产生状态转移，进入新的状态，并输出相应的结果。另外，粒子自动机是指处在粒子方式并列状态的有限自动机，在被称为粒子空间的n维空间的任意点上配置自动机。其中各粒子的有限个状态变量都各自取离散的有限个状态，在粒子自动机系统中，各自动机状态变化是同步的，其状态变化的输入是被称作“近邻粒子”的几个状态变量。

粒子自动机方法是一种比较理想化的方法，对于那些具有时空特征且只有有限个状态的物理系统来说，利用粒子自动机方法进行描述将非常灵活、有效。粒子自动机方法的一个最重要的特征是它能给复杂系统提供一个比较简单的模型，系统的整体行为完全靠大量简单个体行为的总和来体现。因此，该方法被广泛用于仿真不平衡的复杂系统和一些物理过程。

自然界中可变形气流场的扩散现象可从不同的层次进行描述。从微观上看，气流扩散现象可被看作是大量的粒子以复杂的方式相互作用的结果；而从宏观上看，同样的扩散现象可用局部浓度、温度和光线强度等标量特征来描述。显然，气流的微观特征和宏观特征密切相关，利用粒子自动机模型来描述离散的分子运动表现气流的宏观特征是可行的。

基于粒子自动机的气流场仿真方法实质上是用大量粒子个体的行为来表现气流场整体的扩散特性，场内某一点处粒子个体温度的叠加恰好反映气流场整体的温度扩散特征，而粒子数量的多少则能反映该点处浓度的扩散效果。从宏观上看，粒子通过状态转换规则改变其属性特征，并在运动中改变其作用范围，影响场内粒子温度和浓度的分布，从而表现出气流场宏观的扩散效果。

从上述分析可知，用基于粒子自动机的仿真方法来描述侧重视觉效果的可变形气流场仿真问题是可行的。利用粒子自动机方法重点讨论可变形气流场中火焰的扩散现象，力求通过大量简单粒子的个体行为来表现火焰的整体扩散效果。下面介绍基于粒子的火焰生成算法。

1. 粒子近邻粒子的定义

在三维的粒子空间内，粒子的近邻有很多，为了描述的方便，利用二维网格内粒子近邻的情况。选用如图 14-2 所示的网格内宽度为 3 的方形区域为近邻粒子区，将最邻近的 9 个粒子作为近邻粒子(其中包括当前粒子本身以及与相邻的 8 个粒子)。这样，粒子(i,j)的 9 个近邻粒子可表示为

$$\{(i+m,j+n)\mid -1\leqslant m,n\leqslant 1\} \tag{14-1}$$

	$(i-1,j-1)$	$(i-1,j)$	$(i-1,j+1)$	
	$(i,j-1)$	(i,j)	$(i,j+1)$	
	$(i+1,j-1)$	$(i+1,j)$	$(i+1,j+1)$	

图 14-2　二维网格内粒子近邻的定义

2. 粒子自动机的状态变量

粒子自动机的原理是按一定的状态转移规则进行状态转换，从而达到仿真的目的，因此有必要给空间内的每个粒子确定相应的状态变量。针对可变形气流场中火焰扩散的仿真，可确定如下几个变量来表示每个粒子的状态：

(1) 状态变量 $s^t_{i,j}$ 表示粒子(i,j)在 t 时刻的局部温度，其取值为 0～255。$S^t_{i,j}=0$ 表示粒子(i,j)在 t 时刻未开始燃烧，$S^t_{i,j}=255$ 表示粒子(i,j)在 t 时刻停止燃烧。

(2) 状态变量 $u^t_{i,j}$ 表示粒子(i,j)在 t 时刻燃料供应的情况，它是取值为 0 或 1 的二值变量。$u^t_{i,j}=1$ 表示粒子(i,j)在 t 时刻有新的燃料供给，$u^t_{i,j}=0$ 则表示没有新的燃料供给。

(3) 状态变量 $v^t_{i,j}$ 表示粒子(i,j)在 t 时刻的流动方向，其取值的个数取决于网格的维数。

设 t 时刻粒子(i,j)的状态变量集合为 $C^t_{i,j}$，那么 $C^t_{i,j}$ 可以表示为 $t-1$ 时刻粒子(i,j)的所有近邻粒子状态变量集的函数：

$$C^t_{i,j}=F(\{C^{t-1}_{imm,j+n}\mid -1\leqslant m,n\leqslant 1\})$$

此处：

$$C^t_{i,j}=\{\tau_k\mid 1\leqslant k\leqslant p\}$$

在上面的表示中，t 表示仿真的时间$(t\geqslant 0)$，F 表示状态转移函数，(i,j)表示当前粒子；$(i+m,j+n)$表示粒子(i,j)的近邻粒子，$C^{t-1}_{i+m,j+n}$表示 $t-1$ 时刻近邻粒子的状态变量集，p 表示粒子状态变量的个数。

各粒子利用 $t-1$ 时刻的近邻状态变量集，按函数 F 确定时刻 t 的状态，并在时刻 t 一起进入指定状态。所以，只要确定 $t=0$ 时刻的全体粒子的状态，则以后任一时刻的状态都可通过状态转换函数计算得到。

3. 粒子自动机的状态迁移规则

粒子自动机的状态转换必须按照一定的状态转移规则进行，将模拟火焰扩散现象的粒子自动机状态迁移规则分成以下 4 类：

一类是在有燃料供给的情况下，若粒子(i,j)未燃烧，且其近邻粒子中已经燃烧的粒子个数 A 大于某一阈值 C_1 时，令粒子(i,j)开始燃烧；当无燃料供应时，不管 A 的值如何，粒子(i,j)均不燃烧。这一规则如式(14-2)所示。其中阈值 C_1 直接关系到粒子的燃烧，所以

称其为“着燃参数”。当状态变量 $s_{i,j}^{t-1}=0$ 时，

$$s_{i,j}^{t}=\begin{cases}[A/C_1] & u_{i,j}^{t-1}=1\\ 0 & u_{i,j}^{t-1}=0\end{cases} \tag{14-2}$$

其中 A 表示粒子 (i,j) 的所有近邻中 $s_{i,j}^{t}\neq 0$ 的粒子个数，[]表示高斯符号。

二类是当粒子所有的燃料全部燃尽时，粒子局部温度变为 0，即当 $s_{i,j}^{t-1}=255$ 时，

$$s_{i,j}^{t}=0 \tag{14-3}$$

三类是当粒子处于燃烧过程中时，首先，假设存在由近邻 $(i+m,j+n)$ 热传导引起的温度变化，用式(14-4)计算出近邻近温度 $S_{i+m,j+n}^{t-1}$ 的平均值 B_1；然后，用式(14-5)所表示的规则，考虑当 (i,j) 粒子处有燃料供应时由燃料燃烧引起的升温，把关于温度上升的常数 C_2 加到 B_1 上得到温度 B_2，当粒子 (i,j) 无燃料供应时，可直接把 B_1 作为 B_2；最后，利用式(14-6)所表示的规则，若 B_2 小于 255 时，把 B_2 当作粒子 (i,j) 下一时刻的温度 $s_{i,j}^{t}$。若 B_2 大于 255 时，则认为燃烧结束，下一刻温度表示为 $s_{i,j}^{t}=0$(与规则 2 相同)。由于式(14-5)中的参数 C_2 与温度的上升直接相关，所以称其为“温度上升参数”。

当 $s_{i,j}^{t-1}=1\sim 255$ 时，

$$B_1=\left[\sum_{m,n=-1}^{1} s_{i+m,j+n}^{t-1}/p\right] \tag{14-4}$$

$$B_2=\begin{cases}B_1+C_2 & u_{i,j}^{t-1}=1\\ B_1 & u_{i,j}^{t-1}=0\end{cases} \tag{14-5}$$

$$s_{i,j}^{i}=\begin{cases}B_2 & B_2<255\\ 0 & B_2\geqslant 255\end{cases} \tag{14-6}$$

四类是流的表示。根据表示粒子 (i,j) 流向的状态变量 $v_{i,j}^{t}$ 可确定 (i,j) 的上流粒子 $(i+m,j+n)$，并用式(14-7)所表示的规则把粒子 $(i+m,j+n)$ 的局部温度 $S_{i+m,j+n}^{t-1}$ 作为粒子 (i,j) 下一时刻的温度。

$$S_{i,j}^{t}=S_{i+m,j+n}^{t-1} \tag{14-7}$$

在该方法中，状态迁移函数 F 的计算量与粒子空间中粒子个数成正比，并且，各粒子为执行一次状态迁移所需的计算量根据条件的不同而有所变化，但是，最多时也不过 $P=1$ 次加法运算及常数除法和高斯运算各两次。

根据上面描述的规则，就可以以粒子的局部温度状态变量为基础对火焰进行仿真，让不同的温度表现为不同的颜色。粒子由于燃烧发光，温度较低时呈红色，随着温度的升高经过橙色、黄色、白色，最终呈现出青色。虽然颜色分布可直接由黑体辐射计算，但由于本章所采用的温度 $S_{i,j}^{t}$ 并不是真正物理意义上的温度，所以不能直接采用黑体辐射公式计算。这样，在粒子 (i,j) 远离焰源的过程中，其颜色随着温度的减低由白色变为黄色，并经历亮红变为暗红。

考虑到由温度扩散引起的图像各点颜色需由 R、G、B(红、绿、蓝)分量来体现，因此针对上述的温度分布规则以及火焰的颜色分布特征，给出了颜色基值函数及颜色分布函数：

$$\begin{cases}r_b=255+255+255-(255-s_{i,j}^{t})\times C\\ g_b=255+255-(255-s_{i,j}^{t})\times C\\ b_b=255-(255-s_{i,j}^{t})\times C\end{cases} \tag{14-8}$$

$$R_{i,j}^{t} = \begin{cases} 1.0 & r_b \geqslant 255 \\ r_b/255 & 0 < r_b < 255 \\ 0 & r_b \leqslant 0 \end{cases} \tag{14-9}$$

$$G_{i,j}^{t} = \begin{cases} 1.0 & g_b \geqslant 255 \\ g_b/255 & 0 < g_b < 255 \\ 0 & g_b \leqslant 0 \end{cases} \tag{14-10}$$

$$B_{i,j}^{t} = \begin{cases} 1.0 & b_b \geqslant 255 \\ b_b/255 & 0 < b_b < 255 \\ 0 & b_b \leqslant 0 \end{cases} \tag{14-11}$$

其中 C 为常数比例因子，可视为不同的应用情况确定。根据上面的颜色分布函数即可求得各个时刻粒子空间内粒子的颜色分布情况，使粒子温度的扩散表现为粒子空间内颜色的扩散，进而表现出可变形气流场火焰的扩散特征。

14.13 互联网 3D 粒子的火焰案例分析

互联网 3D 虚拟现实粒子火焰运动三维立体场景设计利用虚拟现实程序对粒子火焰场景进行设计、编码和调试。利用现代软件项目开发的极端编程思想，采用绝对编程、自动测试、简单设计以及先测试后设计开发理念。融合结构化、组件化和模块化的设计思想，使软件开发设计层次清晰、结构合理。利用虚拟现实语言的各种节点创建生动、逼真的粒子火焰三维立体场景。

利用虚拟现实基本、复杂节点、场景效果节点、群节点、动态智能感知节点等进行开发与设计，使用虚拟现实语言中的各种节点设计编程，如背景节点、视点节点、坐标变换节点、自定义节点、组节点、几何节点、面节点、纹理贴图节点、时间传感器节点、动态插补器节点以及路由等进行设计和开发。

【实例 14-2】 互联网 3D 虚拟现实粒子火焰场景设计源程序展示如下：

```
<Scene>
    <ExternProtoDeclare name="Particles" url='"urn:inet: nodes.wrl#Particles"'>
        <field accessType="inputOutput" name="bboxSize" type="SFVec3f"/>
        <field accessType="inputOutput" name="bboxCenter" type="SFVec3f"/>
        <field accessType="inputOutput" name="lodRange" type="SFFloat"/>
        <field accessType="inputOutput" name="enabled" type="SFBool"/>
        <field accessType="inputOutput" name="particleRadius" type="SFFloat"/>
        <field accessType="inputOutput" name="particleRadiusVariation" type="SFFloat"/>
        <field accessType="inputOutput" name="particleRadiusRate" type="SFFloat"/>
        <field accessType="inputOutput" name="geometry" type="SFNode"/>
        <field accessType="inputOutput" name="emitterPosition" type="SFVec3f"/>
        <field accessType="inputOutput" name="emitterRadius" type="SFFloat"/>
        <field accessType="inputOutput" name="emitterSpread" type="SFFloat"/>
        <field accessType="inputOutput" name="emitVelocity" type="SFVec3f"/>
        <field accessType="inputOutput" name="emitVelocityVariation"
                type="SFFloat"/>
        <field accessType="inputOutput" name="emitterOrientation"
                type="SFRotation"/>
```

```
<field accessType="inputOutput" name="creationRate" type="SFFloat"/>
<field accessType="inputOutput" name="creationRateVariation"
        type="SFFloat"/>
<field accessType="inputOutput" name="maxParticles" type="SFInt32"/>
<field accessType="inputOutput" name="maxLifeTime" type="SFTime"/>
<field accessType="inputOutput" name="maxLifeTimeVariation"
        type="SFFloat"/>
<field accessType="inputOutput" name="gravity" type="SFVec3f"/>
<field accessType="inputOutput" name="acceleration" type="SFVec3f"/>
<field accessType="inputOutput" name="emitColor" type="SFColor"/>
<field accessType="inputOutput" name="emitColorVariation" type="SFFloat"/>
<field accessType="inputOutput" name="fadeColor" type="SFColor"/>
<field accessType="inputOutput" name="fadeAlpha" type="SFFloat"/>
<field accessType="inputOutput" name="fadeRate" type="SFFloat"/>
<field accessType="inputOutput" name="numTrails" type="SFInt32"/>
<field accessType="inputOutput" name="numSparks" type="SFInt32"/>
<field accessType="inputOutput" name="sparkGravity" type="SFVec3f"/>
<field accessType="inputOutput" name="sparkFadeColor" type="SFColor"/>
</ExternProtoDeclare>
<ExternProtoDeclare name="DrawGroup" url='"urn:inet: "nodes.wrl#DrawGroup"'>
    <field accessType="inputOutput" name="bboxSize" type="SFVec3f"/>
    <field accessType="inputOutput" name="bboxCenter" type="SFVec3f"/>
    <field accessType="inputOutput" name="sortedAlpha" type="SFBool"/>
    <field accessType="inputOutput" name="drawOp" type="MFNode"/>
    <field accessType="inputOutput" name="children" type="MFNode"/>
    <field accessType="inputOnly" name="addChildren" type="MFNode"/>
    <field accessType="inputOnly" name="removeChildren" type="MFNode"/>
</ExternProtoDeclare>
<PointLight DEF="_1" color='1 0.05 0.05' location='0 2 0' on='false'
        global='true'>
</PointLight>
<WorldInfo info='"Contact 5 Particle system test"' title="Particles">
</WorldInfo>
<NavigationInfo DEF="_2" visibilityLimit='200'>
</NavigationInfo>
<TimeSensor DEF="TS" cycleInterval='10' enabled='true' loop='true'>
</TimeSensor>
<Viewpoint DEF="_3" fieldOfView='1' position='0 2.75 35'>
</Viewpoint>
<Background DEF="Background" skyColor='1 1 1'>
</Background>
<Switch DEF="Objects" whichChoice='-1'>
    <Particles DEF="PS" bboxSize='-1 -1 -1' lodRange='300' particleRadius='0.35'
particleRadiusVariation='0.1' particleRadiusRate='1.5' emitterPosition='0 2 0'
emitterRadius='0.5' emitterSpread='0.1721875' emitVelocity='4 15 4' emitVelocityVariation
='0.25' creationRate='148.125' maxParticles='500' maxLifeTime='2' gravity='0 0 0'
emitColor='0.85 0.15 0.15' emitColorVariation='0.5' fadeColor='1 1 0.5' fadeAlpha='0'
fadeRate='0.5' numTrails='0' numSparks='0'>
    </Particles>
    <Shape DEF="PS-S">
        <Appearance>
            <ImageTexture DEF="PS-TEX" url='"partikel.png"' repeatS='false'
                repeatT='false'>
            </ImageTexture>
```

```
        </Appearance>
        <Particles containerField = "geometry" USE = "PS"/>
    </Shape>
    <Transform DEF = "PS2" translation = '0  - 3 0'>
        <Transform translation = ' - 5 0 4'>
            <Shape USE = "PS - S"/>
        </Transform>
        <Transform translation = '7 0  - 8'>
            <Shape USE = "PS - S"/>
        </Transform>
        <Transform translation = '2 0 15'>
            <Shape USE = "PS - S"/>
        </Transform>
    </Transform>
</Switch>
<DrawGroup sortedAlpha = 'false'>
    <Switch DEF = "Mirror - SW" whichChoice = '  - 1'>
        <Transform DEF = "Mirror" scale = '1  - 1 1'>
            <Transform USE = "PS2"/>
        </Transform>
    </Switch>
    <Transform DEF = "Grass" translation = ' - 40  - 10  - 10'>
        <Shape>
            <Appearance>
                <Material>
                </Material>
                <ImageTexture url = '"reef.png"'>
                </ImageTexture>
                <TextureTransform containerField = "textureTransform"
                    scale = '8 8'>
                </TextureTransform>
            </Appearance>
            <ElevationGrid containerField = "geometry"
                height = '7.54,7.19,6.88,6.43,
                5.93,5.69,5.84,6.08,
                6.18,6.13,6.12,6.18,
                         ⋮
 - 0.05 0.1 0.99, - 0.04 0.1 0.99, - 0.01 0.1 1, - 0 0.1 1
                         '>
                </Normal>
            </ElevationGrid>
        </Shape>
    </Transform>
    <Switch DEF = "Shadow - SW" whichChoice = '  - 1'>
        <Transform DEF = "Shadow" scale = '1 0 1'>
            <Shape>
                <Appearance>
                    <Material diffuseColor = '0 0 0' emissiveColor = '0.5 0.5 0.5'
                            transparency = '0.5'>
                    </Material>
                </Appearance>
                <Particles containerField = "geometry" USE = "PS"/>
            </Shape>
        </Transform>
```

```
        </Switch>
        <Transform DEF = "PS - T">
            <Transform USE = "PS2"/>
        </Transform>
    </DrawGroup>
    <PositionInterpolator DEF = "PS - translation" keyValue = '0 0 0,0 0 0'>
    </PositionInterpolator>
    <ScalarInterpolator DEF = "PS - rate" keyValue = '200,350,200,100,200'>
    </ScalarInterpolator>
    <ScalarInterpolator DEF = "PS - spread" keyValue = '0.25,0.35,0.3,0.1,0.25'>
    </ScalarInterpolator>
    <ROUTE fromNode = "TS" fromField = "fraction_changed" toNode = "PS - rate"
        toField = "set_fraction"/>
    <ROUTE fromNode = "PS - rate" fromField = "value_changed" toNode = "PS"
        toField = "set_creationRate"/>
    <ROUTE fromNode = "TS" fromField = "fraction_changed" toNode = "PS - spread"
        toField = "set_fraction"/>
    <ROUTE fromNode = "PS - spread" fromField = "value_changed" toNode = "PS"
        toField = "set_emitterSpread"/>
</Scene>
</X3D>
```

在互联网3D虚拟现实粒子火焰运动设计中，运行X3D虚拟现实粒子火焰运动程序动画场景。首先，启动X3D浏览器，单击Open按钮，选择X3D案例程序，即可运行虚拟现实粒子火焰动画场景程序。运行虚拟现实粒子火焰三维立体场景设计效果如图14-3所示。

图14-3　粒子火焰三维立体场景设计效果

第15章　互联网3D分布式交互与CAD设计

互联网3D分布式交互模拟组件节点设计涵盖DISEntityManager、DISEntityTypeMapping以及网络通信节点等。X3D网络通信节点涵盖EspduTransform传输位移节点、ReceiverPdu接收节点、SignalPdu信号节点、TransmitterPdu传送节点。主要用于X3D通信的发送、传输和接收等处理，可用于分布式交互模拟与网络游戏开发设计等。互联网3D文件设计中，CAD组件节点由CADAssembly节点、CADFace节点、CADLayer节点、CADPart节点等组成。在X3D三维立体程序设计中增加了CAD节点与X3D文件相结合进行软件项目的开发与设计，可以极大地提高软件项目的开发效率和质量。

15.1　互联网3D DISEntityManager设计

互联网3D DISEntityManager节点公布的内容新的邮件(信息)被送来的实体或者离开通用(当前)的实体。DISEntityManager能够包含许多DISEntityTypeMapping节点。引入匹配EspduTransform节点所包含的X3D通信的产品模型。DISEntityManager节点语法定义如下：

```
<DISEntityManager
  DEF              ID
  USE              IDREF
  siteID           0            SFInt32       inputOutput
  applicationID    1            SFInt32       inputOutput
  address          "localhost"  SFString      inputOutput
  port             0            SFInt32       inputOutput
  containerField   children
  class
/>
```

DISEntityManager节点包含域名、域值、域数据类型以及存储/访问类型等，节点中数据内容包含在一对尖括号中，用"<、/>"表示。

- SFInt32域——一个单值含有32位的整数。
- SFString域——指定了单值字符串。

事件的存储/访问类型描述：表示域(属性)的存储/访问类型是inputOnly(输入类型)。

DISEntityManager节点包含DEF、USE、siteID、applicationID、address、port、containerField以及class域等。

15.2 互联网 3D DISEntityTypeMapping 设计

互联网 3D DISEntityTypeMapping 节点接收分布式交互模拟组件实体类型信息图并将它传到 X3D 模型,因此提供视觉和行为方面的图像匹配接收数据包。DISEntityTypeMapping 节点中包含域值 kind、domain、country、category、subcategory、specific 以及 extra。DISEntityTypeMapping 节点语法定义如下:

```
< DISEntityTypeMapping
  DEF                    ID
  USE                    IDREF
  url                    ""          MFString       inputOutput
  kind                   0           SFInt32        inputOutput
  domain                 0           SFInt32        inputOutput
  country                0           SFInt32        inputOutput
  category               0           SFInt32        inputOutput
  subcategory            0           SFInt32        inputOutput
  specific               0           SFInt32        inputOutput
  extra                  0           SFInt32        inputOutput
  containerField         children
  class
/>
```

DISEntityTypeMapping 节点包含域名、域值、域数据类型以及存储/访问类型等,节点中数据内容包含在一对尖括号中,用"<、/>"表示。

- SFInt32 域——是一个单值含有 32 位的整数。
- MFString 域——指定了多值字符串。

事件的存储/访问类型描述:表示域(属性)的存储/访问类型是 inputOnly(输入类型)。

DISEntityTypeMapping 节点包含 DEF、USE、url、kind、domain、country、category、subcategory、specific、extra、containerField 以及 class 域等。

15.3 互联网 3D EspduTransform 设计

互联网 3D 网络通信节点涵盖 EspduTransform 传输位移节点、ReceiverPdu 接收节点、SignalPdu 信号节点、TransmitterPdu 传送节点,主要用于 X3D 通信的发送、传输和接收等处理,也可用于网络游戏开发设计。

EspduTransform 传输位移节点实现传输位移功能,可以包含在大多数节点里。该节点整合了以下 DIS PDU 中的功能:EntityStatePdu、CollisionPdu、DetonatePdu、FirePdu CreateEntity、RemoveEntity。该节点可以作为 Group 编组节点和 Transform 坐标变换节点的子节点或与其他节点平行使用。EspduTransform 传输位移的节点,可以包含在大多数节点里。提示:在增加 geometry 或 Appearance 节点之前先插入一个 Shape 节点。EspduTransform 传输位移节点语法定义如下:

```
< EspduTransform
```

```
DEF                     ID
USE                     IDREF
enabled                 true          SFBool       inputOutput
marking                               SFString     inputOutput
siteID                  0             SFInt32      inputOutput
applicationID           1             SFInt32      inputOutput
entityID                0             SFInt32      inputOutput
forceID                 0             SFInt32      inputOutput
entityKind              0             SFInt32      inputOutput
entityDomain            0             SFInt32      inputOutput
entityCountry           0             SFInt32      inputOutput
entityCategory          0             SFInt32      inputOutput
entitySubCategory       0             SFInt32      inputOutput
entitySpecific          0             SFInt32      inputOutput
entityExtra             0             SFInt32      inputOutput
readInterval            0.1           SFTime
writeInterval           1.0           SFTime
networkMode             "standAlone"
                        [standAlone|
                        networkReader|
                        networkWriter]             inputOutput
isStandAlone            ""            SFBool       outputOnly
isNetworkReader         ""            SFBool       outputOnly
isNetworkWriter         ""            SFBool       outputOnly
address                 localhost     SFString     inputOutput
port                    0             SFInt32
multicastRelayHost      SFString
multicastRelayPort      0             SFInt32
rtpHeaderExpected       false         SFBool       initializeOnly
isRtpHeaderHeard        ""            SFBool       outputOnly
isActive                ""            SFBool       outputOnly
timestamp               ""            SFTime       outputOnly
translation             0 0 0         SFVec3f      inputOutput
rotation                0 0 1 0       SFRotation   inputOutput
center                  0 0 0         SFVec3f      inputOutput
scale                   1 1 1         SFVec3f      inputOutput
scaleOrientation        0 0 1 0       SFRotation   inputOutput
bboxCenter              0 0 0         SFVec3f      initializeOnly
bboxSize                -1 -1 -1      SFVec3f      initializeOnly
linearVelocity          0 0 0         SFVec3f      inputOutput
linearAcceleration      0 0 0         SFVec3f      inputOutput
deadReckoning           0             SFInt32      inputOutput
isCollided              ""            SFBool
collideTime             ""            SFTime
isDetonated             ""            SFBool
detonateTime            ""            SFTime
fired1                  false         SFBool
fired2                  false         SFBool
firedTime               ""            SFTime
munitionStartPoint      0 0 0         SFVec3f
munitionEndPoint        0 0 0         SFVec3f
```

```
munitionSiteID                          0           SFInt32     inputOutput
munitionApplicationID                   1           SFInt32     inputOutput
munitionEntityID                        0           SFInt32     inputOutput
fireMissionIndex                        ""          SFInt32     inputOutput
warhead                                 0           SFInt32     inputOutput
fuse                                    0           SFInt32     inputOutput
munitionQuantity                        0           SFInt32     inputOutput
firingRate                              0           SFInt32     inputOutput
firingRange                             0           SFFloat     inputOutput
collisionType                           0           SFInt32     inputOutput
detonationLocation                      0 0 0       SFVec3f     inputOutput
detonationRelativeLocation              0 0 0       SFVec3f     inputOutput
detonationResult                        0           SFInt32     inputOutput
eventApplicationID                      1           SFInt32     inputOutput
eventEntityID                           0           SFInt32     inputOutput
eventNumber                             0           SFInt32     inputOutput
eventSiteID                             0           SFInt32     inputOutput
articulationParameterCount              0           SFInt32     inputOutput
articulationParameterDesignatorArray                MFInt32
articulationParameterChangeIndicatorArray           MFInt32
articulationParameterIdPartAttachedToArray          MFInt32
articulationParameterTypeArray                      MFInt32
articulationParameterArray                          MFFloat     inputOutput
set_articulationParameterValue0  ""                 SFFloat     inputOnly
set_articulationParameterValue1  ""                 SFFloat     inputOnly
set_articulationParameterValue2  ""                 SFFloat     inputOnly
set_articulationParameterValue3  ""                 SFFloat     inputOnly
set_articulationParameterValue4  ""                 SFFloat     inputOnly
set_articulationParameterValue5  ""                 SFFloat     inputOnly
set_articulationParameterValue6  ""                 SFFloat     inputOnly
set_articulationParameterValue7  ""                 SFFloat     inputOnly
articulationParameterValue0_changed  ""             SFFloat     outputOnly
articulationParameterValue1_changed  ""             SFFloat     outputOnly
articulationParameterValue2_changed  ""             SFFloat     outputOnly
articulationParameterValue3_changed  ""             SFFloat     outputOnly
articulationParameterValue4_changed  ""             SFFloat     outputOnly
articulationParameterValue5_changed  ""             SFFloat     outputOnly
articulationParameterValue6_changed  ""             SFFloat     outputOnly
articulationParameterValue7_changed  ""             SFFloat     outputOnly
containerField                          children
class
/>
```

EspduTransform 传输位移节点包含域名、域值、域数据类型以及存储/访问类型等，节点中数据内容包含在一对尖括号中，用“<、/>”表示。

域数据类型描述如下：

- SFFloat 域——单值单精度浮点数。
- MFFloat 域——多值单精度浮点数。
- SFBool 域——一个单值布尔量。

- SFInt32 域——一个单值含有 32 位的整数。
- MFInt32 域——一个多值 32 位的整数。
- SFString 域——指定了单个字符串。
- MFVec3d 域——定义了一个多值多组三维矢量。
- SFRotation 域——指定了一个任意的旋转。
- SFTime 域——含有一个单独的时间值。
- SFVec3f 域——单值单精度三维矢量。

事件的存储/访问类型描述：表示域(属性)的存储/访问类型,包括 inputOnly(输入类型)、outputOnly(输出类型)、initializeOnly(初始化类型)以及 inputOutput(输入/输出类型)等,用来描述该节点必须提供该属性值。EspduTransform 传输位移节点包含 DEF、USE、enabled、marking、siteID、applicationID、entityID、forceID、containerField 和 class 域等。

- DEF 为节点定义一个名字,给该节点定义了唯一的 ID,在其他节点中就可以引用这个节点。用 DEF 为节点命名时,使用有意义的描述性的名称可以规范文件,以提高 X3D 文件可读性。该属性是可选项。
- USE 用来引用 DEF 定义的节点 ID,即引用 DEF 定义的节点名字,同时忽略其他的属性和子对象。使用 USE 来引用其他的节点对象而不是复制节点可以提高性能和编码效率。该属性是可选项。
- enabled 域——定义一个允许/禁止子节点的碰撞检测。其中 VRML97 规格中的 collide。
- marking 域——定义一个输入/输出字符串。
- siteID 域——定义一个网络上参与者或组织的站点 siteID。
- applicationID 域——定义一个 EntityID 使用的 ID,以在应用中对应某个唯一的站点。
- entityID 域——定义一个 EntityID 在应用程序中使用的唯一的 ID。
- forceID 域——定义一个整型输入/输出类型数据。
- entityKind 域——定义一个输入/输出整型类型数据。
- entityDomain 域——定义一个整型输入/输出类型数据。
- entityCountry 域——定义一个输入/输出整型类型数据。
- entityCategory 域——定义一个整型输入/输出类型数据。
- entitySubCategory 域——定义一个输入/输出整型类型数据。
- entitySpecific 域——定义一个整型输入/输出类型数据。
- entityExtra 域——定义一个输入/输出整型类型数据。
- readInterval 域——定义一个读更新的间隔秒数,0 值将不读。
- writeInterval 域——定义一个写更新的间隔秒数,0 值将不写。
- networkMode 域——定义一个决定实体是否忽略网络,是否向网络发送 DIS 数据包或是否从网络接收 DIS 数据包。

(1) standAlone：忽略网络但仍然回应局部场景的事件。

(2) networkReader：只监听网络,根据 readInterval 间隔从网络读取 PDU 数据包,作

为实体的远程遥控副本。

(3) networkWriter：根据 writeInterval 间隔向网络发送 PDU 数据包，以担当主实体(master entity)。默认值 standalone 确保激活场景中的 DIS 网络，有目的地设置 networkReader 或 networkWriter。

- isStandAlone 域——定义 networkMode 是否等于"local"，忽略网络但仍然回应局部场景的事件。
- isNetworkReader 域——定义 networkMode 是否等于"remote"，只监听网络，根据 readInterval 间隔从网络读取 PDU 数据包，作为实体的远程遥控副本。
- isNetworkWriter 域——定义 networkMode 是否等于"master"，根据 writeInterval 间隔向网络发送 PDU 数据包，以担当主实体。
- address 域——定义一个多点传输的网址或其他本地主机 localhost，如 224.2.181.145。
- port 域——定义一个 Multicast port 多点传输端口，如 62040。
- multicastRelayHost 域——定义一个不能使用多点传输后使用的服务器网址，如 devo.cs.nps.navy.mil。
- multicastRelayPort 域——指定一个不能使用多点传输后使用的服务器端口。如 8010。
- rtpHeaderExpected 域——定义一个 DIS PDU 中是否包含 RTP headers。
- isRtpHeaderHeard 域——定义一个传入的 DIS 数据包是否包含 RTP header。
- isActive 域——定义一个最近是否接收到网络更新。
- timestamp 域——定义一个 VRML 单位的 DIS 时间戳。
- translation 域——定义一个子节点的局部坐标系统原点的位置，一般经由远端的网络读取或写入远端网络。
- rotation 域——定义一个子节点的局部坐标系统的方位，一般经由远端的网络读取或写入远端网络。
- center 域——定义一个从局部坐标原点的位移偏移。
- scale 域——定义一个子节点的局部坐标系统的非一致的 x-y-z 比例，由 center 和 scaleOrientation 调节。
- scaleOrientation 域——定义一个缩放前子节点局部坐标系统的预旋转，允许沿着子节点任意方向缩放。
- bboxCenter 域——定义一个边界盒的中心，从局部坐标系统原点的位置偏移。
- bboxSize 域——定义一个边界盒尺寸，默认情况下是自动计算的，为了优化场景，也可以强制指定。
- linearVelocity 域——定义一个输入/输出类型的单值三维矢量。
- linearAcceleration 域——定义一个输入/输出类型的单值三维矢量。
- deadReckoning 域——定义一个整型输入/输出数据类型。
- isCollided 域——定义一个是否有匹配的 CollisionPDU 报告发生碰撞。
- collideTime 域——定义一个发生碰撞的时间。
- isDetonated 域——定义一个是否有匹配的 DetonationPDU 报告发生爆炸。

- detonateTime 域——定义一个发生爆炸的时间。
- fired1 域——定义一个主要武器(Fire PDU)是否开火。
- fired2 域——定义一个次武器(Fire PDU)是否开火。
- firedTime 域——定义一个武器(Fire PDU)开火的时间。
- munitionStartPoint 域——定义一个输出事件,使用用户演习坐标。
- munitionEndPoint 域——定义一个输出事件,使用用户演习坐标。
- munitionSiteID 域——定义一个供以军火的 siteID。
- munitionApplicationID 域——定义一个供给军火 applicationID,使火炮就位,以备发射运用。
- munitionEntityID 域——定义一个供给军火 entityID 是唯一 ID,在运用范围内进行发射。
- fireMissionIndex 域——定义一个火力任务索引,是一个输入/输出整型数据类型。
- warhead 域——定义一个弹头,是一个输入/输出整型数据类型。
- fuse 域——定义一个导火线,是一个输入/输出整型数据类型。
- munitionQuantity 域——定义一个军用品数量,是一个输入/输出整型数据类型。
- firingRate 域——定义一个发射速度,是一个输入/输出整型数据类型。
- firingRange 域——定义一个发射方向,是一个输入/输出整型数据类型。
- collisionType 域——定义一个碰撞类型,是一个输入/输出整型数据类型。
- detonationLocation 域——定义一个爆炸位置,是一个输入/输出三维矢量类型。
- detonationRelativeLocation 域——定义一个爆炸相对位置,是一个输入/输出三维矢量类型。
- detonationResult 域——定义一个爆炸的效果,是一个输入/输出整型数据类型。
- eventApplicationID 域——定义一个事件应用 ID,是一个输入/输出整型数据类型。
- eventEntityID 域——定义一个事件实体 ID,是一个输入/输出整型数据类型。
- eventNumber 域——定义一个事件个数,是一个输入/输出整型数据类型。
- eventSiteID 域——定义一个事件位置 ID,是一个输入/输出整型数据类型。
- articulationParameterCount 域——定义第 1 个相连的部分参数的值是 Value0。
- articulationParameterDesignatorArray 域——定义一个数组指定每一个连接的部分。
- articulationParameterChangeIndicatorArray 域——定义一个数组改变计算,每个增加连接部分的修改。
- articulationParameterIdPartAttachedToArray 域——定义一个数组 ID,每一个连接部分部件。
- articulationParameterTypeArray 域——定义一个指定元素组属性参数的类型。
- articulationParameterArray 域——定义一个数组,是一个多值浮点数。
- set_articulationParameterValue0～7 域——定义一个设置用户定义的有效元素组。
- articulationParameterValue0～7_changed 域——定义一个获取用户定义的有效元素组。
- containerField 域——表示容器域是 field 域标签的前缀,表示了子节点和父节点的关系。该容器域名称为 children，包含几何节点。如 geometry Sphere、children Group、proxy Shape。containerField 属性只有在 X3D 场景用 XML 编码时才使用。

- class 域——是用空格分开的类的列表，保留给 XML 样式表使用。只有 X3D 场景用 XML 编码时才支持 class 属性。

15.4 互联网 3D ReceiverPdu 设计

互联网 3D ReceiverPdu 接收节点是用于传播网络协议数据单元 PDU 信息的节点。该节点可以作为 Group 编组节点和 Transform 坐标变换节点的子节点，也可以与其他节点(通信节点)平行使用。ReceiverPdu 接收节点是传播协议数据单元 PDU 信息的节点。该节点可以作为 Group 编组节点和 Transform 坐标变换节点的子节点或与其他节点平行使用。ReceiverPdu 节点语法定义如下：

```
<ReceiverPdu 节点
  DEF                           ID
  USE                           IDREF
  enabled                       true            SFBool      inputOutput
  whichGeometry                 1               SFInt32     inputOutput
  bboxCenter                    0 0 0           SFVec3f     initializeOnly
  bboxSize                      -1 -1 -1        SFVec3f     initializeOnly
  siteID                        0               SFInt32     inputOutput
  applicationID                 1               SFInt32     inputOutput
  entityID                      0               SFInt32     inputOutput
  readInterval                  0.1             SFTime      inputOutput
  writeInterval                 1.0             SFTime      inputOutput
  networkMode                   "standAlone"
                                [standAlone|
                                networkReader|
                                networkWriter]              inputOutput
  isStandAlone                  ""              SFBool      outputOnly
  isNetworkReader               ""              SFBool      outputOnly
  isNetworkWriter               ""              SFBool      outputOnly
  address                       localhost       SFString    inputOutput
  port                          0               SFInt32     inputOutput
  multicastRelayHost                            SFString    inputOutput
  multicastRelayPort            0               SFInt32     inputOutput
  rtpHeaderExpected             false           SFBool      initializeOnly
  isRtpHeaderHeard              ""              SFBool      outputOnly
  isActive                      false           SFBool      outputOnly
  timestamp                     ""              SFTime      outputOnly
  radioID                       0               SFInt32
  receivedPower                 0               SFFloat     inputOutput
  receiverState                 0               SFInt32     inputOutput
  transmitterSiteID             0               SFInt32     inputOutput
  transmitterApplicationID      0               SFInt32     inputOutput
  transmitterEntityID           0               SFInt32     inputOutput
```

```
  transmitterRadioID              0           SFInt32      inputOutput
  containerField                  children
  class
/>
```

ReceiverPdu 传输位移节点包含域名、域值、域数据类型以及存储/访问类型等，节点中数据内容包含在一对尖括号中，用“<、/>”表示。

域数据类型描述如下：

- SFFloat 域——单值单精度浮点数。
- MFFloat 域——多值单精度浮点数。
- SFBool 域——一个单值布尔量。
- SFInt32 域——一个单值含有 32 位的整数。
- MFInt32 域——一个多值 32 位的整数。
- SFString 域——指定了单个字符串。
- MFVec3d 域——定义了一个多值多组三维矢量。
- SFRotation 域——指定了一个任意的旋转。
- SFTime 域——含有一个单独的时间值。
- SFVec3f 域——定义了一个单值单精度三维矢量。

事件的存储/访问类型描述：表示域(属性)的存储/访问类型，包括 inputOnly(输入类型)、outputOnly(输出类型)、initializeOnly(初始化类型)以及 inputOutput(输入/输出类型)等，用来描述该节点必须提供该属性值。ReceiverPdu 节点包含 DEF、USE、enabled、whichGeometry、bboxCenter、bboxSize、siteID、applicationID、entityID、containerField 以及 class 域等。

- DEF 为节点定义一个名字，给该节点定义了唯一的 ID，在其他节点中就可以引用这个节点。用 DEF 为节点命名时，使用有意义的描述性的名称可以规范文件，以提高 X3D 文件可读性。该属性是可选项。
- USE 用来引用 DEF 定义的节点 ID，即引用 DEF 定义的节点名字，同时忽略其他的属性和子对象。使用 USE 来引用其他的节点对象而不是复制节点可以提高性能和编码效率。该属性是可选项。
- enabled 域——定义一个允许/禁止子节点的碰撞检测。在 VRML97 规格中为 collide。
- whichGeometry 域——定义一个选择渲染的几何体：−1 对应不选择几何体，0 对应文本描述，1 对应默认几何体。
- bboxCenter 域——定义一个边界盒的中心，从局部坐标系统原点的位置偏移。
- bboxSize 域——定义一个边界盒尺寸，默认情况下是自动计算的，为了优化场景，也可以强制指定。
- siteID 域——定义一个网络上参与者或组织的站点 siteID。
- applicationID 域——定义一个 EntityID 使用的 ID，以在应用中对应某个唯一的站点。
- entityID 域——定义一个 EntityID 在应用程序中使用的唯一的 ID。

- readInterval 域——定义一个读更新的间隔秒数,0 值将不读。
- writeInterval 域——定义一个写更新的间隔秒数,0 值将不写。
- networkMode 域——定义一个决定实体是否忽略网络,是否向网络发送 DIS 数据包或是否从网络接收 DIS 数据包。

(1) standAlone: 忽略网络但仍然回应局部场景的事件。

(2) networkReader: 只监听网络,根据 readInterval 间隔从网络读取 PDU 数据包,作为实体的远程遥控副本。

(3) networkWriter: 根据 writeInterval 间隔向网络发送 PDU 数据包,以担当主实体(master entity)。默认值 standalone 确保激活场景中的 DIS 网络,有目的地设置 networkReader 或 networkWriter。

- isStandAlone 域——定义 networkMode 是否等于"local",忽略网络但仍然回应局部场景的事件。
- isNetworkReader 域——定义 networkMode 是否等于"remote",只监听网络,根据 readInterval 间隔从网络读取 PDU 数据包,作为实体的远程遥控副本。
- isNetworkWriter 域——定义 networkMode 是否等于"master",根据 writeInterval 间隔向网络发送 PDU 数据包,以担当主实体。
- address 域——定义一个多点传输的网址或其他本地主机 localhost,如 224.2.181.145。
- port 域——定义一个 Multicast port 多点传输端口,如 62040。
- multicastRelayHost 域——定义一个不能使用多点传输后使用的服务器网址,如 devo.cs.nps.navy.mil。
- multicastRelayPort 域——指定一个不能使用多点传输后使用的服务器端口。如 8010。
- rtpHeaderExpected 域——定义一个 DIS PDU 中是否包含 RTP header。
- isRtpHeaderHeard 域——定义一个传入的 DIS 数据包是否包含 RTP header。
- isActive 域——定义一个最近是否接收到网络更新。
- timestamp 域——定义一个 VRML 单位的 DIS 时间戳。
- radioID 域——定义一个 32 位整型数据,默认值为 0。
- receivedPower 域——定义一个输入/输出浮点数,默认值为 0。
- receiverState 域——定义一个输入/输出的 32 位整型数据,默认值为 0。
- transmitterSiteID 域——定义一个输入/输出的 32 位整型数据,默认值为 0。
- transmitterApplicationID 域——定义一个 32 位整型数据,具有输入/输出类型,默认值为 0。
- transmitterEntityID 域——定义一个输入/输出的 32 位整型数据,默认值为 0。
- transmitterRadioID 域——定义一个输入/输出的 32 位整型数据,默认值为 0。
- containerField 域——表示容器域是 field 域标签的前缀,表示子节点和父节点的关系。该容器域名称为 children,包含几何节点。如 geometry Sphere、children Group、proxy Shape。containerField 属性只有在 X3D 场景用 XML 编码时才使用。
- class 域——用空格分开的类的列表,保留给 XML 样式表使用。只有 X3D 场景用

XML 编码时才支持 class 属性。

15.5 互联网 3D SignalPdu 设计

互联网 3D SignalPdu 信号节点指定了一个传播网络协议数据单元 PDU 信息的节点。X3D 通信节点可以作为 Group 编组节点和 Transform 坐标变换节点的子节点，也可以与其他节点(通信节点)平行使用。SignalPdu 信号节点是传播协议数据单元 PDU 信息的节点。该节点可以作为 Group 编组节点、Transform 坐标变换节点的子节点或与其他节点平行使用。SignalPdu 信号节点语法定义如下：

```
<SignalPdu
  DEF                       ID
  USE                       IDREF
  enabled                   true             SFBool      inputOutput
  whichGeometry             1                SFInt32     inputOutput
  bboxCenter                0 0 0            SFVec3f     initializeOnly
  bboxSize                  -1 -1 -1         SFVec3f     initializeOnly
  siteID                    0                SFInt32     inputOutput
  applicationID             1                SFInt32     inputOutput
  entityID                  0                SFInt32     inputOutput
  readInterval              0.1              SFTime      inputOutput
  writeInterval             1.0              SFTime      inputOutput
  networkMode               "standAlone"
                            [standAlone|
                            networkReader|
                            networkWriter]               inputOutput
  isStandAlone              ""               SFBool      outputOnly
  isNetworkReader           ""               SFBool      outputOnly
  isNetworkWriter           ""               SFBool      outputOnly
  address                   localhost        SFString    inputOutput
  port                                       SFInt32
  multicastRelayHost                         SFString
  multicastRelayPort                         SFInt32
  rtpHeaderExpected         false            SFBool      initializeOnly
  isRtpHeaderHeard          ""               SFBool      outputOnly
  isActive                  false            SFBool      inputOutput
  timestamp                 ""               SFTime      outputOnly
  radioID                   0                SFInt32     inputOutput
  encodingScheme            0                SFInt32     inputOutput
  tdlType                   0                SFInt32     inputOutput
  sampleRate                0                SFInt32     inputOutput
  samples                   0                SFInt32     inputOutput
  dataLength                0                SFInt32     inputOutput
  data                                       MFInt32     inputOutput
  containerField            children
  class
/>
```

SignalPdu 信号节点包含域名、域值、域数据类型以及存储/访问类型等，节点中数据内容包含在一对尖括号中,用“<、/>”表示。

域数据类型描述如下:

- SFFloat 域——是单值单精度浮点数。
- MFFloat 域——是多值单精度浮点数。
- SFBool 域——是一个单值布尔量。
- SFInt32 域——是一个单值含有 32 位的整数。
- MFInt32 域——是一个多值 32 位的整数。
- SFString 域——指定了单个字符串。
- SFVec3f 域——定义了一个单值单精度三维矢量。
- SFRotation 域——指定了一个任意的旋转。
- SFTime 域——含有一个单独的时间值。

事件的存储/访问类型描述:表示域(属性)的存储/访问类型,包括 inputOnly(输入类型)、outputOnly(输出类型)、initializeOnly(初始化类型)以及 inputOutput(输入/输出类型)等,用来描述该节点必须提供该属性值。SignalPdu 信号节点包含 DEF、USE、enabled、whichGeometry、bboxCenter、bboxSize、siteID、applicationID、entityID、containerField 以及 class 域等。

- DEF 为节点定义一个名字,给该节点定义了唯一的 ID,在其他节点中就可以引用这个节点。用 DEF 为节点命名时,使用有意义的描述性的名称可以规范文件,以提高 X3D 文件可读性。该属性是可选项。
- USE 用来引用 DEF 定义的节点 ID,即引用 DEF 定义的节点名字,同时忽略其他的属性和子对象。使用 USE 来引用其他的节点对象而不是复制节点可以提高性能和编码效率。该属性是可选项。
- enabled 域——定义一个允许/禁止子节点的碰撞检测。在 VRML97 规格中为 collide。
- whichGeometry 域——定义一个选择渲染的几何体:-1 对应不选择几何体,0 对应文本描述,1 对应默认几何体。
- bboxCenter 域——定义一个边界盒的中心,从局部坐标系统原点的位置偏移。
- bboxSize 域——定义一个边界盒尺寸,默认情况下是自动计算的,为了优化场景,也可以强制指定。
- siteID 域——定义一个网络上参与者或组织的站点 siteID。
- applicationID 域——定义一个 EntityID 使用的 ID,以在应用中对应某个唯一的站点。
- entityID 域——定义一个 EntityID 在应用程序中使用的唯一的 ID。
- readInterval 域——定义一个读更新的间隔秒数,0 值将不读。
- writeInterval 域——定义一个写更新的间隔秒数,0 值将不写。
- networkMode 域——定义一个实体是否忽略网络,是否向网络发送 DIS 数据包或是否从网络接收 DIS 数据包。

(1) standAlone:忽略网络但仍然回应局部场景的事件。

(2) networkReader:只监听网络,根据 readInterval 间隔从网络读取 PDU 数据包,作

为实体的远程遥控副本。

(3) networkWriter：根据 writeInterval 间隔向网络发送 PDU 数据包，以担当主实体(master entity)。默认值 standalone 确保激活场景中的 DIS 网络，有目的地设置 networkReader 或 networkWriter。

- isStandAlone 域——定义 networkMode 是否等于"local"，忽略网络，但仍然回应局部场景的事件。
- isNetworkReader 域——定义 networkMode 是否等于"remote"，只监听网络，根据 readInterval 间隔从网络读取 PDU 数据包，作为实体的远程遥控副本。
- isNetworkWriter 域——定义 networkMode 是否等于"master"，根据 writeInterval 间隔向网络发送 PDU 数据包，以担当主实体。
- address 域——定义一个多点传输的网址或其他本地主机 localhost，如 224.2.181.145。
- port 域——定义一个 Multicast port 多点传输端口，如 62040。
- multicastRelayHost 域——定义一个不能使用多点传输后使用的服务器网址，如 devo.cs.nps.navy.mil。
- multicastRelayPort 域——指定一个不能使用多点传输后使用的服务器端口。如 8010。
- rtpHeaderExpected 域——定义一个 DIS PDU 中是否包含 RTP header。
- isRtpHeaderHeard 域——定义一个传入的 DIS 数据包是否包含 RTP header。
- isActive 域——定义最近是否接收到网络更新。
- timestamp 域——定义一个 VRML 单位的 DIS 时间戳。
- radioID 域——定义一个 32 位整型数据，默认值为 0。
- encodingScheme 域——定义一个编码，是输入/输出类型的整数，默认值为 0。
- tdlType 域——定义一个 tdl 类型，是输入/输出类型的整数，默认值为 0。
- sampleRate 域——定义一个速率，是输入/输出类型的整数，默认值为 0。
- samples 域——定义一个浏览，是输入/输出类型的整数，默认值为 0。
- dataLength 域——定义一个数据宽度，是输入/输出类型的整数，默认值为 0。
- data 域——定义一个数据，是输入/输出类型的多值整数。
- containerField 域——表示容器域是 field 域标签的前缀，表示了子节点和父节点的关系。该容器域名称为 children，包含几何节点。如 geometry Sphere、children Group、proxy Shape。containerField 属性只有在 X3D 场景用 XML 编码时才使用。
- class 域——是用空格分开的类的列表，保留给 XML 样式表使用。只有 X3D 场景用 XML 编码时才支持 class 属性。

15.6 互联网 3D TransmitterPdu 设计

互联网 3D TransmitterPdu 传送节点定义了一个传播网络协议数据单元 PDU 信息的节点。X3D 通信节点可以作为 Group 编组节点和 Transform 坐标变换节点的子节点，可以与其他节点(通信节点)联合使用。TransmitterPdu 传送节点是传播协议数据单元 PDU 信息的节点。该节点可以作为 Group 编组节点和 Transform 坐标变换节点的子节点或与其他节点平行使用。TransmitterPdu 传送节点语法定义如下：

```
<TransmitterPdu
  DEF                              ID
  USE                              IDREF
  enabled                          true              SFBool      inputOutput
  whichGeometry                    1                 SFInt32     inputOutput
  bboxCenter                       0 0 0             SFVec3f     initializeOnly
  bboxSize                         -1 -1 -1          SFVec3f     initializeOnly
  siteID                           0                 SFInt32     inputOutput
  applicationID                    1                 SFInt32     inputOutput
  entityID                         0                 SFInt32     inputOutput
  readInterval                     0.1               SFTime      inputOutput
  writeInterval                    1.0               SFTime      inputOutput
  networkMode                      "standAlone"
                                   [standAlone|
                                   networkReader|
                                   networkWriter]                inputOutput
  isStandAlone                     ""                SFBool      outputOnly
  isNetworkReader                  ""                SFBool      outputOnly
  isNetworkWriter                  ""                SFBool      outputOnly
  address                          localhost         SFString    inputOutput
  port                             0                 SFInt32     inputOutput
  multicastRelayHost                                 SFString    inputOutput
  multicastRelayPort               0                 SFInt32     inputOutput
  rtpHeaderExpected                false             SFBool      initializeOnly
  isRtpHeaderHeard                 ""                SFBool      outputOnly
  isActive                         false             SFBool      outputOnly
  timestamp                        ""                SFTime      outputOnly
  radioID                          0                 SFInt32     inputOutput
  antennaLocation                  0 0 0             SFVec3f     inputOutput
  antennaPatternLength             0                 SFInt32     inputOutput
  antennaPatternType               0                 SFInt32     inputOutput
  cryptoKeyID                      0                 SFInt32     inputOutput
  cryptoSystem                     0                 SFInt32     inputOutput
  frequency                        0                 SFInt32     inputOutput
  inputSource                      0                 SFInt32     inputOutput
  lengthOfModulationParameters     0                 SFInt32     inputOutput
  modulationTypeDetail             0                 SFInt32     inputOutput
  modulationTypeMajor              0                 SFInt32     inputOutput
  modulationTypeSpreadSpectrum     0                 SFInt32     inputOutput
  modulationTypeSystem             0                 SFInt32     inputOutput
  power                            0                 SFFloat     inputOutput
  radioEntityTypeCategory          0                 SFInt32     inputOutput
  radioEntityTypeCountry           0                 SFInt32     inputOutput
  radioEntityTypeDomain            0                 SFInt32     inputOutput
  radioEntityTypeKind              0                 SFInt32     inputOutput
```

```
    radioEntityTypeNomenclature             0             SFInt32      inputOutput
    radioEntityTypeNomenclatureVersion      0             SFInt32      inputOutput
    relativeAntennaLocation                 0 0 0         SFVec3f      inputOutput
    transmitFrequencyBandwidth              0.0           SFFloat      inputOutput
    transmitState                           0             SFInt32      inputOutput
    containerField                          children
    class
/>
```

TransmitterPdu 传送节点包含域名、域值、域数据类型以及存储/访问类型等，节点中数据内容包含在一对尖括号中，用"<、/>"表示。

域数据类型描述如下：

- SFFloat 域——是单值单精度浮点数。
- MFFloat 域——是多值单精度浮点数。
- SFBool 域——是一个单值布尔量。
- SFInt32 域——是一个单值含有 32 位的整数。
- MFInt32 域——是一个多值 32 位的整数。
- SFString 域——指定了单个字符串。
- SFVec3f 域——定义了一个单值单精度三维矢量。
- SFRotation 域——指定了一个任意的旋转。
- SFTime 域——含有一个单独的时间值。

事件的存储/访问类型描述：表示域(属性)的存储/访问类型，包括 inputOnly(输入类型)、outputOnly(输出类型)、initializeOnly(初始化类型)以及 inputOutput(输入/输出类型)等，用来描述该节点必须提供该属性值。TransmitterPdu 传送节点包含 DEF、USE、enabled、whichGeometry、bboxCenter、bboxSize、siteID、applicationID、entityID、containerField 以及 class 域等。

- DEF 为节点定义一个名字，给该节点定义了唯一的 ID，在其他节点中就可以引用这个节点。用 DEF 为节点命名时，使用有意义的描述性的名称可以规范文件，以提高 X3D 文件可读性。该属性是可选项。
- USE 用来引用 DEF 定义的节点 ID，即引用 DEF 定义的节点名字，同时忽略其他的属性和子对象。使用 USE 来引用其他的节点对象而不是复制节点可以提高性能和编码效率。该属性是可选项。
- enabled 域——定义一个允许/禁止子节点的碰撞检测。其中 VRML97 规格中的 collide。
- whichGeometry 域——定义一个选择渲染的几何体：－1 对应不选择几何体，0 对应文本描述，1 对应默认几何体。
- bboxCenter 域——定义一个边界盒的中心，从局部坐标系统原点的位置偏移。
- bboxSize 域——定义一个边界盒尺寸，默认情况下是自动计算的，为了优化场景，也可以强制指定。
- siteID 域——定义一个网络上参与者或组织的站点 siteID。
- applicationID 域——定义一个 EntityID 使用的 ID，以在应用中对应某个唯一的站点。

- entityID 域——定义一个 EntityID 在应用程序中使用的唯一的 ID。
- readInterval 域——定义一个读更新的间隔秒数，0 值将不读。
- writeInterval 域——定义一个写更新的间隔秒数，0 值将不写。
- networkMode 域——定义一个实体是否忽略网络，是否向网络发送 DIS 数据包或是否从网络接收 DIS 数据包。

(1) standAlone：忽略网络但仍然回应局部场景的事件。

(2) networkReader：只监听网络，根据 readInterval 间隔从网络读取 PDU 数据包，作为实体的远程遥控副本。

(3) networkWriter：根据 writeInterval 间隔向网络发送 PDU 数据包，以担当主实体(master entity)。默认值 standalone 确保激活场景中的 DIS 网络，有目的地设置 networkReader 或 networkWriter。

- isStandAlone 域——定义 networkMode 是否等于"local"，忽略网络，但仍然回应局部场景的事件。
- isNetworkReader 域——定义 networkMode 是否等于"remote"，只监听网络，根据 readInterval 间隔从网络读取 PDU 数据包，作为实体的远程遥控副本。
- isNetworkWriter 域——定义 networkMode 是否等于"master"，根据 writeInterval 间隔向网络发送 PDU 数据包，以担当主实体。
- address 域——定义一个多点传输的网址或其他本地主机 localhost，如 224.2.181.145。
- port 域——定义一个 Multicast port 多点传输端口，如 62040。
- multicastRelayHost 域——定义一个不能使用多点传输后使用的服务器网址，如 devo.cs.nps.navy.mil。
- multicastRelayPort 域——指定一个不能使用多点传输后使用的服务器端口，如 8010。
- rtpHeaderExpected 域——定义一个 DIS PDU 中是否包含 RTP header。
- isRtpHeaderHeard 域——定义一个传入的 DIS 数据包是否包含 RTP header。
- isActive 域——定义最近是否接收到网络更新。
- timestamp 域——定义一个 VRML 单位的 DIS 时间戳。
- radioID 域。定义一个 32 位整型数据，默认值为 0。
- antennaLocation 域——定义一个输入/输出类型，指定一个三维矢量，默认值为0 0 0。
- antennaPatternLength 域——定义一个输入/输出类型的整数，默认值为 0。
- antennaPatternType 域——定义一个输入/输出类型的整数，默认值为 0。
- cryptoKeyID 域——定义一个 cryptoKeyID，具有输入/输出类型整数，默认值为 0。
- cryptoSystem 域——定义一个 cryptoSystem，具有输入/输出类型整数，默认值为 0。
- frequency 域——定义一个频率，具有输入/输出类型整数，默认值为 0。
- inputSource 域——定义一个输入源，具有输入/输出类型整数，默认值为 0。

- lengthOfModulationParameters 域——定义一个调制参数的长，具有输入/输出类型整数，默认值为 0。
- modulationTypeDetail 域——定义一个调制类型细节，具有输入/输出类型整数，默认值为 0。
- modulationTypeMajor 域——定义一个主要调制类型，具有输入/输出类型整数，默认值为 0。
- modulationTypeSpreadSpectrum 域——定义一个调制传播范围，具有输入/输出类型整数，默认值为 0。
- modulationTypeSystem 域——定义一个调制系统，具有输入/输出类型整数，默认值为 0。
- power 域——定义一个发送源，具有输入/输出类型浮点数，默认值为 0。
- radioEntityTypeCategory 域——定义一个发送实体类型种类，具有输入/输出类型整数，默认值为 0。
- radioEntityTypeCountry 域——定义一个具有输入/输出类型整数，默认值为 0。
- radioEntityTypeDomain 域——定义一个发送实体范围，具有输入/输出类型整数，默认值为 0。
- radioEntityTypeKind 域——定义一个发送实体风格，具有输入/输出类型整数，默认值为 0。
- radioEntityTypeNomenclature 域——定义一个命名法，具有输入/输出类型整数，默认值为 0。
- radioEntityTypeNomenclatureVersion 域——定义一个命名法版本，具有输入/输出类型整数，默认值为 0。
- relativeAntennaLocation 域——定义一个输入/输出类型，指定一个三维矢量，默认值为 0 0 0。
- transmitFrequencyBandwidth 域——定义一个输入/输出类型浮点数，默认值为 0。
- transmitState 域——定义一个输入/输出类型整数，默认值为 0。
- containerField 域——表示容器域是 field 域标签的前缀，表示子节点和父节点的关系。该容器域名称为 children，包含几何节点。如 geometry Sphere、children Group、proxy Shape。containerField 属性只有在 X3D 场景用 XML 编码时才使用。
- class 域——用空格分开的类的列表，保留给 XML 样式表使用。只有 X3D 场景用 XML 编码时才支持 class 属性。

15.7 互联网 3D CADAssembly 设计

互联网 3D CADAssembly 组合节点是一个组节点，它能够包含 CADAssembly、CADFace 以及 CADPart 节点。该节点可以作为 Group 编组节点和 Transform 坐标变换节点的子节点或与其他节点平行使用。在 X3D 程序设计中增加 CADAssembly 组合节点是一个组节点，它能够包含 CADAssembly、CADFace 以及 CADPart 节点。提示：插入 Shape 模型节点前，加入 Geometry 几何节点和 Appearance 外观节点。CADAssembly 节点语法定义如下：

```
<CADAssembly
  DEF              ID
  USE              IDREF
  name             SFString       inputOutput
  bboxCenter       0 0 0          SFVec3f               initializeOnly
  bboxSize         -1 -1 -1       SFVec3f               initializeOnly
  containerField   children
  class
/>
```

CADAssembly 节点设计包含域名、域值、域数据类型以及存储/访问类型等，节点中的数据内容包含在一对尖括号中，用“<、/>”表示。

域数据类型描述如下：

- SFString 域——指定了单个字符串。
- SFVec3f 域——定义了一个单值三维矢量。

事件的存储/访问类型描述：表示域(属性)的存储/访问类型，包括 inputOnly(输入类型)、outputOnly(输出类型)、initializeOnly(初始化类型)以及 inputOutput(输入/输出类型)等，用来描述该节点必须提供该属性值。CADAssembly 节点包含 DEF、USE、name、bboxCenter、bboxSize、containerField 以及 class 域等。

- DEF 为节点定义一个名字，给该节点定义了唯一的 ID，在其他节点中就可以引用这个节点。用 DEF 为节点命名时，使用有意义的描述性的名称可以规范文件，以提高 X3D 文件可读性。该属性是可选项。
- USE 用来引用 DEF 定义的节点 ID，即引用 DEF 定义的节点名字，同时忽略其他的属性和子对象。使用 USE 来引用其他的节点对象而不是复制节点可以提高性能和编码效率。该属性是可选项。
- name 域——定义一个 CAD Assembly 程序(实例)项目名字。
- bboxCenter 域——定义一个边界盒的中心，从局部坐标系统原点的位置偏移。
- bboxSize 域——定义一个边界盒尺寸，默认情况下是自动计算的，为了优化场景，也可以强制指定。
- containerField 域——表示容器域是 field 域标签的前缀，表示子节点和父节点的关系。该容器域名称为 children，包含几何节点。如 geometry Sphere、children Group、proxy Shape。containerField 属性只有在 X3D 场景用 XML 编码时才使用。
- class 域——用空格分开的类的列表，保留给 XML 样式表使用。只有 X3D 场景用 XML 编码时才支持 class 属性。

15.8 互联网 3D CADFace 设计

在互联网 3D 程序设计中增加了 CADFace 节点设计，CADFace 节点是一个组节点。该节点包含一个 Shape 模型节点或 LOD 节点。提示：插入 Shape 模型节点前，加入 Geometry 几何节点和 Appearance 外观节点。CADFace 节点设计是利用 CAD 组件节点与

X3D 文件相结合进行开发与设计，CADFace 节点是一个组节点。CADFace 节点包含一个 Shape 模型节点或 LOD 节点。该节点可以作为 Group 编组节点和 Transform 坐标变换节点的子节点或与其他节点平行使用。CADFace 节点语法定义如下：

```
<CADFace
    DEF                 ID
    USE                 IDREF
    name                                SFString      inputOutput
    bboxCenter          0 0 0           SFVec3f       initializeOnly
    bboxSize            -1 -1 -1        SFVec3f       initializeOnly
    containerField      children
    class
/>
```

CADFace 节点 设计包含域名、域值、域数据类型以及存储/访问类型等，节点中数据内容包含在一对尖括号中，用“<、/>”表示。

域数据类型描述如下：

- SFString 域——指定了单个字符串。
- SFVec3f 域——定义了一个单值三维矢量。

事件的存储/访问类型描述：表示域(属性)的存储/访问类型，包括 inputOnly(输入类型)、outputOnly(输出类型)、initializeOnly(初始化类型)以及 inputOutput(输入/输出类型)等，用来描述该节点必须提供该属性值。CADFace 节点包含 DEF、USE、name、bboxCenter、bboxSize、containerField 以及 class 域等。

- DEF 为节点定义一个名字，给该节点定义了唯一的 ID，在其他节点中就可以引用这个节点。用 DEF 为节点命名时，使用有意义的描述性的名称可以规范文件，以提高 X3D 文件的可读性。该属性是可选项。
- USE 用来引用 DEF 定义的节点 ID，即引用 DEF 定义的节点名字，同时忽略其他的属性和子对象。使用 USE 来引用其他的节点对象而不是复制节点可以提高性能和编码效率。该属性是可选项。
- name 域——定义一个 CAD Assembly 程序(实例)项目名字。
- bboxCenter 域——定义一个边界盒的中心，从局部坐标系统原点的位置偏移。
- bboxSize 域——定义一个边界盒尺寸，默认情况下是自动计算的，为了优化场景，也可以强制指定。
- containerField 域——表示容器域是 field 域标签的前缀，表示子节点和父节点的关系。该容器域名称为 children，包含几何节点。如 geometry Sphere、children Group、proxy Shape。containerField 属性只有在 X3D 场景用 XML 编码时才使用。
- class 域——用空格分开的类的列表，保留给 XML 样式表使用。只有 X3D 场景用 XML 编码时才支持 class 属性。

15.9 互联网 3D CADLayer 设计

互联网 3D CADLayer 节点设计是利用 CAD 组件节点与 X3D 文件相结合进行开发与

设计，CADLayer 节点是一个组节点。CADLayer 节点可以包含多个节点。CADLayer 节点可以作为 Group 编组节点和 Transform 坐标变换节点的子节点或与其他节点平行使用。在 X3D 程序设计中增加了 CADLayer 节点设计，CADLayer 节点是一个组节点，该节点能够包含许多节点。注释：插入 Shape 模型节点前，加入 Geometry 几何节点和 Appearance 外观节点。CADLayer 节点语法定义如下：

```
<CADLayer
  DEF             ID
  USE             IDREF
  name                            SFString         inputOutput
  visible                         MFBool           inputOutput
  bboxCenter      0 0 0           SFVec3f          initializeOnly
  bboxSize        -1 -1 -1        SFVec3f          initializeOnly
  containerField  children
  class
/>
```

CADLayer 节点 □ 设计包含域名、域值、域数据类型以及存储/访问类型等，节点中数据内容包含在一对尖括号中，用“<、/>”表示。

域数据类型描述如下：

- SFString 域——指定了单个字符串。
- SFVec3f 域——定义了一个单值三维矢量。
- MFBool 域——一个多值布尔量。

事件的存储/访问类型描述：表示域（属性）的存储/访问类型，包括 inputOnly（输入类型）、outputOnly（输出类型）、initializeOnly（初始化类型）以及 inputOutput（输入/输出类型）等，用来描述该节点必须提供该属性值。CADLayer 节点包含 DEF、USE、name、visible、bboxCenter、bboxSize、containerField 以及 class 域等。

- DEF 为节点定义一个名字，给该节点定义了唯一的 ID，在其他节点中就可以引用这个节点。用 DEF 为节点命名时，使用有意义的描述性的名称可以规范文件，以提高 X3D 文件可读性。该属性是可选项。
- USE 用来引用 DEF 定义的节点 ID，即引用 DEF 定义的节点名字，同时忽略其他的属性和子对象。使用 USE 来引用其他的节点对象而不是复制节点可以提高性能和编码效率。该属性是可选项。
- name 域——定义一个 CAD Assembly 程序（实例）项目名字。
- visible 域——定义一个子项目以及 sub-children 显现的。
- bboxCenter 域——定义一个边界盒的中心，从局部坐标系统原点的位置偏移。
- bboxSize 域——定义一个边界盒尺寸，默认情况下是自动计算的，为了优化场景，也可以强制指定。
- containerField 域——表示容器域是 field 域标签的前缀，表示了子节点和父节点的关系。该容器域名称为 children，包含几何节点。如 geometry Sphere、children Group、proxy Shape。containerField 属性只有在 X3D 场景用 XML 编码时才使用。
- class 域——用空格分开的类的列表，保留给 XML 样式表使用。只有 X3D 场景用

XML 编码时才支持 class 属性。

15.10 互联网 3D CADPart 设计

互联网 3D CADPart 节点是一个组节点，CADPart 节点能够包含 CADFace 节点。CADPart 节点是利用 CAD 节点与 X3D 文件相结合进行开发与设计。CADPart 节点可以作为 Group 编组节点和 Transform 坐标变换节点的子节点或与其他节点平行使用。在 X3D 程序设计中增加了 CADPart 节点设计，CADPart 节点是一个组节点，CADPart 节点能够包含 CADFace 节点。提示：插入 Shape 模型节点前，加入 Geometry 几何节点和 Appearance 外观节点。CADPart 节点语法定义如下：

```
<CADPart
  DEF                 ID
  USE                 IDREF
  name                             SFString      inputOutput
  translation         0 0 0        SFVec3f       inputOutput
  rotation            0 0 1 0      SFRotation    inputOutput
  center              0 0 0        SFVec3f       inputOutput
  scale               1 1 1        SFVec3f       inputOutput
  scaleOrientation    0 0 1 0      SFRotation    inputOutput
  bboxCenter          0 0 0        SFVec3f       initializeOnly
  bboxSize            -1 -1 -1     SFVec3f       initializeOnly
  containerField      children
  class
/>
```

CADPart 节点设计包含域名、域值、域数据类型以及存储/访问类型等，节点中数据内容包含在一对尖括号中，用“<、/>”表示。

域数据类型描述如下：

- SFString 域——指定了单个字符串。
- SFVec3f 域——定义了一个单值三维矢量。
- SFRotation 域——指定了一个任意的旋转。

事件的存储/访问类型描述：表示域(属性)的存储/访问类型，包括 inputOnly(输入类型)、outputOnly(输出类型)、initializeOnly(初始化类型)以及 inputOutput(输入/输出类型)等，用来描述该节点必须提供该属性值。CADPart 节点包含 DEF、USE、name、translation、rotation、center、scale、scaleOrientation、bboxCenter、bboxSize、containerField 以及 class 域等。

- DEF 为节点定义一个名字，给该节点定义了唯一的 ID，在其他节点中就可以引用这个节点。用 DEF 为节点命名时，使用有意义的描述性的名称可以规范文件，以提高 X3D 文件可读性。该属性是可选项。
- USE 用来引用 DEF 定义的节点 ID，即引用 DEF 定义的节点名字，同时忽略其他的属性和子对象。使用 USE 来引用其他的节点对象而不是复制节点可以提高性能和编码效率。该属性是可选项。

- name 域——定义一个 CAD Assembly 程序(实例)项目名字。
- translation 域——定义一个局部坐标系统子节点相对位置(x,y,z),以米为单位。
- rotation 域——定义一个局部坐标系统子节点相对位置朝向轴和弧度角。
- center 域——定义一个局部坐标系统从原始位置偏移,已实现旋转和缩放等。
- scale 域——定义一个子坐标系统,沿 X、Y、Z 不同轴实现不同缩放设计,调整中心点缩放朝向。
- scaleOrientation 域——定义一个局部坐标系准备旋转朝向的缩放,允许环绕或指定朝向缩放。
- bboxCenter 域——定义一个边界盒的中心,从局部坐标系统原点的位置偏移。
- bboxSize 域——定义一个边界盒尺寸,默认情况下是自动计算的,为了优化场景,也可以强制指定。
- containerField 域——表示容器域是 field 域标签的前缀,表示子节点和父节点的关系。该容器域名称为 children,包含几何节点。如 geometry Sphere、children Group、proxy Shape。containerField 属性只有在 X3D 场景用 XML 编码时才使用。
- class 域——用空格分开的类的列表,保留给 XML 样式表使用。只有 X3D 场景用 XML 编码时才支持 class 属性。

15.11 互联网 3D CAD 案例分析

在互联网 3D 设计中利用 CAD 组件可以实现更加方便、灵活的三维立体造型和场景的开发与设计,使用 CAD 组件开发设计出更加生动、鲜活、逼真的 X3D 虚拟现实动画场景。在 CAD 组件节点设计中,使用 X3D 节点、背景节点以及 CAD 组件节点进行设计和开发。

【实例 15-1】 在互联网 3D 设计中利用 CAD 组件节点创建三维立体场景。CAD 组件节点场景设计 X3D 文件源程序展示如下:

```
<Scene>
    <!-- Scene graph nodes are added here -->
<Background skyColor="1 1 1"/>
    <Viewpoint description='Hello CAD teapot' position=' 0 5 35'/>
    <Transform translation="2.2 0.6 0" rotation='0 1 0 3.141'>
<CADAssembly>
      <CADPart name='Body'>
        <CADFace>
          <Shape containerField='shape'>
            <Appearance DEF='APP01'>
              <Material diffuseColor='0.8 0.6 0.5'/>
            </Appearance>
            <IndexedFaceSet ccw='true' coordIndex='0 5 6 -1 6 1 0 -1 1 6 7 -1 7 2 1 -1 2 7
8 -1 8 3 2 -1 3 8 9 -1 9 4 3 -1 5 10 11 -1 11 6 5 -1 6 11 12 -1 12 7 6 -1 7 12 13 -1 13 8 7
-1 8 13 14 -1 14 9 8 -1 10 15 16 -1 16 11 10 -1 11 16 17 -1 17 12 11 -1 12 17 18 -1 18 13
12 -1 13 18 19 -1
                     ⋮
210 -1 210 256 255 -1 256 210 211 -1 211 211 256 -1' creaseAngle='0.5' solid='true'>
            <Coordinate point='4.548 7.797 0 4.485 8.037 0 4.558 8.116 0 4.708 8.037 0 4.873
```

```
7.797 0 4.196 7.797 1.785 4.137 8.037 1.76 4.205 8.116 1.789 4.343 8.037 1.848 4.495
                            ⋮
0.04188 -2.504 3.381 0.3084 -3.381 2.962 0.1523 -2.962 1.927 0.04188 -1.927 4.393 0.3084
-1.869 3.849 0.1523 -1.638 2.504 0.04188 -1.065'/>
            </IndexedFaceSet>
          </Shape>
        </CADFace>
      </CADPart>
      <CADPart name='Spout'>
        <CADFace>
          <Shape containerField='shape'>
            <Appearance USE='APP01'/>
            <IndexedFaceSet ccw='true' coordIndex='0 5 6 -1 6 1 0 -1 1 6 7 -1 7 2 1 -1 2 7
8 -1 8 3 2 -1 3 8 9 -1 9 4 3 -1 5 10 11 -1 11 6 5 -1 6 11 12 -1 12 7 6 -1 7 12 13 -1 13 8 7
-1 8 13 14
                            ⋮
40 -1 40 68 39 -1 68 40 41 -1 41 69 68 -1 69 41 42 -1 42 70 69 -1 70 42 43 -1 43 71 70 -1'
creaseAngle='0.5' solid='true'>
            <Coordinate point='5.523 4.629 0 7.081 4.987 0 7.756 5.848 0 8.127 6.891 0 8.771
7.797 0 5.523 4.211 1.206 7.2 4.677 1.089 7.908 5.667 0.8314 8.312 6.825 0.5739 9.076
                            ⋮
-0.4873 10.06 7.964 -0.4035 9.746 7.797 -0.3655 9.331 7.94 -0.4283 9.483 7.99 -0.3655
9.488 7.943 -0.3027 9.299 7.797 -0.2741'/>
            </IndexedFaceSet>
          </Shape>
        </CADFace>
      </CADPart>
      <CADPart name='Handle'>
        <CADFace>
          <Shape containerField='shape'>
            <Appearance USE='APP01'/>
            <IndexedFaceSet ccw='true' coordIndex='0 5 6 -1 6 1 0 -1 1 6 7 -1 7 2 1 -1 2 7
8 -1 8 3 2 -1 3 8 9 -1 9 4 3 -1 5 10 11 -1 11 6 5 -1 6 11 12 -1 12 7 6 -1 7 12 13 -1 13 8 7
-1 8 13 14
                            ⋮
40 -1 40 68 39 -1 68 40 41 -1 41 69 68 -1 69 41 42 -1 42 70 69 -1 70 42 43 -1 43 71 70 -1'
creaseAngle='0.5' solid='true'>
            <Coordinate point='-5.198 6.578 0 -6.715 6.567 0 -7.837 6.487 0 -8.533 6.27
0 -8.771 5.848 0 -5.147 6.693 0.5482 -6.761 6.679 0.5482 -7.945 6.587 0.5482 -8.675
6.336
                            ⋮
3.201 -0.7309 -6.335 2.436 -0.7309 -8.783 5.121 -0.5482 -8.342 4.288 -0.5482 -7.572
3.466 -0.5482 -6.446 2.771 -0.5482'/>
            </IndexedFaceSet>
          </Shape>
        </CADFace>
      </CADPart>
      <CADPart name='Lid'>
        <CADFace>
          <Shape containerField='shape'>
            <Appearance USE='APP01'/>
```

```
            <IndexedFaceSet ccw='true' coordIndex='0 0 5 -1 5 1 0 -1 1 5 6 -1 6 2 1 -1 2 6 7 -1 7 3 2 -1 3 7 8 -1 8 4 3 -1 0 0 9 -1 9 5 0 -1 5 9 10 -1 10 6 5 -1 6 10 11 -1 11 7 6 -1 7 11 12 -1
                    ⋮
-1 123 127 128 -1 128 124 123 -1 64 4 65 -1 65 125 64 -1 125 65 66 -1 66 126 125 -1 126 66 67 -1 67 127 126 -1 127 67 68 -1 68 128 127 -1' creaseAngle='0.5' solid='true'>
              <Coordinate DEF='Teapot01-COORD' point='0 10.23 0 1.107 10.07 0 1.056 9.685 0 0.6396 9.205 0 0.6497 8.771 0 1.021 10.07 0.4355 0.9743 9.685 0.4154 0.5901 9.205
                    ⋮
8.086 -2.667 2.998 7.797 -2.998 1.367 8.482 -0.5818 2.472 8.284 -1.052 3.465 8.086 -1.474 3.896 7.797 -1.658'/>
            </IndexedFaceSet>
          </Shape>
        </CADFace>
      </CADPart>
    </CADAssembly>
</Transform>
  </Scene>
```

在X3D文件设计中CAD组件节点源文件中的Scene场景根节点下添加Background背景节点和Shape模型节点，背景节点的颜色取银白色以突出造型的显示动画效果。X3D虚拟现实CAD组件节点场景程序运行。首先，启动X3D浏览器，然后在X3D浏览器中单击Open按钮，选择X3D案例程序，即可运行CAD组件节点场景程序，运行后的场景效果如图15-1所示。

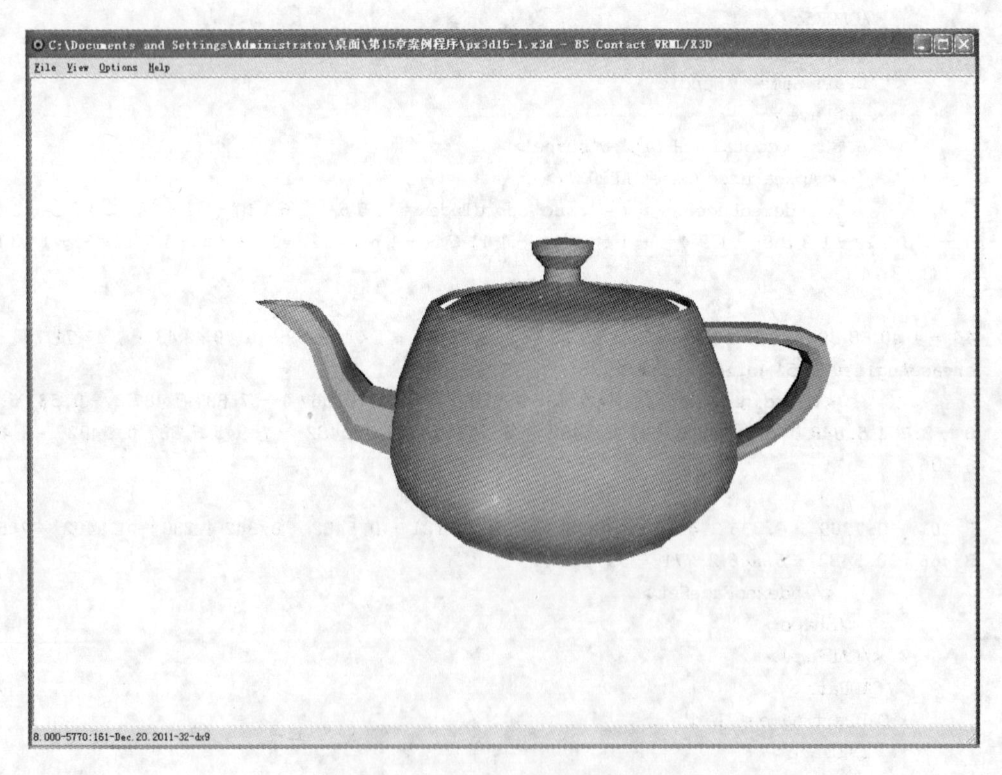

图15-1　CAD组件创建场景效果

第16章 互联网3D地理信息与虚拟人设计

互联网3D虚拟现实三维立体地理信息组件节点，即地理信息学组件，其组件的名称是Geospatial。当在COMPONENT语句中引用这个组件时需要使用这个名称。Geospatial component(地理学组件)。其中包括如何在真实世界位置和X3D场景中元素之间建立关联，以及详细说明协调地理应用的节点。这一段包含了Geospatial组件中的重要概念，提供地理学支持的地理学应用的讨论。地理学支持包括如何在某一个X3D节点中嵌入地理坐标，支持高精度的地理模型，处理大面积多分辨率地形数据集。Geospatial组件遵循Spatial Reference Model(空间建模参考标准)中定义的约定。Geospatial组件中包含GeoCoordinate、GeoElevationGrid、GeoLocation、GeoLOD、GeoMetadata、GeoOrigin、GeoTransform、GeoPositionInterpolator、GeoTouchSensor、GeoViewpoint等节点。

X3D指定一个空间参考系，允许包含地理坐标的X3D节点支持geoSystem域。这个域用来指定此节点中地理化坐标使用的特定的空间参考系。这是一个可以包含一系列的充分指明空间参考系的参数的MFString域。每个参数在MFString数组中表现单个的字符串，参数匹配是区分大小写的，可选参数可以以任意顺序出现的值。GD即Geodetic spatial reference frame(测地学空间参考系-纬度/经度)，使用一种定义的椭圆体编码作为可选的参数，可指定所用的椭圆体。如果没有指定椭圆体，则假定指定为"WE"，即WGS84椭圆体。可选的"WGS84"字符串可指定所有的高度是参照WGS84大地水准面(如海平面)；否则，所有的高度是参照椭圆体。此格式的范例["GD","WD"]，表示空间参考系基于WGS72椭圆体的测地学空间参考系，且所有高度值是参照此WGS72椭圆体的。UTM即Universal Transverse Mercator(通用横轴墨卡托投影)。UTM使用中还必须要给定一个区域码(zone number范围[1..60])。给定的格式为"Z<n>"，其中<n>就是区域代码。如果有可选参数"S"，则坐标在南半球，(否则坐标假定在北半球)。另外，使用一种定义的椭圆体编码作为可选的参数，可指定所用的椭圆体。如果没有指定椭圆体，则假定指定为"WE"，即WGS84椭圆体。可选的"WGS84"字符串可指定所有的高度是参照WGS84大地水准面(如海平面)；否则，所有的高度是参照椭圆体。此格式的范例["UTM","Z10","S","WGS84"]，表示一个南半球10区的UTM空间参考系，且所有高度值是参照海平面的。GC对应WGS84椭圆体的以地球为中心的测量坐标。不支持额外的参数。此格式的空间参考系定义范例为["GC"]。如果没有指定geoSystem域，默认值为["GD","WE"]。

X3D三维立体网页地理信息节点建立了一个隐含的三维笛卡儿右手坐标系。大多数的地理相关的数据是以测地学或投影空间参考系的形式提供的。测地学(或地理学)的空间参考系是和用来建立地球的椭圆体相关的，如经纬度系统。投影空间参考系使用一个椭圆体的投影到一些诸如圆柱或圆锥简单表面上，如Lambert Conformal Conic(兰勃特等角圆锥投影，LCC)或Universal Transverse Mercator(通用横轴墨卡托投影，UTM)投影。为了使用这些地理相关的概念，X3D 提供一些可以使用空间参考系来建模的节点。另外，为了建立地球的模型，除了空间参考系，X3D 中还定义了 23 个标准椭圆体。X3D 还支持指定大地水准面(geoid)，如海平面。X3D 浏览器将把所有的地理坐标转换到以地球为中心的测量坐标，如一个相对地心的单位为米的 (x,y,z) 位移值。这是一个最容易和 X3D 隐含坐标系整合的三维笛卡儿坐标。另外，如果使用了 GeoOrigin，则可以给这些地理坐标指定一个偏移值。结果坐标被转换为单精度，并且成为渲染用到的最终值。

16.1 互联网 3D GeoCoordinate 设计

互联网 3D GeoCoordinate 节点用来指定某一空间参考系下的坐标表。此节点用于 IndexedFaceSet、IndexedLineSet、PointSet 这类基于顶点的几何节点的 coord 域中。geoOrigin 域用来指定一个局部坐标系以支持处理高精度坐标中描述的精度扩展。GeoSystem 域用来在定义中描述的空间参考系。point 数组用来包含真实的地理学坐标，其中提供的坐标格式要遵照 geoSystem 中指定的参考系。地理学坐标将被透明地转换为以地球为中心测量的曲面地球的描述。如一个场景允许地理学家建立 X3D 场景，而场景中所有的坐标都是由纬度、经度、海拔高度指定的。GeoCoordinate 节点建立一系列的三维地理坐标，通常被用来再现地理数据和地球曲面，GeoCoordinate 节点通常在 IndexedFaceSet、IndexedLineSet、LineSet、PointSet 节点中使用。GeoCoordinate 可以包含 GeoOrigin 节点。GeoCoordinate 节点语法定义如下：

```
< GeoCoordinate
  DEF                  ID
  USE                  IDREF
  geoSystem            "GD" "WE"
  point                                    MFVec3d
  containerField       coord
  class
/>
```

GeoCoordinate 节点设计包含域名、域值、域数据类型以及存储/访问类型等，节点中数据内容包含在一对尖括号中，用“＜、/＞”表示。

域数据类型描述如下：

- SFFloat 域——单值单精度浮点数。
- SFBool 域——一个单值布尔量。
- MFVec3d 域——定义了一个多值多组三维矢量。

事件的存储/访问类型描述：表示域(属性)的存储/访问类型，包括 inputOnly(输入类型)、outputOnly(输出类型)、initializeOnly(初始化类型)以及 inputOutput(输入/输出类型)等，用来描述该节点必须提供该属性值。GeoCoordinate 节点包含 DEF、USE、geoSystem、point、containerField 以及 class 域等。

- DEF 为节点定义一个名字，给该节点定义了唯一的 ID，在其他节点中就可以引用这个节点。用 DEF 为节点命名时，使用有意义的描述性的名称可以规范文件，以提高 X3D 文件可读性。该属性是可选项。

- USE 用来引用 DEF 定义的节点 ID，即引用 DEF 定义的节点名字，同时忽略其他的属性和子对象。使用 USE 来引用其他的节点对象而不是复制节点可以提高性能和编码效率。该属性是可选项。
- geoSystem 域——定义一个所使用的地理坐标系统。该域值支持值为 GDC UTM GCC。
- point 域——指定了一个按照 geoSystem 指定格式的一系列三维地理坐标。如果需要可以把串值"x1 y1 z1 x2 y2 z2"分为"x1 y1 z1","x2 y2 z2"。
- containerField 域——表示容器域是 field 域标签的前缀，表示子节点和父节点的关系。该容器域名称为 coord，包含几何节点。如 geometry Sphere、children Group、proxy Shape。containerField 属性只有在 X3D 场景用 XML 编码时才使用。
- class 域——用空格分开的类的列表，保留给 XML 样式表使用。只有 X3D 场景用 XML 编码时才支持 class 属性。

16.2 互联网 3D GeoElevationGrid 设计

互联网 3D GeoElevationGrid 节点创建信息地理立体几何地球造型，该节点也常作为 Shape 模型节点中 Geometry 子节点。GeoElevationGrid 节点在某一空间参考系下指定了一个均匀的由高度值设定的网格。这些将被透明地转换为以地球为中心测量的曲面地球的描述。如一个场景允许地理学家建立 X3D 场景，而场景中所有的坐标都是由经度、纬度、海拔高度指定的。GeoElevationGrid 节点是一个几何节点，使用地理坐标创建一个具有不同高度的矩形网络组成的地理曲面。GeoElevationGrid 节点可以包含 GeoOrigin、Color、Normal、TextureCoordinate 节点。在增加 Geometry 或 Appearance 节点之前先插入一个 Shape 节点。GeoElevationGrid 节点语法定义如下：

```
< GeoElevationGrid
  DEF               ID
  USE               IDREF
  geoSystem         "GD" "WE"
  geoGridOrigin     0 0 0        SFVec3d        initializeOnly
  xDimension        0            SFInt32
  zDimension        0            SFInt32
  xSpacing          1.0          SFDouble
  zSpacing          1.0          SFDouble
  yScale            1.0          SFFloat
  height                         MFFloat
  set_height        ""           MFDouble       initializeOnly
  ccw               true         SFBool
  solid             true         SFBool
  creaseAngle       0            SFFloat
  colorPerVertex    true         SFBool
  normalPerVertex   true         SFBool
  containerField    geometry
  class
/>
```

GeoElevationGrid 节点设计包含域名、域值、域数据类型以及存储/访问类型等，节点中数据内容包含在一对尖括号中，用“<、/>”表示。

域数据类型描述如下：

- SFInt32 域——一个单值含有 32 位的整数。
- SFBool 域——一个单值布尔量，取值范围为[true|false]。
- MFDouble 域——多值双精度浮点数。
- SFVec3d 域——定义了一个单值三维矢量。
- MFDouble 域——多值双精度浮点数。
- SFFloat 域——单值单精度浮点数。
- MFFloat 域——多值单精度浮点数。

事件的存储/访问类型描述：表示域（属性）的存储/访问类型，包括 inputOnly（输入类型）、outputOnly（输出类型）、initializeOnly（初始化类型）以及 inputOutput（输入/输出类型）等，用来描述该节点必须提供该属性值。GeoElevationGrid 节点包含 DEF、USE、geoSystem、geoGridOrigin、xDimension、zDimension、xSpacing、zSpacing、yScale、height、set_heigt、ccw、solid、creaseAngle、colorPerVertex、normalPerVertex、containerField 以及 class 域等。

- DEF 为节点定义一个名字，给该节点定义了唯一的 ID，在其他节点中就可以引用这个节点。用 DEF 为节点命名时，使用有意义的描述性的名称可以规范文件，以提高 X3D 文件可读性，该属性是可选项。
- USE 用来引用 DEF 定义的节点 ID，即引用 DEF 定义的节点名字，同时忽略其他的属性和子对象。使用 USE 来引用其他的节点对象而不是复制节点可以提高性能和编码效率。该属性是可选项。
- geoSystem 域——定义了一个所使用的地理坐标系统。该域值支持值为 GDC UTM GCC。
- geoGridOrigin 域——指定了一个对应高度数据集中西南（左下）角数据的地理坐标。
- xDimension 域——指定了一个东西方向上的网格数。提示水平 X 轴的总长等于 (xDimension−1) * xSpacing。
- zDimension 域——指定了一个南北方向上的网格数。提示垂直 Y 轴的总长等于 (zDimension−1) * zSpacing。
- xSpacing 域——指定了一个东西 X 方向上网格顶点的间距，当 geoSystem 指定为 GDC 时，xSpacing 使用经度的度数；当 geoSystem 指定为 UTM 时，xSpacing 使用向东的米数。
- zSpacing 域——指定了一个南北 Z 方向上网格顶点的间距，当 geoSystem 指定为 GDC 时，zSpacing 使用纬度的度数；当 geoSystem 指定为 UTM 时，zSpacing 使用向北的米数。
- yScale 域——指定了一个放大垂直方向的比例以利于数据显示。在显示数据的时候，可以用 yScale 值来产生垂直方向的夸张效果。默认值为 1.0。如果此值设置的比 1.0 大，所有的高度值看起来将比实际的高。

- height 域——定义了椭圆体上的高度浮点值，有 xDimension 行 zDimension 列值按从西到东，从南到北的行顺序排列对应高度数据集中西南(左下)角数据的地理坐标。
- set_height 域——定义了椭圆体上的高度浮点值，有 xDimension 行 zDimension 列值按从西到东，从南到北的行顺序排列对应高度数据集中西南(左下)角数据的地理坐标。
- ccw 域——指定一个布尔值，它是 counterclockwise(逆时针)的英文缩写。该域值指定了海拔栅格创建的表面是按顺时针方向索引，还是按逆时针方向或者未知方向索引。当该域值为 true 时，则按逆时针方向索引；当该域值为 false 时，则按顺时针或未知方向索引。该域值的默认值为 true。
- solid 域——指定一个布尔值，当该域值为 true 时，表示只创建正面，不建立反面；当该域值为 false 时，表示正反两面都创建。当 ccw 是 true，solid 也是 true 时，那么只创建面向 $+Y$ 轴正方向的一面；若 ccw 为 flash，solid 还为 true 时，则只会创建 $-Y$ 轴负方向的一面。该域值的默认值为 true。
- creaseAngle 域——定义了一个用弧度(radian)表示的折痕角。若该值使用比较小的弧度，那么整个表面看起来就比较平滑；若使用较大的角度，那么折痕就会变得很清晰。该域值必须大于或等于 0.0。其默认值为 0.0。
- colorPerVertex——指定一个 Color 节点应用每顶点颜色(true 值时)，还是每四边形颜色(false 值时)。默认值为 true。
- normalPerVertex 域——指定一个 Normal 节点应用每顶点法线(true 值时)，还是每四边形法线(false 值时)，默认值为 true。
- containerField 域——表示容器域是 field 域标签的前缀，表示子节点和父节点的关系。该容器域名称为 geometry，包含几何节点。如 geometry Box、children Group、proxy Shape。containerField 属性只有在 X3D 场景用 XML 编码时才使用。
- class 域——用空格分开的类的列表，保留给 XML 样式表使用。只有 X3D 场景用 XML 编码时才支持 class 属性。

16.3　互联网 3D GeoLocation 设计

互联网 3D GeoLocation 节点提供了地理化地引用标准 X3D 模型的能力。即把一个普通的 X3D 模型包含到一个节点的 children 域中，然后为这个节点指定一个地理位置。这个节点是一个可以理解为与 Transform 节点类似的组节点。GeoLocation 节点指定的一个绝对位置，而不是一个相对位置，所有内容开发者不应该把一个 GeoLocation 节点嵌到另一个 GeoLocation 节点中。另外为了把 X3D 模型放置到正确的地理位置上，GeoLocation 节点还将适当地调节模型的方向。标准 X3D 坐标系指定 $+Y$ 轴为上，$+Z$ 为远离屏幕，$+X$ 为向右。GeoLocation 节点按以下方式设置方向：$+Y$ 轴为局部区域的上方向(椭圆体表面切线方向的法线)，$-Z$ 点指向北极，$+X$ 指向东方。GeoLocation 节点把一个普通的 X3D 模型包含到一个节点的 children 域中，然后为这个节点指定一个地理位置。GeoLocation 节点是一个可以理解为与 Transform 节点类似的组节点。GeoLocation 节点语法定义如下：

```
<GeoLocation
  DEF              ID
  USE              IDREF
  geoSystem        "GD" "WE"
  geoCoords                          SFVec3d
  bboxCenter       0 0 0             SFVec3f         initializeOnly
  bboxSize         -1 1 -1           SFVec3f         initializeOnly
  containerField   children
  class
/>
```

GeoLocation 节点设计包含域名、域值、域数据类型以及存储/访问类型等，节点中数据内容包含在一对尖括号中，用"<、/>"表示。

域数据类型描述如下：

- SFInt32 域——是一个单值含有 32 位的整数。
- SFBool 域——是一个单值布尔量，取值范围为[true|false]。
- SFVec3f 域——定义了一个单精度三维矢量空间。
- SFVec3d 域——定义了一个双精度单值三维矢量。

事件的存储/访问类型描述：表示域（属性）的存储/访问类型，包括 inputOnly（输入类型）、outputOnly（输出类型）、initializeOnly（初始化类型）以及 inputOutput（输入/输出类型）等，用来描述该节点必须提供该属性值。GeoLocation 节点包含 DEF、USE、geoSystem、geoCoords、bboxCenter、bboxSize、containerField 以及 class 域等。

- DEF 为节点定义一个名字，给该节点定义了唯一的 ID，在其他节点中就可以引用这个节点。用 DEF 为节点命名时，使用有意义的描述性的名称可以规范文件，以提高 X3D 文件可读性，该属性是可选项。
- USE 用来引用 DEF 定义的节点 ID，即引用 DEF 定义的节点名字，同时忽略其他的属性和子对象。使用 USE 来引用其他的节点对象而不是复制节点可以提高性能和编码效率。该属性是可选项。
- geoSystem 域——定义了一个所使用的地理坐标系统。该域值支持值为 GDC UTM GCC。
- geoCoords 域——指定了一个地理位置，由当前 geoSystem coordinates 指定的地理坐标，以放置子几何体节点（采用相对 VMRL 坐标系并以米为单位）。
- bboxCenter 域——指定了一个边界盒的中心，从局部坐标系统原点的位置偏移。
- bboxSize 域——指定了一个边界盒尺寸，默认情况下是自动计算的，为了优化场景，也可以强制指定。
- containerField 域——表示容器域是 field 域标签的前缀，表示子节点和父节点的关系。该容器域名称为 children，包含几何节点。如 geometry Box、children Group、proxy Shape。containerField 属性只有在 X3D 场景用 XML 编码时才使用。
- class 域——用空格分开的类的列表，保留给 XML 样式表使用。只有 X3D 场景用 XML 编码时才支持 class 属性。

16.4 互联网 3D GeoLOD 设计

互联网 3D GeoLOD 节点是一个组节点，其中可以使用树结构为一个对象指定两个不同的细节层次，其中子层次中可以指定 0～4 个子节点，GeoLOD 能有效地处理这些细节层次的载入和卸载。GeoLOD 节点包含 children 相关子节点，rootNode 根节点和 GeoOrigin 节点。GeoLOD 节点为多分辨率的地形提供了四叉树的细节层次载入卸载能力。GeoLOD 节点包含 children 相关子节点、rootNode 根节点和 GeoOrigin 节点。其中只有当前载入的子节点是暴露于场景图的。rootNode 指定根覆盖几何体。每次只可以指定一个根覆盖，不要同时使用 rootUrl 和 rootNode。GeoLOD 节点语法定义如下：

```
< GeoLOD
  DEF               ID
  USE               IDREF
  geoSystem         "GD" "WE"
  rootUrl                          MFString       initializeOnly
  child1Url                        MFString       initializeOnly
  child2Url                        MFString       initializeOnly
  child3Url                        MFString       initializeOnly
  child4Url                        MFString       initializeOnly
  range             [0, ∞ ]        SFFloat        initializeOnly
  center            0 0 0          SFVec3D        initializeOnly
  bboxCenter        0 0 0          SFVec3f        initializeOnly
  bboxSize          -1 -1 -1       SFVec3f        initializeOnly
  containerField    children
  class
/>
```

GeoLOD 节点设计包含域名、域值、域数据类型以及存储/访问类型等，节点中数据内容包含在一对尖括号中，用“<、/>”表示。

域数据类型描述如下：

- SFFloat 域——单值单精度浮点数。
- SFVec3f 域——定义了一个单精度三维矢量空间。
- SFVec3d 域——定义了一个双精度单值三维矢量。
- MFString 域——一个含有零个或多个单值的多值域字符串。

事件的存储/访问类型描述：表示域(属性)的存储/访问类型，包括 inputOnly(输入类型)、outputOnly(输出类型)、initializeOnly(初始化类型)以及 inputOutput(输入/输出类型)等，用来描述该节点必须提供该属性值。GeoLOD 节点包含 DEF、USE、geoSystem、rootUrl、child1Url、child2Url、child3Url、child4Url、range、center、bboxCenter、bboxSize、containerField 以及 class 域等。

- DEF 为节点定义一个名字，给该节点定义了唯一的 ID，在其他节点中就可以引用这个节点。用 DEF 为节点命名时，使用有意义的描述性的名称可以规范文件，以提高 X3D 文件可读性，该属性是可选项。
- USE 用来引用 DEF 定义的节点 ID，即引用 DEF 定义的节点名字，同时忽略其他的

属性和子对象。使用 USE 来引用其他的节点对象而不是复制节点可以提高性能和编码效率。该属性是可选项。

- geoSystem 域——定义了一个所使用的地理坐标系统。该域支持值为 GDC UTM GCC。
- rootUrl 域——指定了一个使用 rootNode 或 rootUrl 指定根几何体。
- child1Url 域——指定了一个可视范围内载入的四叉树几何节点。
- child2Url 域——指定了一个可视范围内载入的四叉树几何节点。
- child3Url 域——指定了一个可视范围内载入的四叉树几何节点。
- child4Url 域——指定了一个可视范围内载入的四叉树几何节点。
- range 域——指定了一个设置从一个中心的可视范围，在(0,infinity)范围的参照地理坐标系统，用来载入/卸载不同的四叉树。
- center 域——指定了一个参照地理坐标系统，设置从一个中心的可视范围，用来载入/卸载不同的四叉树。
- bboxCenter 域——指定了边界盒的中心，从局部坐标系统原点的位置偏移。其默认值为 0.0 0.0 0.0。
- bboxSize 域——指定了边界盒尺寸 *X*、*Y*、*Z* 方向的大小。其默认值为－1.0 －1.0 －1.0。默认情况下是自动计算的，为了优化场景也可以强制指定。
- containerField 域——表示容器域是 field 域标签的前缀，表示子节点和父节点的关系。该容器域名称为 children，包含几何节点。如 geometry Box、children Group、proxy Shape。containerField 属性只有在 X3D 场景用 XML 编码时才使用。
- class 域——用空格分开的类的列表，保留给 XML 样式表使用。只有 X3D 场景用 XML 编码时才支持 class 属性。

16.5 互联网 3D GeoMetadata 设计

互联网 3D GeoMetadata 节点中包括地理元数据的标准与描述。GeoMetadata 节点的目的不是收入所有特定的标准，而是提供关于这些完整元数据描述的链接，以及可选择地提供简短的可读的概要。该节点可以作为 Transform 空间坐标变换节点的子节点，或与其他节点平行使用。GeoMetadata 节点支持为 GeoX3D 节点指定任意数量的描述性元数据。和 WorldInfo 节点相似，但是这个节点是用来专门描述地理信息的。GeoMetadata 包括地理信息的一般子类的元数据。GeoMetadata 节点支持为 GeoX3D 节点指定任意数量的描述性元数据。和 WorldInfo 节点相似，但是这个节点是用来专门描述地理信息的。该节点中包括地理元数据的标准与描述。GeoMetadata 节点的目的不是收入所有特定的标准，而是提供关于这些完整元数据描述的链接，以及可选地提供简短的可读的概要。GeoMetadata 节点语法定义如下：

```
<GeoMetadata
  DEF                    ID
  USE                    IDREF
  url                                  MFString        inputOutput
```

```
  data                                            inputOutput
  summary                             MFString    inputOutput
  containerField      children
  class
/>
```

GeoMetadata 节点设计包含域名、域值、域数据类型以及存储/访问类型等，节点中数据内容包含在一对尖括号中，用“<、/>”表示。

域数据类型描述如下：

- SFFloat 域——单值单精度浮点数。
- MFString 域——一个含有零个或多个单值的多值域字符串。

事件的存储/访问类型描述：表示域(属性)的存储/访问类型，包括 inputOnly(输入类型)、outputOnly(输出类型)、initializeOnly(初始化类型)以及 inputOutput(输入/输出类型)等，用来描述该节点必须提供该属性值。GeoMetadata 节点包含 DEF、USE、url、data、summary、containerField 以及 class 域等。

- DEF 为节点定义一个名字，给该节点定义了唯一的 ID，在其他节点中就可以引用这个节点。用 DEF 为节点命名时，使用有意义的描述性的名称可以规范文件，以提高 X3D 文件可读性，该属性是可选项。
- USE 用来引用 DEF 定义的节点 ID，即引用 DEF 定义的节点名字，同时忽略其他的属性和子对象。使用 USE 来引用其他的节点对象而不是复制节点可以提高性能和编码效率。该属性是可选项。
- url 域——指定了一个网络地址字符串可以是多值，用引号分隔每个字符串。提示：http 链接要严格匹配目录和文件名的兼容性。
- data 域——定义了一个执行这个数据的所有节点的列表。如果不指定，则 GeoMetadata 节点适用于整个场景。
- summary 域——定义了一个使用 Metadata keyword=value 字符串对，metadata keyword=value 字符串对在使用 VRML 97 编码时，会在 summary 下跟 keyword=value 字符串对。
- containerField 域——表示容器域是 field 域标签的前缀，表示子节点和父节点的关系。该容器域名称为 children，包含几何节点。如 geometry Box、children Group、proxy Shape。containerField 属性只有在 X3D 场景用 XML 编码时才使用。
- class 域——是用空格分开的类的列表，保留给 XML 样式表使用。只有 X3D 场景用 XML 编码时才支持 class 属性。

16.6 互联网 3D GeoOrigin 设计

互联网 3D GeoOrigin 节点指定了一个局部坐标系统以增加地理精度。每个场景中只使用一个坐标系统，因此推荐使用 USE 引用这唯一的 GeoOrigin 节点。该节点可以作为 Transform 空间坐标变换节点的子节点，或与其他节点平行使用。GeoOrigin 节点定义了一个绝对地理学位置和一个几何体需要引用的隐含局部坐标系，这个节点用来将地理学坐标转换到 X3D 浏览器可以处理的笛卡儿坐标系。GeoOrigin 节点语法定义如下：

```
<GeoOrigin
  DEF                 ID
  USE                 IDREF
  geoSystem           "GD" "WE"
  geoCoords                               SFVec3d         inputOutput
  rotateYUp           false               SFBool          initializeOnly
  containerField      geoOrigin
  class
/>
```

GeoOrigin 节点设计包含域名、域值、域数据类型以及存储/访问类型等，节点中数据内容包含在一对尖括号中，用“<、/>”表示。

域数据类型描述如下：

- SFBool 域——一个单值布尔量。
- SFFloat 域——单值单精度浮点数。
- SFVec3f 域——定义了一个单精度三维矢量空间。
- SFVec3d 域——定义了一个双精度单值三维矢量。

事件的存储/访问类型描述：表示域(属性)的存储/访问类型，包括 inputOnly(输入类型)、outputOnly(输出类型)、initializeOnly(初始化类型)以及 inputOutput(输入/输出类型)等，用来描述该节点必须提供该属性值。GeoOrigin 节点包含 DEF、USE、geoSystem、geoCoords、rotateYUp、containerField 以及 class 域等。

- DEF 为节点定义一个名字，给该节点定义了唯一的 ID，在其他节点中就可以引用这个节点。用 DEF 为节点命名时，使用有意义的描述性的名称可以规范文件，以提高 X3D 文件可读性，该属性是可选项。
- USE 用来引用 DEF 定义的节点 ID，即引用 DEF 定义的节点名字，同时忽略其他的属性和子对象。使用 USE 来引用其他的节点对象而不是复制节点可以提高性能和编码效率。该属性是可选项。
- geoSystem 域——定义一个所使用的地理坐标系统。该支持值为 GDC UTM GCC。
- geoCoords 域——定义了一个绝对地理位置和绝对的局部坐标框架。
- rotateYUp 域——指定了一个 rotateYUp true 旋转使用 GeoOrigin 旋转节点的坐标，使局部上方向是相对 VRML *Y* 轴的 rotateYUp。false 意味着上方向是相对于行星表面的 rotateYUp，true 允许在 NavigationInfo 的 FLY、WALK 下适当导航。
- containerField 域——表示容器域是 field 域标签的前缀，表示子节点和父节点的关系。该容器域名称为 geoOrigin，包含几何节点。如 geometry Box、children Group、proxy Shape。containerField 属性只有在 X3D 场景用 XML 编码时才使用。
- class 域——用空格分开的类的列表，保留给 XML 样式表使用。只有 X3D 场景用 XML 编码时才支持 class 属性。

16.7 互联网 3D GeoPositionInterpolator 设计

互联网 3D GeoPositionInterpolator 节点提供了一个插补器，其中关键值指定为地理学坐标并且在指定的空间参考系下执行插值。GeoPositionInterpolator 节点在地理坐标系统中进行对象动画设计。GeoPositionInterpolator 节点可以作为 Transform 空间坐标变换节点的子节点，或与其他节点平行使用。

GeoPositionInterpolator 节点可以包括一个 GeoOrigin 节点。典型输入为 ROUTE someTimeSensor. fraction_changed TO someInterpolator. set_fraction 典型输出为 ROUTE someInterpolator. value_changed。GeoPositionInterpolator 节点语法定义如下：

```
< GeoPositionInterpolator
  DEF                 ID
  USE                 IDREF
  geoSystem           "GD" "WE"
  key                                MFFloat        inputOutput
  keyValue                           MFVec3d        inputOutput
  set_fraction        ""             SFFloat        inputOnly
  value_changed       ""             SFVec3f
  geovalue_changed    ""             SFVec3d        outputOnly
  containerField      children
  class
/>
```

GeoPositionInterpolator 节点设计包含域名、域值、域数据类型以及存储/访问类型等，节点中数据内容包含在一对尖括号中，用“<、/>”表示。

域数据类型描述如下：

- SFBool 域——一个单值布尔量。
- SFFloat 域——单值单精度浮点数。
- MFFloat 域——多值单精度浮点数。
- SFVec3f 域——定义了一个单精度三维矢量空间。
- SFVec3d 域——定义了一个单值双精度三维矢量。
- MFVec3d 域——定义了一个多值双精度单值三维矢量。

事件的存储/访问类型描述：表示域（属性）的存储/访问类型，包括 inputOnly（输入类型）、outputOnly（输出类型）、initializeOnly（初始化类型）以及 inputOutput（输入/输出类型）等，用来描述该节点必须提供该属性值。GeoPositionInterpolator 节点包含 DEF、USE、geoSystem、key、keyValue、set_fraction、value_changed、geovalue_changed、containerField 以及 class 域等。

- DEF 为节点定义一个名字，给该节点定义了唯一的 ID，在其他节点中就可以引用这个节点。用 DEF 为节点命名时，使用有意义的描述性的名称可以规范文件，以提高 X3D 文件可读性，该属性是可选项。
- USE 用来引用 DEF 定义的节点 ID，即引用 DEF 定义的节点名字，同时忽略其他的属性和子对象。使用 USE 来引用其他的节点对象而不是复制节点可以提高性能和编码效率。该属性是可选项。

- geoSystem 域——定义一个所使用的地理坐标系统。该支持值为 GDC UTM GCC。
- key 域——定义一个线性插值的时间间隔关键点，按照顺序增加，对应相应的keyValue，其中 key 和 keyValue 的数量必须一致。
- keyValue 域——定义一个对应 key 的相应关键值，用来进行相应时间段的线性插值，其中 key 和 keyValue 的数量必须一致。
- set_fraction 域——指定了一个 set_fraction 输入一个 key 值，以进行相应的 keyValue 输出。
- value_changed 域——指定了一个按照相应的 key 和 keyValue 对，输出相应时间段的线性插值。
- geovalue_changed 域——指定了一个插值输出 geoSystemd 定义的地理坐标。
- containerField 域——表示容器域是 field 域标签的前缀，表示子节点和父节点的关系。该容器域名称为 children，包含几何节点，如 geometry Box、children Group、proxy Shape。containerField 属性只有在 X3D 场景用 XML 编码时才使用。
- class 域——用空格分开的类的列表，保留给 XML 样式表使用。只有 X3D 场景用 XML 编码时才支持 class 属性。

16.8 互联网 3D GeoTransform 设计

互联网 3D GeoTransform 是一个组节点能包含许多节点。在本地坐标系统范围之内 GeoTransform 节点中可以转换平移和定向 GeoCoordinate 几何图形，GeoTransform 节点坐标系统 *X-Z* 平面是本地椭球空间的参考架构的切线。GeoTransform 节点语法定义如下：

```
<GeoTransform
  DEF                ID
  USE                IDREF
  translation        0 0 0          SFVec3f       inputOutput
  rotation           0 0 1 0        SFRotation    inputOutput
  geoCenter          0 0 0          SFVec3f       inputOutput
  scale              1 1 1          SFVec3f       inputOnly
  scaleOrientation   0 0 1 0        SFRotation    inputOutput
  bboxCenter         0 0 0          SFVec3f       inputOutput
  bboxSize           -1 -1 -1       SFVec3f       inputOutput
  containerField     children
  class
/>
```

GeoTransform 节点设计包含域名、域值、域数据类型以及存储/访问类型等，节点中数据内容包含在一对尖括号中，用“<、/>”表示。

域数据类型描述如下：

SFVec3f 域——定义了一个单精度三维矢量空间。

事件的存储/访问类型描述：inputOutput（输入/输出类型），用来描述该节点必须提供该属性值。GeoTransform 节点包含 DEF、USE、translation、rotation、geoCenter、scale、scaleOrientation、bboxCenter、bboxSize、containerField 以及 class 域等。

16.9 互联网 3D GeoViewpoint 设计

互联网 3D GeoViewpoint 节点使用地理坐标指定视点位置，该节点可以包含 GeoOrigin 节点。因为 GeoViewpoint 节点必须能在地理坐标系统的曲面中运行，所以它包含 Viewpoint 和 NavigationInfo 的属性。该节点可以作为 Transform 空间坐标变换节点的子节点，或与其他节点平行使用。GeoViewpoint 节点允许使用地理坐标的形式来指定视点。这个节点可以用在相同场景中任何 Viewpoint 可以使用或被绑定的位置。fieldOfView 域、jump 域、description 域、set_bind 域、bindTime 域、isBound 域和节点事件的行为与标准的 Viewpoint 节点相同。

GeoViewpoint 节点被绑定的时候，将不考虑当前场景中绑定的 Viewpoint 节点和 NavigationInfo 节点。GeoViewpoint 节点执行时，就好像有一个内嵌的 NavigationInfo 节点，随此 GeoViewpoint 的被绑定或被取消绑定同时也被绑定或被取消绑定。GeoViewpoint 节点语法定义如下：

```
<GeoViewpoint
  DEF               ID
  USE               IDREF
  geoSystem         "GD" "WE"
  description                          SFString      initializeOnly
  position          0 0 100000         SFVec3d       initializeOnly
  orientation       0 0 1 0            SFRotation    initializeOnly
  navType           ["EXAMINE" "ANY"]  MFString      inputOutput
  headlight         true               SFBool        inputOutput
  fieldOfView       0.785398           SFFloat       inputOutput
  jump              true               SFBool        inputOutput
  speedFactor       1                  SFFloat       initializeOnly
  set_bind          ""                 SFBool        inputOnly
  set_position      ""                 SFVec3d       inputOnly
  set_orientation   ""                 SFRotation    inputOnly
  bindTime          ""                 SFTime        outputOnly
  isBound           ""                 SFBool        outputOnly
  containerField    children
  class
/>
```

GeoViewpoint 节点设计包含域名、域值、域数据类型以及存储/访问类型等，节点中数据内容包含在一对尖括号中，用“<、/>”表示。

域数据类型描述如下：

- SFBool 域——一个单值布尔量。
- SFFlot 域——单值单精度浮点数。
- SFString 域——包含一个单值字符串。
- MFString 域——包含一个多值字符串。

- SFTime 域——含有一个单独的时间值。
- SFVec3f 域——定义了一个单值单精度三维向量。
- SFVec3d 域——定义了一个单值双精度三维向量。
- SFRotation 域——指定了一个单值任意的旋转。

事件的存储/访问类型描述：表示域(属性)的存储/访问类型，包括 inputOnly(输入类型)、outputOnly(输出类型)、initializeOnly(初始化类型)以及 inputOutput(输入/输出类型)等，用来描述该节点必须提供该属性值。GeoViewpoint 节点包含 DEF、USE、geoSystem、description、position、orientation、navType、headlight、fieldOfView、jump、speedFactor、containerField 以及 class 域等。

- DEF 为节点定义一个名字，给该节点定义了唯一的 ID，在其他节点中就可以引用这个节点。用 DEF 为节点命名时，使用有意义的描述性的名称可以规范文件，以提高 X3D 文件可读性，该属性是可选项。
- USE 用来引用 DEF 定义的节点 ID，即引用 DEF 定义的节点名字，同时忽略其他的属性和子对象。使用 USE 来引用其他的节点对象而不是复制节点可以提高性能和编码效率。该属性是可选项。
- geoSystem 域——定义一个所使用的地理坐标系统。该支持值为 GDC UTM GCC。
- description 域——定义一个为该视点显示的文字描述或导航提示，使用空格可使描述更清晰易读。如果没有 description 值，视点将不显示在浏览器的视点菜单里。
- position 域——定义一个视点位置，相对局部坐标系统，并使用相应的地理坐标。
- orientation 域——定义一个视点方向(轴，弧度角)，相对局部坐标系统，默认为 Z 轴方向。这个方向从默认的(0 0 −1)方向变化而来。其中＋Y 对应局部区域的上方向(椭圆体表面切线方向的法线)，−Z 点指向北极，＋X 指向东方 1 0 0 −1.57 始终看向地面。
- navType 域——定义一个输入一个或多个变量，如 EXAMINE、WALK、FLY、LOOKAT、ANY、NONE。其中设置 type 为 EXAMINE 和 ANY，可以提高操控性。
- headlight 域——定义一个打开/关闭方向性灯光，这个灯光一直指向观测方向，为场景提供默认照明。
- fieldOfView 域——定义一个弧度值设定的视点可视角度。小的视角相当于长镜头，大视角相当于广角镜头。
- jump 域——定义立刻转换到这个镜头设置(jump 值为 true)，或平滑地动态转换到这个镜头(jump 值为 false)。
- speedFactor 域——定义一个用户在场景中移动速度的比例因素(米/秒)。默认值为[0..＋∞]。
- set_bind 域——指定了一个输入事件 set_bind 为 true 激活这个节点，输入事件 set_bind 为 false 禁止这个节点。就是说设置 bind 为 true/false 将在堆栈中弹出/推开(允许/禁止)这个节点。
- set_position 域——指定了一个视点位置，相对局部坐标系统，并使用相应的地理坐标。
- set_orientation 域——指定了一个视点方向(轴，弧度角)，相对局部坐标系统，默认

为 Z 轴方向。这个方向从默认的(0 0 −1)方向变化而来。其中+Y 对应局部区域的上方向(椭圆体表面切线方向的法线),−Z 点指向北极,+X 指向东方 1 0 0 −1.57 始终看向地面。

- bindTime 域——指定了一个当节点被激活/停止时发送事件。
- isBound 域——指定当节点激活时,发送 true 事件;当焦点转到另一个节点时,发送 false 事件。
- containerField 域——表示容器域是 field 域标签的前缀,表示子节点和父节点的关系。该容器域名称为 children,包含几何节点。如 geometry Box、children Group、proxy Shape。containerField 属性只有在 X3D 场景用 XML 编码时才使用。
- class 域——用空格分开的类的列表,保留给 XML 样式表使用。只有 X3D 场景用 XML 编码时才支持 class 属性。

16.10 互联网 3D GeoTouchSensor 设计

互联网 3D GeoTouchSensor 节点追踪指点设备的位置和状态,同时也探测用户何时指向 GeoTouchSensor 的父组所包含的几何体。此节点提供和 TouchSensor 同样的功能,但是提供指点设备返回的地理坐标的能力。GeoTouchSensor 节点返回对象上指点设备所指的点的地理坐标。GeoTouchSensor 节点可以包含 GeoOrigin 节点,传感器影响同一级的节点及其子节点。GeoTouchSensor 节点语法定义如下:

```
<GeoTouchSensor
  DEF                   ID
  USE                   IDREF
  geoSystem             "GD" "WE"
  enabled               true          SFBool        inputOutput
  description                                       inputOutput
  isActive              ""            SFBool        inputOutput
  hitGeoCoord_changed   ""            SFVec3d       outputOnly
  hitPoint_changed      ""            SFVec3f       outputOnly
  hitNormal_changed     ""            SFVec3f       outputOnly
  hitTexCoord_changed   ""            SFVec2f       outputOnly
  isOver                ""            SFBool        outputOnly
  touchTime             ""            SFTime        outputOnly
  containerField        children
  class
/>
```

GeoTouchSensor 节点设计包含域名、域值、域数据类型以及存储/访问类型等,节点中数据内容包含在一对尖括号中,用“<、/>”表示。

域数据类型描述如下:

- SFBool 域——一个单值布尔量。
- SFFloat 域——单值单精度浮点数。
- SFString 域——包含一个单值字符串。
- SFTime 域——含有一个单独的时间值。

- SFVec2f 域——定义了一个单精度二维矢量空间。
- SFVec3f 域——定义了一个单精度三维矢量空间。
- SFVec3d 域——定义了一个双精度单值三维矢量。

事件的存储/访问类型描述：表示域(属性)的存储/访问类型，包括 inputOnly(输入类型)、outputOnly(输出类型)、initializeOnly(初始化类型)以及 inputOutput(输入/输出类型)等，用来描述该节点必须提供该属性值。GeoTouchSensor 节点包含 DEF、USE、geoSystem、enabled、description、isActive、hitGeoCoord _ changed、hitPoint _ changed、hitNormal_changed、hitTexCoord_changed、isOver、touchTime、containerField 以及 class 域等。

- DEF 为节点定义一个名字，给该节点定义了唯一的 ID，在其他节点中就可以引用这个节点。用 DEF 为节点命名时，使用有意义的描述性的名称可以规范文件，以提高 X3D 文件可读性，该属性是可选项。
- USE 用来引用 DEF 定义的节点 ID，即引用 DEF 定义的节点名字，同时忽略其他的属性和子对象。使用 USE 来引用其他的节点对象而不是复制节点可以提高性能和编码效率。该属性是可选项。
- geoSystem 域——定义一个所使用的地理坐标系统。该支持值为 GDC UTM GCC。
- enabled 域——定义一个设置传感器节点是否有效。
- description 域——指定一个文本字符串提示，当移动光标到该节点对象而不单击它时，浏览器显示该提示字符串文件。
- isActive 域——指定一个当传感器的状态改变时，isActive true/false 发送事件。按下鼠标主键时 isActive=true，放开时 isActive=false。
- hitGeoCoord_changed 域——指定一个事件输出在子节点局部坐标系统单击点的定位，值为 GeoTouchSensor 节点同一级的局部地理坐标系统。
- hitPoint_changed 域——指定一个事件输出在子节点局部坐标系统单击点的定位，值为几何体的坐标(不是地理坐标)。
- hitNormal_changed 域——指定一个事件输出了单击点的表面的法线向量。
- hitTexCoord_changed 域——指定一个事件输出了单击点的表面的纹理坐标。
- isOver 域——指定一个当指点设备移动过传感器表面时发送事件。
- touchTime 域——指定一个当传感器被指点设备点击时产生时间事件。
- containerField 域——表示容器域是 field 域标签的前缀，表示了子节点和父节点的关系。该容器域名称为 children，包含几何节点。如 geometry Box、children Group、proxy Shape。containerField 属性只有在 X3D 场景用 XML 编码时才使用。
- class 域——是用空格分开的类的列表，保留给 XML 样式表使用。只有 X3D 场景用 XML 编码时才支持 class 属性。

16.11 互联网 3D HAnimDisplacer 设计

互联网 3D 三维立体虚拟人动画组件节点设计，即 X3D 虚拟人动画组件设计，其组件的名称为“HAnim”。X3D 三维立体网页虚拟人的 H-Anim 组件定义了在 X3D 中执行 H-

Anim 标准。当在 COMPONENT 语句中引用这个组件时需要使用这个名称。Humanoid Animation (H-Anim) component (虚拟人动画组件),包含 HAnimDisplacer、HAnimHumanoid、HAnimJoint、HAnimSegment、HAnimSite 等节点。

互联网 3D HAnimDisplacer 节点使虚拟人移动,应用程序可能需要改变单独的 Segment 段的形状,在大多数的基本层中,这是通过向 HAnimSegment 节点 coord 域中的 X3DCoordinateNode 衍生节点的 point 域写入数据来完成的。在某些情况下,应用程序可能需要识别 HAnimSegment 中指定的顶点组。例如,应用程序可能需要知道头骨 HAnimSegment 段中的那些节点包含左眼球。也可能需要每个节点移动方向的"提示"。这些信息被存储在称为 HAnimDisplacer 的节点中。特定的 HAnimSegment 的 HAnimDisplacers 存储在这个 HAnimSegment 的 displacers 域中。

HAnimDisplacer 节点可以按照三种不同的方式使用:

(1) 指定了 HAnimSegment 中节点的相应的顶点特性。

(2) 描述如何线型或半径地替换顶点的方向来模拟精确的肌肉动作。

(3) 描述了 Segment 中的完整的顶点构造。如在脸上可以为每个面部表情使用一个 Displacer。

提示:name 的后缀包括_feature、_action、_config。多个 Displacer 节点必须连续地在 Segment 节点中出现。HAnimDisplacer 节点可以作为 Transform 节点的子节点,也可以与其他虚拟人动画节点共同使用。HAnimDisplacers 节点语法定义如下:

```
<HAnimDisplacers
  DEF                    ID
  USE                    IDREF
  name                              SFString
  coordIndex                        MFInt32
  displacements                     MFVec3f
  weight                            SFFloat          inputOutput
  containerField         displacers
  class
/>
```

HAnimDisplacers 节点设计包含域名、域值、域数据类型以及存储/访问类型等,节点中数据内容包含在一对尖括号中,用"<、/>"表示。

域数据类型描述如下:

- SFString 域——包含一个单个字符串。
- MFInt32 域——一个多值含有 32 位的整数。
- SFFloat 域——单值单精度浮点数。
- SFBool 域——一个单值布尔量。
- MFVec3f 域——一个包含任意数量的三维矢量的多值域。

事件的存储/访问类型描述:表示域(属性)的存储/访问类型,包括 inputOnly(输入类型)、outputOnly(输出类型)、initializeOnly(初始化类型)以及 inputOutput(输入/输出类型)等,用来描述该节点必须提供该属性值。HAnimDisplacers 节点包含 DEF、USE、name、coordIndex、displacements、weight、containerField 以及 class 域等。

- DEF 为节点定义一个名字，给该节点定义了唯一的 ID，在其他节点中就可以引用这个节点。用 DEF 为节点命名时，使用有意义的描述性的名称可以规范文件，以提高 X3D 文件可读性。该属性是可选项。
- USE 用来引用 DEF 定义的节点 ID，即引用 DEF 定义的节点名字，同时忽略其他的属性和子对象。使用 USE 来引用其他的节点对象而不是复制节点可以提高性能和编码效率。该属性是可选项。
- name 域——指定了一个必需的命名，以使 Humanoid 运行时能够识别，name 要匹配 DEF 名字。
- coordIndex 域——指定了一个定义 HAnimSegment 顶点坐标的数组，提供给 Displacer 使用。顶点坐标按索引顺序排列，编号的起点为 0，一组设置间可以使用逗号分隔，以便于阅读代码，使用－1 分开每组。
- displacements 域——指定了一系列的三维坐标值，引用 coordIndex 域为 Segment 顶点添加中间值或静止位置。
- weight 域——指定了一个在向顶点中立位置添加位移值之前缩放位移量的权重值。
- containerField 域——表示容器域是 field 域标签的前缀，表示了子节点和父节点的关系。该容器域名称为 displacers，包含几何节点。如 geometry Sphere、children Group、proxy Shape。containerField 属性只有在 X3D 场景用 XML 编码时才使用。
- class 域——用空格分开的类的列表，保留给 XML 样式表使用。只有 X3D 场景用 XML 编码时才支持 class 属性。

16.12 互联网 3D HAnimHumanoid 设计

互联网 3D HAnimHumanoid 节点作为整个虚拟人动画对象的容器，用来存储涉及的 HAnimJoint、HAnimSegment、Viewpoint 节点，除此之外，还存储如作者和版权信息之类的可读信息。它还提供简便的在环境中移动虚拟人动画对象的方法。HAnimHumanoid 节点主要用来完成以下工作：

(1) 存储相关的关节，身体部分和视点。

(2) 包含整个虚拟人动画的节点。

(3) 简化整个虚拟人动画节点在环境中的移动。

(4) 存储相关可读数据，如作者或版权信息。

Humanoid 节点也包括了 humanoidBody(v1.1)或 skeleton(V2.0)节点。HAnimHumanoid 节点包括 HAnimJoint、HAnimSegment、HAnimSite、Viewpoint、skin(v2.0)节点。HAnimHumanoid 节点语法定义如下：

```
< HAnimHumanoid
  DEF                ID
  USE                IDREF
  name                             SFString
  version                          SFString       inputOutput
  info                             MFString
  translation        0 0 0         SFVec3f
```

```
  rotation              0 0 1 0         SFRotation
  scale                 1 1 1           SFVec3f
  scaleOrientation      0 0 1 0         SFRotation
  center                0 0 0           SFVec3f
  bboxCenter            0 0 0           SFVec3f            initializeOnly
  bboxSize              -1 -1 -1        SFVec3f            initializeOnly
  containerField        children
  class
/>
```

HAnimHumanoid 节点设计包含域名、域值、域数据类型以及存储/访问类型等，节点中数据内容包含在一对尖括号中，用“<、/>”表示。

域数据类型描述如下：

- SFString 域——包含一个单个字符串。
- MFString 域——包含一个多值单个字符串。
- SFVec3f 域——定义了一个三维矢量空间。
- SFRotation 域——指定了一个任意的旋转。

事件的存储/访问类型描述：表示域(属性)的存储/访问类型，包括 inputOnly(输入类型)、outputOnly(输出类型)、initializeOnly(初始化类型)以及 inputOutput(输入/输出类型)等，用来描述该节点必须提供该属性值。HAnimHumanoid 节点包含 DEF、USE、name、version、info、translation、rotation、scale、scaleOrientation、center、bboxCenter、bboxSize、containerField 以及 class 域等。

- DEF 为节点定义一个名字，给该节点定义了唯一的 ID，在其他节点中就可以引用这个节点。用 DEF 为节点命名时，使用有意义的描述性的名称可以规范文件，以提高 X3D 文件可读性。该属性是可选项。
- USE 用来引用 DEF 定义的节点 ID，即引用 DEF 定义的节点名字，同时忽略其他的属性和子对象。使用 USE 来引用其他的节点对象而不是复制节点可以提高性能和编码效率。该属性是可选项。
- name 域——指定了一个必需的命名，以使 Humanoid 运行时能够识别。
- version 域——指定了一个 Humanoid Animation 规格的版本。
- info 域——指定了一个元数据对(Metadata keyword=value)，VRML 97 编码时，info 中包括所有规定的 keyword=value 字符对。提示：由于其他 XML Humanoid 属性可以包括所有信息，info 域可以被忽略。
- translation 域——指定了一个子节点的局部坐标系统原点的位置。
- rotation 域——指定了一个子节点的局部坐标系统的方位。
- scale 域——指定一个子节点的局部坐标系统的非一致的 x-y-z 比例，由 center 和 scaleOrientation 调节。
- scaleOrientation 域——指定了一个缩放前子节点局部坐标系统的预旋转方向(允许沿着子节点任意方向缩放)。
- center 域——指定了一个从局部坐标系统原点的位置偏移。
- bboxCenter 域——指定了一个边界盒的中心，从局部坐标系统原点的位置偏移。

- bboxSize 域——指定了一个边界盒尺寸，默认情况下是自动计算的，为了优化场景，也可以强制指定。
- containerField 域——表示容器域是 field 域标签的前缀，表示子节点和父节点的关系。该容器域名称为 children，包含几何节点。如 geometry Sphere、children Group、proxy Shape。containerField 属性只有在 X3D 场景用 XML 编码时才使用。
- class 域——是用空格分开的类的列表，保留给 XML 样式表使用。只有 X3D 场景用 XML 编码时才支持 class 属性。

16.13 互联网 3D HAnimJoint 设计

互联网 3D 虚拟人动画组件节点设计，HAnimJoint 节点用来定义身体每一段和其相连的父层的关系，其身体中的每个关节由一个 HAnimJoint 节点表现。一个 HAnimJoint 可能只是另一个 HAnimJoint 节点的子节点或 *n* 个在用 HAnimJoint 节点作为虚拟人动画对象的根节点的情况下 skeleton 域的子节点，如一个 HAnimJoint 可能不是一个 HAnimSegment 的子节点。HAnimJoint 节点也被用来存储其他关节特有的信息，提供了关节名 name 以使应用程序在运行时能识别每个 HAnimJoint 节点。HAnimJoint 节点可能包括 IK 反向动力学系统计算和控制 H-Anim 的提示。这些提示可能包括关节的上下限、关节的旋转限制、刚度/阻尼值。注意这些限制并不要求在虚拟人动画场景图中用某个机制来强制实行，其目的只在于提供信息。是否使用这些信息或是否强制限制关节的应用取决于应用程序。虚拟人动画对象的创作及其工具并不受限于 HAnimJoint 节点的执行模式，但是作者和工具可以选择执行模式。能选择使用特殊的单一多边形网格来描述一个虚拟人动画对象，而不是用分开的单个的 IndexedFaceSet 来描述每一个身体段。在这种情况下，HAnimJoint 将描述对应特定身体段及其下一层部分顶点的移动。

X3D 虚拟人动画节点为身体的每一个关节使用 Joint 节点设计。HAnimJoint 节点只可能作为另一个 HAnimJoint 节点的子节点，或 humanoidBody field 中的一个子节点。HAnimJoint 节点可以作为 HAnimHumanoid 节点的子节点。HAnimJoint 节点语法定义如下：

```
<HAnimJoint
    DEF                 ID
    USE                 IDREF
    name                                SFString
    ulimit                              MFFloat
    llimit                              MFFloat
    limitOrientation    0 0 1 0         SFRotation      inputOutput
    skinCoordIndex                      MFFloat         inputOutput
    skinCoordWeight     MFFloat         inputOutput
    stiffness           0 0 0           MFFloat         inputOutput
    translation         0 0 0           SFVec3f
    rotation            0 0 1 0         SFRotation
    scale               1 1 1           SFVec3f
    scaleOrientation    0 0 1 0         SFRotation
    center              0 0 0           SFVec3f
```

```
    bboxCenter          0 0 0          SFVec3f          initializeOnly
    bboxSize            -1 - 1 -1      SFVec3f          initializeOnly
    containerField      children
    class
/>
```

HAnimJoint 节点 』设计包含域名、域值、域数据类型以及存储/访问类型等，节点中数据内容包含在一对尖括号中，用“＜、/＞”表示。

域数据类型描述如下：

- SFString 域——包含一个单个字符串。
- SFVec3f 域——定义了一个三维矢量空间。
- SFRotation 域——指定了一个任意的旋转。
- MFFloat 域——多值单精度浮点数。

事件的存储/访问类型描述：表示域(属性)的存储/访问类型，包括 inputOnly(输入类型)、outputOnly(输出类型)、initializeOnly(初始化类型)以及 inputOutput(输入/输出类型)等，用来描述该节点必须提供该属性值。HAnimJoint 节点包含 DEF、USE、name、ulimit、llimit、limitOrientation、skinCoordIndex、skinCoordWeight、stiffness、translation、rotation、scale、scaleOrientation、center、bboxCenter、bboxSize、containerField 以及 class 域等。

- DEF 为节点定义一个名字，给该节点定义了唯一的 ID，在其他节点中就可以引用这个节点。用 DEF 为节点命名时，使用有意义的描述性的名称可以规范文件，以提高 X3D 文件可读性。该属性是可选项。
- USE 用来引用 DEF 定义的节点 ID，即引用 DEF 定义的节点名字，同时忽略其他的属性和子对象。使用 USE 来引用其他的节点对象而不是复制节点可以提高性能和编码效率。该属性是可选项。
- name 域——指定了一个命名 Joint，Joint 命名很重要，使用 H-Anim 规格中的定义。如 l_knee r_ankle vc6 l_acromioclavicular r_wrist 之类。
- ulimit 域——指定了一个最大关节点旋转值限制，包括 3 个值，每个值对应一个局部轴。
- llimit 域——指定了一个最小关节点旋转值限制，包括 3 个值，每个值对应一个局部轴。
- limitOrientation 域——指定了一个旋转上/下限的方位，相对于关节中心(Joint center)。
- skinCoordIndex 域——定义了一个 Coordinate 索引值，指出关节影响的顶点。
- skinCoordWeight 域——定义了一个对应 skinCoordIndex 域值的变形权重值。
- stiffness 域——指定了一个指示关节如何自动移动，该值取值范围[0..1]，较大的 stiffness 值意味着更多的抗力(沿局部坐标 X、Y、Z 轴)，由反向动力学(IK)系统使用。
- translation 域——指定了一个子节点的局部坐标系统原点的位置。
- rotation 域——指定了一个子节点的局部坐标系统的方位。

- scale 域——指定了一个子节点的局部坐标系统的非一致的 x-y-z 比例，由 center 和 scaleOrientation 调节。
- scaleOrientation 域——指定了一个缩放前子节点局部坐标系统的预旋转方向，允许沿着子节点任意方向缩放。
- center 域——指定了一个从局部坐标系统原点的位置偏移。
- bboxCenter 域——指定了一个边界盒的中心，从局部坐标系统原点的位置偏移。
- bboxSize 域——指定了一个边界盒尺寸，默认情况下是自动计算的，为了优化场景，也可以强制指定。
- containerField 域——表示容器域是 field 域标签的前缀，表示子节点和父节点的关系。该容器域名称为 children，包含几何节点。如 geometry Sphere、children Group、proxy Shape。containerField 属性只有在 X3D 场景用 XML 编码时才使用。
- class 域——用空格分开的类的列表，保留给 XML 样式表使用。只有 X3D 场景用 XML 编码时才支持 class 属性。

16.14 互联网 3D HAnimSegment 设计

在互联网 3D 虚拟人动画组件节点设计中，每一个身体部分存在一个 HAnimSegment 节点中。HAnimSegment 包含 Coordinate、HAnimDisplacer 和 children 子节点。HAnimSegment 节点可以作为 HAnimHumanoid 节点的子节点。X3D 虚拟人动画节点设计，使每个身体段都被存储在一个相应的 HAnimSegment 节点中。HAnimSegment 节点是一个组节点，一般包括一系列的 Shape 节点，也可能是包括按照 X3D 中定义的坐标系中的身体位置相关的 Transform 节点。HAnimSegment 的几何体比较复杂时，推荐使用 LOD 节点。HAnimSegment 节点语法定义如下：

```
< HAnimSegment
  DEF                 ID
  USE                 IDREF
  name                                SFString
  mass                0               SFFloat
  centerOfMass        0 0 0           SFVec3f
  momentsOfInertia    0 0 0 0 0 0 0 0 0 MFFloat
  bboxCenter          0 0 0           SFVec3f        initializeOnly
  bboxSize            -1 -1 -1        SFVec3f        initializeOnly
  containerField      children
  class
/>
```

HAnimSegment 节点设计包含域名、域值、域数据类型以及存储/访问类型等，节点中数据内容包含在一对尖括号中，用"<、/>"表示。

域数据类型描述如下：

- SFString 域——包含一个单个字符串。
- SFFloat 域——单值单精度浮点数。
- MFFloat 域——多值单精度浮点数。

- SFVec3f 域——定义了一个三维矢量空间。
- SFRotation 域——指定了一个任意的旋转。

事件的存储/访问类型描述：表示域(属性)的存储/访问类型，包括 inputOnly(输入类型)、outputOnly(输出类型)、initializeOnly(初始化类型)以及 inputOutput(输入/输出类型)等，用来描述该节点必须提供该属性值。HAnimSegment 节点包含 DEF、USE、name、mass、centerOfMass、momentsOfInertia、bboxCenter、bboxSize、containerField 以及 class 域等。

- DEF 为节点定义一个名字，给该节点定义了唯一的 ID，在其他节点中就可以引用这个节点。用 DEF 为节点命名时，使用有意义的描述性的名称可以规范文件，以提高 X3D 文件可读性。该属性是可选项。
- USE 用来引用 DEF 定义的节点 ID，即引用 DEF 定义的节点名字，同时忽略其他的属性和子对象。使用 USE 来引用其他的节点对象而不是复制节点可以提高性能和编码效率。该属性是可选项。
- name 域——指定了一个命名 Segment，Segment 命名很重要，使用 H-Anim 规格中的定义。如 l_knee r_ankle vc6 l_acromioclavicular r_wrist 之类。
- mass 域——定义了一个全部 segment 的质量，如果为空值，将被认为 0。
- centerOfMass 域——指定了一个 segment 中的重心位置。
- momentsOfInertia 域——定义了一个 3×3 的力学惯性矩阵，默认值为 0 0 0 0 0 0 0 0 0。
- bboxCenter 域——指定了一个边界盒的中心，从局部坐标系统原点的位置偏移。
- bboxSize 域——指定了一个边界盒尺寸，默认情况下是自动计算的，为了优化场景，也可以强制指定。
- containerField 域——表示容器域是 field 域标签的前缀，表示子节点和父节点的关系。该容器域名称为 children，包含几何节点。如 geometry Sphere、children Group、proxy Shape。containerField 属性只有在 X3D 场景用 XML 编码时才使用。
- class 域——用空格分开的类的列表，保留给 XML 样式表使用。只有 X3D 场景用 XML 编码时才支持 class 属性。

16.15 互联网 3D HAnimSite 设计

互联网 3D 虚拟人动画组件节点 HAnimSite 节点可以在多用户环境中使用。其中 HAnimSegment 的子节点中存储 HAnimSite 节点。HAnimSite 节点主要用于以下三个目标：一是定义一个 IK 反向动力学系统使用的“最终受动器(end effector)”的位置；二是定义首饰或服装之类的附件的附着点；三是定义 HAnimSegment 参考系中的虚拟摄像机位置，如在多用户环境中使用的虚拟人动画替身的眼睛(“through the eyes”)视点。HAnimSite 节点语法定义如下：

```
<HAnimSite
  DEF                  ID
  USE                  IDREF
```

```
    name                                   SFString
    translation          0 0 0             SFVec3f
    rotation             0 0 1 0           SFRotation
    scale                1 1 1             SFVec3f
    scaleOrientation     0 0 1 0           SFRotation
    center               0 0 0             SFVec3f
    bboxCenter           0 0 0             SFVec3f          initializeOnly
    bboxSize             -1 -1 -1          SFVec3f          initializeOnly
    containerField       children
    class
/>
```

HAnimSite 节点设计包含域名、域值、域数据类型以及存储/访问类型等，节点中数据内容包含在一对尖括号中，用“<、/>”表示。

域数据类型描述如下：

- SFString 域——包含一个单个字符串。
- MFString 域——包含一个多值单个字符串。
- SFVec3f 域——定义了一个三维矢量空间。
- SFRotation 域——指定了一个任意的旋转。

事件的存储/访问类型描述：表示域(属性)的存储/访问类型，包括 inputOnly(输入类型)、outputOnly(输出类型)、initializeOnly(初始化类型)以及 inputOutput(输入/输出类型)等，用来描述该节点必须提供该属性值。HAnimSite 节点包含 DEF、USE、name、translation、rotation、scale、scaleOrientation、center、bboxCenter、bboxSize、containerField 以及 class 域等。

- DEF 为节点定义一个名字，给该节点定义了唯一的 ID，在其他节点中就可以引用这个节点。用 DEF 为节点命名时，使用有意义的描述性的名称可以规范文件，以提高 X3D 文件可读性。该属性是可选项。
- USE 用来引用 DEF 定义的节点 ID，即引用 DEF 定义的节点名字，同时忽略其他的属性和子对象。使用 USE 来引用其他的节点对象而不是复制节点可以提高性能和编码效率。该属性是可选项。
- name 域——指定了一个必须命名以使 Humanoid 运行时能够识别。
- translation 域——指定了一个子节点的局部坐标系统原点的位置。
- rotation 域——指定了一个子节点的局部坐标系统的方位。
- scale 域——指定了一个子节点的局部坐标系统的非一致的 x-y-z 比例，由 center 和 scaleOrientation 调节。
- scaleOrientation 域——指定了一个缩放前子节点局部坐标系统的预旋转方向，允许沿着子节点任意方向缩放。
- center 域——指定了一个从局部坐标系统原点的位置偏移。
- bboxCenter 域——指定了一个边界盒的中心，从局部坐标系统原点的位置偏移。
- bboxSize 域——指定了一个边界盒尺寸，默认情况下是自动计算的，为了优化场景，也可以强制指定。
- containerField 域——表示容器域是 field 域标签的前缀，表示子节点和父节点的关系。该容器域名称为 children，包含几何节点。如 geometry Sphere、children Group、proxy Shape。containerField 属性只有在 X3D 场景用 XML 编码时才使用。

- class 域——是用空格分开的类的列表，保留给 XML 样式表使用。只有 X3D 场景用 XML 编码时才支持 class 属性。

16.16 互联网 3D 虚拟人运动案例分析

互联网 3D 虚拟人运动设计是利用虚拟人运动学、动力学原理，将虚拟人的行走过程分为两个部分。首先设计虚拟人行走运动，其次设计虚拟人行走的路径，完成整个虚拟人行走全过程。在虚拟蓝天白云三维立体空间中虚拟人在休闲漫步、呼吸自然清新的空气、感受大自然壮丽景色。虚拟人行走场景设计包括休闲广场设计、虚拟人设计、虚拟人运动设计、绿地设计、路灯设计、雕像设计、路面设计等。创建逼真的、生动的、可交互的、自由行走的虚拟人三维立体空间场景。采用模块化、组件化以及面向对象的设计思想，层次清晰、结构合理的虚拟人行走运动三维立体场景设计。

虚拟人行走运动设计原理是将虚拟人的各肢体进行抽象，简化为简单的刚性几何实体，关节抽象为一个球体，通过肢体连动杆实现运动设计。首先，对人体各个肢体进行建模，如头颅、躯干、四肢以及手脚等，然后根据人体运动学原理和 HAnimHumanoid、HAnimJoint、HAnimSegment、Viewpoint 等节点数据结构设计虚拟人行走运动。

虚拟人运动场景设计利用 X3D 几何节点、复杂节点、动态智能感知节点等开发设计休闲广场、虚拟人造型、虚拟人运动设计、路面、绿地设计、路灯设计、雕像设计等。虚拟人运动设计主程序，在一个休闲广场上设计几个虚拟人，在蓝天白云的背景下悠闲地散步，享受大自然赋予的新鲜空气和美景。

【实例 16-1】 互联网 3D 虚拟人运动场景设计程序，利用 X3D 视点节点、几何节点、纹理节点、复杂节点进行开发与设计编写源程序，使用 X3D 背景节点、BOX 节点、面节点、动态智能感知节点以及内联节点等设计编写，源程序展示如下：

```
<?xml version = "1.0" encoding = "UTF - 8"?>
<X3D profile = "Immersive" version = "3.2">
    <head>
    <meta content = "px3d7 - 3.x3d" name = "filename"/>
    <meta content = "zjz - zjr - zjd" name = "author"/>
    <meta content = " * enter name of original author here * " name = "creator"/>
    <meta content = " * enter copyright information here * Example: Copyright (c) Web3D Consortium
        Inc. 2008" name = "rights"/>
    <meta content = " * enter online Uniform Resource Identifier (URI) or Uniform Resource Locator
        (URL) address for this file here * " name = "identifier"/>
    <meta content = "X3D - Edit, http://www.web3d.org/x3d/content/README.X3D - Edit.html"
        name = "generator"/>
    </head>
    <Scene>
        <DirectionalLight DEF = "_1" ambientIntensity = '1' color = '1 1 1' direction = '0 -1 0'
            intensity = '0' on = 'true' global = 'true'>
        </DirectionalLight>
```

```
<Background DEF="_2" skyAngle='1.309,1.571,1.571' skyColor='1 1 1,0.2 0.2 1,1 1
    1,1 1 1'>
</Background>
<Viewpoint DEF="_3" orientation='0 1 0 -0.785' position='22 2 2'
    description="camera1">
</Viewpoint>
<Viewpoint DEF="_4" orientation='0 1 0 -2.571' position='22 2 -20'
    description="camera2">
</Viewpoint>
<Viewpoint DEF="_5" orientation='0 1 0 -3.841' position='112 2 -88'
    description="camera3">
</Viewpoint>
<NavigationInfo DEF="_6" avatarSize='0.5,1,6' headlight='true' speed='1'
    type='"WALK","ANY"'>
</NavigationInfo>
<TimeSensor DEF="T1" cycleInterval='60' loop='true' startTime='0' stopTime='-1'>
</TimeSensor>
<PositionInterpolator DEF="PI_1" key='0,1' keyValue='1 4 22,112 0 -88'>
</PositionInterpolator>
<Viewpoint DEF="VP_1" orientation='0 1 0 -0.785' position='97.975 0.505405 -74.1014'
    description="AutoNavigation-1">
</Viewpoint>
<Group DEF="_7">
    <Background skyColor='0.2 0.3 0.6'>
    </Background>
    <Transform DEF="man1" rotation='0 1 0 2.30' scale='1.5 1.5 1.5' translation=
            '27 0 -5'>
        <Inline DEF="_8" url='"./walk/walk.x3d"' bboxCenter='-0.0113494 0.880689
            0.043156' bboxSize='0.52406 1.74603 0.651141'>
        </Inline>
    </Transform>
    <TimeSensor DEF="Time" cycleInterval='38' loop='true'>
    </TimeSensor>
    <PositionInterpolator DEF="walk1" key='0,0.2,0.4,0.5,0.6' keyValue='27 0 -5,
        56 0 -35,112 0 -88,56 -100 -35,27 0 -5'>
    </PositionInterpolator>
</Group>
<Group DEF="_9">
    <Background skyColor='0.2 0.3 0.6'>
    </Background>
    <Transform DEF="man2" rotation='0 1 0 2.30' scale='1.5 1.5 1.5' translation=
        '30 0 -5'>
        <Inline DEF="_10" url='"./walk/walk.x3d"' bboxCenter='-0.0113494
            0.880689 0.043156' bboxSize='0.52406 1.74603 0.651141'>
        </Inline>
    </Transform>
    <TimeSensor DEF="Time_1" cycleInterval='58' loop='true'>
    </TimeSensor>
    <PositionInterpolator DEF="walk2" key='0.6,0.7,0.8,0.9,1' keyValue='30 0 -5,
        60 0 -35,118 0 -88,56 -100 -35,30 0 -5'>
    </PositionInterpolator>
```

```
</Group>
<Transform rotation='0 1 0 -0.785' scale='1.5 1.5 1.4' translation='52 -0.03 4'>
    <Inline DEF="_11" url='"pguiha-005.x3d"' bboxCenter='-0.0137992 1.35195
        -8.20235' bboxSize='24.6124 2.7039 21.1093'>
    </Inline>
</Transform>
<Transform rotation='0 1 0 -0.785' scale='1 1 1' translation='80 -0.1 -40'>
    <Inline DEF="_12" url='"prxdl-2.x3d"' bboxCenter='0 0 0' bboxSize='150 0.1 150'>
    </Inline>
</Transform>
<Transform rotation='0 1 0 -0.785' scale='1.5 1.5 1.5' translation='78 0 -22'>
    <Inline DEF="_13" url='"pguiha-005.x3d"' bboxCenter='-0.0137992 1.35195
        -8.20235' bboxSize='24.6124 2.7039 21.1093'>
    </Inline>
</Transform>
<Transform rotation='0 1 0 -0.785' scale='1.51 1.5 1.5' translation='105 0 -48.5'>
    <Inline DEF="_14" url='"pguiha-005.x3d"' bboxCenter='-0.0137992 1.35195
        -8.20235' bboxSize='24.6124 2.7039 21.1093'>
    </Inline>
</Transform>
<Transform rotation='0 1 0 -3.926' scale='1.78 1.5 1.5' translation='31 0 -51'>
    <Inline DEF="_15" url='"pguiha-005.x3d"' bboxCenter='-0.0137992 1.35195
        -8.20235' bboxSize='24.6124 2.7039 21.1093'>
    </Inline>
</Transform>
<Transform rotation='0 1 0 -3.926' scale='1.78 1.5 1.5' translation='57.5 0 -77.5'>
    <Inline DEF="_16" url='"pguiha-005.x3d"' bboxCenter='-0.0137992 1.35195
        -8.20235' bboxSize='24.6124 2.7039 21.1093'>
    </Inline>
</Transform>
<Transform rotation='0 1 0 -3.926' scale='1.78 1.5 1.5' translation='84 0 -104'>
    <Inline DEF="_17" url='"pguiha-005.x3d"' bboxCenter='-0.0137992 1.35195
        -8.20235' bboxSize='24.6124 2.7039 21.1093'>
    </Inline>
</Transform>
<Transform rotation='0 1 0 -2.356' scale='1.8 1.8 1.8' translation='83.5 2 -35'>
    <Inline DEF="_18" url='"diaoxiang1.x3d"' bboxCenter='0 0.525 0' bboxSize='1.5
        3.05 2.48982'>
    </Inline>
</Transform>
<ROUTE fromNode="T1" fromField="fraction_changed" toNode="PI_1"
        toField="set_fraction"/>
<ROUTE fromNode="PI_1" fromField="value_changed" toNode="VP_1"
        toField="set_position"/>
<ROUTE fromNode="Time" fromField="fraction_changed" toNode="walk1"
        toField="set_fraction"/>
<ROUTE fromNode="walk1" fromField="value_changed" toNode="man1"
        toField="set_translation"/>
<ROUTE fromNode="Time_1" fromField="fraction_changed" toNode="walk2"
        toField="set_fraction"/>
<ROUTE fromNode="walk2" fromField="value_changed" toNode="man2"
```

```
                toField = "set_translation"/>
    </Scene>
</X3D>
```


X3D虚拟人运动场景造型设计，在主程序中利用内联节点实现子程序调用，在子程序中使用复杂节点和造型外观材料节点创建休闲广场和绿化场景和造型，虚拟现实X3D休闲广场、绿化和树木造型源程序为pguihua-005.x3d。

```
<?xml version = "1.0" encoding = "UTF - 8"?>
< X3D profile = "Immersive" version = "3.2">
    < head >
    < meta content = "pguihua - 005.x3d" name = "filename"/>
    < meta content = "zjz - zjr - zjd" name = "author"/>
    < meta content = " * enter name of original author here * " name = "creator"/>
    < meta content = " * enter copyright information here * Example: Copyright (c) Web3D Consortium
        Inc. 2008" name = "rights"/>
    < meta content = " * enter online Uniform Resource Identifier (URI) or Uniform Resource Locator
        (URL) address for this file here * " name = "identifier"/>
    < meta content = "X3D - Edit, http://www.web3d.org/x3d/content/README.X3D - Edit.html"
        name = "generator"/>
    </head >
    < Scene >
        < NavigationInfo DEF = "_1" type = '"EXAMINE","ANY"'>
        </NavigationInfo >
        < Transform DEF = "wan90" rotation = '0 1 0  - 1.781' translation = '10 0 0'>
            < Shape >
                < Appearance >
                    < Material diffuseColor = '0.5 0.55 0.5'>
                    </Material >
                </Appearance >
                < Extrusion containerField = "geometry" convex = 'false' creaseAngle = '0.785'
crossSection = '0 0,0 0.2,1 0.2,1 0' solid = 'false' spine = '1 0 0,0.92 0  - 0.38,0.71 0  - 0.71,
0.38 0  - 0.92,0 0  - 1, - 0.38 0  - 0.92'>
                </Extrusion >
            </Shape >
        </Transform >
        < Transform DEF = "Heng1" rotation = '0 1 0  - 1.571' translation = '0 0.1 1.48'>
            < Shape DEF = "_2">
                < Appearance >
                    < Material diffuseColor = '0.5 0.55 0.5'>
                    </Material >
                </Appearance >
                < Box containerField = "geometry" DEF = "_3" size = '1 0.2 19.58'>
                </Box >
            </Shape >
        </Transform >
        < Transform DEF = "Sh1" translation = '11.47 0.1  - 8.18'>
            < Shape >
                < Appearance >
                    < Material diffuseColor = '0.5 0.55 0.5'>
                    </Material >
```

```
            </Appearance>
            <Box containerField="geometry" size='1 0.2 16'>
            </Box>
        </Shape>
    </Transform>
    <Transform rotation='0 1 0 -1.581' translation='-9.85 0 -10'>
        <Transform USE="wan90"/>
    </Transform>
    <Transform rotation='0 0 0 0' translation='-22.9 0 -0.045'>
        <Transform USE="Sh1"/>
    </Transform>
    <Transform rotation='0 1 0 -3.142' translation='0.05 0 -16.4'>
        <Transform USE="wan90"/>
    </Transform>
    <Transform rotation='0 1 0 -0.002' translation='0 0 -19.35'>
        <Transform USE="Heng1"/>
    </Transform>
    <Transform rotation='0 1 0 -4.6813' translation='10.3 0 -6.35'>
        <Transform USE="wan90"/>
    </Transform>
    <Transform rotation='1 0 0 0' translation='0 0.1 -8'>
        <Shape>
            <Appearance>
                <ImageTexture url='"image/grass3.jpg"'>
                </ImageTexture>
                <TextureTransform containerField="textureTransform" scale='6 6'>
                </TextureTransform>
            </Appearance>
            <IndexedFaceSet coordIndex='0,1,2,3,0,-1' solid='true'>
                <Coordinate point='11 0 9,11 0 -9.5,-11 0 -9.5,-11 0 9'>
                </Coordinate>
            </IndexedFaceSet>
        </Shape>
    </Transform>
    <Transform scale='0.5 0.55 0.5' translation='10 0.8 0'>
        <Inline DEF="_4" url='"ptree1.x3d"' bboxCenter='0 0 0' bboxSize='2 2.8
            0.00138107'>
        </Inline>
    </Transform>
    <Transform scale='0.5 0.55 0.5' translation='5 0.8 0'>
        <Inline DEF="_5" url='"ptree1.x3d"' bboxCenter='0 0 0' bboxSize='2 2.8
            0.00138107'>
        </Inline>
    </Transform>
    <Transform scale='0.5 0.55 0.5' translation='0 0.8 0'>
        <Inline DEF="_6" url='"ptree1.x3d"' bboxCenter='0 0 0' bboxSize='2 2.8
            0.00138107'>
        </Inline>
    </Transform>
    <Transform scale='0.5 0.55 0.5' translation='-5 0.8 0'>
        <Inline DEF="_7" url='"ptree1.x3d"' bboxCenter='0 0 0' bboxSize='2 2.8
```

```
            0.00138107'>
        </Inline>
    </Transform>
    <Transform scale='0.5 0.55 0.5' translation='-10 0.8 0'>
        <Inline DEF="_8" url='"ptree1.x3d"' bboxCenter='0 0 0' bboxSize='2 2.8
            0.00138107'>
        </Inline>
    </Transform>
    <Transform scale='0.5 0.55 0.5' translation='10 0.8 -16.5'>
        <Inline DEF="_9" url='"ptree1.x3d"' bboxCenter='0 0 0' bboxSize='2 2.8
            0.00138107'>
        </Inline>
    </Transform>
    <Transform scale='0.5 0.55 0.5' translation='5 0.8 -16.5'>
        <Inline DEF="_10" url='"ptree1.x3d"' bboxCenter='0 0 0' bboxSize='2 2.8
            0.00138107'>
        </Inline>
    </Transform>
    <Transform scale='0.5 0.55 0.5' translation='0 0.8 -16.5'>
        <Inline DEF="_11" url='"ptree1.x3d"' bboxCenter='0 0 0' bboxSize='2 2.8
            0.00138107'>
        </Inline>
    </Transform>
    <Transform scale='0.5 0.55 0.5' translation='-5 0.8 -16.5'>
        <Inline DEF="_12" url='"ptree1.x3d"' bboxCenter='0 0 0' bboxSize='2 2.8
            0.00138107'>
        </Inline>
    </Transform>
    <Transform scale='0.5 0.55 0.5' translation='-10 0.8 -16.5'>
        <Inline DEF="_13" url='"ptree1.x3d"' bboxCenter='0 0 0' bboxSize='2 2.8
            0.00138107'>
        </Inline>
    </Transform>
    <Transform DEF="_14" scale='0.8 0.6 0.8' translation='-10 0.6 -15'>
        <Inline DEF="_15" url='"pludeng.x3d"' bboxCenter='0.0108965 1.36217 0.0981806'
            bboxSize='1.43021 4.28865 0.414959'>
        </Inline>
    </Transform>
    <Transform scale='0.8 0.6 0.6' translation='-10 0.6 -12'>
        <Inline DEF="_16" url='"pludeng.x3d"' bboxCenter='0.0108965 1.36217 0.0981806'
            bboxSize='1.43021 4.28865 0.414959'>
        </Inline>
    </Transform>
    <Transform scale='0.8 0.6 0.6' translation='-10 0.6 -5'>
        <Inline DEF="_17" url='"pludeng.x3d"' bboxCenter='0.0108965 1.36217 0.0981806'
            bboxSize='1.43021 4.28865 0.414959'>
        </Inline>
    </Transform>
    <Transform scale='0.8 0.6 0.6' translation='-10 0.6 -2'>
        <Inline DEF="_18" url='"pludeng.x3d"' bboxCenter='0.0108965 1.36217 0.0981806'
            bboxSize='1.43021 4.28865 0.414959'>
```

```
            </Inline>
        </Transform>
    </Scene>
</X3D>
```

X3D虚拟人运动场景造型设计，在主程序中利用内联节点实现子程序调用，在子程序中使用复杂节点和造型外观材料节点创建休闲广场和绿化场景和造型，虚拟现实X3D休闲广场、绿化和树木造型源程序。pguihua-005. x3d子程序下调用路灯造型设计，虚拟现实X3D路灯造型 pludeng. x3d 子程序代码如下：

```
<?xml version = "1.0" encoding = "UTF - 8"?>
<X3D profile = "Immersive" version = "3.2">
    <head>
    <meta content = "pludeng.x3d" name = "filename"/>
    <meta content = "zjz - zjr - zjd" name = "author"/>
    <meta content = " * enter name of original author here * " name = "creator"/>
    <meta content = " * enter copyright information here * Example: Copyright (c) Web3D Consortium
        Inc. 2008" name = "rights"/>
    <meta content = " * enter online Uniform Resource Identifier (URI) or Uniform Resource Locator
        (URL) address for this file here * " name = "identifier"/>
    <meta content = "X3D - Edit, http://www.web3d.org/x3d/content/README.X3D - Edit.html"
        name = "generator"/>
    </head>
    <Scene>
        <Transform rotation = ' - 0.0662227 0.997245 0.0334211 1.35944' scale = '0.178659 0.178659
            0.178659' translation = '27.3172 13.5296 1.42138'>
        </Transform>
        <Transform translation = ' - 11.9767  - 18.1443 2.20578'>
            <Transform DEF = "_0" center = ' - 1.45  - 0.688503 3' rotation = '0.98134 0.19122
 - 0.0201577 3.14945' scale = '0.178659 0.178659 0.178659' translation = '13.0727 21.9813  - 5.62915'>
                <Shape>
                    <Appearance>
                        <Material DEF = "_1" emissiveColor = '0.49 0.49 0.49'>
                        </Material>
                    </Appearance>
                    <Extrusion containerField = "geometry" DEF = "_2" convex = 'false'
                        creaseAngle = '0.785' crossSection = '0.05 1,0.05  - 1, - 0.05  - 1,
 - 0.05 1,0.05 1' orientation = '0 0 1 0' scale = '1 1' solid = 'false' spine = ' - 3  - 2.2 0,
 - 2  - 1.6 0, - 1  - 1 0, - 0.81  - 0.9 0, - 0.64  - 0.8 0, - 0.49  - 0.7 0, - 0.36  - 0.6 0,
 - 0.25  - 0.5 0, - 0.16  - 0.4 0, - 0.09  - 0.3 0, - 0.04  - 0.2 0, - 0.01  - 0.1 0,0 0 0,0 0.8 0'>
                    </Extrusion>
                </Shape>
            </Transform>
        </Transform>
        <Transform rotation = '6.08609e - 006 1  - 9.32944e - 005 0.0410802' scale = '0.178659 0.178659
                0.178659' translation = ' - 0.0988051 2.73488  - 0.13232'>
            <Transform DEF = "_3" rotation = '0.621479 0.621479  - 0.476999 2.25144' scale = '1 1 1'
                scaleOrientation = '0 0 1 0' translation = '0.55 2.38715 1.98017'>
                <Shape>
                    <Appearance>
```

```
                <Material USE="_1"/>
            </Appearance>
            <Cylinder containerField="geometry" height='0.8' radius='0.02'>
            </Cylinder>
        </Shape>
    </Transform>
</Transform>
<Transform rotation='-0.00531937 0.96588 -0.258936 3.18128' scale='0.17866 0.178659
    0.178659' translation='0.128404 2.96528 0.636308'>
    <Transform USE="_3"/>
</Transform>
<Transform rotation='0.987824 0.154248 -0.0202782 0.264735' scale='0.17866 0.178659
    0.17866' scaleOrientation='0 0 1 0' translation='-0.109918 2.84093 -0.433138'>
    <Transform USE="_3"/>
</Transform>
<Transform rotation='9.2073e-010 -1 -2.33509e-007 1.26792' scale='0.17866 0.178659
    0.178659' translation='7.71763e-010 0.915108 0.08897'>
    <Shape>
        <Appearance>
            <Material USE="_1"/>
        </Appearance>
        <Cylinder containerField="geometry" height='19' radius='0.5'>
        </Cylinder>
    </Shape>
</Transform>
<Transform rotation='0.988555 2.12658e-006 -0.150864 3.1416' scale='0.17866 0.17866
    0.178659' translation='0.00293415 2.6578 0.0997748'>
    <Shape>
        <Appearance>
            <Material USE="_1"/>
        </Appearance>
        <Cone containerField="geometry" bottomRadius='0.7'>
        </Cone>
    </Shape>
</Transform>
<Transform rotation='1.24872e-005 1 -1.73783e-005 0.302868' scale='0.17866 0.178659
    0.178659' scaleOrientation='0 0 1 0' translation='0.00393549 2.2439 0.0995444'>
    <Shape>
        <Appearance>
            <Material USE="_1"/>
        </Appearance>
        <Cylinder containerField="geometry" radius='0.6'>
        </Cylinder>
    </Shape>
</Transform>
<Transform rotation='1.24872e-005 1 -1.73783e-005 0.302868' scale='0.17866 0.178659
    0.178659' scaleOrientation='0 0 1 0' translation='0.00393496 1.85091 0.0994843'>
    <Shape>
        <Appearance>
            <Material USE="_1"/>
        </Appearance>
```

```
            <Cylinder containerField="geometry" radius='0.6'>
            </Cylinder>
        </Shape>
    </Transform>
    <Transform rotation='1.24872e-005 1 -1.73783e-005 0.302868' scale='0.17866 0.178659
        0.178659' scaleOrientation='0 0 1 0' translation='0.00393549 1.4578 0.0995241'>
        <Shape>
            <Appearance>
                <Material USE="_1"/>
            </Appearance>
            <Cylinder containerField="geometry" radius='0.6'>
            </Cylinder>
        </Shape>
    </Transform>
    <Transform rotation='0.80569 -2.1801e-006 0.592337 3.14159' scale='0.178659 0.178659
        0.178659' translation='0.00393391 1.0648 0.0994745'>
        <Shape>
            <Appearance>
                <Material USE="_1"/>
            </Appearance>
            <Cylinder containerField="geometry" radius='0.6'>
            </Cylinder>
        </Shape>
    </Transform>
    <Transform rotation='0.80569 -2.1801e-006 0.592337 3.14159' scale='0.178659 0.178659
        0.178659' translation='0.00393474 0.671805 0.0995146'>
        <Shape>
            <Appearance>
                <Material USE="_1"/>
            </Appearance>
            <Cylinder containerField="geometry" radius='0.6'>
            </Cylinder>
        </Shape>
    </Transform>
    <Transform rotation='0.80569 -2.1801e-006 0.592337 3.14159' scale='0.178659 0.178659
        0.178659' translation='0.00393491 0.278706 0.0994943'>
        <Shape>
            <Appearance>
                <Material USE="_1"/>
            </Appearance>
            <Cylinder containerField="geometry" radius='0.6'>
            </Cylinder>
        </Shape>
    </Transform>
    <Transform rotation='2.26762e-007 -1 -2.22296e-007 1.26792' scale='0.17866 0.178659
        0.178659' translation='0.0142093 2.92723 0.198667'>
        <Shape>
            <Appearance>
                <Material USE="_1"/>
            </Appearance>
            <Cylinder containerField="geometry" height='1' radius='0.04'>
```

```
            </Cylinder>
        </Shape>
    </Transform>
    <Transform rotation='-6.26201e-011 1 -2.96045e-010 3.14159' scale='1 1 1'
            scaleOrientation='-0.00729388 0.0113605 0.999909 3.92698' translation=
                '11.9985 -18.1459 -2.00939'>
        <Transform USE="_0"/>
    </Transform>
    <Transform rotation='2.40046e-005 1 1.41439e-005 0.302884' scale='0.25 0.25 0.25'
            scaleOrientation='-0.5835 0.701694 -0.408844 1.92796' translation=
                '0.0029335 2.5584 0.0997749'>
        <Shape>
            <Appearance>
                <Material USE="_1"/>
            </Appearance>
            <Cylinder containerField="geometry" height='0.8' radius='0.4'>
            </Cylinder>
        </Shape>
    </Transform>
    <Transform rotation='0.000186736 1 7.94106e-005 0.041086' scale='0.324192 0.324192
        0.324192' scaleOrientation='-0.5835 0.701694 -0.408844 1.92796' translation=
        '0.0064786 2.91895 -0.00647933'>
        <Shape>
            <Appearance>
                <Material USE="_1"/>
            </Appearance>
            <Cylinder containerField="geometry" height='0.5' radius='0.02'>
            </Cylinder>
        </Shape>
    </Transform>
    <Viewpoint DEF="_4" fieldOfView='0.785398' orientation='-0.999969 -0.00759174
            -0.00195256 0.503291' position='1.10844 11.1701 12.609'>
    </Viewpoint>
    <Transform translation='0 -0.146045 0.1'>
        <Shape>
            <Appearance>
                <Material USE="_1"/>
            </Appearance>
            <Cylinder containerField="geometry" height='0.4' radius='0.102'>
            </Cylinder>
        </Shape>
    </Transform>
    <Transform translation='0 -0.58077 0.102'>
        <Shape>
            <Appearance>
                <Material USE="_1"/>
            </Appearance>
            <Cylinder containerField="geometry" height='0.4' radius='0.102'>
            </Cylinder>
        </Shape>
    </Transform>
```

```
    </Scene>
</X3D>
```

互联网虚拟人行走运动设计效果。虚拟人能够模仿人类行走的姿态在虚拟空间自由地漫步行走、在蓝天背景下的休闲广场上悠闲地散步。首先，启动 BS Contact VRML-X3D 7.2 浏览器，然后打开 X3D 程序案例，即可运行虚拟人运动行走场景造型如图 16-1 所示。

图 16-1　虚拟人运动行走场景效果

附录 X3D节点图标

Anchor
X3D, Inline
Children
Sphere
Billboard
Directional Light
Shape
Cone
Group
PointLight
Background
Box
LOD
SpotLight
Fog
Cylinder
Switch
Navigation Info
Indexed FaceSet
Extrusion
Transform
Viewpoint
Indexed LineSet
Text
Collision
Proxy
PointSet
FontStyle
Appearance
Elevation Grid
Color Interpolator
Sound
Material
Cylinder Sensor
Coordinate Interpolator
Audio Clip
Color
Plane Sensor
Normal Interpolator
Normal
Coordinate
Sphere Sensor
Orientation Interpolator
Movie Texture
Texture Coordinate
Proximity Sensor
Position Interpolator
Pixel Texture
Route
Time Sensor
Scalar Interpolator
Image Texture
Script
Touch Sensor
Visibility Sensor
Texture Transform
WorldInfo
Scene
GeoLocation
ProtoDeclare
head
GeoOrigin
ExternProtoDeclare
meta
GeoViewpoint
ProtoInstance
component
GeoPosition Interpolator
field
Displacer
GeoTouch Sensor
defaultValue
Humanoid
Geo Coordinate

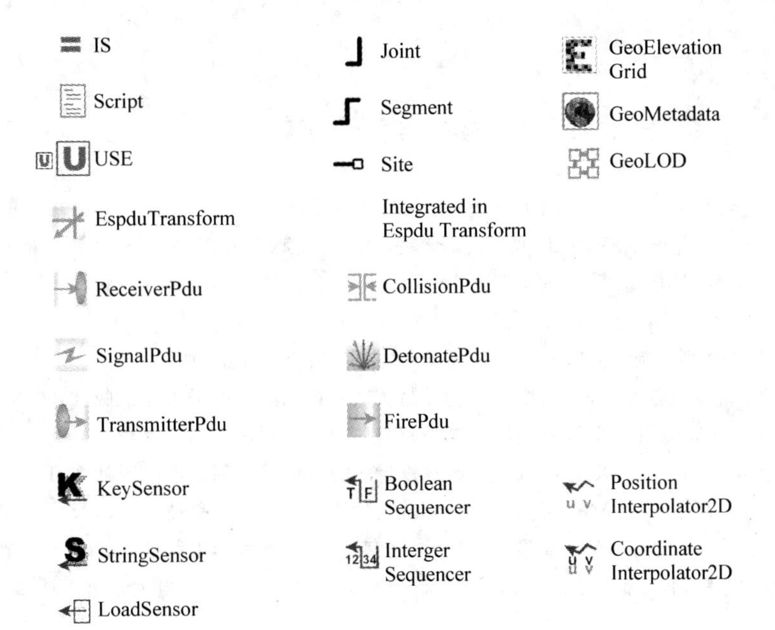
IS
Joint
GeoElevation Grid
Script
Segment
GeoMetadata
USE
Site
GeoLOD
EspduTransform
Integrated in Espdu Transform
ReceiverPdu
CollisionPdu
SignalPdu
DetonatePdu
TransmitterPdu
FirePdu
KeySensor
Boolean Sequencer
Position Interpolator2D
StringSensor
Interger Sequencer
Coordinate Interpolator2D
LoadSensor

参考文献

[1] 张金钊,张金镝,张金锐.虚拟现实三维立体网络程序设计.北京:清华大学出版社,2004
[2] 张金钊,张金锐,张金镝.VRML编程实训教程.北京:北京交通大学出版社,2008
[3] 张金钊,张金锐,张金镝.X3D虚拟现实设计——第二代三维立体网络程序设计.北京:电子工业出版社,2007
[4] 张金钊,张金锐,张金镝.虚拟现实与游戏设计.北京:冶金工业出版社,2007
[5] 张金钊,张金锐,张金镝.X3D三维立体动画与游戏设计.北京:电子工业出版社,2008
[6] 张金钊,张金锐,张金镝.X3D立体网页设计.北京:中国水利水电出版社,2009
[7] 张金钊,张金锐,张金镝.X3D动画与与游戏设计.北京:中国水利水电出版社,2010
[8] 张金钊,张金锐,张金镝.X3D网络立体动画游戏设计.武汉:华中科技大学出版社,2011
[9] 张金钊,张金锐,张金镝.X3D增强现实技术.北京:北京邮电大学出版社,2012
[10] 张金钊,张金锐,张金镝.三维立体动画游戏开发设计.北京:北京邮电大学出版社,2013